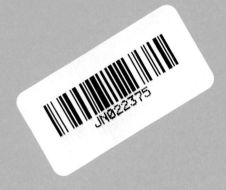

施工がわかる
イラスト土木入門

一般社団法人
日本建設業連合会 編
イラスト 岩山 仁

彰国社

イラスト

岩山 仁

ブックデザイン

宇那木 孝俊（宇那木デザイン室）

はじめに

土木はインフラストラクチャと言われる社会基盤をつくる仕事です。そして、土木工事の工種は多岐にわたります。土木工事は、土木技術者としての知識と経験だけではとても全分野をカバーすることができません。ベテランでも、自分の専門外の工種は知らないことがたくさんあります。また、私たちは様々な種類の土木工事がどう進められ、どのような技術が使われているのか、ということをもっといろいろな方に知って欲しいという思いがあります。このような背景から、今回『施工がわかるイラスト土木入門』をつくりました。この本は、学生から若手土木技術者、そしてベテランまで幅広く読んでもらえるクオリティに仕上がっています。解説はすべてイラストを用いました。本来なら見えない部分もイラスト化することで、工事の進行が視覚的に理解できるようになっています。これまでなかった「ドボクのつくり方」に特化した、分かりやすい本だと言えます。

すでに『施工がわかるイラスト建築生産入門』という建築工事のイラスト本があり、この本はその姉妹本という位置づけになります。日本建設業連合会の土木工事技術委員会に属する6部会が中心となって各章を分担しました。土木工事全般、橋、山岳トンネルとシールドトンネル、道路、河川構造物とダム、鉄道の地下駅、港湾、海上空港に加え、環境や未来の土木エンジニアについて分かりやすく解説しています。各章は、各工事の主要な段階を見開きの鳥瞰図で示し、各々の鳥瞰図に関する詳細なイラストを続けたものとなっています。そしてすべてが、工事の準備から完成までを解説しています。

明治になって西洋から技術移転した近代土木は、人力から機械化により日本の高度経済成長に必要なインフラ整備の一翼を担ってきました。また、工事現場はアナログからデジタルへ、さらには、ロボティクスによる自動化、無人化へと急速な進化を遂げつつあります。10年後、20年後の土木工事は、この本のありようと違ったものになるかもしれません。しかし、「ドボクのつくり方」はクリエイティブです。そのコアになる部分はいつの時代も人が担うと確信しています。進化した建設の時代が来ても、本書が土木の世界への入り口となり、そして、つねに土木技術者のそばにあることを願っています。少しでも皆様のお役に立つことができれば、これ以上の喜びはありません。

2022年10月

土木工事技術委員会 副委員長

春日 昭夫

（『施工がわかるイラスト土木入門』コアメンバーリーダー）

目次 contents

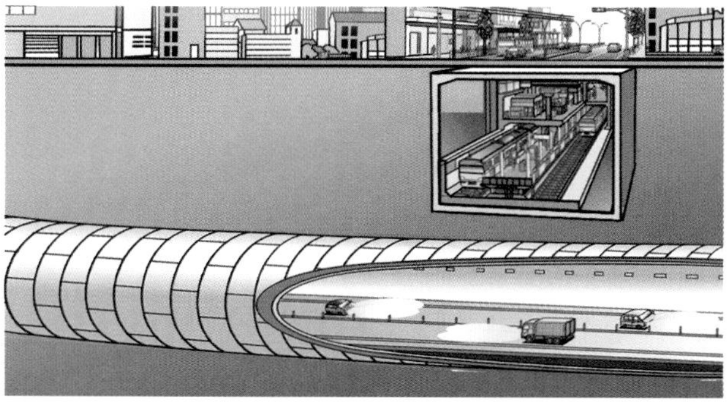

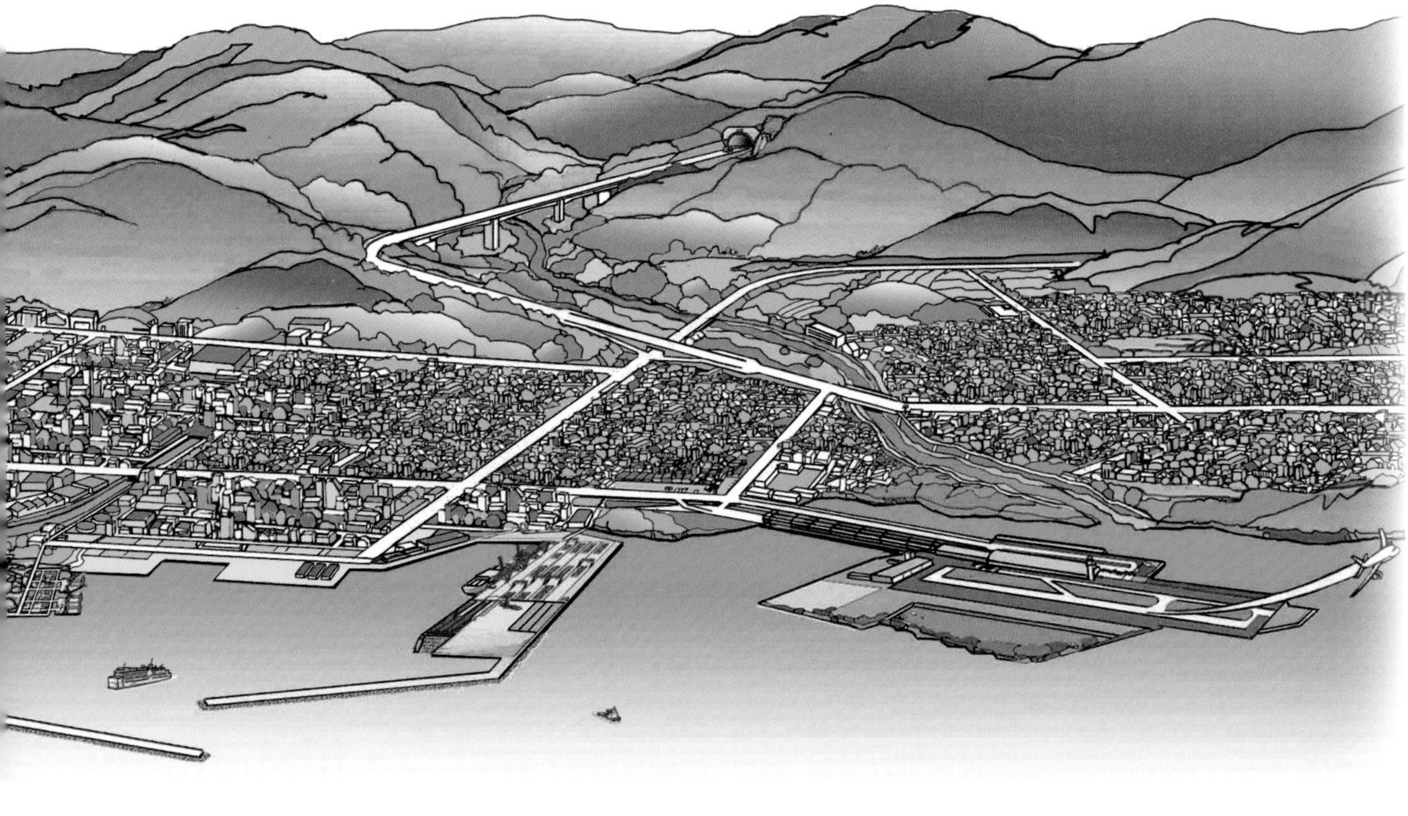

この本の活用にあたって

本書は、土木施工を分かりやすく解説するために、主にイラストで表現しています。

土木構造物は多岐にわたり、施工方法もその種類によって大きく異なるため、章ごとに各構造物の準備工から完成までを施工の流れに沿って紹介しています。完成までの施工の説明では、各章ともスケール感のある土木工事のワンシーンを収めた鳥観図と、その都度工事を詳しく学べる解説とがセットになっています。鳥瞰図は、限られた紙面で施工の姿を理解できるように施す必要から、場合によってはスケールアウトして表現することで、現場で働く人、建設機械、資機材などの動きや配置を分かりやすくしています。そして、読者の息抜きとして楽しんでいただけるよう、豆知識や情報コラム、環境コラムを盛り込みました。私たちの暮らしを支える土木技術が、環境やITとどうつながっているかを知ることができます。

それぞれの章には、工事に携わる多くの人々が登場します。工事を発注する事業者、工事を請け負うゼネコンの技術者、実際の施工作業を行う協力業者の技能者など、これらの登場人物は、それぞれ重要な役割を果たしています。なかでもゼネコンの技術者は、安全を確保しながら施工を進める中心人物として描かれています。彼らのユニフォームは他の登場人物と見分けられるように統一していますので、その働きぶりに注目していただくと、どんなことに注意しながら施工管理を行っているのかが分かります。

用語の表記は、主に『土木工事標準仕様書』（国土交通省）、『土木用語大辞典』（土木学会）を参考としていますが、用語によっては本書でルールを定めて使用しています。また、「鉄筋工」「上部工」のように「〇〇工」といった用語においては、その「工事」の総称や「構造物」を意味する場合と、その作業を行う「人」を意味する場合とがあります。それらの表現については、説明を加えたり、前後の文脈で分かるように使い分けたりしています。

※本書は2022年10月時点で得られた情報に基づいて編集しているため、本書に登場する法規、規格、各種制度などの情報は、今後変更される可能性があります。常に新しい情報を確認することを推奨します。

施工がわかる **イラスト土木入門**

1 土木工事のしくみ

土木にかかわる人々と土木が担う役割

人々の暮らしを支え、災害から人やまちを守る**土木事業**
調査・設計に基づき土木構造物を構築する**土木工事**

土木事業と土木工事

土木事業とは、土木施設に関して、企画、計画、調査、設計、施工および供用・維持管理まで、いろいろな段階で実施される行為全体をいう。そのうち土木工事は、土木施設を構成する土木構造物を実際の現場で構築する段階をいう。

土木事業にかかわる主な人々

土木事業には、工事を発注する国や地方公共団体といった事業者、事業者から調査・設計を委託される建設コンサルタント、工事を請け負うゼネコンと呼ばれる総合建設業者、ゼネコンと下請契約を結んで実際の作業を行う専門工事の協力業者（サブコン）などがかかわる。

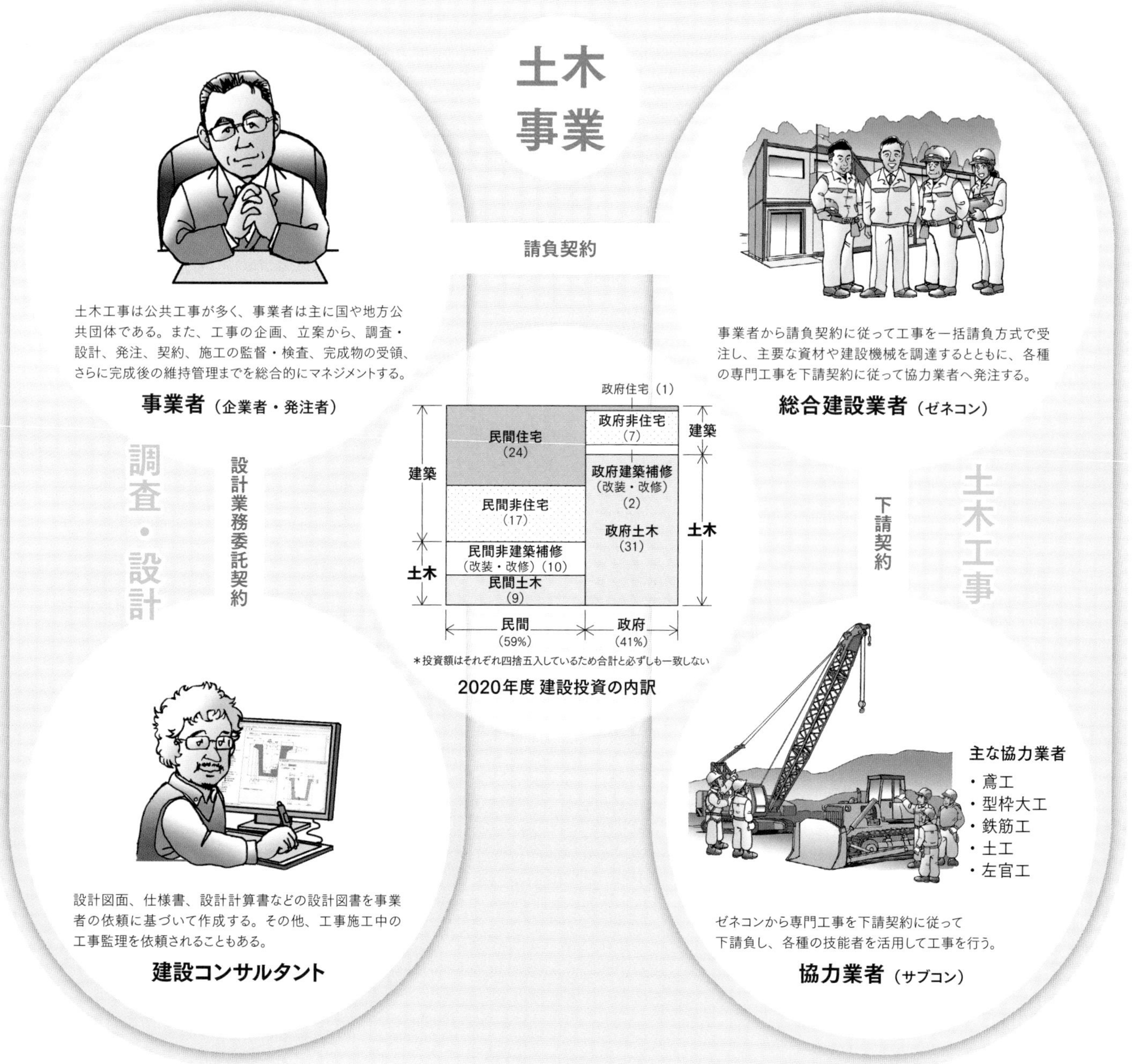

土木事業
請負契約
土木工事は公共工事が多く、事業者は主に国や地方公共団体である。また、工事の企画、立案から、調査・設計、発注、契約、施工の監督・検査、完成物の受領、さらに完成後の維持管理までを総合的にマネジメントする。
事業者（企業者・発注者）
事業者から請負契約に従って工事を一括請負方式で受注し、主要な資材や建設機械を調達するとともに、各種の専門工事を下請契約に従って協力業者へ発注する。
総合建設業者（ゼネコン）
調査・設計
設計業務委託契約
土木工事
下請契約
政府住宅（1）
民間住宅（24）
民間非住宅（17）
民間非建築補修（改装・改修）（10）
民間土木（9）
政府非住宅（7）
政府建築補修（改装・改修）（2）
政府土木（31）
建築
土木
民間（59%）
政府（41%）
＊投資額はそれぞれ四捨五入しているため合計と必ずしも一致しない
2020年度 建設投資の内訳
主な協力業者
・鳶工
・型枠大工
・鉄筋工
・土工
・左官工
設計図面、仕様書、設計計算書などの設計図書を事業者の依頼に基づいて作成する。その他、工事施工中の工事監理を依頼されることもある。
建設コンサルタント
ゼネコンから専門工事を下請契約に従って下請負し、各種の技能者を活用して工事を行う。
協力業者（サブコン）

土木事業にかかわる主な人々

日本の国土と土木が担う役割

日本の国土は、地形、地質、気候などに多くの特色がある。そのため、土木構造物は、この自然条件と調和しながら構築、活用されることで、人々の暮らしを支え、災害から人やまちを守る使命を担っている。

土木構造物は、交通や物流、エネルギー、飲料水などの上水や下水などを支えるとともに、特に防災施設は、直接、自然災害から人命を守る。社会性、公共性が高く、日常生活あるいは災害を発生させるような異常気象時には、なくてはならない重要なものである。

いつか一人前の土木技術者になって社会の役に立つ大きなものをつくるんだ！

防災地下神殿（首都圏外郭放水路／埼玉県春日部市）

海に囲まれ、山地が約7割で平野が少ない

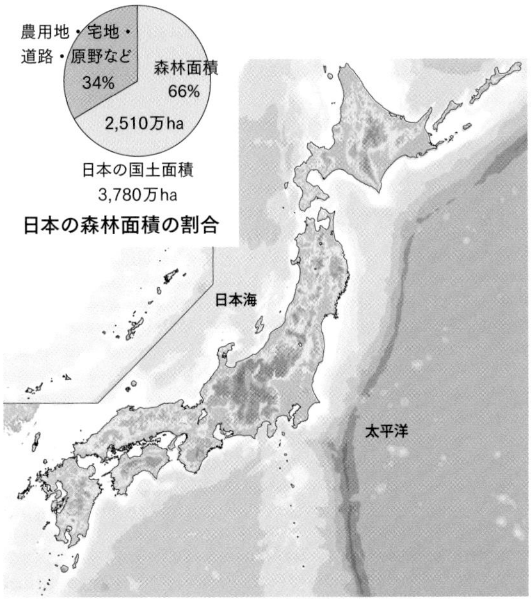
農用地・宅地・道路・原野など
34%
森林面積
66%
2,510万ha
日本の国土面積
3,780万ha
日本海
太平洋

日本の森林面積の割合

地域をつなぎ、世界とつなぐ

海を越え山を越え、地域あるいは世界とつながるために、橋、空港、港、道路、トンネルは、とても大きな役割を果たしている。

橋

空港・港

道路・トンネル

資源が少ない

エネルギーを確保し、暮らしを支える

発電施設

風力発電施設

台風や豪雨が多く、川が急勾配で短い

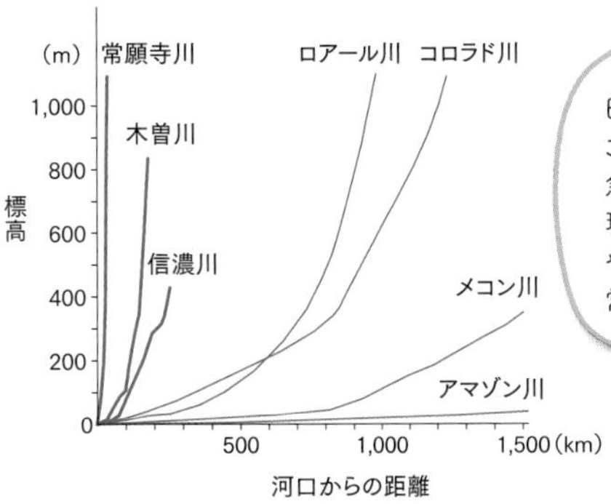
(m)
常願寺川
ロアール川
コロラド川
1,000
木曽川
800
標高
600
信濃川
400
メコン川
200
アマゾン川
0
500
1,000
1,500 (km)
河口からの距離

日本と海外の河川勾配の比較

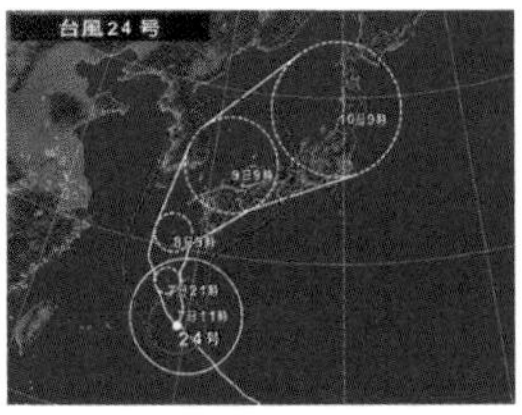
台風24号

日本に接近する台風の予想進路の例

日本は台風の進路となることが多く、河川は短く急勾配です。そのため、現場では、台風の進路や急な洪水の発生には常に注意しているのよ！

洪水や土砂災害から守る

ダム

砂防ダム

日本周辺は世界で最も地震の多い地域の1つで、マグニチュード6.0以上の地震の発生回数は全世界の20%近くを占めている。

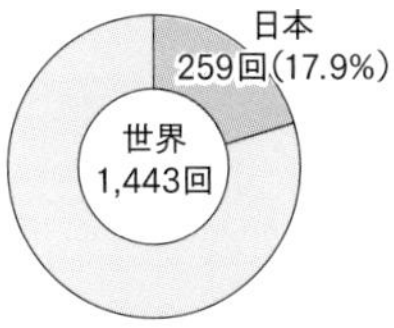
日本
259回(17.9%)
世界
1,443回

マグニチュード6.0以上の地震回数（2011～2020年）

地震が多い

地震や津波から守る

地震が多い日本では、地震や津波の被害をくい止める構造物が不可欠である。

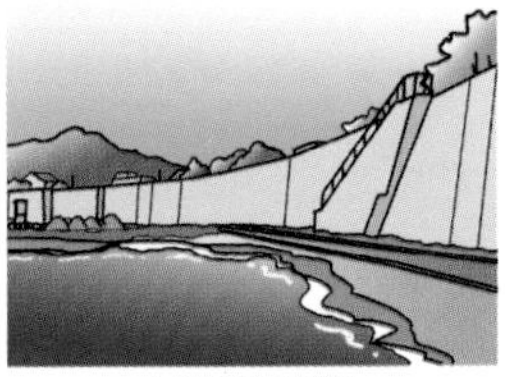

津波防潮堤

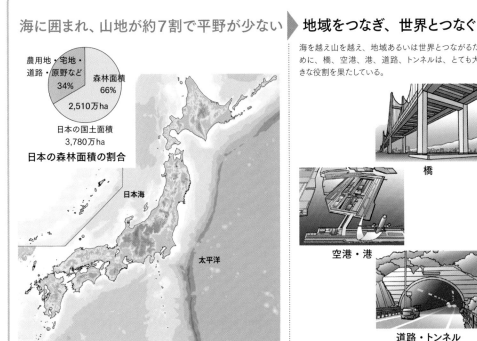

土木事業の流れと発注方式

土木事業の流れ

土木事業は、社会基盤の整備を目的に行われる公共事業が多いことから、国民や社会のニーズに基づいて、議会で事業化、予算化が決定され、事業がスタートする。

土木工事は、土木事業の流れの中で、入札により工事を実施するゼネコンを決定し、契約に基づいて開始される。

注）社会基盤はインフラストラクチャーと呼ばれることもある。

事業の議会承認

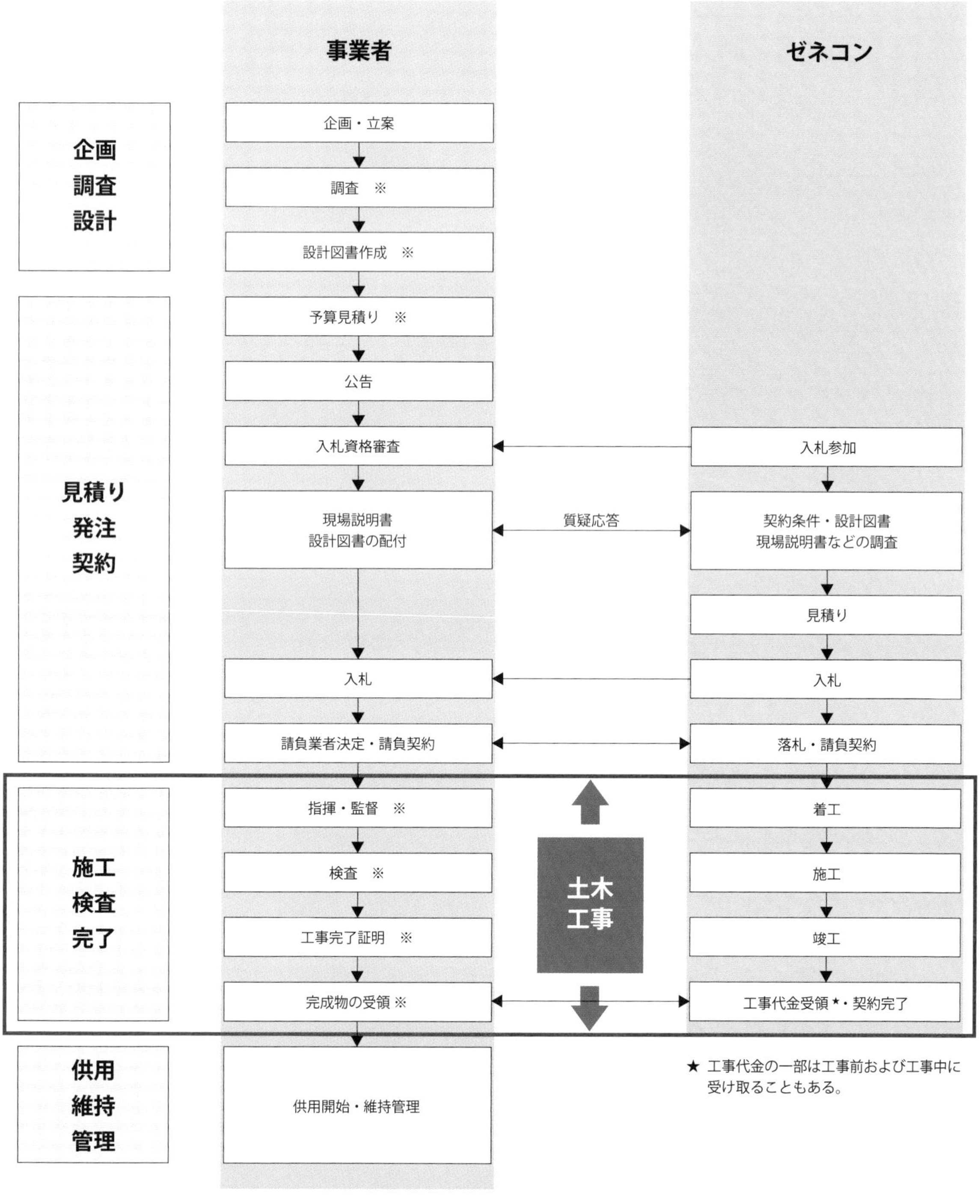

※ 業務は事業者が建設コンサルタントに委託することが多い。

土木事業の流れ

いろいろな入札契約方式・事業方式

従来、価格のみの競争入札が一般的であったが、近年は総合評価落札方式、VE方式、設計・施工一括発注方式、性能規定発注方式、ECI方式、PFI・PPP方式などの多様な入札契約、事業方式が取り入れられている。特に総合評価落札方式は、価格だけでなく技術提案力、実績などを評価した得点も含め総合的に評価して落札者を決定している。

総合評価落札方式では、価格が安いだけでなく技術力がなければ工事は受注できないんだ！
評価値＝得点／価格が重要なのか

総合評価落札方式の説明会

民間のノウハウを生かして、事業の効率的な運営をお願いします
公共施設などの建設、維持管理、運営は任せてください
国、地方公共団体、特殊法人など
事業主体
資金、経営能力、技術的能力をもつ民間企業
民間事業者

PFI事業契約

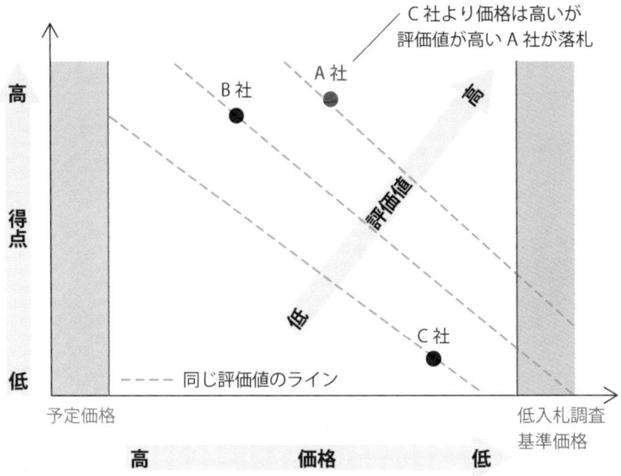
C社より価格は高いが評価値が高いA社が落札
A社
B社
C社
高
得点
低
評価値
高
低
同じ評価値のライン
予定価格
低入札調査基準価格
高
価格
低

総合評価落札方式

プロジェクトの遂行形態	企画	調査・計画	基本設計	詳細設計	施工	運営・維持
設計・施工 運営・維持		PPP PFI etc.				○
設計・施工			EPC			
				DB		○
		ECI（＊英国 2001～）				○
施工					施工のみ	◎
		CM／GC（＊米国 2004～）				

日本国内のプロジェクト形態（◎：現状での主流　○：少数ではあるが増えつつある）

様々な契約方式

海外における土木工事

海外のプロジェクトは、土木工事、建築工事および関連する機械工事、電気工事、設備工事までを包括的に一括で発注される工事が主であり、大規模となる傾向がある。その中で施工ノウハウと技術をもつゼネコンを早期から関与させる動きが強くなっている。

今度の海外案件は、コスト／リスク／紛争をうまくコントロールする必要性が高いことから、EPCの形態で実施されるらしいぞ！
競合相手も日系だけじゃなく、ローカル企業やグローバル企業になりそうだ
たとえ受注しても、多様なステークホルダーを取りまとめ、成功に導くプロジェクトマネージャーは、当社にいるのか？
いるよ。彼ならお互いの長所を引き出す能力、契約管理能力、幅広い視野があり、きっとバランスよく業務を遂行してくれるよ！

海外プロジェクト案件会議

豆知識　入札契約方式・事業方式

近年実施されている主な入札契約方式と事業方式には以下のようなものがあり、工事あるいは事業の種類に適した方法が採用されている。

■入札契約方式

総合評価落札方式：工事の発注にあたり、競争参加者に技術提案などを求め、価格以外に競争参加者の能力を審査・評価し、その結果をあわせて契約の相手方を決定する方式

VE（Value Engineering）方式：入札時VE方式と契約後VE方式がある。入札時VE方式は、入札時に発注者が提案した標準案に対し、施工方法にかかわる技術提案を求め、価格競争または総合評価で落札者を決定する。契約後VE方式は、価格競争による落札後に、施工方法にかかわる技術提案を求め、コスト縮減額の一定割合をVE管理費として計上する。

設計・施工一括発注方式：構造物の構造形式や主要諸元も含めた設計を、施工と一括して発注する方式

性能規定発注方式：発注者が性能を示し、受注者がそれを達成するための技術提案および施工を行う方式

■プロジェクトの形態に関する用語の意味

PPP（Public Private Partnership）：PFIを含む官民連携事業の総称

PFI（Private Finance Initiative）：公共施設等の設計、建設、維持管理および運営に、民間の資金とノウハウを活用し、公共サービスの提供を民間主導で行うこと

EPC（Engineering, Procurement, Construction）：設計、建設に加え調達を含む、建設プロジェクトにおける建設工事請負形態

DB（Design Build）：設計と施工を一括で発注する方式で、設計・施工一括発注方式のこと。

ECI（Early Contractors Involvement）：設計段階から施工者が施工の実施を前提として参画し、技術協力を行う契約形態

CM/GC（Construction Manager/ General Contractor）：設計段階に設計、コスト、工期、リスクに関する施工者の意見を取り入れる契約形態

土木工事に携わる人々と組織体制

鉄道地下駅の例

事業者

〇〇鉄道株式会社

〇〇支社長

工事の発注者。鉄道新線の地下駅を構築する事業者側の最終責任者。

現場監督員

支社長の命令により、工事の監督を任された土木技術者。

建設コンサルタント

調査・設計

設計者

事業者が要求する土木構造物の機能、性能を考慮して、構造物を設計する。

総合建設業者（ゼネコン）

1日も早く、高品質な地下駅を安全に完成させるため、皆さん、協力業者も含めて現場一丸となって工事をやり遂げましょう！

工事課長

監理技術者

この工事現場の技術的な責任者。1級土木施工管理技士と技術士（建設部門）の資格をもつ。

工事主任

（掘削・土留め担当）

掘削・土留めの責任者で、この工種のスペシャリスト。

工事担当者

工事現場における工事担当者。入社8年目。

担当工事の職種：
土留め工

協力業者（サブコン）

地盤調査

ボーリングを行い、地盤中の深さ方向の地質状況を表す柱状図などを作成する。

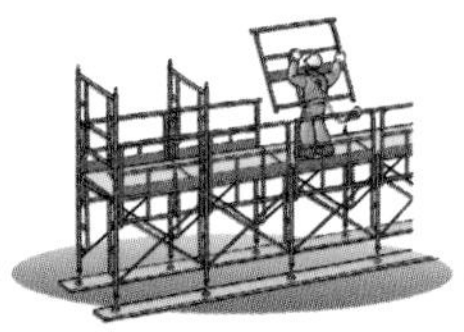

仮設足場工

各職種の技能者が作業をするための仮設足場の組立て、解体を行う。

測量

構造物の基準となる点の位置を、測量機器を使って測定する。

土留め工

地盤の掘削面に、壁体、矢板、杭などの支持構造物を設けて、掘削面の崩壊と過大な変形を防ぐ。

杭基礎工

構造物の荷重を支持地盤に伝えるための杭を築造する作業を行う。

土工

土の掘削、積込み、運搬、敷均し、締固めなど、土を動かす作業を行う。

ゼネコンと協力業者の役割分担

元請のゼネコンは、土木工事を一式で事業者から直接請け負い、下図のような組織をつくり、全体を統括して工事を推進する。協力業者はゼネコンからそれぞれの専門工種について、工事の一部を請け負って作業を行う。土木工事の場合、協力業者の施工内容は、構造物の種類によって大きく異なるため、その種類も工種に応じて多様である。各工種の施工の詳細については、2章以降を参照してほしい。

土木工事一式の施工

工事事務所長（作業所長）

現場代理人、統括安全衛生責任者

工事現場の全体責任者。現場に関する一切の権限をもつ。これまでいくつもの地下駅を手がけてきたベテラン。

安全課長

元方安全衛生管理者

統括安全衛生責任者の所長の補佐役。業務経験が豊富。工事現場の安全管理のまとめ役。

機電課長

現場の機械、設備、電気をまとめる責任者。工事に必要な機電業務への対応と調整を行う。

事務担当者

主に工事現場の契約書類、支払い処理、本支店との事務手続き、職場環境整備などの業務を行う。

工事主任

（仮設・躯体担当）

仮設・躯体の責任者で、この工種のスペシャリスト。

機電担当者

実際の工事現場における機電の主務者。協力業者との調整も行う。

工事担当者

工事現場における工事担当者。入社3年目。

担当工事の職種：
掘削工

工事担当者

工事現場における工事担当者。入社9年目。

担当工事の職種：
躯体工

工事担当者

工事現場における工事担当者。入社2年目。

担当工事の職種：
仮設工

専門工事の施工

型枠工

型枠を加工し、組み立てるとともに、コンクリート打設後の型枠解体作業を行う。

鉄筋工

鉄筋の加工、運搬、組立て、配筋、結束などの作業を行う。

コンクリート工（圧送）

コンクリートの圧送を行うために、圧送用ホースやコンクリートポンプ車の操作を行う。

コンクリート工（打設）

打ち込まれたコンクリートを型枠内部に充填し、バイブレータにより締固め作業を行う。

コンクリート工（仕上げ）

締め固められたコンクリートを均し、コンクリート表面を平らに仕上げる作業を行う。

ゼネコンの技術者と協力業者の技能者

土木工事の元請業者であるゼネコンには、現場代理人、監理技術者、その他の土木技術者が配置され、協力業者には、登録基幹技能者、職長および一般の技能者などが従事している。また、現場作業の安全を確保するために、ゼネコン、協力業者ともに、安全管理を行う者を配置する必要がある。特に協力業者においては、作業の種類に応じて必要な専門知識や資格を有する作業主任者を配置しなければならない。

ゼネコンの技術者

(1) 現場代理人（作業所長）

現場代理人は、技術面だけでなく、請負契約の的確な履行、工事現場の取締りのほか、工事の施工、安全および契約関係事務に関する一切の権限をもつ。

この現場の最大の目標は、無事故で品質の高い構造物を構築することにあります。皆さん、竣工まで頑張りましょう！
安全＋第一
所長。朝礼の訓示をお願いします

安全訓話の様子

(2) 監理技術者

監理技術者は、土木工事全体を適正に行うため、施工計画の作成、工程管理、品質管理等の技術上の監理を行う。また、従事する者の技術上の指導監督、事業者からの指示の伝達、事業者への報告などの職務を誠実に行わなければならない。

現場には、必ず技術上の管理をつかさどる主任技術者を置かなければならないんだ！
さらに、総額 4,000 万円以上を協力業者と下請契約して施工する場合は、主任技術者に代えて監理技術者を置かなければならないんだ！
2年前に、現場経験と専門知識を生かして技術士を受験し、建設部門で合格しました！
私は、監理技術者の資格要件である1級土木施工管理技士を15年前に取得したんだ！

監理技術者の役割

開口部の安全対策を全周にわたってもっと確実に行ってください
この開口部を利用して資材の搬入・搬出をしています

現場巡視の様子

(3) 土木技術者

土木技術者は、現場業務において、通常、工種ごとの作業指示、情報のやりとりなど、協力業者とのコミュニケーションが最も多く、現場作業を実際に進めていく上で実務の中心となる。そのため、土木技術者は国家資格である土木施工管理技士であることが求められている。前頁の組織図において、工事事務所の機電および事務担当以外は、土木技術者である。

ここの型枠の撤去は、コンクリートの強度がまだ十分に出ていないから、下のブロックからお願いします
了解！

作業打合せの様子

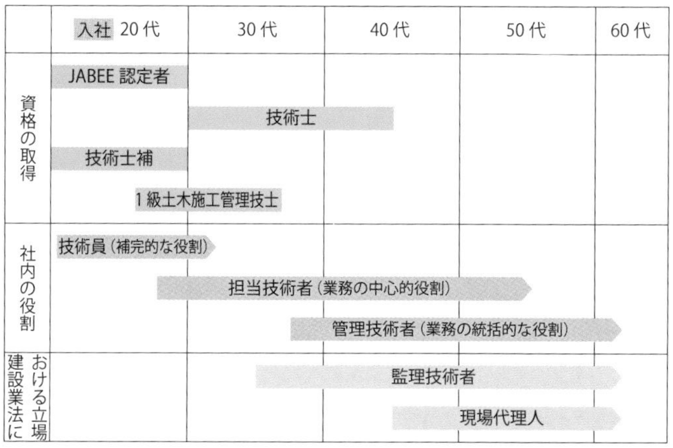

入社 20 代
30 代
40 代
50 代
60 代
資格の取得
JABEE 認定者
技術士
技術士補
1 級土木施工管理技士
社内の役割
技術員（補完的な役割）
担当技術者（業務の中心的役割）
管理技術者（業務の統括的な役割）
建設業法における立場
監理技術者
現場代理人

JABEE 認定者：技術士補となる資格の特例として、大学その他の教育機関における課程であって科学技術に関するもののうち、その終了が第一次試験の合格と同等であるものとして文部科学大臣が指定したものを修了した者。

土木技術者のキャリアパスモデルの一例

協力業者の技能者

協力業者が請け負う専門工事では、それぞれの専門工事に応じた技能者が直接的に作業を行う。また、現場には、作業区分に応じて作業主任者を選任し、技能者を指揮しなければならない。

2008年から国が認める登録基幹技能者制度が正式に運用され、初級技能者、中堅技能者、職長、登録基幹技能者が位置づけられ、建設技能者のキャリアパスが明確にされた。

また、2019年からは国が主導する建設キャリアアップシステム（CCUS：Construction Career Up System）の運用が始まった。建設業に従事する技能者は、様々な事業者の現場で経験を積んでいくため、個々の技能者の能力が統一的に評価されにくく、役割や能力が処遇に反映されにくい環境にある。CCUSは、これらを改善するため、技能者の現場における就業履歴や保有資格などを、技能者に配付するICカードを通じ、業界統一のルールで蓄積することを目的としたシステムである。

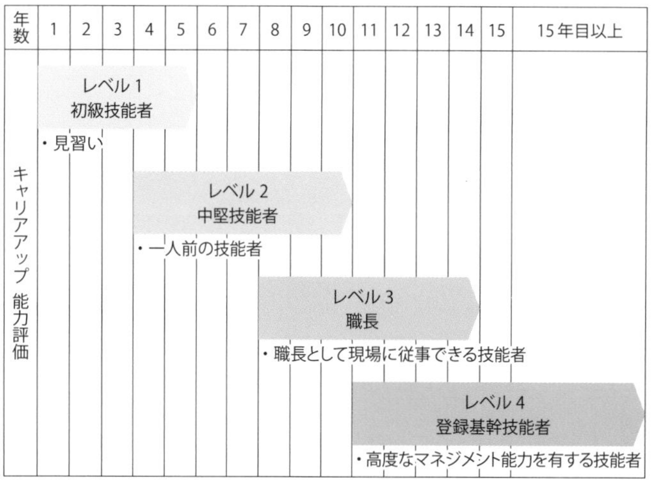

建設技能者のキャリアパスモデルの一例

安全管理者

現場は「安全第一」のもと、様々な安全管理者がかかわっている。

ゼネコン

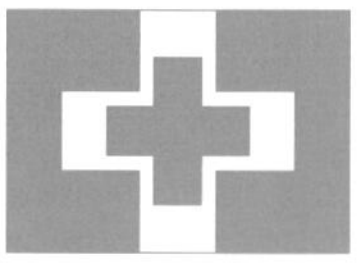

統括安全衛生責任者（現場代理人）

- 協議組織の設置および運営
- 作業間の連絡調整
- 作業場所の巡視、点検、手直しの指示
- 協力業者の安全衛生教育の援助および指導

元方安全衛生管理者

- 統括安全衛生責任者の補佐役

災害防止協議会

- ゼネコンがすべての協力業者を対象とした協議組織を編成
- すべての協力業者が参加して、災害防止事項を協議
- 混在作業における災害防止対策、連絡調整事項の確認

協力業者①

安全衛生責任者（職長）
- 統括安全衛生責任者の指示の周知
- 指示事項の実施管理
- ゼネコンと協力業者間の計画の調整

作業主任者
- 作業に従事する作業員の指揮、作業方法の決定
- 取り扱う機械、安全装置の点検、必要な措置
- 作業中の器具、工具、防護具、安全帯など使用状況の監視

工事指揮者

一般技能者

誘導員

協力業者②
協力業者①と同じ

協力業者③
協力業者①と同じ

協力業者④
協力業者①と同じ

技能者の保護具の例

現場の安全管理体制はゼネコンと協力業者が一体となって構築される。

現場の安全管理体制

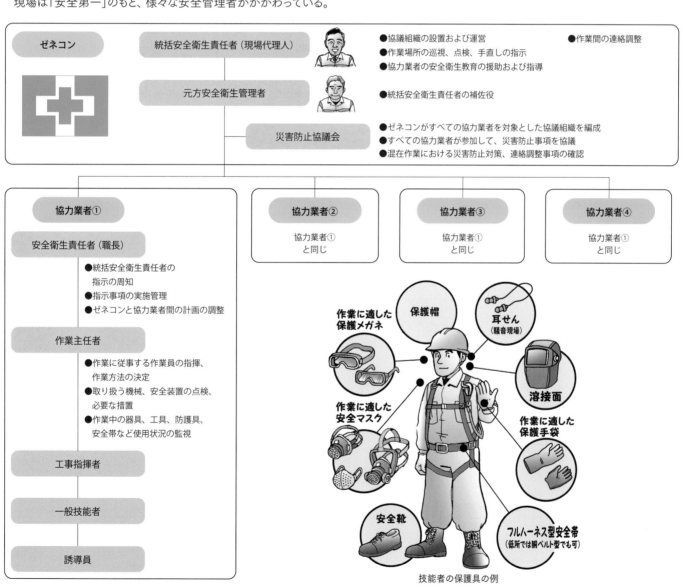

工事管理の基本と実施手順

工事管理とは

工事管理とは、土木構造物を「所定の品質で、経済的に、工期内に、安全に、環境に配慮して」つくるためのものである。その管理はQCDSEに区分され、着工前のリスクの洗い出し、あるいは着工後の重要課題解決のための検討会を適宜行いながら施工を進めていく。

Quality
品質管理
Cost
原価管理
Delivery
工程管理
Safety
安全管理
Environment
環境管理
工事管理

QCDSEの5つの工事管理

着工する前にQCDSEの観点に立ってあらかじめリスクを洗い出しておこう！

施工検討会

工事管理における継続的な改善手法

工事管理を効率よく進めるためには、あらゆる場面でPDCAサイクルを繰り返し実施し、施工作業を継続的に改善しなければならない。

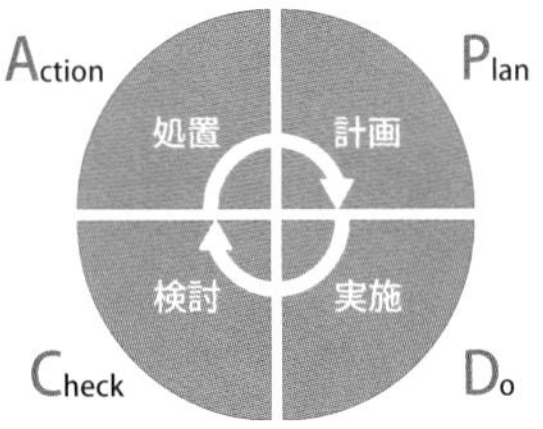
Action
処置
Plan
計画
Check
検討
Do
実施

PDCAサイクル

今の足場の組立て手順では安全に作業ができないじゃないか！
分かりました。作業手順を見直して周知徹底させます

現場での改善指示

施工計画の立案・作成

ゼネコンの技術者は、施工に先立って綿密に施工計画書を作成し、一般に工事契約後30日以内に事業者に提出する。

施工計画書は工事の施工法を示す指針のようなもので、自然条件や社会条件の変化の影響を大きく受ける土木工事では、リスクを想定した計画が重要である。

施工計画書の記載項目の一例

1. 工事概要
2. 計画工程表
3. 現場組織表
4. 指定機械
5. 主要船舶・機械
6. 主要資材
7. 施工方法 ・主要機械 ・仮設備計画 ・工事用地など
8. 施工管理計画
9. 安全管理
10. 緊急時の体制および対応
11. 交通管理
12. 環境対策
13. 現場作業環境の整備
14. 再生資源の利用の促進と建設副産物の適正処理方法
15. その他

施工計画書は、土木工事の中で最も重要な書類の1つなんだ
過去の実績や代替案も十分検討しよう

工程会議

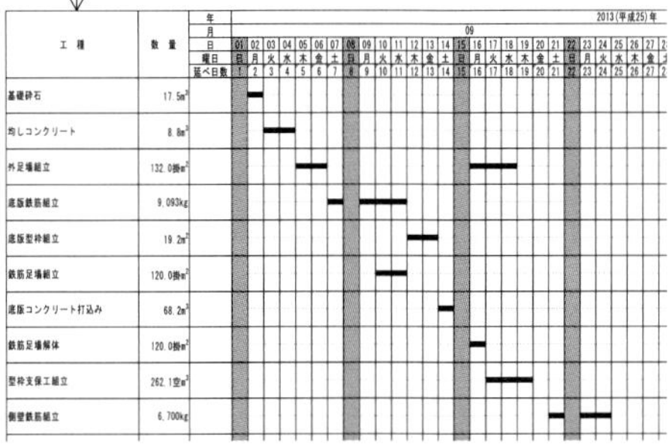

バーチャート工程表

コンプライアンス（法令順守）

土木工事を行う上で関連する法規は様々で、それぞれの工事条件に応じて現場に勤務する者全員が確実に守らなければならない。

建設業法	建設業の健全な発達を促進する
労働基準法	働く者の労働条件を守る
労働安全衛生法	働く者の安全と健康を守る
道路法・道路交通法	道路と車と歩行者の交通を守る
騒音規制法・振動規制法	静かな生活環境を守る
その他（河川法・港湾法・火薬類取締法）	

土木工事に関連する主な法規

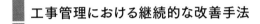

管理計画の策定と実施手順

QCDSEの各管理計画の策定にあたっては、生産手段の重要な要素（5M）を効果的に活用できるよう十分検討し、管理の実施手順を決定する。

マンパワーだけじゃなく
鉄筋材料も不足するんじゃないの？
早く注文しておかないと！
このまま行くと、3ヵ月先は予定よりも工事量が大幅に増えるから、鳶工と鉄筋工が不足するぞ！

計画の変更検討

施工法	労務	資材	機械	検査・測定
Method	Man-power	Material	Machine	Measurement

生産手段の重要な要素（5M）

Q 品質管理

OK。合格なので打設を開始しよう
スランプは規格範囲内かな？

1. 設計図書の照査、確認
2. 品質管理計画書の作成
3. 規格限界、自主管理限界の確認
4. 品質管理手順の選定（P→D→C→A）
5. 管理図やヒストグラムによる管理
6. 品質変動原因の追究と対策実施
7. 検査（全数検査か抜取り検査かの選択）
8. ISO9001（品質マネジメントシステム）の適用

C 原価管理

今月は予算より実際の原価が超過した項目が多い
超過原因を突き止めないと！

1. 実行予算の作成
2. 工事受注時の見積書（元見積り）と実行予算との比較による目標利益の設定
3. 事業者からの工事代金に基づく資金計画
4. 予算と実際の原価比較による差異抽出
5. 差異の原因に基づく施工計画修正措置
6. 修正措置の評価

D 工程管理

A工区は予定より2週間遅れています
クリティカルパスが遅れると全体工期が遅れるぞ……。A工区の人員を増やして施工しよう

1. 各工程の所要期間より全体工程表作成
2. クリティカルパス（CP）の把握
3. CPの最重要工程を重点管理
4. 短期（月間、週間）工程表作成
5. 予定と実際を比較した進度管理
6. 差異の原因に基づく工期短縮方法の立案と実施

S 安全管理

足場の点検表の確認をお願いします
必要な資格者は配置されているかな？
転倒しないように固定されているかな？

1. 法令に基づく安全衛生管理体制の確立と安全実施計画の届出
2. 技能講習を修了した作業主任者の選任と就業制限の確認
3. 安全衛生教育の実施（新規入場者教育、危険作業の特別教育）
4. 各工種の安全対策の立案と実施（足場、型枠支保工、掘削作業、土留め支保工、クレーン作業等）
5. 安全施工サイクルの実施（危険予知活動（KYK）、安全パトロールなど）
6. リスクアセスメントの展開（ヒヤリハットの減少、4ラウンド法など）
7. 緊急事態や事故への対応の準備

E 環境管理

希少な動植物はいないかな？
工事排水、振動騒音対策は大丈夫かな？
夜間のダム現場ではこのような配慮が必要だね
環境配慮型ライト
照明は動物に優しいものにしよう！

1. 法令に基づく環境関連の届出
2. 近隣説明会の実施
3. 大気汚染、水質汚濁、騒音、振動、地盤沈下、悪臭への対策
4. 国等による環境物品等の調達の推進等に関する法律（グリーン購入法）の推進
5. 建設工事に係る資材の再資源化等に関する法律（建設リサイクル法）、資源の有効な利用の促進に関する法律（資源有効利用促進法）に従った資材の再利用
6. 廃棄物の処理及び清掃に関する法律（廃棄物処理法）に従った廃棄物処理
7. 周辺の動植物など、生物多様性に対する配慮

各工事管理の主な実施手順

出来形と品質の確保

土木工事において、構造物の品質を確保することは、事業者の最も重要な要求事項の1つである。特に出来形と品質は、構造物の機能や耐久性にとって重要である。ここでは、土木工事の主要な工種の1つであるコンクリート工について、ボックスカルバート※を構築する手順を例に、出来形と品質を確保するためのポイントを示す。

※道路や鉄道等を横断するために地盤内に設けられる通路や水路などの構造物で、断面形状がボックス型のもの（→69頁参照）。

豆知識 出来形と出来高の違い

出来形 ≠ 出来高

「出来形」とは、工事目的物の形状寸法のことで、設計図との誤差が定められた許容範囲内であるかどうかを出来形検査によって確認する。

「出来高」とは、工事の進捗度合いを、数量や金額で示したもので、出来高に応じて請求代金が支払われることを出来高払いという。

「出来形」と「出来高」は、言葉は似ていますが意味が全く異なるので注意が必要です

出来形と品質の規格値

出来形と品質の規格値は、事業者ごとに定められている。国土交通省においては「土木施工管理基準及び規格値」の中で「出来形管理基準及び規格値」と「品質管理基準及び規格値」が定められている。例としてボックスカルバートの出来形の規格値を以下に示す。

測定項目		規格値	測定箇所
基準高▽		±30mm	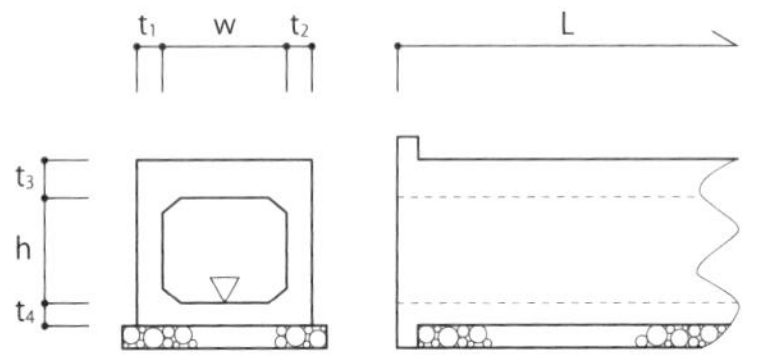t1 w t2 L t3 h t4
厚さ t_1～t_4		−20mm	
幅（内法）w		−30mm	
高さh		±30mm	
延長L	L＜20m	−50mm	
	L≧20m	−100mm	

ボックスカルバートの形状寸法の規格値

測定項目	規格値	測定基準	測定箇所
平均間隔 d	±φ	$d=\frac{D}{n-1}$ D：n本間の長さ n：10本程度とする φ：鉄筋径 （1リフト、1ロット当たりに対して各面で1ヵ所以上測定）	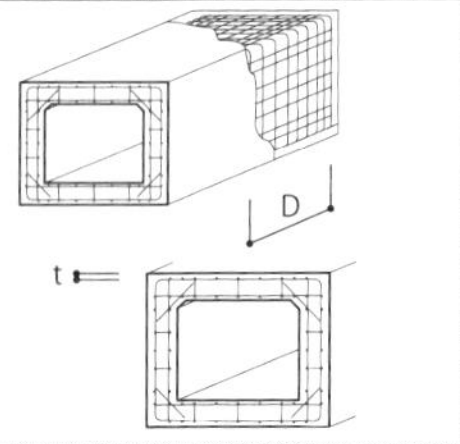D t
かぶり t	±φ かつ 最小かぶり※以上		

ボックスカルバートの鉄筋配置の規格値

※最小かぶりは、鉄筋の直径以上、かつコンクリートの劣化の照査を満足する値に施工誤差を考慮して定められ、一般の環境下では40～70mm程度である。

ボックスカルバートのつくり方

（1）墨出し

柱や壁を所定の位置に構築するために、型枠や鉄筋の設置位置の基準となる線を墨で印すことを「墨出し」という。

鉄筋工や型枠工が完了し、墨がかくれてしまっても確認できるようにずらして墨出しすることを「逃げ墨」という。

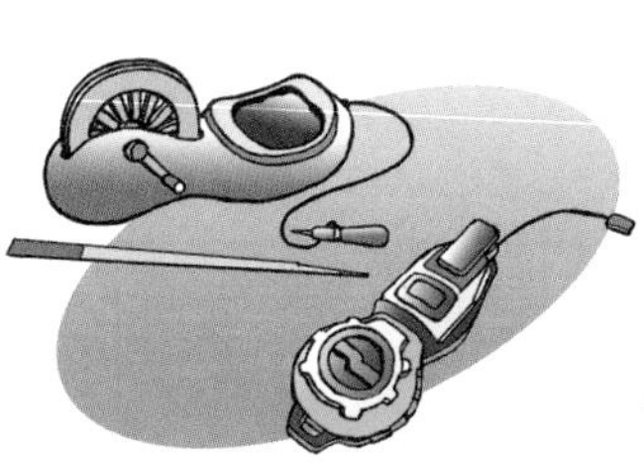

墨壺

カルバート型枠設置位置の墨出し

（2）型枠・支保工設置

型枠とは、まだ固まらないコンクリートが硬化するまで所定の形状・寸法に保つとともに、養生中のコンクリートを保護するために用いる枠のことである。また、支保工とは、型枠を所定の位置に固定して支える支柱や梁のことをいう。

型枠の位置がずれたり、コンクリートの側圧で変形したりしたら、出来形が確保できなくなるんだ

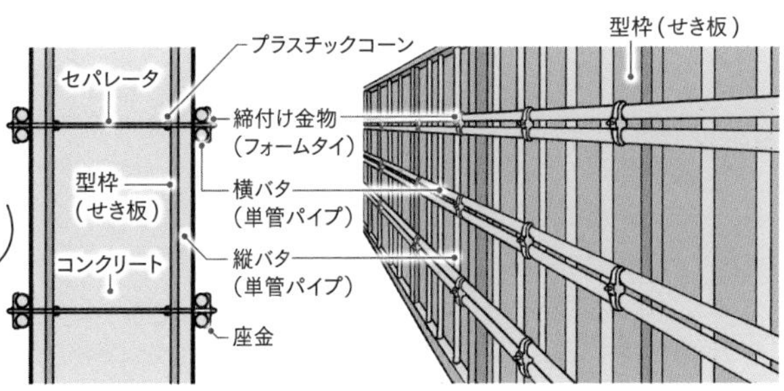
プラスチックコーン
型枠（せき板）
セパレータ
締付け金物（フォームタイ）
型枠（せき板）
横バタ（単管パイプ）
縦バタ（単管パイプ）
コンクリート
座金
断面図
側壁外観

型枠の各部名称

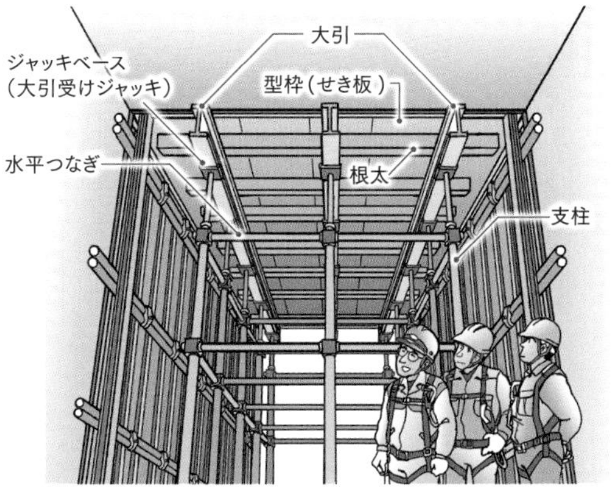
大引
ジャッキベース（大引受けジャッキ）
型枠（せき板）
水平つなぎ
根太
支柱

支保工の各部名称（ボックスカルバート内部）

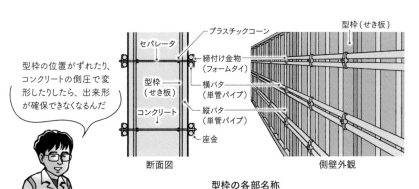

(3) 鉄筋工

鉄筋工は鉄筋を所定の位置に組み立てる作業をいう。組立てが終了したら、鉄筋の間隔、かぶりが規格値を満足しているかを配筋検査で確認する。かぶりの確保は鉄筋コンクリートの耐久性にとって非常に重要であるため、モルタルやコンクリート製のスペーサを用いてかぶりを確保する。

配筋検査

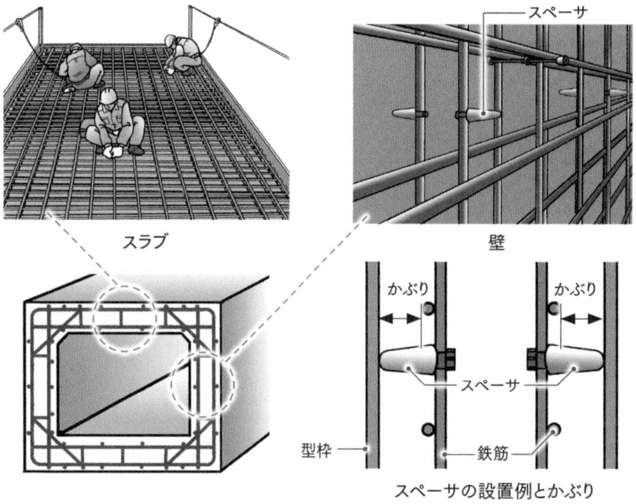
スラブ
壁
スペーサ
かぶり
かぶり
スペーサ
型枠
鉄筋
スペーサの設置例とかぶり

鉄筋組立て状況

(4) コンクリートの製造と運搬

コンクリートは、通常、生コン工場で製造され、トラックアジテータにより現場まで運搬される。外気温に応じて練混ぜ開始から打込み終了までの制限時間が定められている。

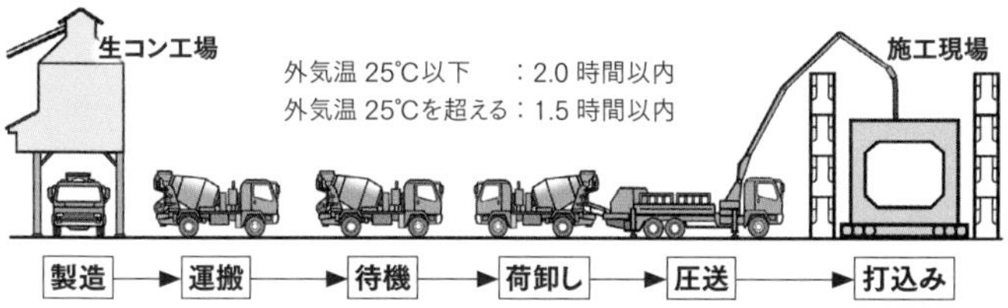
生コン工場
外気温 25℃以下　：2.0 時間以内
外気温 25℃を超える：1.5 時間以内
施工現場
製造
運搬
待機
荷卸し
圧送
打込み

練混ぜ開始から打込み終了までの制限時間

(5) 受入れ検査

コンクリートを打ち込む前に所定の品質のコンクリートであるかどうかを受入れ検査で確認する。主な検査項目と規格値は、表のとおりである。

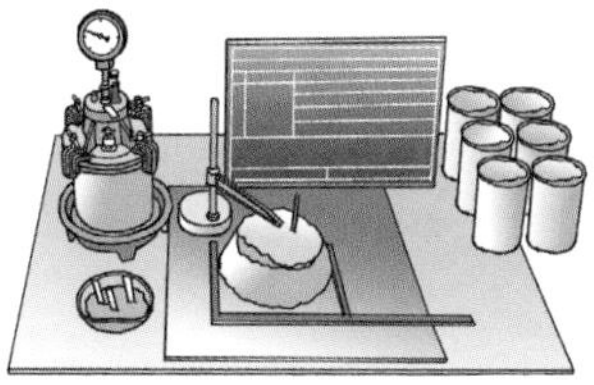

受入れ検査の様子

コンクリートの主な検査項目と規格値

試験項目	試験方法	規格値
圧縮強度	JIS A 1108	1回の試験結果は呼び強度の85%以上 3回の試験結果の平均は呼び強度以上
スランプ	JIS A 1101	8cm以上18cm以下：許容差±2.5cm
空気量	JIS A 1128	許容差 ±1.5%
単位水量	—	配合設計値 ±15kg
塩化物イオン量	JIS A 1154	0.3kg/m^3 以下
温度	—	寒中：5～20℃、暑中：35℃以下

(6) 打込み・締固め

コンクリートの打込みおよび締固めは、打設計画に従って、順序よく行う。打込みおよび締固めは職種の異なる複数の技能者と施工管理技術者が連携して行うため、施工前に打設計画を十分に関係者に周知させる必要がある。

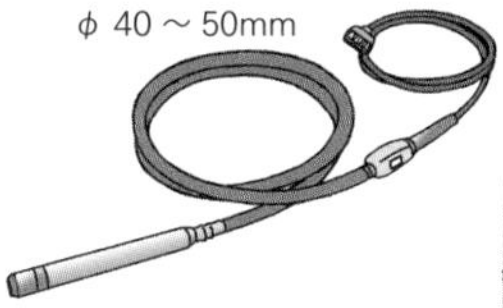
φ 40～50mm

コンクリート内部振動機
（高周波バイブレータ）

打込み・締固めの様子

(7) 仕上げ・養生

仕上げとは、締固め終了後、コンクリート上面を平坦に均す作業をいう。養生とは、仕上げ面あるいは型枠撤去後の表面を、乾燥、急激な温度変化、振動や衝撃から保護することをいう。

鏝《こて》
トロウェル

仕上げ方法

散水養生

湿潤養生期間の標準

日平均気温	H	N	BB・FB
15℃以上	3日	5日	7日
10℃以上	4日	7日	9日
5℃以上	5日	9日	12日

H：早強ポルトランドセメント
N：普通ポルトランドセメント
BB：高炉セメントB種
FB：フライアッシュセメントB種

(8) 施工後試験

施工後試験として、ひび割れ調査やリバウンドハンマーによる強度推定調査を行う。

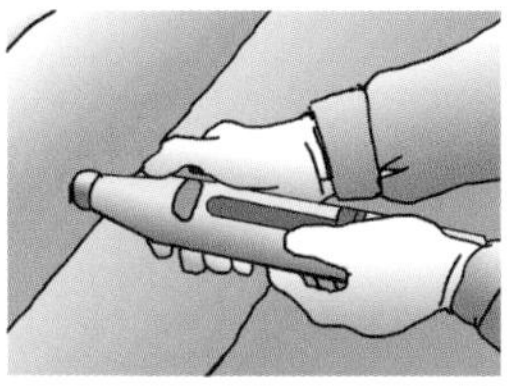

リバウンドハンマーによる調査の様子

工事現場の一日

工事現場におけるゼネコンの技術者は、QCDSEの管理を行うために現場を巡回し、「品質上の問題はないか」「無駄はないか」「事前の計画工程に対し遅れなどの問題はないか」「作業は安全に行えているか」「環境に配慮されているか」などの確認を行っている。ゼネコンの技術者が一日の安全施工サイクルを実施する一例を紹介する。

10:00 ③現場巡視

作業手順書どおり作業していますか？
はい、大丈夫です。明日は作業場所が変わるので、他社との調整をお願いします
作業手順の確認

08:15 ②作業開始前点検

作業開始前における作業箇所、使用機械・工具などの安全点検を行う。

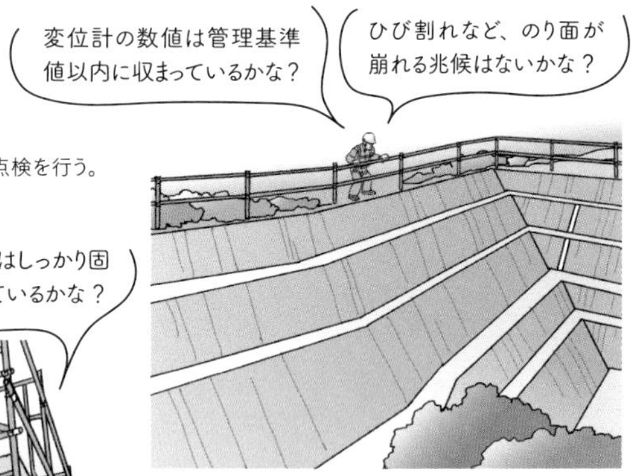
変位計の数値は管理基準値以内に収まっているかな？
ひび割れなど、のり面が崩れる兆候はないかな？
地山の点検

落下の危険性がある場所はないかな？
各部材はしっかり固定されているかな？
作業足場の点検

エンジン音に異音はないかな？
安全装置の動作に異常はないかな？
使用機械の点検

08:00 ①安全朝礼
（ラジオ体操、安全朝礼、ＫＹＫ）

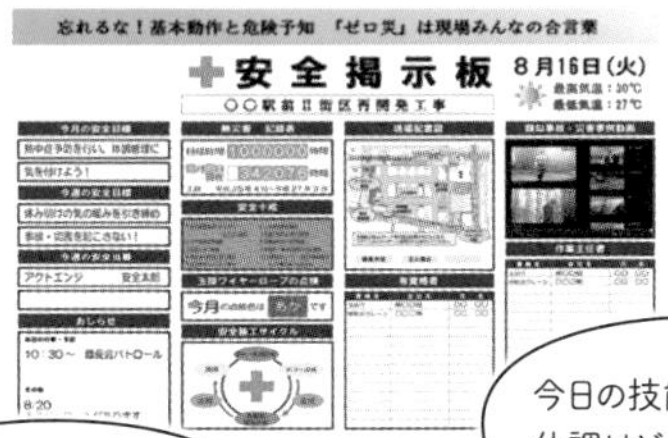
忘れるな！基本動作と危険予知 「ゼロ災」は現場みんなの合言葉
安全掲示板
8月16日(火)
○○駅前Ⅱ街区再開発工事

メンバーは揃っているかな？
今日の技能者の皆さんの体調はどうかな？
ラジオ体操は運動量が多いため、しっかり行うと体調不良かどうかが分かる。

ラジオ体操

10時にトレーラーによる資材搬入があります！
重機に近づく場合は、合図による確認を徹底してください！
14時に発注者の立会い検査があります！
一日の主な作業内容の確認・周知を行う。技能者全員に当日の立入り危険箇所や危険のポイントを周知するために重要である。

安全朝礼

今日の作業で危険な場面はあるかな？
開口部の明示を確実に行います！
KYKでは、今日の作業で危険が発生しそうなシーンをメンバーで共有する。

危険予知活動（KYK）

現場状況の確認

12:00 ④休憩（昼休み）

13:00 ⑤工程調整会議

協力業者の責任者を交え、翌日の職種間における作業内容、スケジュール調整、作業方法、安全指示事項の確認を行う。

15:00 ⑥工事事務所内作業

翌日の協力業者の配置、資機材の手配、施工図面のチェック、作業手順、品質管理書類の作成ならびに確認を行う。

17:00 ⑦終業時の場内確認作業

17:00~ ⑧工事事務所内作業（データ整理・翌日の準備）

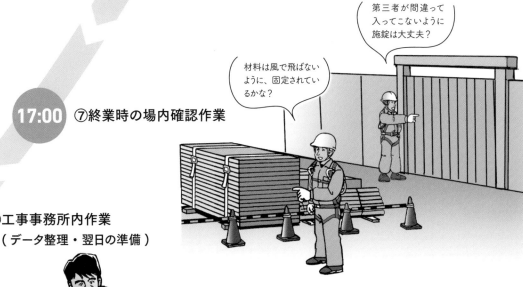

将来に向けての取組み

建設業においては、労働人口の減少に伴う建設就労者の減少や入職率の低下が大きな課題である。これを解決するためには、働き方改革を進めて労働時間を縮減するとともに、生産性を向上させる必要がある。ICT などの先端技術の活用、多様な人材の活用は、生産性向上の解決手段として不可欠となっている。また、環境への配慮による持続可能な社会の実現は、建設業だけでなく全産業の目標である。

生産性向上

(1) 政府による強力な推進

政府は2016年「未来投資会議」、2017年「未来投資戦略」、2018年「経済財政運営と改革の基本方針」で建設現場の生産性向上を目指すことを宣言した。なお「未来投資会議」は、2020年に「成長戦略会議」に引き継がれた。

(2) i-Constructionをはじめとした生産性向上

国土交通省は、すべての建設生産プロセスでICT（情報通信技術：Information and Communication Technology）を活用した生産性向上を目指し、建設現場でICTを活用する取組みとしてi-Constructionを推進している。

(3) BIM/CIMの活用

i-Constructionの取組みに3次元モデルを活用したBIM/CIM（Building Information Modeling/Construction Information Modeling/Management）を連携させることで調査・設計から施工および維持管理までの一貫した受発注者双方の業務効率化・高度化を目指している。

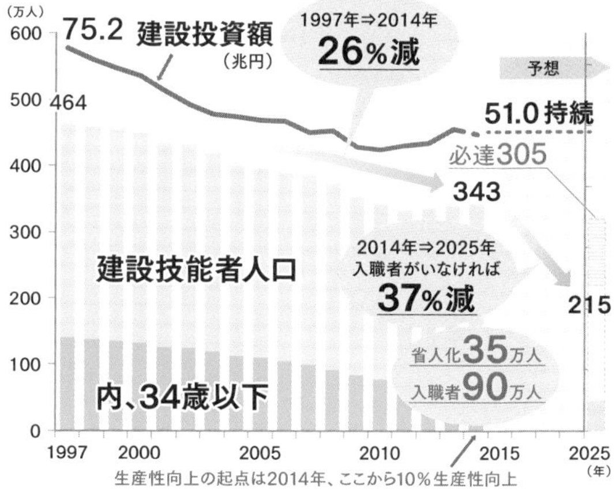

日建連 2015年 ── 建設業の長期ビジョン

閣議

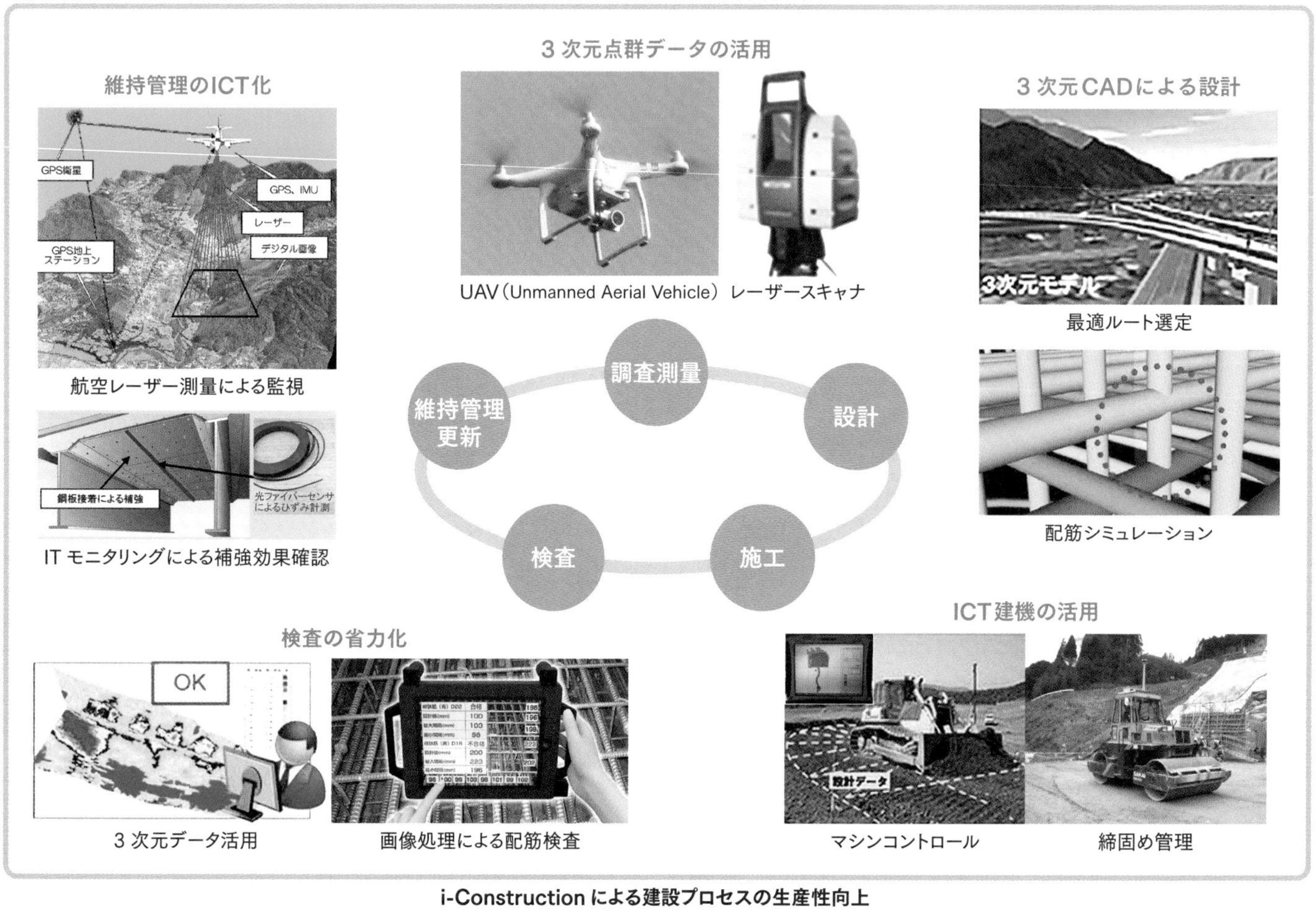

i-Construction による建設プロセスの生産性向上

多様な人材の活用

(1) けんせつ小町（日本建設業連合会）

「けんせつ小町」は、建設業で働くすべての女性の愛称である。ゼネコンで働く女性技術職の比率は2018年に5.8％となり増加傾向にある。

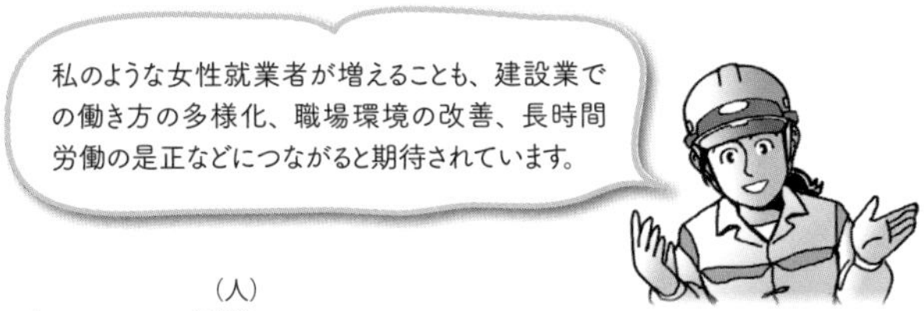
私のような女性就業者が増えることも、建設業での働き方の多様化、職場環境の改善、長時間労働の是正などにつながると期待されています。

けんせつ小町のロゴマーク

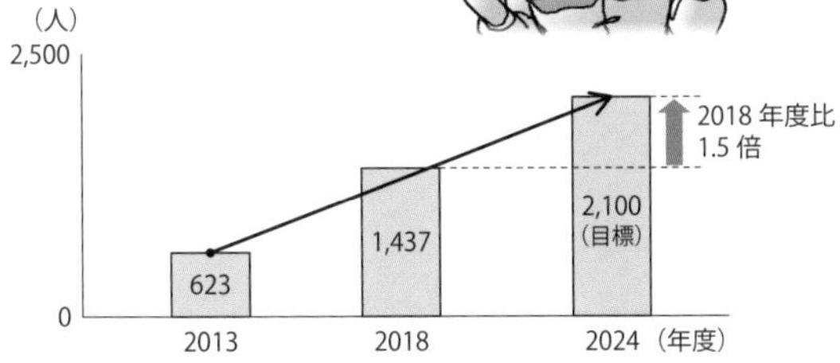
（人）
2,500
0
623
1,437
2,100
（目標）
2018 年度比
1.5 倍
2013
2018
2024（年度）

日本建設業連合会会員企業の女性管理職数

(2) 外国人材の活用

深刻化する労働力不足に対応するため、政府は外国人技能実習制度に加え、新しい在留資格「特定技能」を創設した。日本建設業連合会（日建連）は、これを受け、建設分野の特定技能外国人のために「安全安心受入宣言」を出している。日建連会員企業でも外国人材の登用が進んでいる。

僕は、現場の技術をもっと勉強して日本の建設現場で長く働き、将来は家族も日本に呼びたいと思っています。

多様な外国人材の活用

環境への取組み

地球温暖化をはじめとする環境問題への対応は、世界の普遍的な目標とされるSDGsでも取り上げられ、さらに、企業評価では財務状況だけでなくESGが重要視されている。

土木工事は環境とのかかわりが大きく、工事に伴う騒音、振動、水質汚濁などが及ぼす環境への影響を抑制する取組みが重要となる。この「①工事に伴う環境問題の抑制」については2～8章の環境コラムで各工事と関連の深い環境問題として取り上げる。

一方、持続可能な社会の実現のため、環境問題へのより積極的な取組みとして、廃棄物最終処分場の建設や土壌汚染対策などがある。これらの工事は、主に土木工事として実施される。この「②環境保全などへの積極的取組み」については9章で事例を取り上げて紹介する。

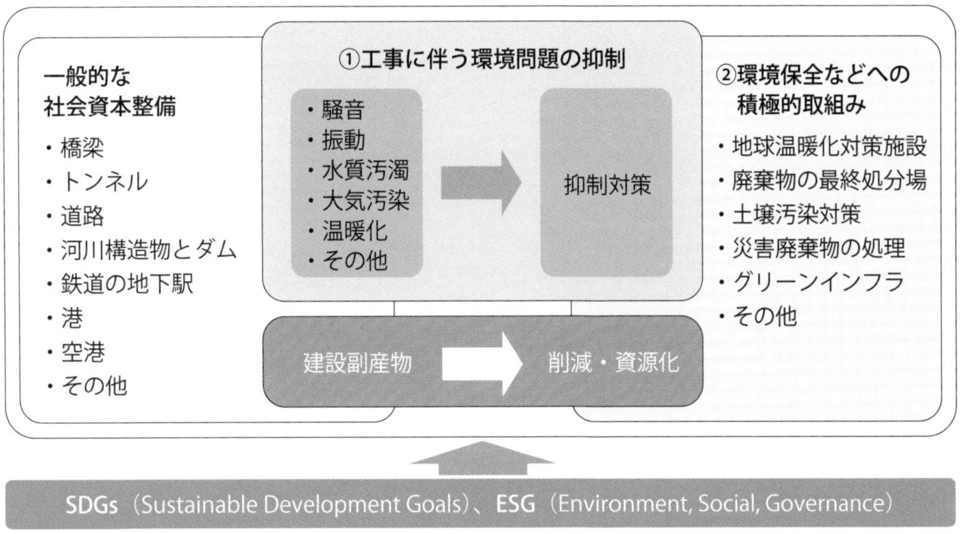
土木工事
一般的な社会資本整備
・橋梁
・トンネル
・道路
・河川構造物とダム
・鉄道の地下駅
・港
・空港
・その他
①工事に伴う環境問題の抑制
・騒音
・振動
・水質汚濁
・大気汚染
・温暖化
・その他
抑制対策
建設副産物
削減・資源化
②環境保全などへの積極的取組み
・地球温暖化対策施設
・廃棄物の最終処分場
・土壌汚染対策
・災害廃棄物の処理
・グリーンインフラ
・その他
SDGs（Sustainable Development Goals）、ESG（Environment, Social, Governance）

SUSTAINABLE DEVELOPMENT GOALS
世界を変えるための17の目標

SDGs：2015年9月の国連サミットにおいて「持続可能な開発のための 2030 アジェンダ」が採択。この目標が 17 のゴールと 169 のターゲットからなる持続可能な開発目標（SDGs）である。

ESG：財務状況とは別に、環境・社会・企業統治（ガバナンス）の指標により企業を評価すること。

土木工事と環境のかかわり

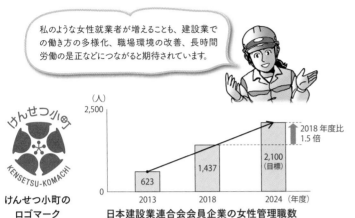

2

橋

橋とは、谷、川、湖、海、あるいはその他道路・鉄道などをまたぐように建設される構造物であり、道路や鉄道の一部となる。そして、ある地点と別の地点をつなげることで、人の交流や物流を可能にする。また人々の利便性の向上や、緊急時の避難・救助に利用されるだけでなく、道路で分断された生活圏をつなぐための動物専用の橋も存在するなど、橋の建設には様々な理由がある。橋は、建設場所・建設時の環境・施工性・経済性など、様々な条件を考慮し最適な構造、施工方法が選ばれる。ここでは、多くの橋で採用されている張出し架設工法について紹介する。

2-1 準備工

準備工には、資材の搬入路や工事現場内の工事用道路の整備や建設、クレーン計画、コンクリートの調達・運搬計画、事務所や宿舎の計画などがある。また、仮設備工事に必要なボーリング調査を行う場合もある。

1 工事用道路

工事用道路とは、工事のために行き来する人や工事車両が通る道であり、その計画は施工を安全に行えるかどうかを左右する大事なものである。事業者によって発注段階で決められていることが多く、特に、国道などの一般道と工事用道路がつながるルートは、事業者による事前協議が完了している場合がほとんどである。工事用道路には、今ある道路を活用する場合と、新たにつくる場合がある。

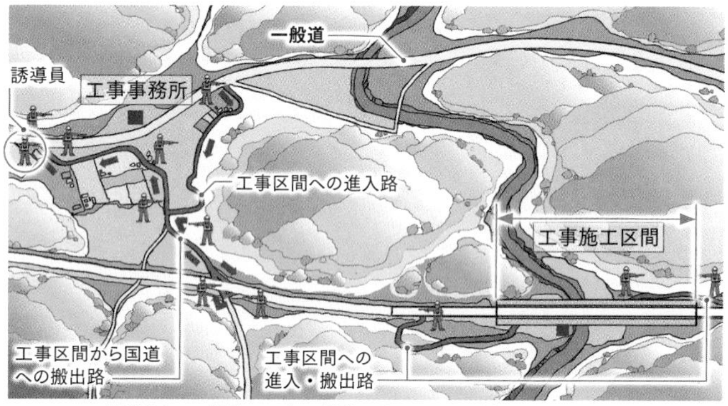

工事現場までの経路は既存の道路を利用するが、特に近隣の生活道路を使用する場合は、大型車が通行するので交通事情を入念に調査して、必要な誘導員の配置や利用時間に配慮した運搬計画を立てる。

工事用道路計画図

2 基本測量

基本測量とは、施工するために必要な基準点の座標が正しいかチェックする重要な測量である。工事を請け負ったゼネコンから測量会社に依頼し、事業者・建設コンサルタント・ゼネコンで構成する三者協議会の前に実施し、協議ができるようにする。

事業者、建設コンサルタント、ゼネコンによる三者協議会

3 仮設備工事

工事のために工事期間中のみ必要な施設を仮設備といい、工事用道路、資材置き場、工事事務所などの仮設建物などがある。特に工事用道路は、ルート・勾配・線形・広さ・地盤の状態などが施工に際して問題がないかどうか、三者協議会において詳細な協議を実施して決定する。

4 橋の工事現場で働く専門技能者（PC工）

PC工とは、橋梁のプレストレストコンクリート（PC）工事特有の技能者のことであり、PC鋼材を用いてあらかじめ設計された圧縮応力（プレストレス）をコンクリートに導入する仕事に従事する。PC工には、専門分野以外の鉄筋・型枠・鳶・鍛冶・左官などの多くの知識が求められることが多い。

PC工

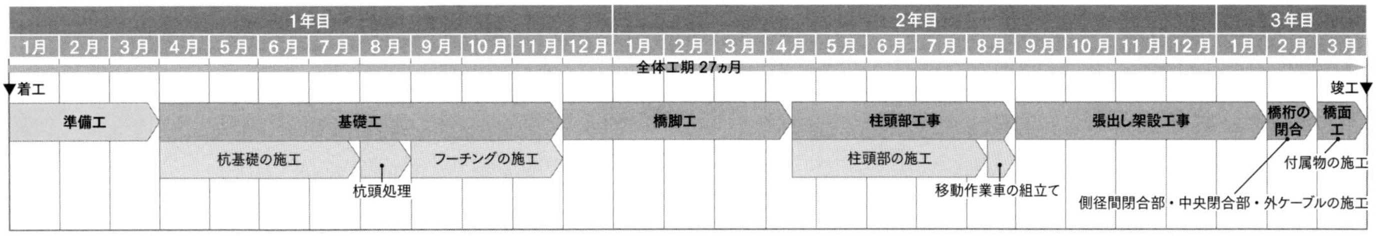
1年目
2年目
3年目
1月 2月 3月 4月 5月 6月 7月 8月 9月 10月 11月 12月 1月 2月 3月 4月 5月 6月 7月 8月 9月 10月 11月 12月 1月 2月 3月
全体工期 27ヵ月
着工
竣工
準備工
基礎工
橋脚工
柱頭部工事
張出し架設工事
橋桁の閉合
橋面工
杭基礎の施工
フーチングの施工
杭頭処理
柱頭部の施工
移動作業車の組立て
付属物の施工
側径間閉合部・中央閉合部・外ケーブルの施工

全体工程表

5 クレーン計画

クレーンは、作業半径・吊り荷の高さや角度・アウトリガ張出し長によって持ち上げられる荷重が決まる。そのため、最も重量の大きな吊り荷を想定し、工程・工費・安全性を考慮してクレーンの仕様を決定する。

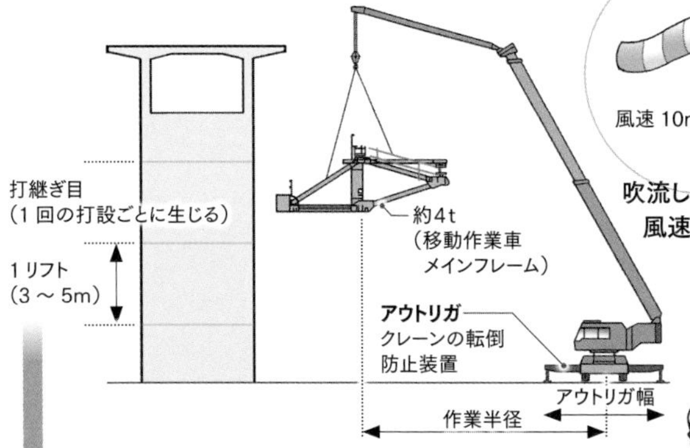
打継ぎ目
（1 回の打設ごとに生じる）
1 リフト
（3 ～ 5m）
約4t
（移動作業車
メインフレーム）
アウトリガ
クレーンの転倒
防止装置
アウトリガ幅
作業半径

張出し施工の場合にクレーンの能力を決定する要素

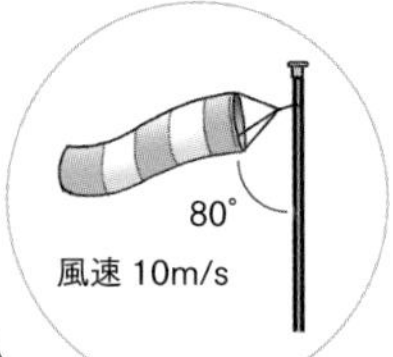
80°
風速 10m/s

吹流しの角度と風速の目安

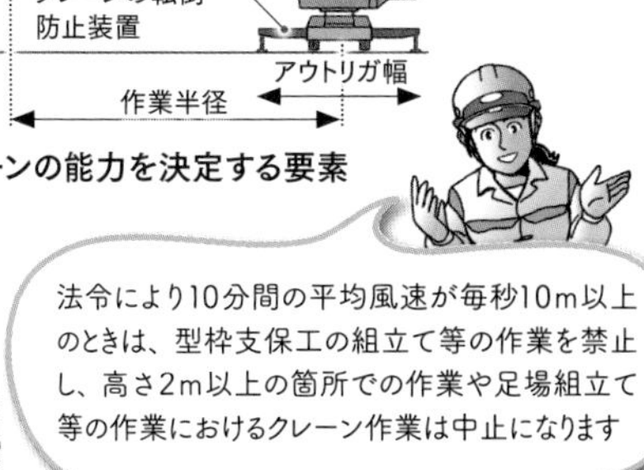
法令により10分間の平均風速が毎秒10m以上のときは、型枠支保工の組立て等の作業を禁止し、高さ2m以上の箇所での作業や足場組立て等の作業におけるクレーン作業は中止になります

6 コンクリートの調達・運搬計画

生コン工場の選定は、品質管理状況、該当するコンクリートの出荷実績、資格技術者の配置状況、製造能力、運搬時間および価格等を考慮する。選定には発注者の承認が必要であり、JIS認証工場が推奨される。コンクリートの運搬計画では、生コン工場から現場までの運搬における、トラックアジテータの数や運搬時間を調査する。そして現場では、ポンプ車の台数や圧送能力から打設能力を算出し、所定の運搬能力を確保できるように計画する。

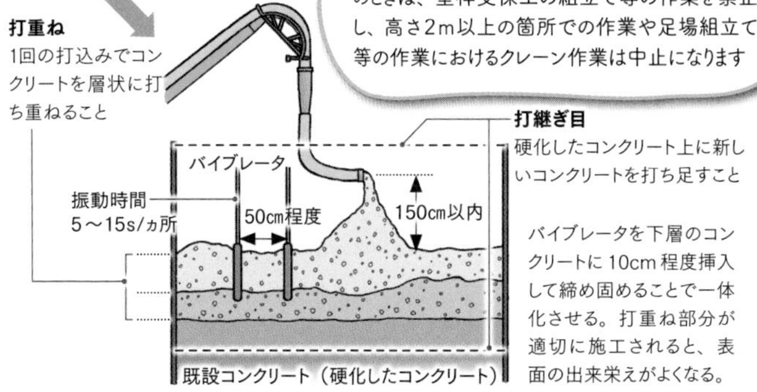
打重ね
1回の打込みでコンクリートを層状に打ち重ねること
打継ぎ目
硬化したコンクリート上に新しいコンクリートを打ち足すこと
バイブレータ
振動時間
5～15s/ヵ所
50cm程度
150cm以内
バイブレータを下層のコンクリートに10cm程度挿入して締め固めることで一体化させる。打重ね部分が適切に施工されると、表面の出来栄えがよくなる。
既設コンクリート（硬化したコンクリート）

コンクリートの打重ねと打継ぎ

7 届出

橋梁工事でゼネコンが所轄の労働基準監督署へ届け出る主なものとして、以下の例がある。

- 建設工事計画届：最大支間長50m以上の橋梁あるいは最大支間長30m以上50m未満の橋梁の上部構造建設には、工事開始14日前までに提出する。
- 型枠支保工の届出：支柱の高さが3.5m以上の場合は、工事開始の30日前までに提出する。
- 足場の届出：高さ10m以上かつ組立てから解体までの期間が60日以上の場合、工事開始の30日前までに提出する。

8 工事事務所

工事の現場には、人数・仕事の違いによってそれぞれ作業する場所がある。

- **工事事務所**：ゼネコンの職員が仕事をする事務所で、現場付近の空いている場所に建設するか、既設の建物を借りるか、経済性を比較して決定する。
- **現場詰所**：現場内に設置する比較的簡易な詰所で、計画した作業員数に合わせて詰所の大きさを決定する。また、衛生面と合理性を考慮して、冷暖房設備や冷蔵庫等を設置する。
- **型枠加工場**：張出し架設では断面変化に対応した型枠の作成が必要となり、各作業箇所に合った小規模の型枠を作成するための型枠加工場を設置する。

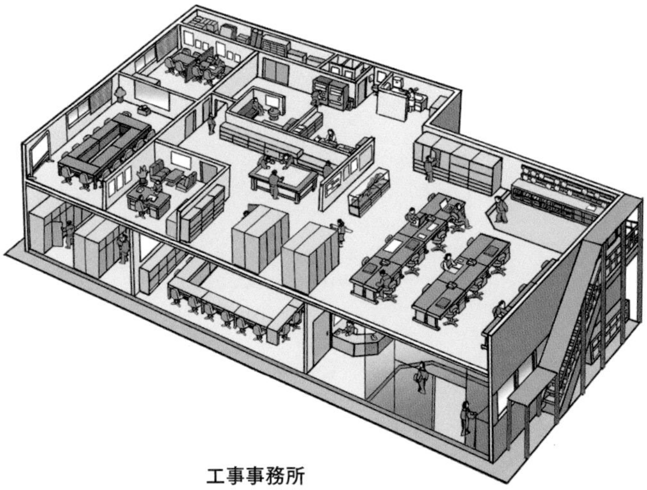

工事事務所

型枠加工場

2-2 基礎工・橋脚工

橋を支える橋脚の基礎工は、地中に杭を施工することから始まる。杭の施工が終わると、フーチングの底面となる位置まで地面を掘削し、杭頭処理を行い、フーチングを構築する。フーチングは厚いコンクリートによって、橋脚を通して作用する橋の重量を各杭に効率よく分散する目的がある。杭、フーチングの基礎工が終わると、橋脚の施工が始まる。橋脚は3〜5mの高さを1リフトとして、足場組立て、鉄筋組立て、型枠組立て、コンクリート打設という作業を、10〜14日サイクルで繰り返すことで、所定の高さの橋脚を施工する。現場では通常、基礎工と橋脚工を同時に行うことはないが、複数の橋脚のある多径間の橋梁で工期短縮が求められるなどの特殊な事情がある場合は、作業を同時に行うこともある。

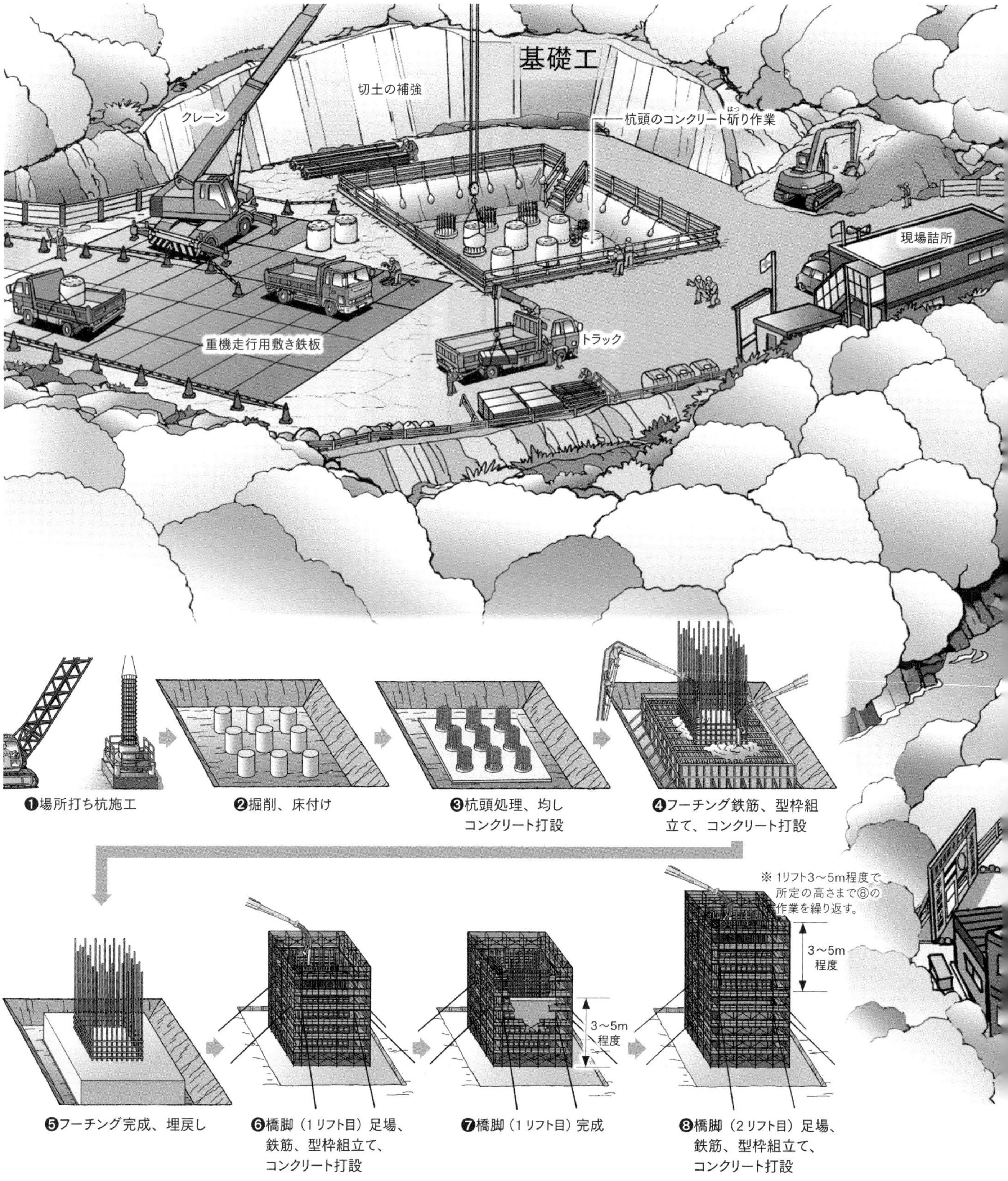

基礎・橋脚の施工ステップ図

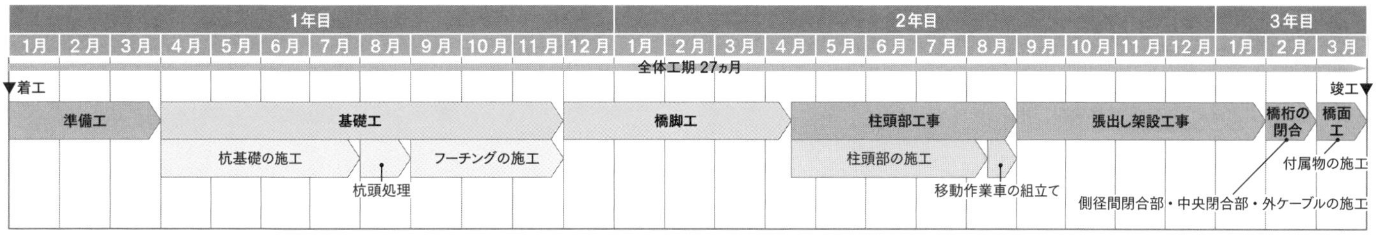
1年目
2年目
3年目
1月
2月
3月
4月
5月
6月
7月
8月
9月
10月
11月
12月
1月
2月
3月
4月
5月
6月
7月
8月
9月
10月
11月
12月
1月
2月
3月
全体工期 27ヵ月
▼着工
竣工▼
準備工
基礎工
橋脚工
柱頭部工事
張出し架設工事
橋桁の閉合
橋面工
杭基礎の施工
杭頭処理
フーチングの施工
柱頭部の施工
移動作業車の組立て
側径間閉合部・中央閉合部・外ケーブルの施工
付属物の施工

全体工程表

橋脚工
橋脚の鉛直方向鉄筋の吊込み
橋脚の鉄筋組立て作業
ビルの建設のように見えるが、橋桁を支える橋脚を施工している。日本で一番高い橋脚は125m、世界では260mである。
今日の作業を確認しているゼネコンの工事担当者
誘導員
現場詰所
整理
整頓
安全
第一
ゼロ災害

1 基礎工

基礎工では、上部構造物や車両の重量を支え、地震時には水平方向の力にも耐えるように設計された基礎を、地盤の中に確実に構築しなければならない。したがって、地中という見えないところでの施工となるため、求められる品質を満たすためには、施工要領や手順を守り、必要な品質検査を確実に行って完成させる必要がある。

(1) 基礎の種類

一般に基礎構造物をつくる工事を基礎工という。基礎は、上部構造物の荷重の大きさや重要度、および支持地盤の深さや性質などにより、条件に合った形式が用いられる。大別して、直接基礎、杭基礎、ケーソン基礎に分けられる。杭基礎の場合、用いる材料で、鋼材を材料とした鋼管杭と鉄筋コンクリートを使用したコンクリート杭に分類される。一般に、地盤強度と許容沈下量が小さく、橋脚および上部工の荷重が大きいほど必要とする基礎は大きく深いものになる。

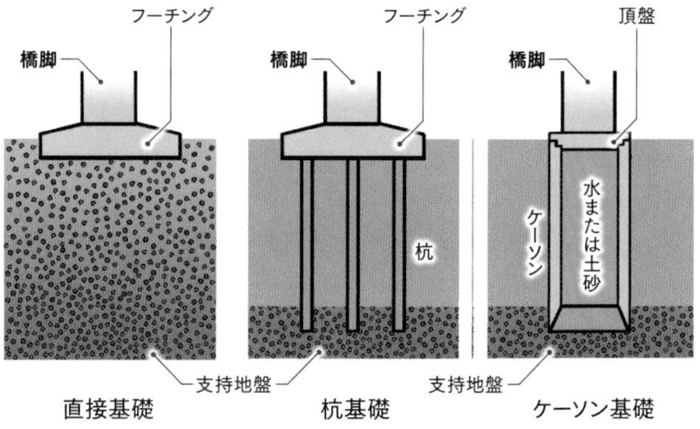

フーチング
フーチング
頂盤
橋脚
橋脚
橋脚
杭
ケーソン
水または土砂
支持地盤
支持地盤
直接基礎
杭基礎
ケーソン基礎

基礎の種類

(2) 杭基礎の施工ステップ

杭基礎は、工場で製作する「既製杭」、現地で構築する「場所打ち杭」、支持方式が杭先端の支持力に期待する「支持杭」、杭周辺の摩擦力に期待する「摩擦杭」に分けられる。

場所打ち杭とは、地盤を掘削し、その孔の中に円筒状の鉄筋かごを挿入し、その後、コンクリートを打ち込み、杭を構築するものである。図に示すオールケーシング工法は、杭全長にケーシングと呼ばれる円筒状の鋼製枠を使用することで孔壁の崩壊をなくし、確実な杭断面形状を確保しやすい、という特徴がある。

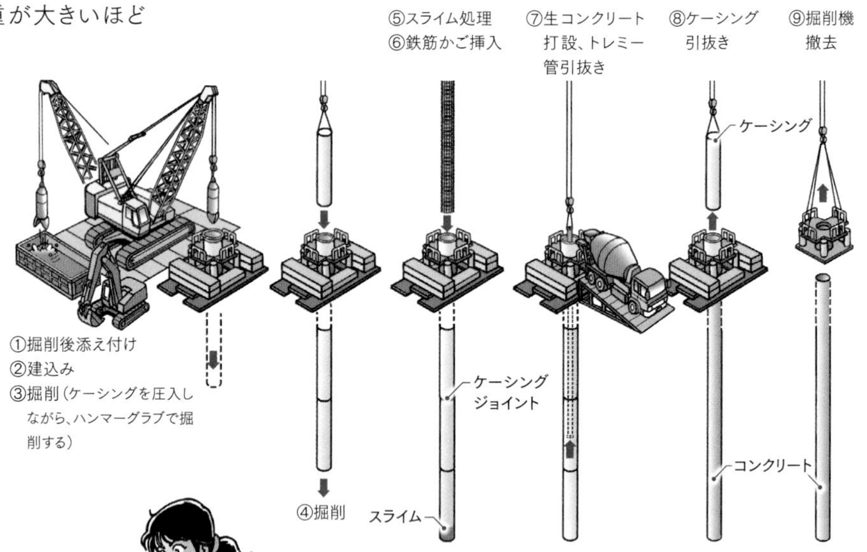

⑤スライム処理
⑥鉄筋かご挿入
⑦生コンクリート打設、トレミー管引抜き
⑧ケーシング引抜き
⑨掘削機撤去
ケーシング
①掘削後添え付け
②建込み
③掘削（ケーシングを圧入しながら、ハンマーグラブで掘削する）
ケーシングジョイント
コンクリート
④掘削
スライム
スライムとは、施工時に生じる掘りくずが杭の底部に沈殿したもの。
スライムを適切に処理しないと、支持力不足などの不具合が生じる。

場所打ち杭（オールケーシング工法）

底に沈んだタピオカを吸い上げる感じ

スライム処理のイメージ

(3) 床付けと杭頭処理

床付けとは、フーチング底面から20cm程度の深さまで土を掘り、掘削底面を平らに仕上げることをいう。床付け面を乱さないように掘削するために、最後は平爪バケットを用いたバックホウで土砂を削り取り、のり面をバケットで押さえて整形する。

床付けが完了したら厚さ10cm程度に砕石を敷き均し、均しコンクリートを打設する。均しコンクリートとは、構造物や型枠・鉄筋の位置を示すための墨出しを行ったり、型枠・鉄筋を水平に設置したりするための受け台として設けるコンクリートをいう。そして、杭の余盛り部分を撤去し、杭の鉄筋を露出させる杭頭処理を行い、その後、フーチングの構築に移る。

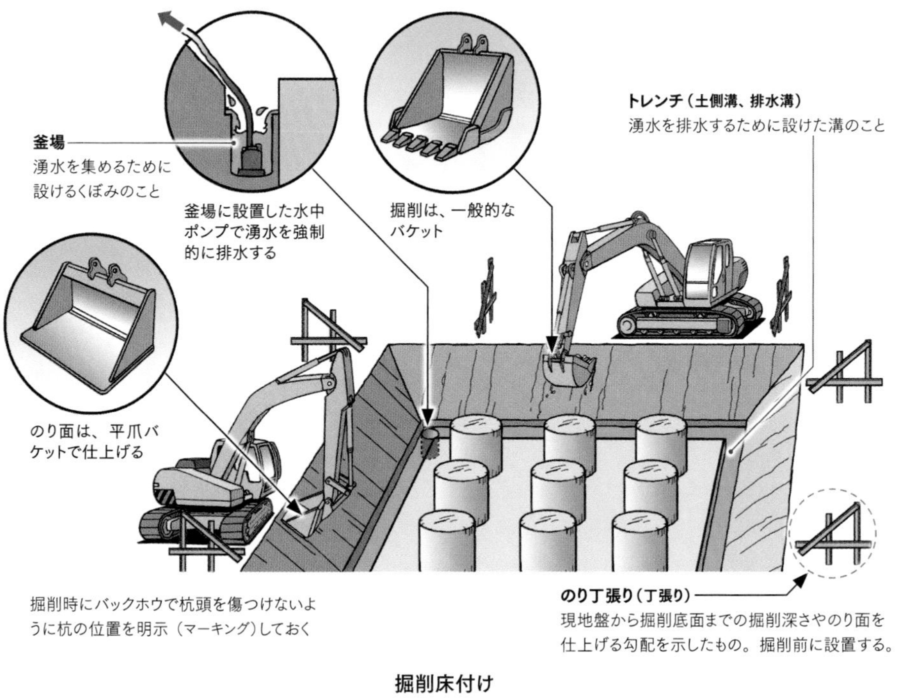

釜場
湧水を集めるために設けるくぼみのこと
釜場に設置した水中ポンプで湧水を強制的に排水する
掘削は、一般的なバケット
トレンチ（土側溝、排水溝）
湧水を排水するために設けた溝のこと
のり面は、平爪バケットで仕上げる
掘削時にバックホウで杭頭を傷つけないように杭の位置を明示（マーキング）しておく
のり丁張り（丁張り）
現地盤から掘削底面までの掘削深さやのり面を仕上げる勾配を示したもの。掘削前に設置する。

掘削床付け

(4) フーチングの施工

フーチングの施工は、均しコンクリート上に測量した位置の墨出しを行い、所定の位置に鉄筋、型枠を組んでいく。鉄筋は太径のものが多くて重いため、等辺山形鋼などの鋼材で鉄筋を支える架台を設けて、正確に組み立てていく。また、フーチングには、あらかじめ埋め込まれる橋脚用の鉄筋を組むための足場も組み立てる必要がある。コンクリート打設後は、型枠、足場を解体し、埋め戻して橋脚の施工へと進む。

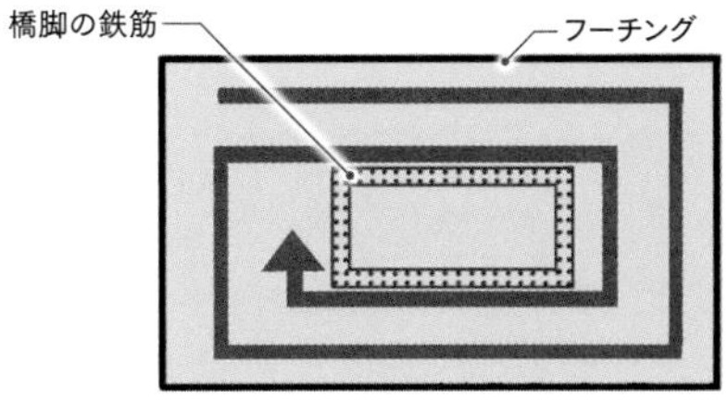
橋脚の鉄筋
フーチング

打設順序の例

フーチングはコンクリートの打設量が多いため、打ち上がる高さを一気に高くして片側から打設すると、型枠に及ぼす側圧が大きくなる。その場合、型枠が大きく変形して倒壊するおそれがあるため、1回の打上がり高さを適切に選んで打設する必要がある。橋脚のフーチングの場合、中央に橋脚の鉄筋が配置されていることから、施工の効率を考慮して、右上図のような順序で施工する。

コンクリート打設順序

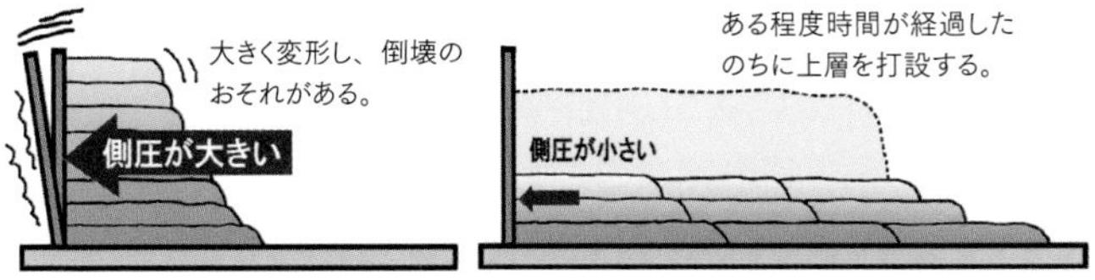
〈高い場合〉
大きく変形し、倒壊のおそれがある。
側圧が大きい
〈低い場合〉
ある程度時間が経過したのちに上層を打設する。
側圧が小さい

1回の打上がり高さの違いによる型枠に及ぼす側圧の違い

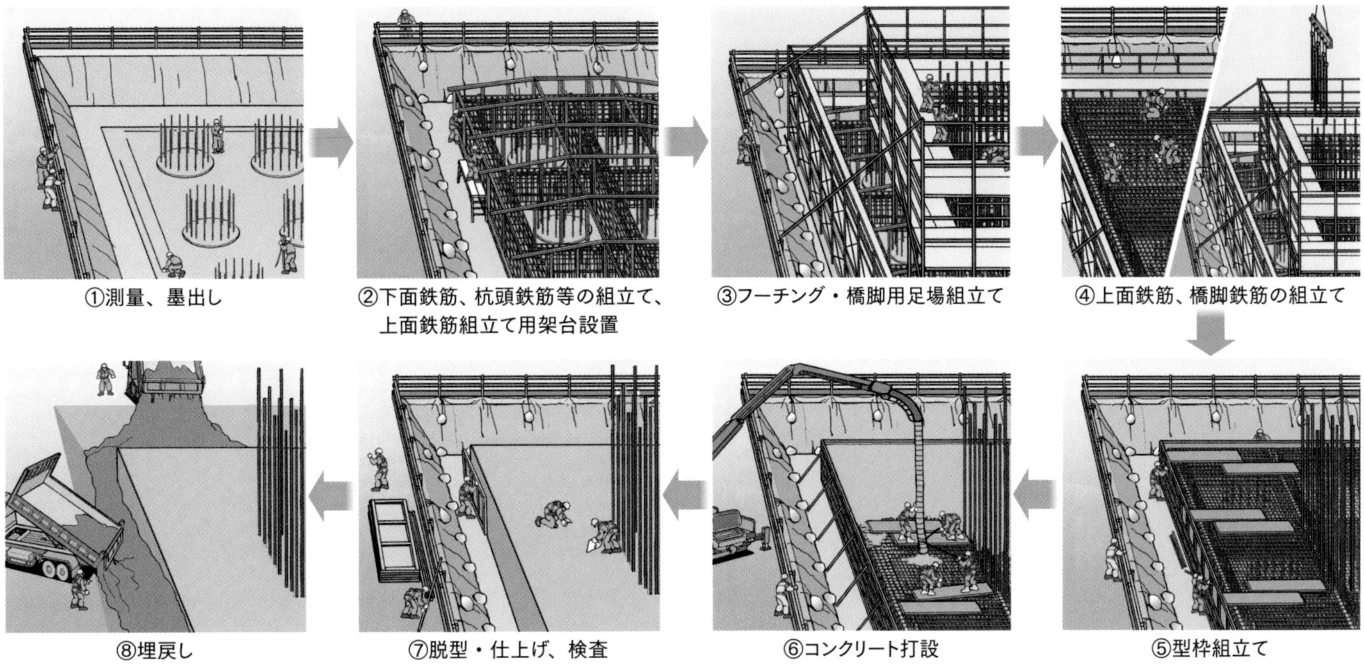
①測量、墨出し
②下面鉄筋、杭頭鉄筋等の組立て、上面鉄筋組立て用架台設置
③フーチング・橋脚用足場組立て
④上面鉄筋、橋脚鉄筋の組立て
⑤型枠組立て
⑥コンクリート打設
⑦脱型・仕上げ、検査
⑧埋戻し

フーチングの施工の流れ

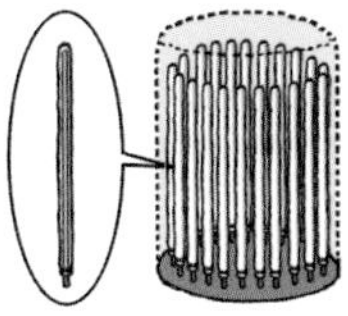

杭頭が抜けやすいように、鉄筋にカバーを巻いて杭頭部分の鉄筋とコンクリートとの付着を防止する。

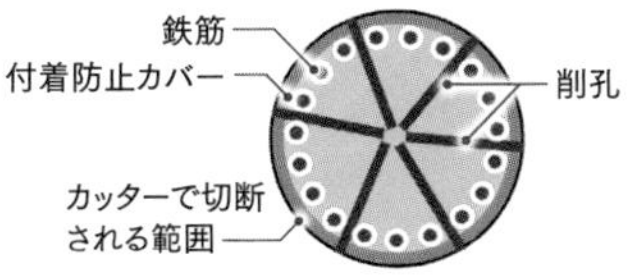
鉄筋
付着防止カバー
削孔
カッターで切断される範囲

中心に向かって削孔することで、断面を欠損させ、杭の中心付近まで亀裂を発生させる。

杭頭処理のポイント

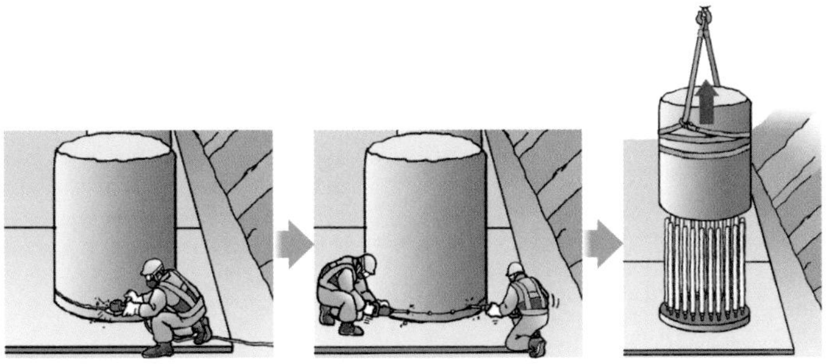

下から10～20cm程度の高さに、カッターで杭頭を一周切断する。
①カッター切断

カッターラインより上を削岩機で複数箇所削孔する。
②削孔

杭頭の余盛り部分をクレーンで撤去する。
③吊上げ

杭頭処理

環境コラム　自然に配慮したものづくり

竹割り型構造物掘削工法は、急傾斜地に橋脚等構造物を築造する場合の掘削土留め工法である。従来工法では、斜面の掘削範囲が広く、自然環境への負荷が大きいが、この工法では斜面を鉛直に掘削することにより、掘削範囲を狭くして自然環境への負荷を低減している。

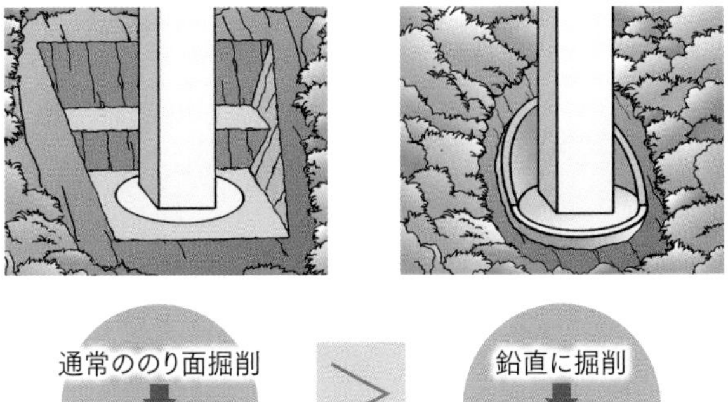

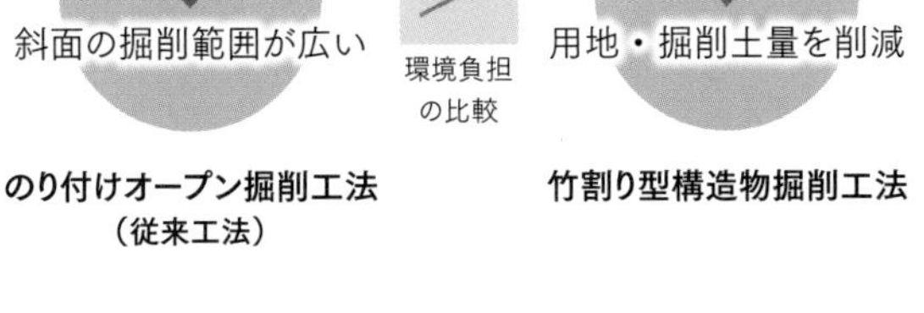
通常ののり面掘削
斜面の掘削範囲が広い
＞
環境負担の比較
鉛直に掘削
用地・掘削土量を削減

のり付けオープン掘削工法
（従来工法）

竹割り型構造物掘削工法

2 橋脚工

一般的に橋脚の施工は、高さ3～5mごとに足場、鉄筋の組立て、型枠の組立てを行い、コンクリートを打設する。この作業を繰り返し行って、所定の高さまで橋脚を構築していく。山間部などの道路橋において、高さが100mを超える橋脚が建設されている。これらは、従来の鉄筋コンクリート構造ではなく、鋼管や鉄骨などと鉄筋コンクリートを組み合わせた複合構造の橋脚が多い。施工方法も前もって部材をコンクリート製品工場など別の場所で製作して架設現場に搬入するプレキャスト製品を用いるなどして、現場作業を省力化し工期短縮および安全性の向上を可能にしたものが多く採用されている。

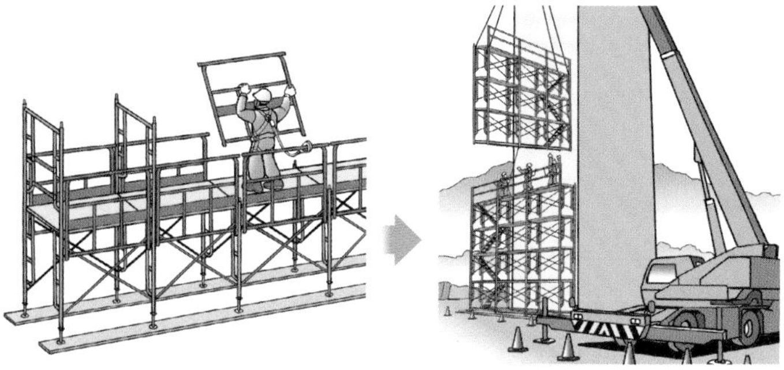

足場地組み
高所での作業を低減するために、あらかじめ部分的に地上で足場を組み立てる。

足場吊込み
地上で部分的に組み立てた足場をクレーンで一括して吊り上げ、足場を組み立てていく。

足場の組立て方法

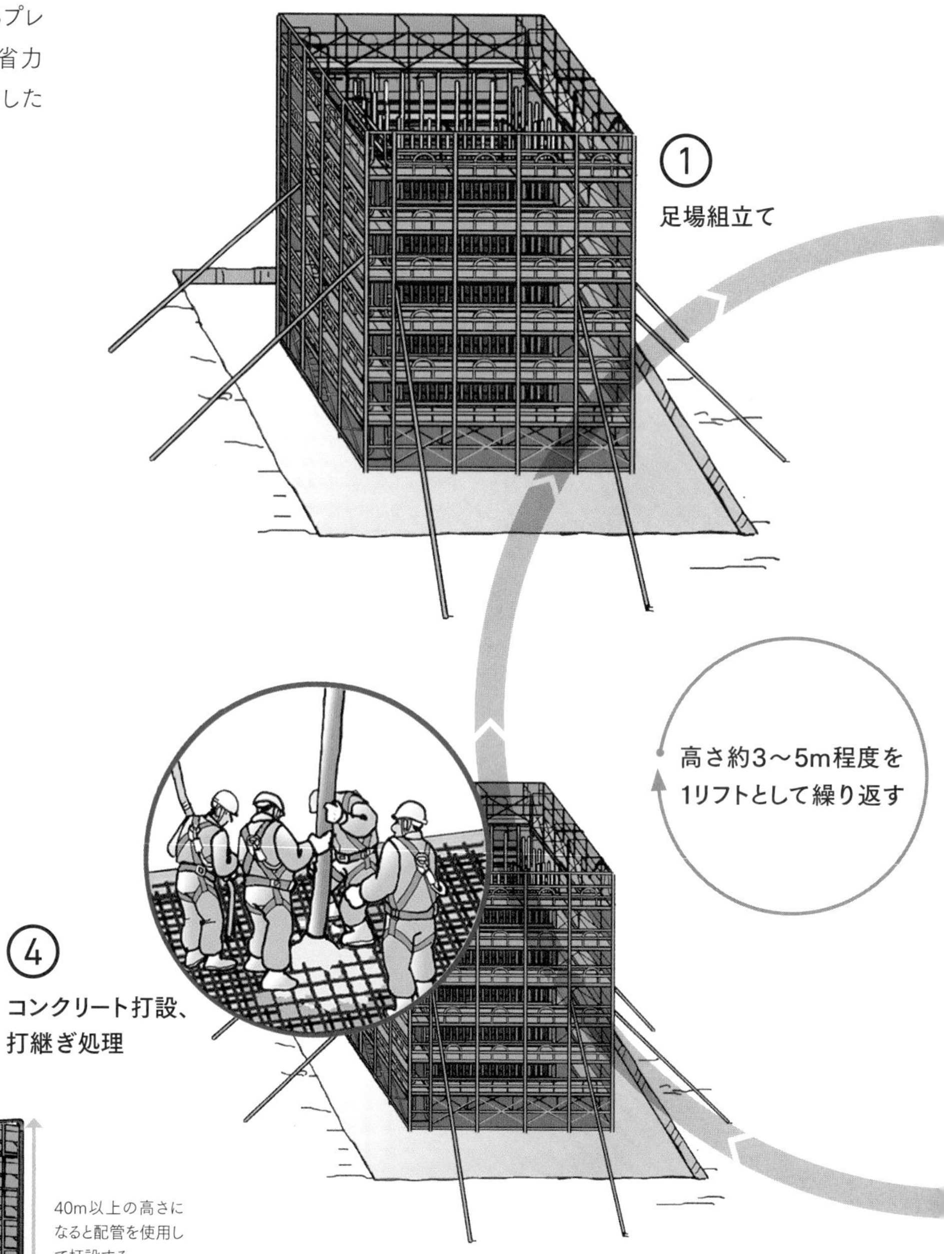
①
足場組立て
高さ約3～5m程度を
1リフトとして繰り返す
④
コンクリート打設、
打継ぎ処理

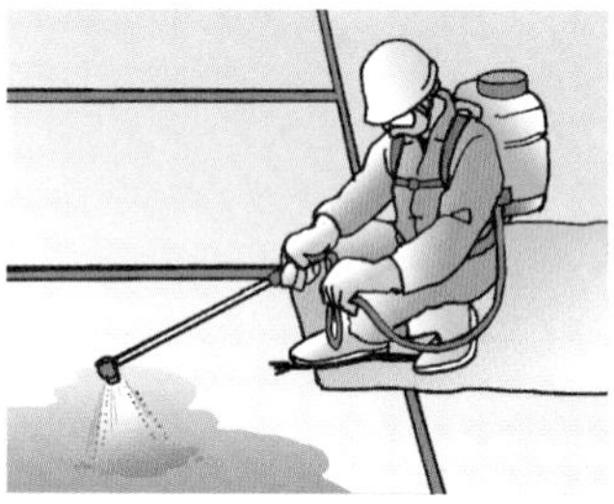

凝結遅延剤散布
コンクリート表面凝結遅延剤をコンクリート打継ぎ目に散布し、コンクリート表面薄層部の凝結・硬化を遅らせる。

圧力水処理
その後、高圧洗浄機などで、レイタンスや脆弱部の除去を均一に行う。

一般的な打継ぎ目の処理方法

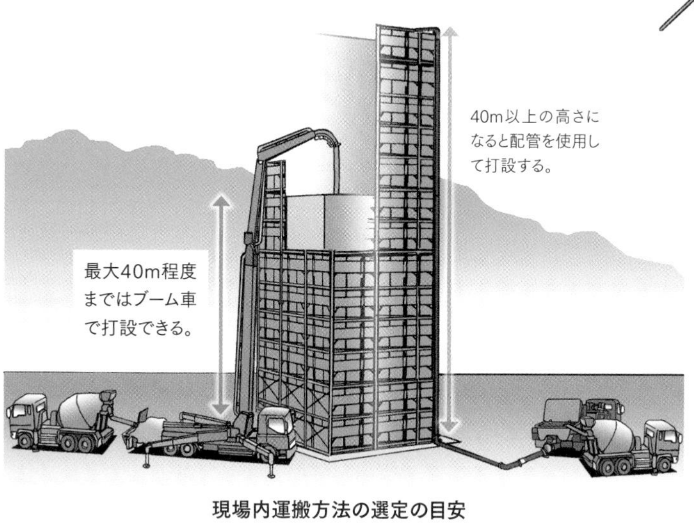
40m以上の高さに
なると配管を使用し
て打設する。
最大40m程度
まではブーム車
で打設できる。

現場内運搬方法の選定の目安

コンクリート打設
ポンプ車でコンクリートを高所へ圧送する場合、コンクリートが配管内で大きな圧力を受けるため、コンクリートのスランプが低下することを考慮して、受入れ地点スランプを決定する。打上がり速度は一般的に、30分で1.0～1.5mが適切である。ポンプ車による打設での打込み速度は、スランプ18cmの場合20～30m³/hが目安になる。

豆知識　主な鉄筋継手の種類

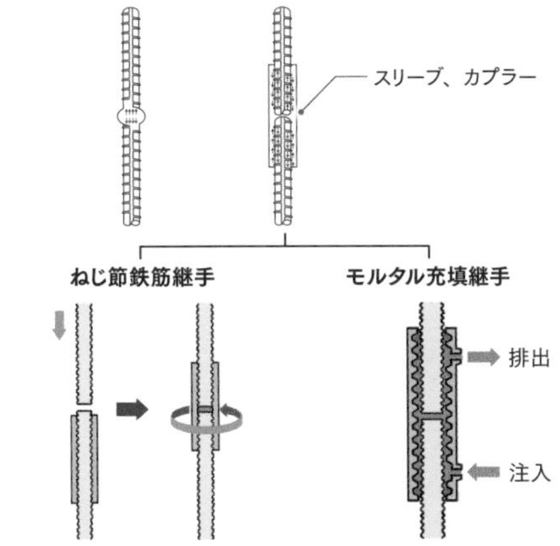
ガス圧接継手
機械式継手
スリーブ、カプラー
ねじ節鉄筋継手
モルタル充填継手
排出
注入

既設鉄筋にスリーブを設置しておき、新設鉄筋を建て込み、スリーブを回転させて接続する

新設鉄筋を建て込みスリーブ下側の注入口からモルタルを注入する

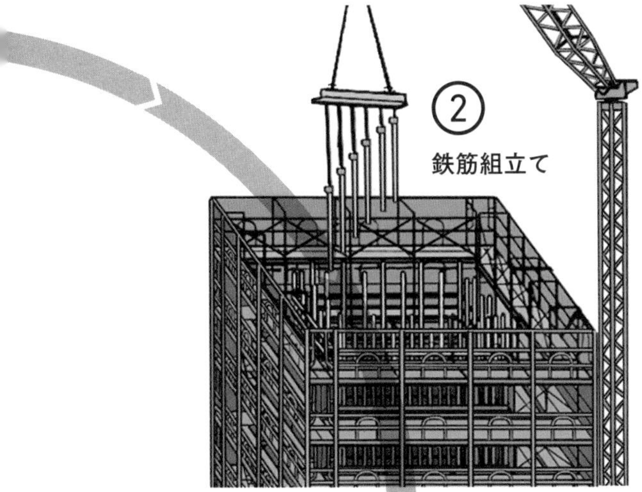

② 鉄筋組立て

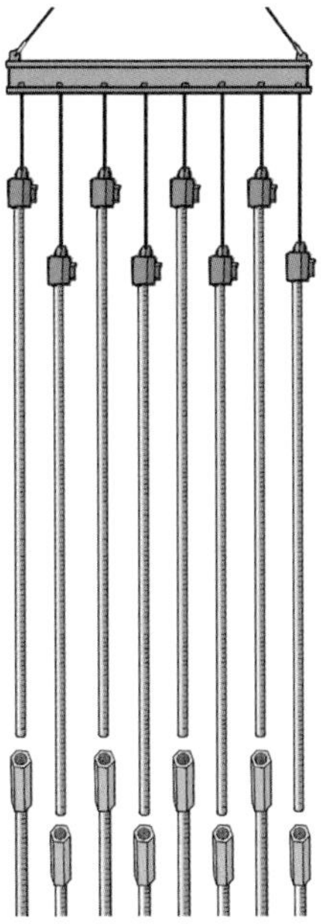

主鉄筋組立て方法
主鉄筋を鉛直に吊って組み立てるために、吊り金具を使用する場合が多い。高い橋脚は複数の主鉄筋をつないでいく。主鉄筋は継手箇所を減らすためにできるだけ長くするが、運搬するトラックの制約から最長12mとなる。またリフト高さは、型枠に作用するコンクリート打設時の圧力を抑えるために、3～5mで施工していく。

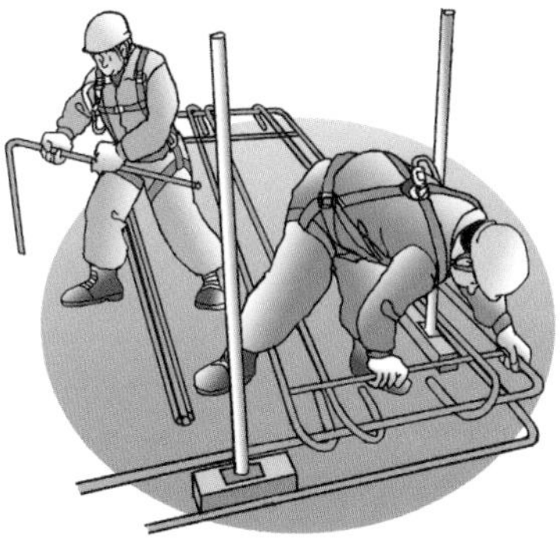

地組み状況
組み立てづらい水平方向の鉄筋をあらかじめ地上で組み立てる。

吊込み状況
地組みした鉄筋は、鉛直方向の主鉄筋に上から差し込んで所定の形状に仕上げていく。

帯鉄筋組立て方法
帯鉄筋は、不安定な足場上での組立て作業を避け、地上で組み立てたあと、クレーンで吊りながら主鉄筋に結束する。作業の安全・省人化・効率化などが可能となる。

主鉄筋・帯鉄筋組立て方法

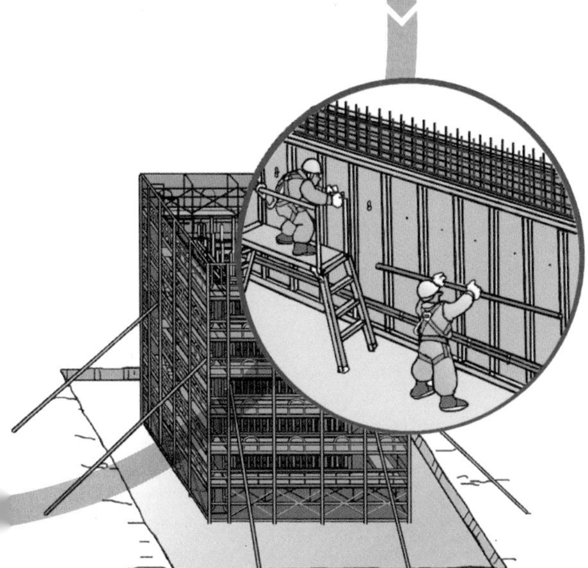

③ 型枠組立て・建込み

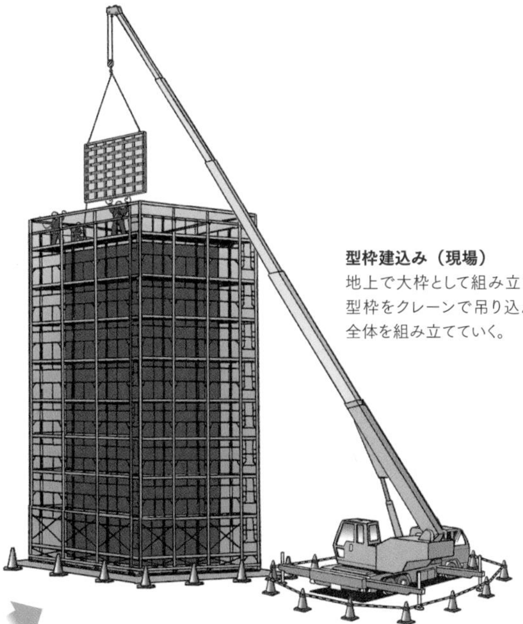

型枠建込み（現場）
地上で大枠として組み立てた型枠をクレーンで吊り込んで全体を組み立てていく。

型枠加工場での型枠加工、運搬

型枠地組み

型枠加工は、施工場所から離れた型枠加工場で行う。加工した型枠を施工箇所に運搬し、地組みを行い、クレーンで建て込む場合が多い。橋脚の構築は、繰り返し作業になるので、型枠は転用する。型枠の強度やコンクリートの打上がり面の美しさを考慮して転用回数は決定される。

型枠加工から組立てまで

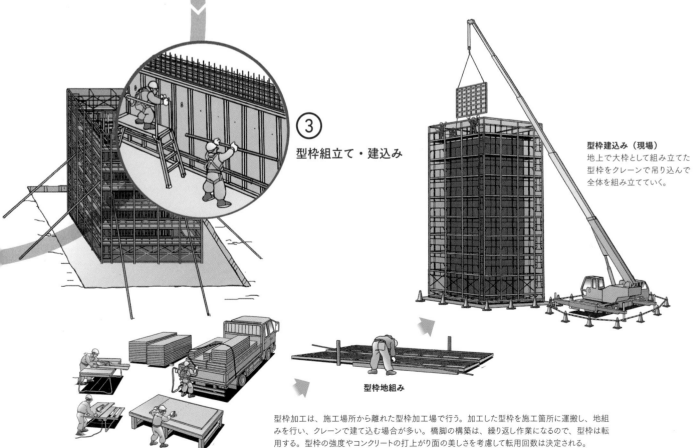

2-3 柱頭部工事・張出し架設工事

橋脚の施工が終わると、橋桁の施工に取り掛かる。橋桁は橋脚の上に渡す道路となる部分である。張出し架設工法は、「やじろべえ」のようにバランスを取りながら左右に橋桁を伸ばしていく工法である。1950年代にドイツで発明され、現在に至るまで世界中で幅広く採用されている。この工法は地上から組み立てる支保工の設置が不要なため、深い谷や河川、交通量の多い交差道路上においても、それらの現場条件に制約されることなく安全に施工できる。

柱頭部工事

柱頭部は橋脚の頭部にあたり、橋桁の施工はここから始まる。柱頭部が完成すると、橋面上で張出し施工を行う移動作業車と呼ばれる特殊な機械を組み立て、柱頭部から橋桁の張出し施工が発進する。１基組み立てたあと１回張出し施工を行い、広くなった橋面で反対側の移動作業車を組み立てる場合もあれば、広い橋面で２基同時に組み立てる場合もある。橋桁を1回に張り出す長さは２～5m 程度で、移動作業車は橋桁にプレストレスを与えて自立するまで、約100tにもなる1回の張出し重量すべてを支えることができる構造である。なお、タワークレーンの能力は最も重い移動作業車のメインフレームの重量で決まる。

クローラクレーン
柱頭部のコンクリート打設作業
柱頭部ブラケット支保工
整理整頓
安全第一
ゼロ災害
コンクリートポンプ車
トラックアジテータ
吊り荷のぶれを防止する介錯ロープで鉄筋を誘導している。
移動作業車
張出し施工による橋桁工事
エレベータ
昇降階段

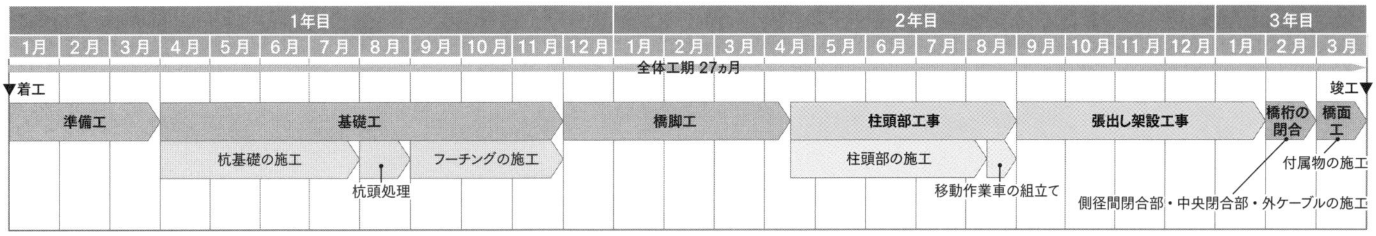
1年目
2年目
3年目
1月 2月 3月 4月 5月 6月 7月 8月 9月 10月 11月 12月 1月 2月 3月 4月 5月 6月 7月 8月 9月 10月 11月 12月 1月 2月 3月
全体工期 27ヵ月
着工
竣工
準備工
基礎工
橋脚工
柱頭部工事
張出し架設工事
橋桁の閉合
橋面工
杭基礎の施工
杭頭処理
フーチングの施工
柱頭部の施工
移動作業車の組立て
付属物の施工
側径間閉合部・中央閉合部・外ケーブルの施工

全体工程表

張出し架設工事

張出し施工は、新しくつくった橋桁が自重を支えることができるようになってから移動作業車を先端に移動し、型枠をセットして、その中で鉄筋組立て、PC 鋼材の組立てを行う。そして、コンクリートを打設し、強度が発現したらプレストレスを橋桁に導入する。この一連のサイクルを約 1 週間で繰り返しながら左右に張り出す姿は、やじろべえのようである。

タワークレーン
橋の高さ測量
移動作業車
型枠
先行取付けされた排水管
橋桁の鉄筋組立て作業

張出し施工のステップ

1 レールを新しくつくった橋桁まで移動させ、その上を左右の移動作業車が移動する。

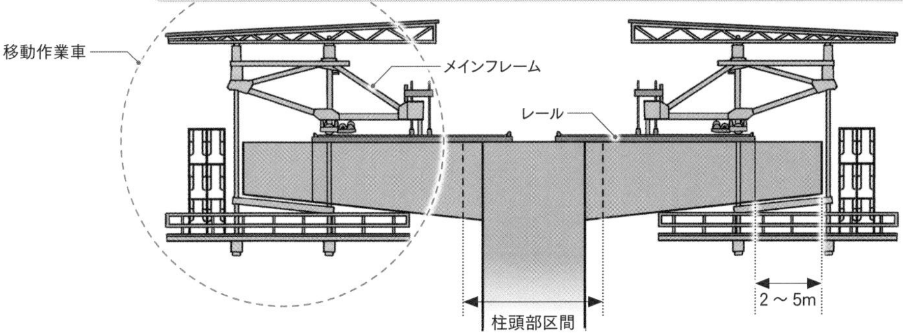
移動作業車
メインフレーム
レール
柱頭部区間
2～5m

2 移動作業車の後方を橋桁にアンカーで固定、型枠・鉄筋・PC 鋼材を組み立てる。

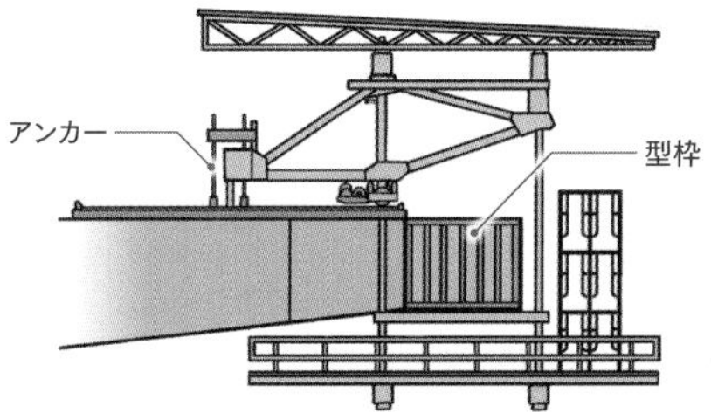
アンカー
型枠

3 コンクリートを打設する。

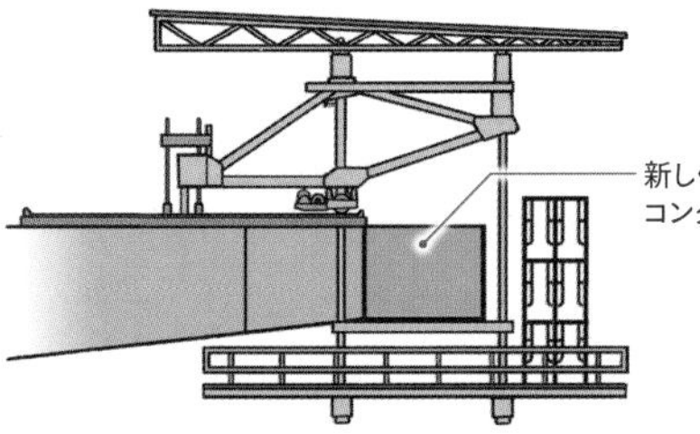
新しく打設した
コンクリート

4 PC鋼材を挿入し、緊張によってプレストレスを導入する。

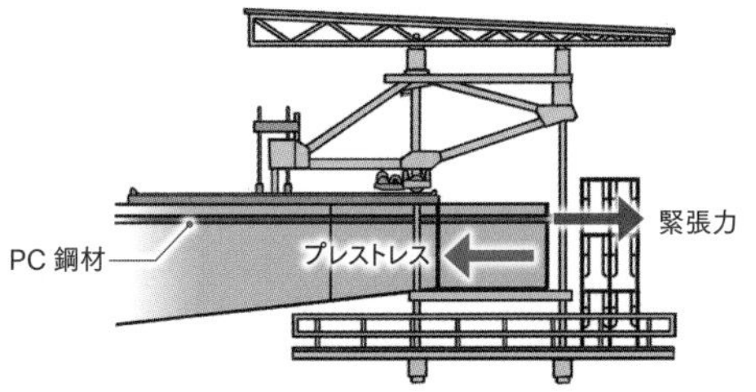
PC 鋼材
プレストレス
緊張力

5 以降、このサイクルを繰り返す。

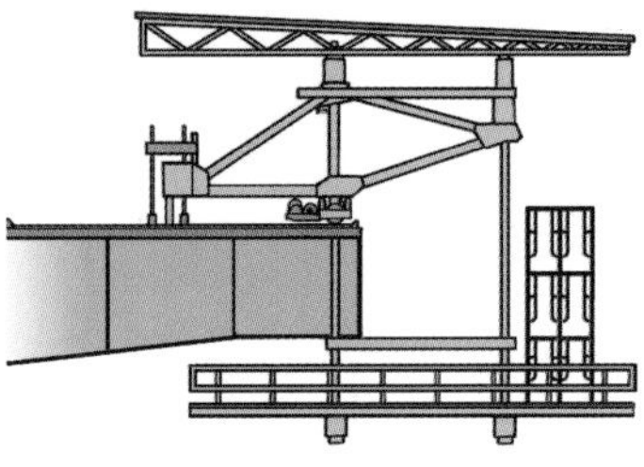

1 柱頭部工事

橋脚の頭部に位置する柱頭部は、ブラケット支保工などを用いて、橋脚面より3 ～ 4m橋桁を張り出して施工する。そして、ここが橋桁の張出し施工を開始するための作業場になる。なお、柱頭部は移動作業車が組立て可能な橋軸方向の長さが必要であり、一般的には12m程度である。

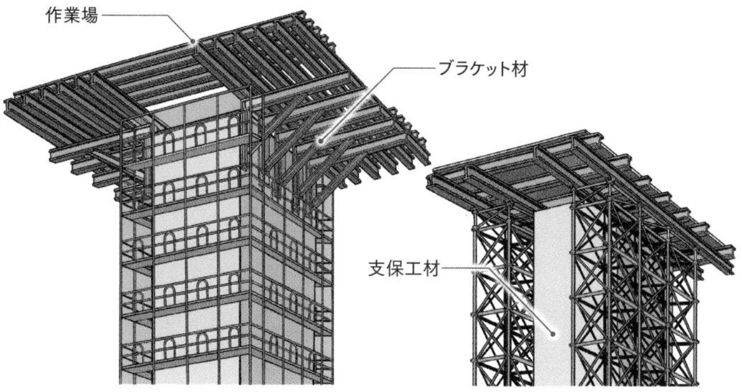
作業場
ブラケット材
支保工材

柱頭部の直下に設置するH型鋼などで構成された支保工である。ブラケットの上に敷いた橋軸方向、橋軸直角方向のH形鋼は、施工時荷重をブラケットに伝えたり、作業エリアとして用いられたりする。

ブラケット支保工

支保工を設置する位置の地盤耐力や沈下の有無を確認する必要がある。荷重が大きい場合、支持はフーチングから直接行う場合がある。

固定支保工

(1) 柱頭部支保工

柱頭部の支保工にはブラケット支保工と固定支保工がある。前者は橋脚高さが高い場合に、後者は高さが低い場合に用いられる。柱頭部支保工は、柱頭部の施工時荷重を支えるばかりではなく、作業足場としても使える必要面積を確保する必要がある。

また、支保工の撤去は桁が完成した状態で行うので、クレーンのブームが入る空間が狭くなる。そのため、支保工撤去作業にはクレーンが桁と接触しないように注意が必要である。

(2) ブラケット支保工の取付け

ブラケット材の取付けは、クレーンを用い、以下の手順で行う。

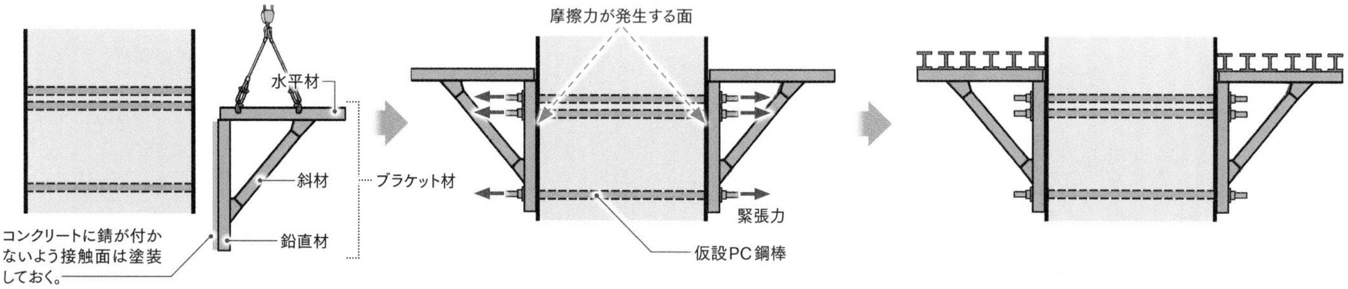
水平材
斜材
ブラケット材
鉛直材
コンクリートに錆が付かないよう接触面は塗装しておく。
摩擦力が発生する面
緊張力
仮設PC鋼棒

①ブラケット支保工の取付け
地組みしたブラケット材をクレーンにて柱頭部に吊り上げ、取付け位置へ仮固定する。

②仮設 PC 鋼棒の緊張
柱頭部にあらかじめ設置された孔に仮設PC鋼棒を通し、緊張して、ブラケットを橋脚に固定する。支保工上の荷重はこの緊張力によるコンクリートとブラケットの摩擦力で支える。

③ H 形鋼架設
ブラケット上に柱頭部の施工基面となるH形鋼を架設する。なお、あらかじめブラケットの水平材にH形鋼をセットする位置を墨出ししておく。その後、H形鋼の上に柱頭部の型枠支保工を組み立てていく。

2 移動作業車の組立て

メインフレーム、横梁などをクレーンで柱頭部の橋面上に吊り上げ、各部材をボルトで組み立てていく。

移動作業車はバラバラの状態で現場に搬入される。一番重い部材はメインフレームである。これらをひとつひとつクレーンで吊り上げながら、柱頭部上で組み立てていく。

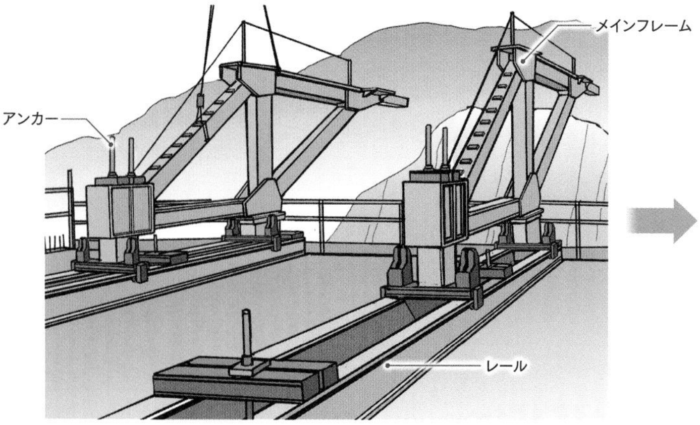
メインフレーム
アンカー
レール

①レールの据付け・メインフレームの取付け
移動作業車が移動するときに使用するレールと、骨格となるメインフレームをクレーンを使用して橋面上に設置する。

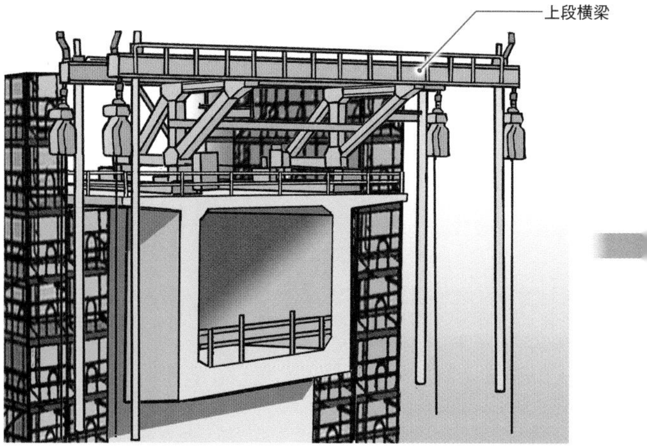
上段横梁

②横梁の組立て
上段、前方と後方にある横梁をそれぞれ組み立てる。なお、各部材はボルトにて一体化させる。

(3) 柱頭部の施工手順

主桁施工の最初のステップである柱頭部の施工は、ここで初めて橋脚の全容、スケール感を実感できる。

柱頭部は、桁高や横桁幅などの大きさによって、コンクリートの打設を高さ方向にリフト分けをして構築する。通常、3 ～ 5リフト程度で、各リフトのコンクリート量が50 ～ 90m³になるように計画する。ここでは3リフトに分けた場合の施工手順について示す。

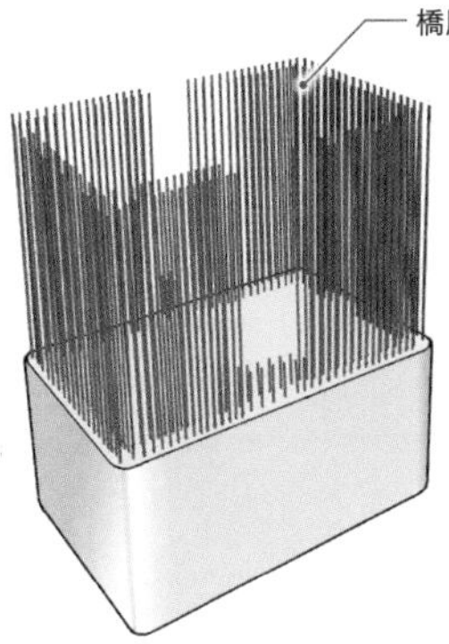

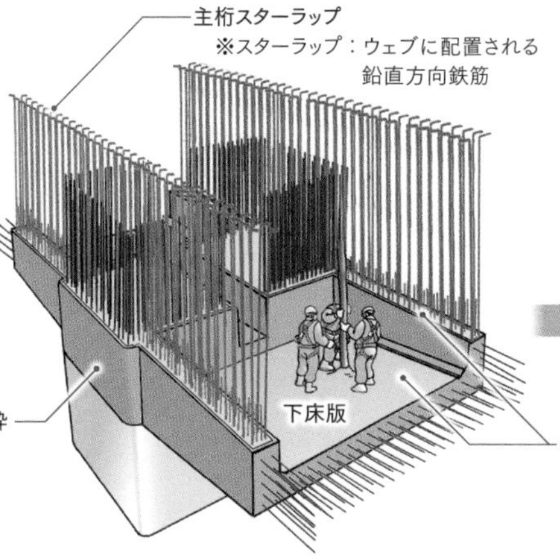

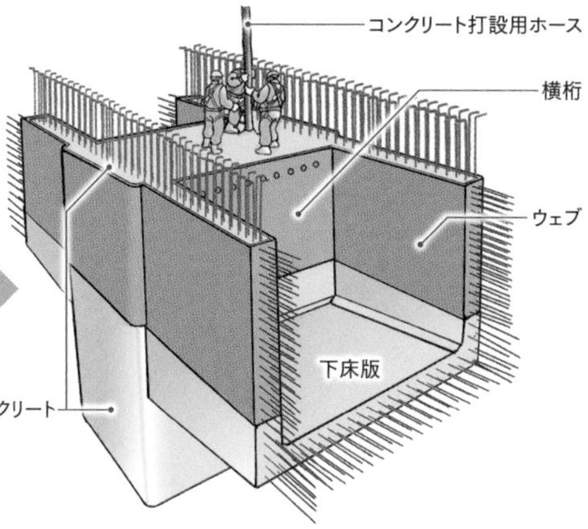

①橋脚完成
橋脚の主鉄筋である D51※などが鉛直方向に立ち上がっている状況。この状況から柱頭部の構築を行う。
※ D51：直径約 51㎜の異形鉄筋

② 1 リフトのコンクリート打設
下床版から打設し、ウェブ、横桁を立ち上げていく。隅角部や下床版ハンチ部にしっかりとコンクリートが充填するように注意する。

③ 2 リフトのコンクリート打設
1 リフトと同様、型枠・鉄筋を組み立てたあと、高さ方向に 50cm 程度ずつ層に分けて打設していく。コールドジョイントが生じないように打設計画を立てておく。

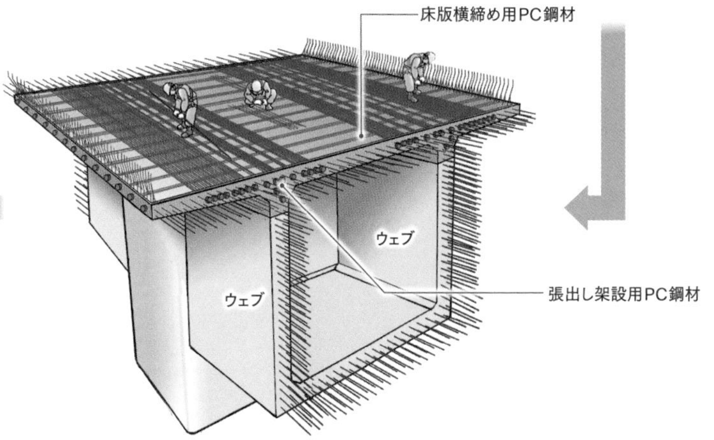

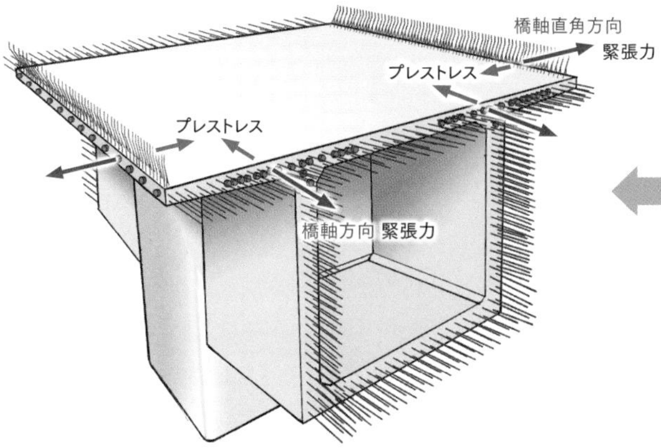

④ 3 リフトの型枠・鉄筋・PC 組立て
支保工を設置して上床版の型枠を組み立ててから、鉄筋や張出し架設用 PC 鋼材、床版横締め用 PC 鋼材を配置する。

⑤ 3 リフトのコンクリート打設、PC 緊張、型枠脱型
3 リフトのコンクリートを打設し、30N/mm² 程度のコンクリート強度が発現してから、PC 鋼材の緊張を行う。これで柱頭部の構築は完了となる。

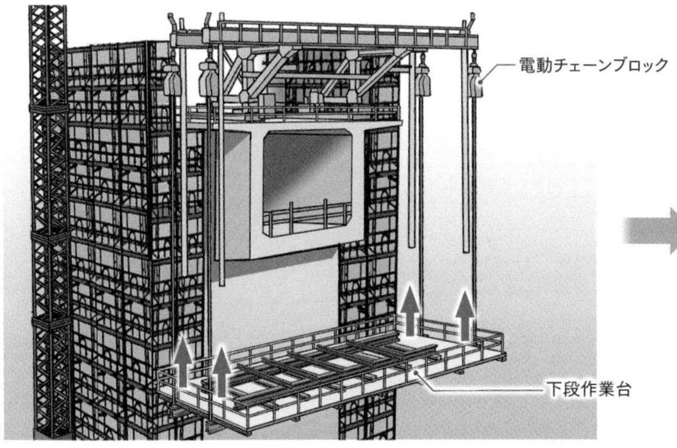

③下段作業台の組立て
下段の横梁および作業台は、地上ヤード付近で組み立ててから、電動チェーンブロック等を使用してリフトアップし、上段の横梁と一体化する。

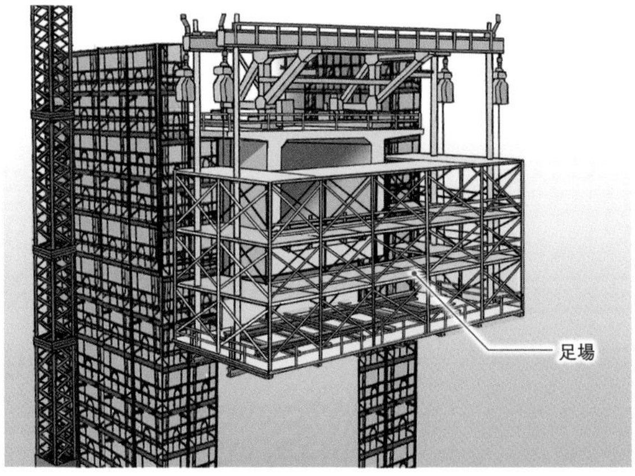

④足場組立て
最後に、型枠や鉄筋組立て、PC 緊張作業などに必要となる足場を組み立てる。

3 張出し架設工事

張出し施工は、桁を2～5mずつ移動作業車の中で製作し、1サイクルを1週間程度で繰り返し施工していく。限定された区間での繰り返し作業のため、作業員の習熟度も早い。屋根やシートで覆われた作業車は、天候に左右されることなく施工が可能である。

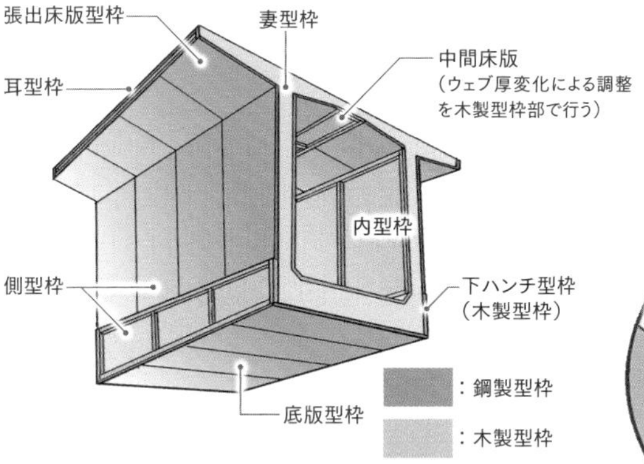

張出床版型枠
妻型枠
中間床版
（ウェブ厚変化による調整を木製型枠部で行う）
耳型枠
内型枠
側型枠
下ハンチ型枠
（木製型枠）
底版型枠
：鋼製型枠
：木製型枠

鋼製型枠は躯体形状が一定のところに、木製型枠は躯体形状が変化するところに使用する。例えば妻型枠は桁高やウェブ厚の変化に対応するため、すべて木製型枠である。

型枠の種類・構成（木製型枠と鋼製型枠）

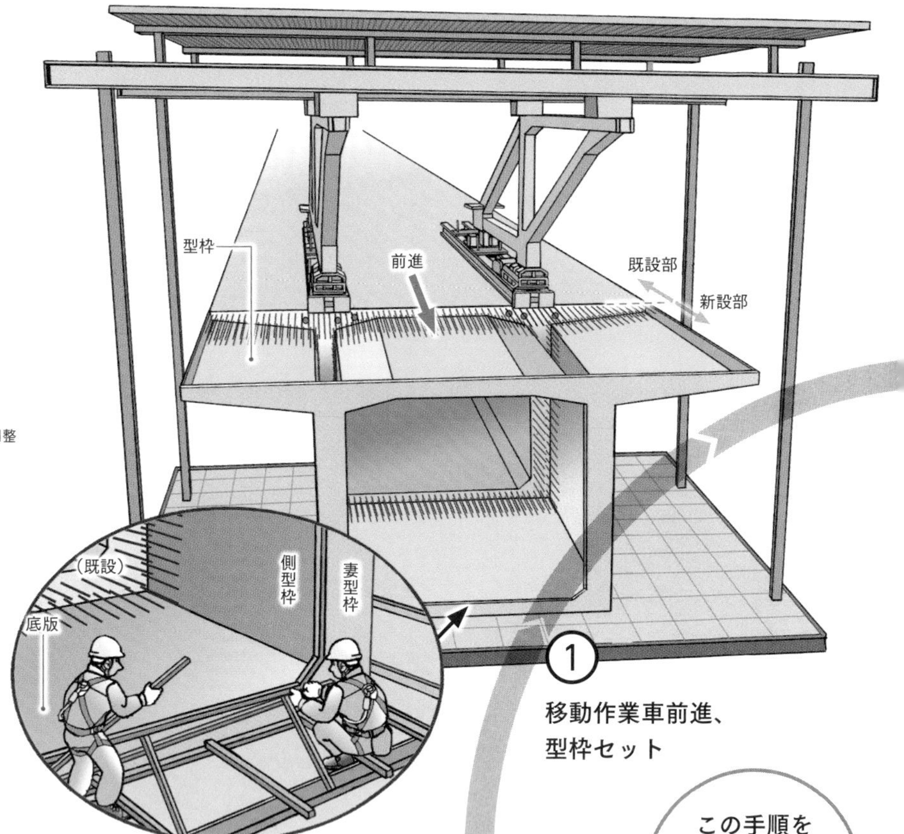

型枠
前進
既設部
新設部
（既設）
底版
側型枠
妻型枠
1
移動作業車前進、
型枠セット

底版・妻型枠等、外型枠の設置状況

妻型枠は毎回形状が変わるため、そのつど設置する。

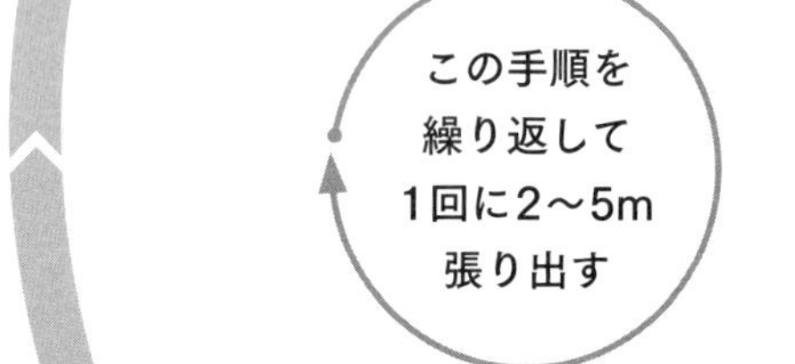

この手順を
繰り返して
1回に2～5m
張り出す

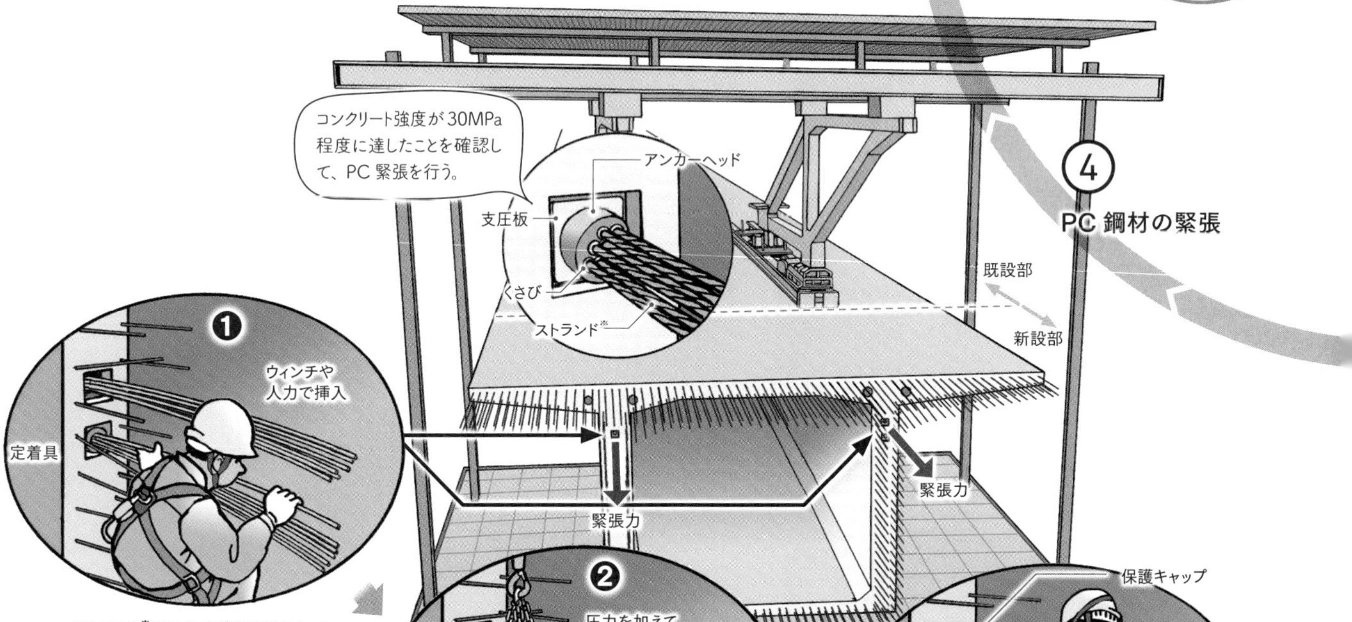

コンクリート強度が30MPa程度に達したことを確認して、PC緊張を行う。
アンカーヘッド
支圧板
くさび
ストランド※
4
PC鋼材の緊張
既設部
新設部
1
ウィンチや
人力で挿入
定着具
緊張力
緊張力

ストランド※挿入および定着後のセット

ストランドを橋桁内に挿入し、アンカーヘッドとくさびをセットする。

※ストランドとは高張力鋼のPC鋼より線のことで、これに緊張力が導入される。

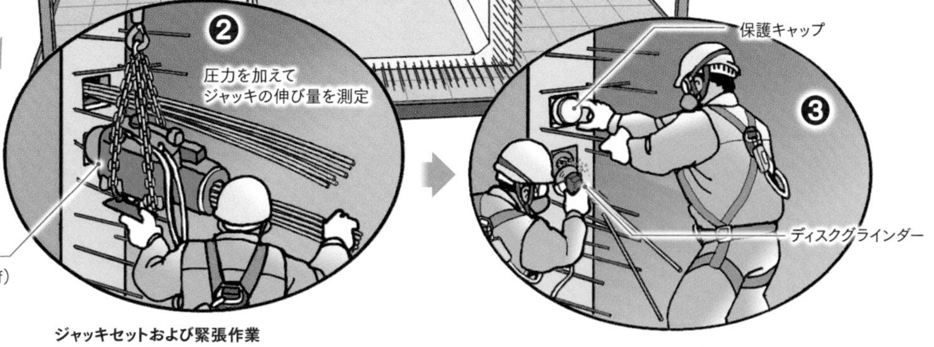

2
圧力を加えて
ジャッキの伸び量を測定
ジャッキ
（能力280t、重さ400kgf）
保護キャップ
3
ディスクグラインダー

ジャッキセットおよび緊張作業

緊張力を導入する油圧ジャッキをセットして、ジャッキ内にある仮くさびで固定してジャッキが伸びることでストランドに緊張力を与える。

余長の切断、保護キャップの設置

定着具のくさびで最終的に固定して緊張し作業を終える。ジャッキを外して、ストランドの余長分を切断し、保護キャップをかぶせる。

PC鋼材の緊張手順

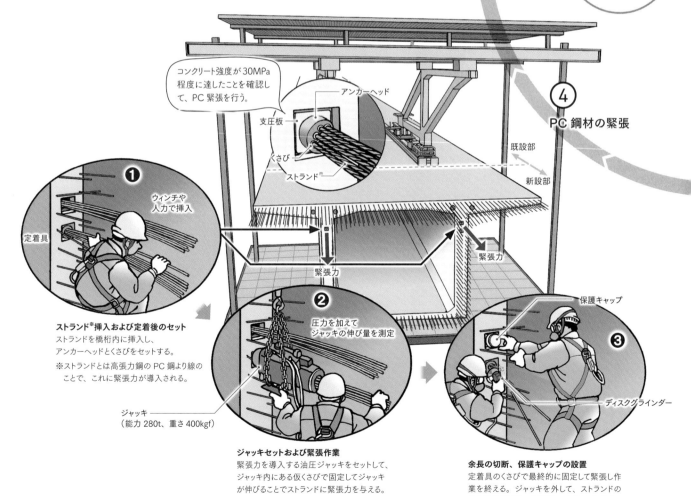

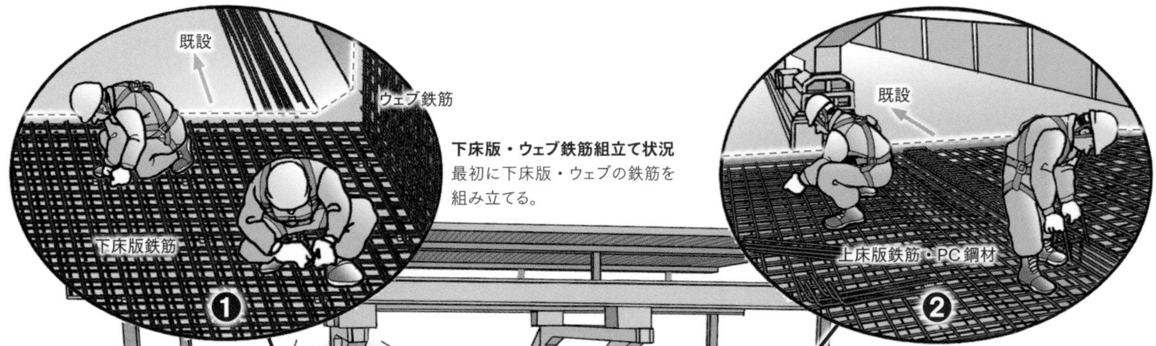
既設
ウェブ鉄筋
下床版鉄筋
下床版・ウェブ鉄筋組立て状況
最初に下床版・ウェブの鉄筋を組み立てる。
既設
上床版鉄筋・PC鋼材

上床版鉄筋・PC鋼材組立て
内型枠を設置したあと、最後に上床版鉄筋を組み立てる。

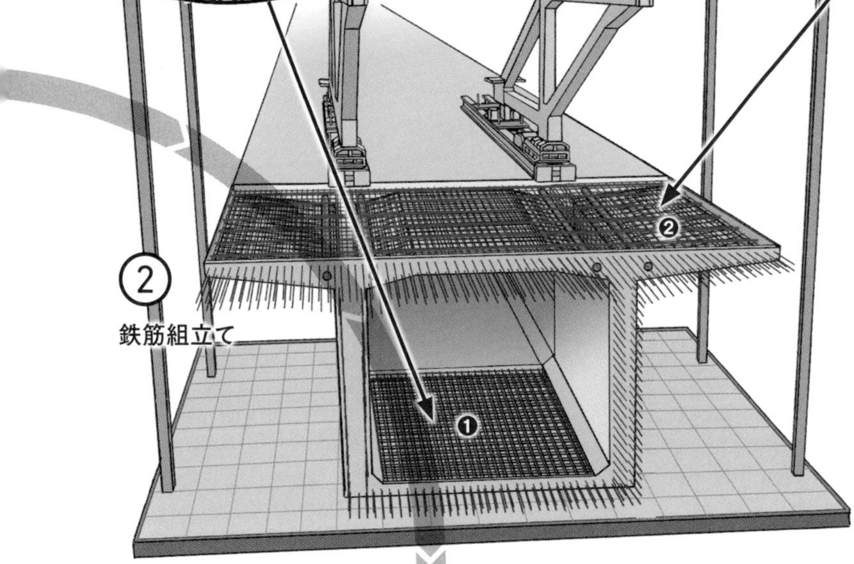
②
鉄筋組立て

豆知識 上げ越し管理

完成した橋桁の高さを計画どおりとするため、自重やプレストレスによるたわみ量を考慮してあらかじめ行う管理を、上げ越し管理という。

●「計画高」で型枠セットした場合

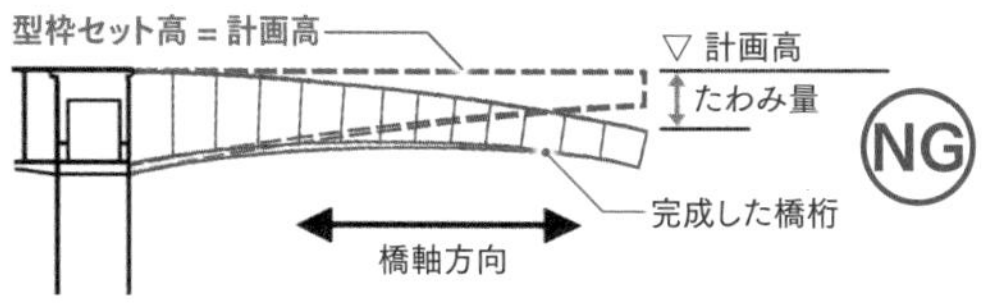
型枠セット高＝計画高
▽計画高
たわみ量
NG
完成した橋桁
橋軸方向

●「計画高＋上げ越し量」で型枠セットした場合

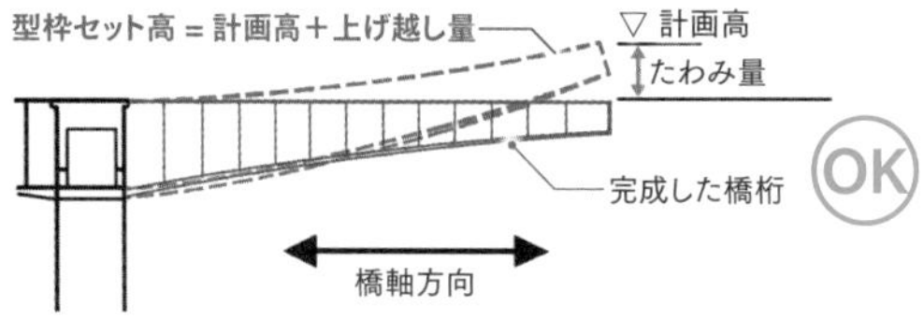
型枠セット高＝計画高＋上げ越し量
▽計画高
たわみ量
OK
完成した橋桁
橋軸方向

➡「たわみ量＝上げ越し量」として型枠セット高を上げ越す。

設計どおりのたわみ量に収まっているかをレベルで確認します。設計値と実測値が異なる場合は、適宜、補正を行います

③
コンクリート打設

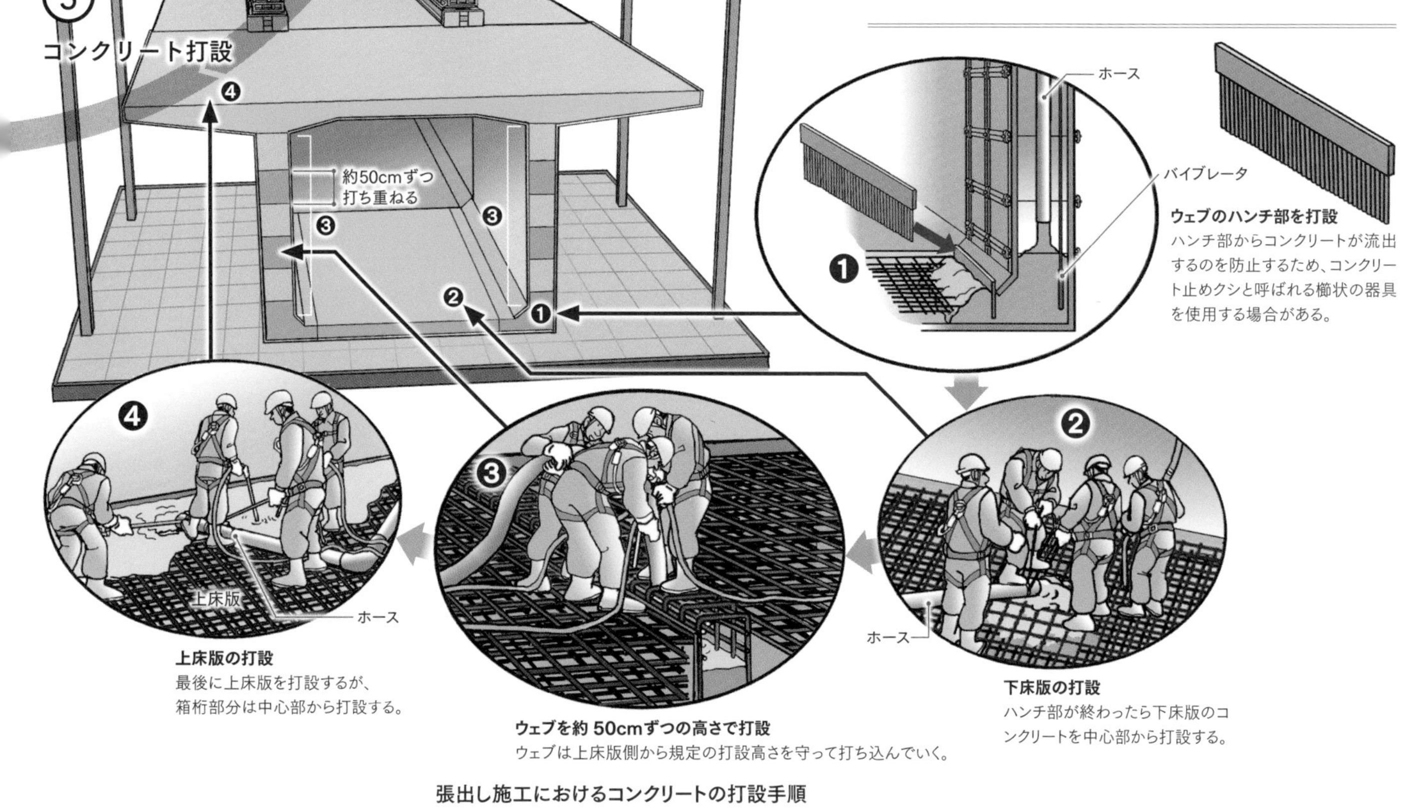
約50cmずつ打ち重ねる
ホース
バイブレータ
ウェブのハンチ部を打設
ハンチ部からコンクリートが流出するのを防止するため、コンクリート止めクシと呼ばれる櫛状の器具を使用する場合がある。
上床版
ホース
ホース
上床版の打設
最後に上床版を打設するが、箱桁部分は中心部から打設する。
ウェブを約50cmずつの高さで打設
ウェブは上床版側から規定の打設高さを守って打ち込んでいく。
下床版の打設
ハンチ部が終わったら下床版のコンクリートを中心部から打設する。

張出し施工におけるコンクリートの打設手順

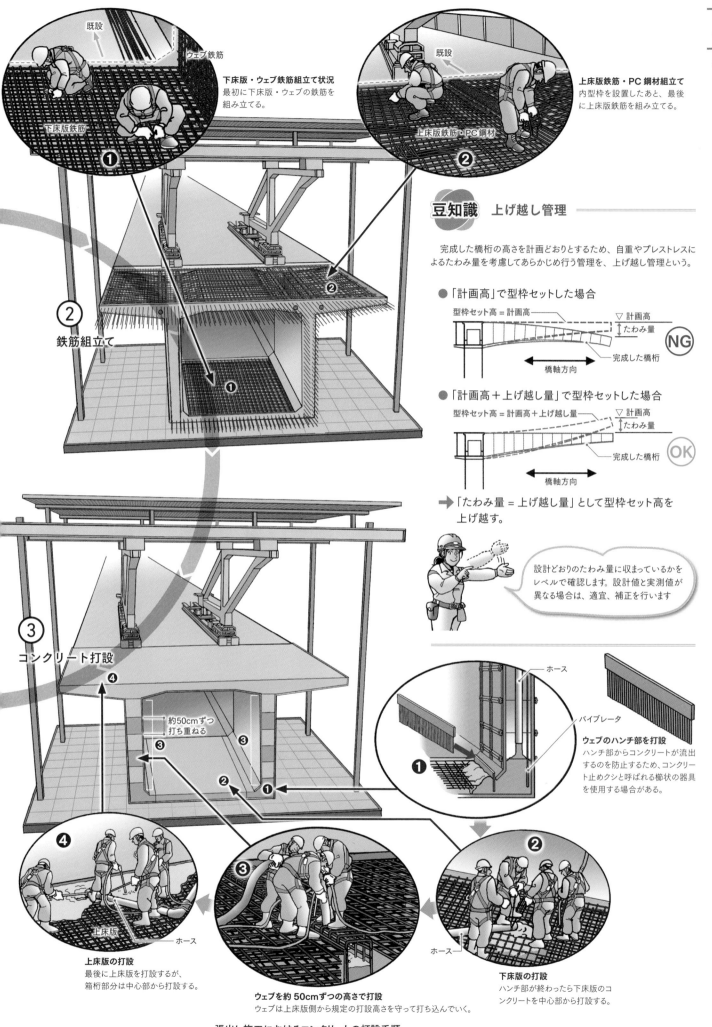

2-4 橋桁の閉合・橋面工

張出し架設された橋桁は、施工完了後に両側の橋脚からの張出し先端部を連結する。この施工区間を中央閉合部という。また、その反対側の張出し先端部は、橋台と連結するが、この施工区間を側径間閉合部という。どちらから先に施工するかは、設計で決定されるが、通常は側径間閉合部から仕上げることが多い。橋桁の閉合は、支保工が温度変化による全体的な橋の変形の影響を受けるため、支保工の補強が必要である。橋桁の閉合を行うことによって橋桁が完成し、そのあと高欄などの橋面工の施工に移る。橋桁の閉合はそれまでつながっていなかった空間が、初めて歩いて渡ることができるようになるという感動の瞬間でもある。

移動作業車の解体は、作業車を橋脚位置まで後退させて行う。
組立てと同様に高所作業となることが多いが、作業床の解体は、
図のように床全体を降下させて、安全な地上で行うこともある。
クローラクレーン
移動作業車の解体
中央閉合部の施工は、互いの張出し施工の
先端部をつなぎ、橋桁を一体化するものであ
る。左右の上げ越し管理による施工誤差は、
この中央閉合部で調整される。閉合後は、
橋桁を連続化するための PC 鋼材が配置、
緊張され、所定のプレストレスが与えられる。
中央閉合部
橋脚
中央閉合部吊支保工
エレベータ
地上での作業床の解体
昇降階段

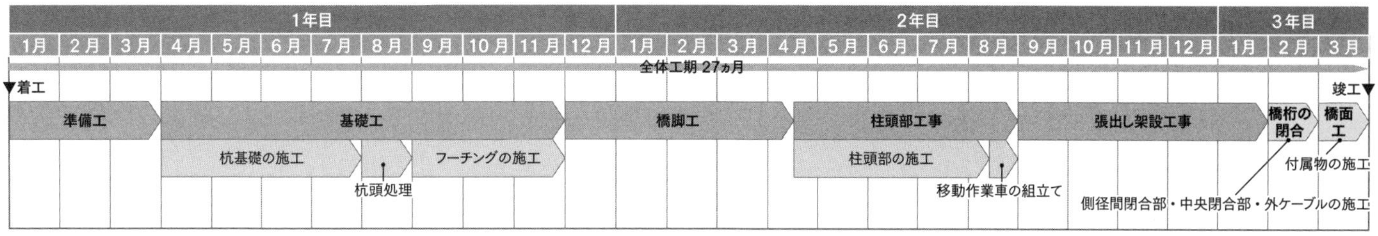
1年目
2年目
3年目
1月 2月 3月 4月 5月 6月 7月 8月 9月 10月 11月 12月 1月 2月 3月 4月 5月 6月 7月 8月 9月 10月 11月 12月 1月 2月 3月
全体工期 27ヵ月
着工
竣工
準備工
基礎工
橋脚工
柱頭部工事
張出し架設工事
橋桁の閉合
橋面工
杭基礎の施工
フーチングの施工
杭頭処理
柱頭部の施工
移動作業車の組立て
付属物の施工
側径間閉合部・中央閉合部・外ケーブルの施工

全体工程表

情報コラム　3Dクレーンブーム位置監視システム

クレーンブームの先端に設置したGNSS※アンテナでブーム位置を測位し、あらかじめ設定した範囲に接近あるいは逸脱した場合、制限範囲とブームの位置関係から「安全・注意・危険」を判定し、自動的に警報を発する。

クレーン作業時、周辺の構造物などに接触の可能性があるとき、このシステムを採用する。

※ GNSS：全球測位衛星システム（Global Navigation Satellite System）

GNSS アンテナ

安全通路
仮設防護柵
側径間閉合部
橋脚
敷鉄板
側径間閉合部支保工
橋台

側径間閉合部の施工は、橋桁と橋台をつなぐための工事である。コンクリートの強度発現後は、側径間部に所定のプレストレスを導入するための PC 鋼材が配置、緊張される。

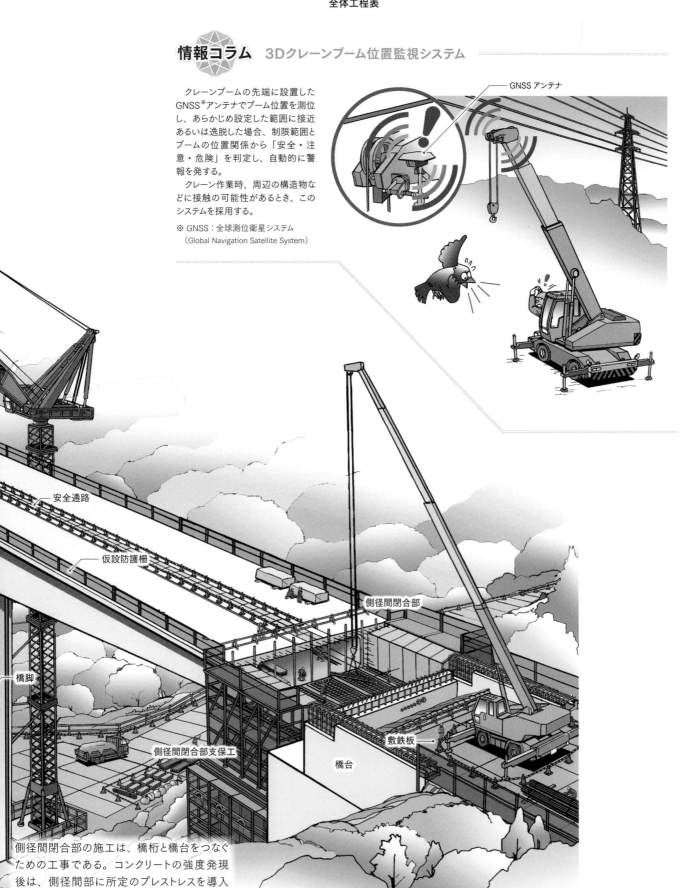

1 側径間閉合部の施工

橋桁の側径間閉合は、下図にあるような固定式支保工、あるいは、片側を張出し先端に吊り下げ、もう片側を橋台で支持された吊り支保工にて施工する。橋桁端部は、4で述べる支承や落橋防止装置が取り付くため、これらの付属物が、お互い干渉しないか事前に確認する。

施工手順は以下のとおり

①支承据付け
②型枠、鉄筋組立て
③ウェブまでコンクリート打設
④上床版型枠組立て
⑤上床版鉄筋、床版横締め組立て
↓
（⑥コンクリート打設）
（⑦ PC 鋼材緊張）

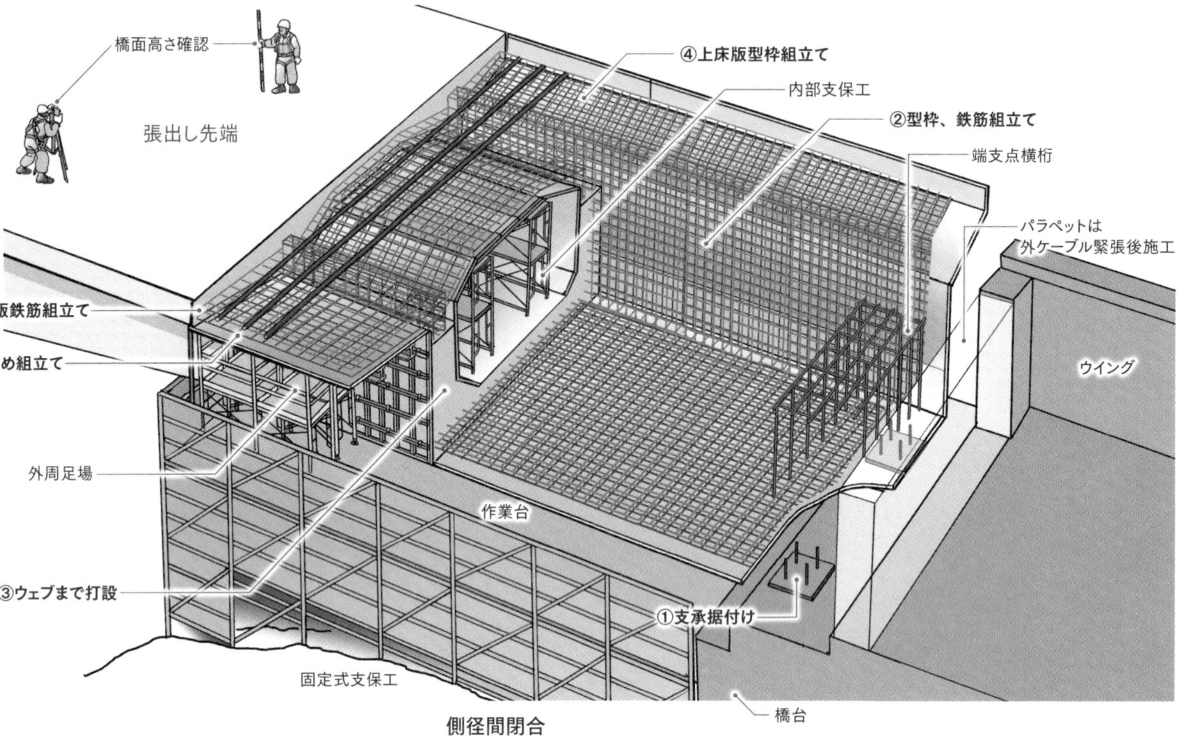

橋面高さ確認
張出し先端
④上床版型枠組立て
内部支保工
②型枠、鉄筋組立て
端支点横桁
パラペットは
外ケーブル緊張後施工
⑤上床版鉄筋組立て
⑤床版横締め組立て
ウイング
外周足場
作業台
③ウェブまで打設
①支承据付け
固定式支保工
橋台

側径間閉合

2 中央閉合部の施工

橋桁の中央閉合は、両方の張出し施工部先端に支保工を吊り下げて施工を行う。このとき、支保工架設は高所作業となるため、綿密な施工計画が求められる。また、張出し施工終了後、片側の移動作業車を用いて中央閉合を行う方法もあるが、その場合は、移動作業車が乗っていない張出し先端にも作業車の荷重を負担させるなどして、張出し先端に作用する荷重を均等化する必要がある。

施工手順は以下のとおり

①外側型枠・上床版型枠組立て
②下床版ウェブ鉄筋組立て
③内型枠組立て
④上床版鉄筋組立て、床版横締め組立て
↓
（⑤コンクリート打設）
（⑥ PC 鋼材緊張）

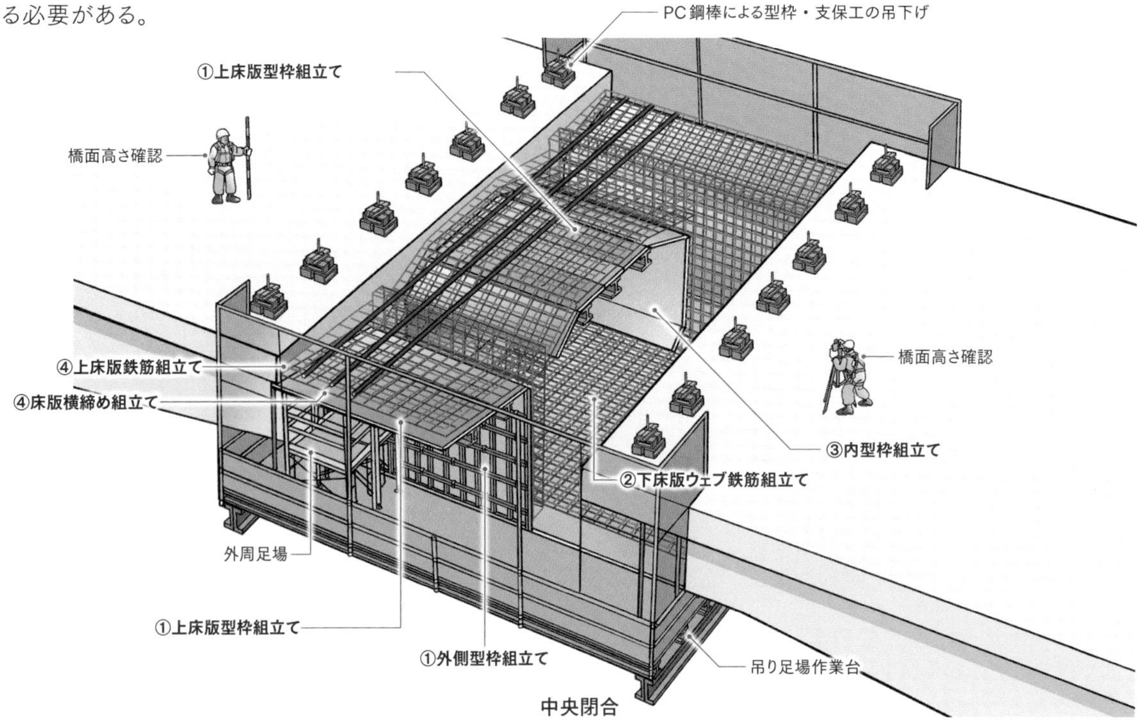

PC 鋼棒による型枠・支保工の吊下げ
①上床版型枠組立て
橋面高さ確認
④上床版鉄筋組立て
④床版横締め組立て
橋面高さ確認
③内型枠組立て
②下床版ウェブ鉄筋組立て
外周足場
①上床版型枠組立て
①外側型枠組立て
吊り足場作業台

中央閉合

3 外ケーブルの施工

中央閉合や側径間閉合が完了したら、それぞれの箇所で外ケーブルを挿入してPC鋼材の緊張を行う。外ケーブルには、主に閉合後の橋桁の自重と完成後の自動車荷重に抵抗できる緊張力が与えられる。

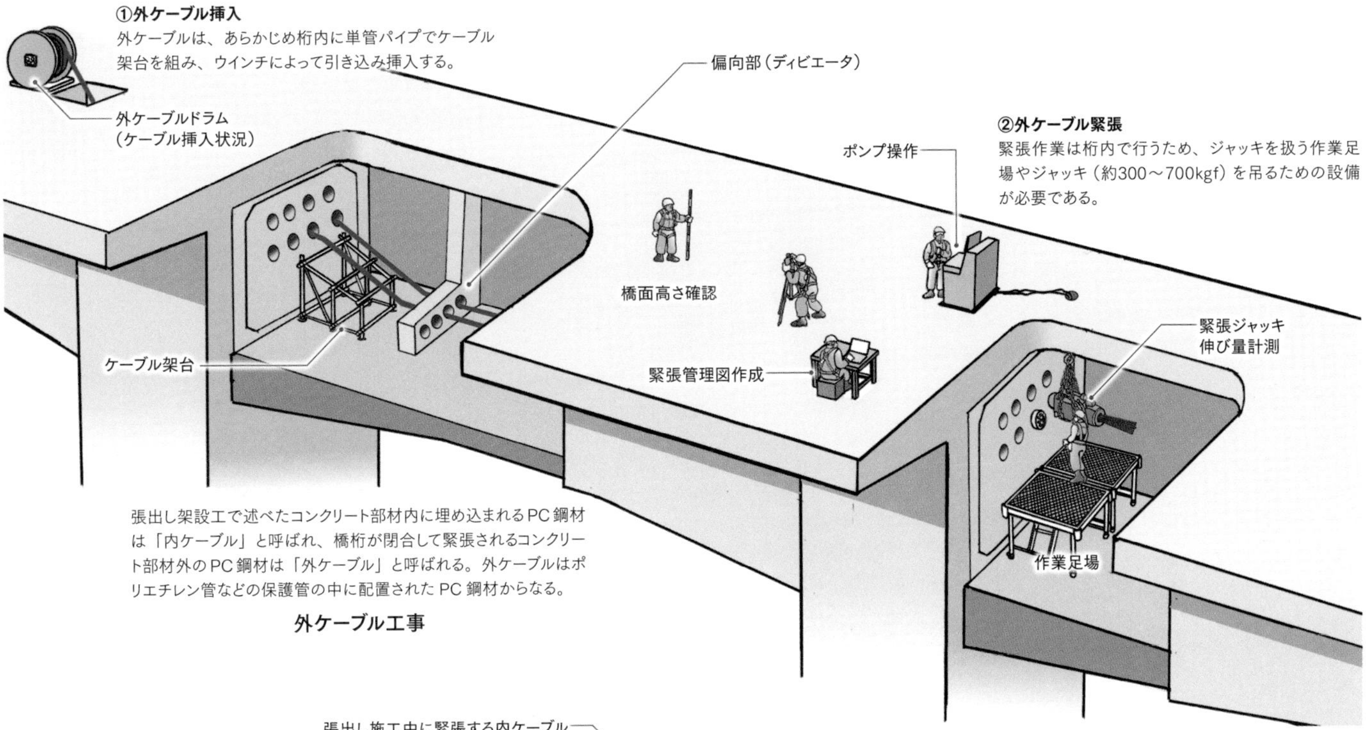
①外ケーブル挿入
外ケーブルは、あらかじめ桁内に単管パイプでケーブル架台を組み、ウインチによって引き込み挿入する。
外ケーブルドラム
（ケーブル挿入状況）
偏向部（ディビエータ）
②外ケーブル緊張
緊張作業は桁内で行うため、ジャッキを扱う作業足場やジャッキ（約300～700kgf）を吊るための設備が必要である。
ポンプ操作
橋面高さ確認
緊張管理図作成
ケーブル架台
緊張ジャッキ
伸び量計測
作業足場

張出し架設工で述べたコンクリート部材内に埋め込まれるPC鋼材は「内ケーブル」と呼ばれ、橋桁が閉合して緊張されるコンクリート部材外のPC鋼材は「外ケーブル」と呼ばれる。外ケーブルはポリエチレン管などの保護管の中に配置されたPC鋼材からなる。

外ケーブル工事

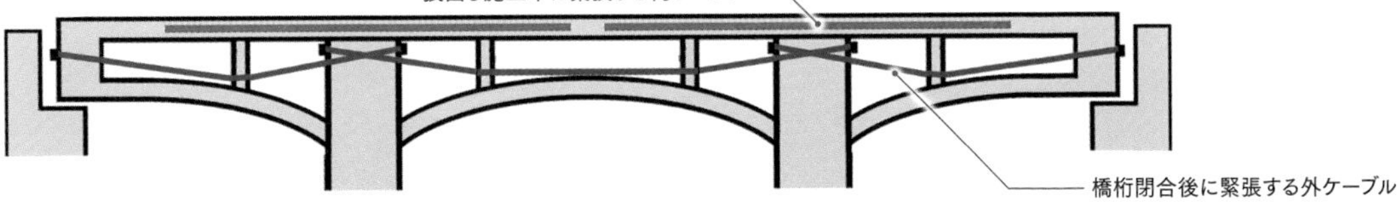
張出し施工中に緊張する内ケーブル
橋桁閉合後に緊張する外ケーブル

内ケーブルは、張出し施工中の桁の自重に抵抗する。
外ケーブルは、閉合後の橋桁の自重と、完成後の車両荷重に抵抗する。

ケーブルの役割

豆知識 橋の排水設備

橋面の雨水は滞留すると、車両の安全な走行を妨げることになる。そのため、橋桁の縦断方向・横断方向の勾配と排水装置によって橋の外に排出する。

排水ます
橋面の雨水を排水管に落とし込む設備。

伸縮装置の排水
伸縮装置は桁端部に設置され、漏水がその下の支承や定着具を腐食させる原因になるため、止水層・排水装置を設置する。

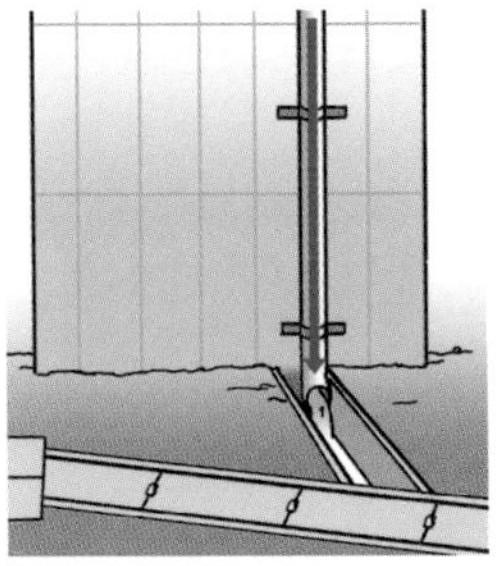

橋の排水の流末
橋面の雨水は排水管を通して、橋脚下部の排水側溝へ排出される。

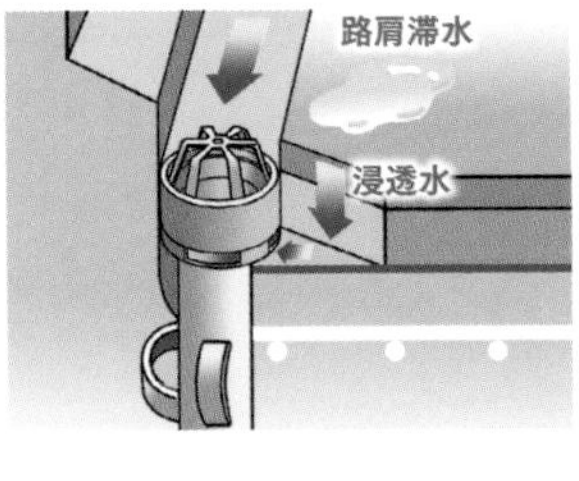
路肩滞水
浸透水

スラブドレーン
桁端部の雨水を排水管に落とし込む設備。

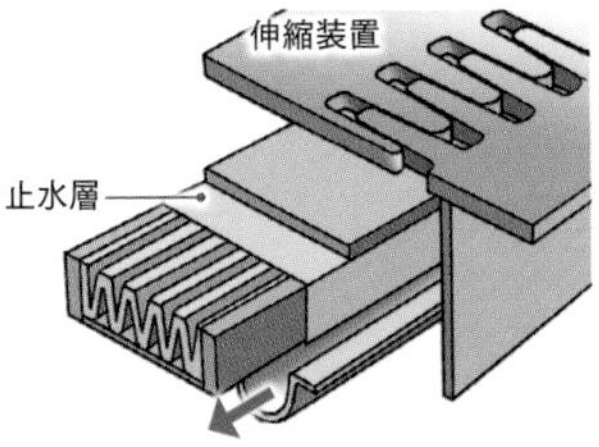
伸縮装置
止水層

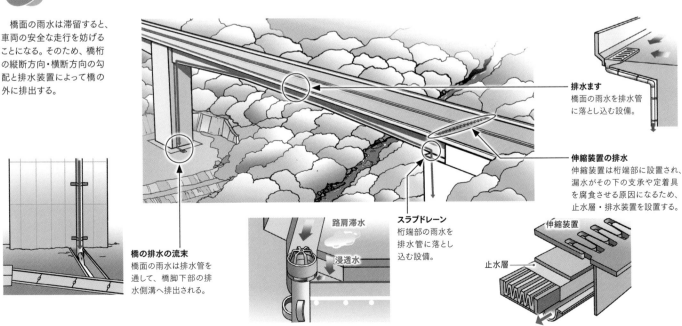

4 付属物の施工

橋の付属物は、その機能を十分に発揮するために施工される部材、部品であり、前ページで述べた排水設備も付属物である。車両の安全な走行や地震時、降雨時の安全性確保のために、橋本体に比べると小さなものであるが、必要不可欠なものがこの付属物である。

（1）壁高欄

橋には、人や車の落下を防止するために高欄が設けられる。高欄には鋼製高欄とコンクリート壁高欄があるが、ここでは後者を説明する。

コンクリート壁高欄には、通信管や電線を通す穴が内部に設けられていることが多い。また、壁高欄上部に落下物防止柵や防音壁を取り付けるためのアンカーを事前に設置することがある。壁高欄は、主桁がすべてつながったあとに施工されるため、あらかじめアンカーを仕込んでおく必要がある。

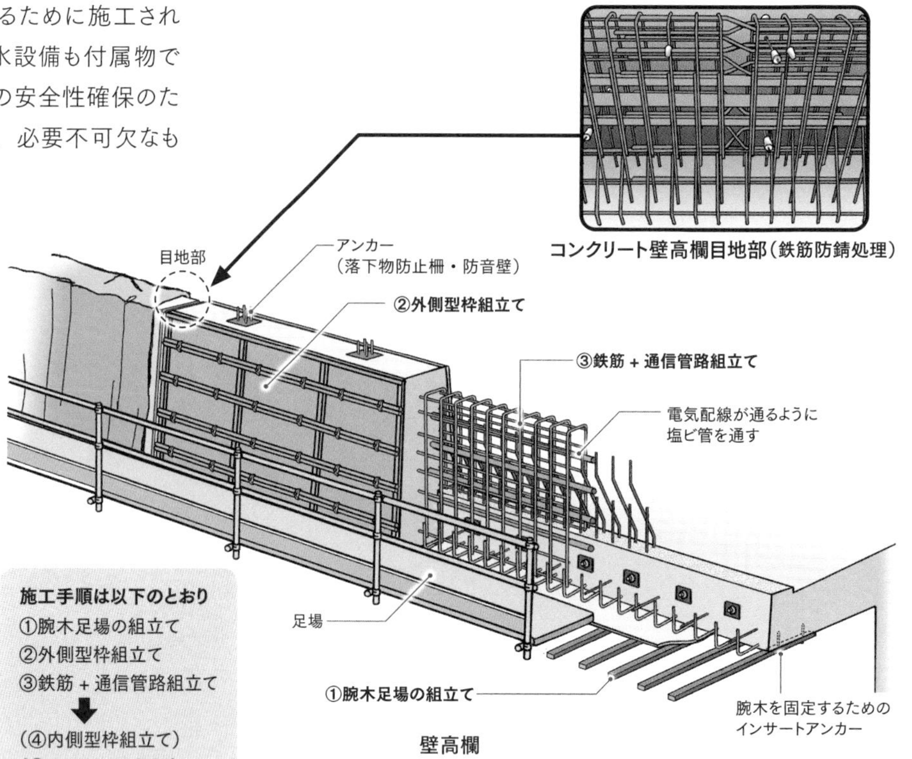

コンクリート壁高欄目地部（鉄筋防錆処理）

施工手順は以下のとおり
①腕木足場の組立て
②外側型枠組立て
③鉄筋 + 通信管路組立て
↓
（④内側型枠組立て）
（⑤コンクリート打設）

壁高欄

（2）支承

支承は、橋桁や車両の重量を橋台にスムーズに伝えるための設備である。上下に配置された厚板の鋼板と積層ゴムからなる。橋桁や橋台とは、埋め込まれる支承上下のアンカーボルトで結合される。

①支承のアンカー孔や配筋の検査
②支承据付け
③橋台と支承の隙間へのモルタル充填

支承

（3）伸縮装置

橋は温度やコンクリートの収縮により伸縮する。そのような状況下でも車両がスムーズに走行できるよう、端部に伸縮装置が取り付けられ、伸縮を吸収する。伸縮装置は、設置精度がそのまま車両の走行性に影響するため、設置には細心の注意が必要である。

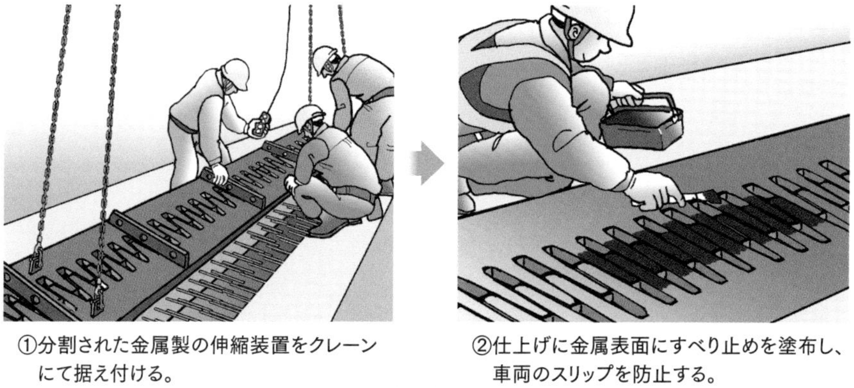

①分割された金属製の伸縮装置をクレーンにて据え付ける。
②仕上げに金属表面にすべり止めを塗布し、車両のスリップを防止する。

伸縮装置

（4）落橋防止装置

橋が想定以上の地震を受けたとき、橋桁が落ちないように桁と橋台をPC鋼材で連結する装置を落橋防止装置という。橋桁が連なっている場合は、桁同士を連結することもある。連結するPC鋼材は橋桁の施工中に桁内に搬入しておく必要がある。

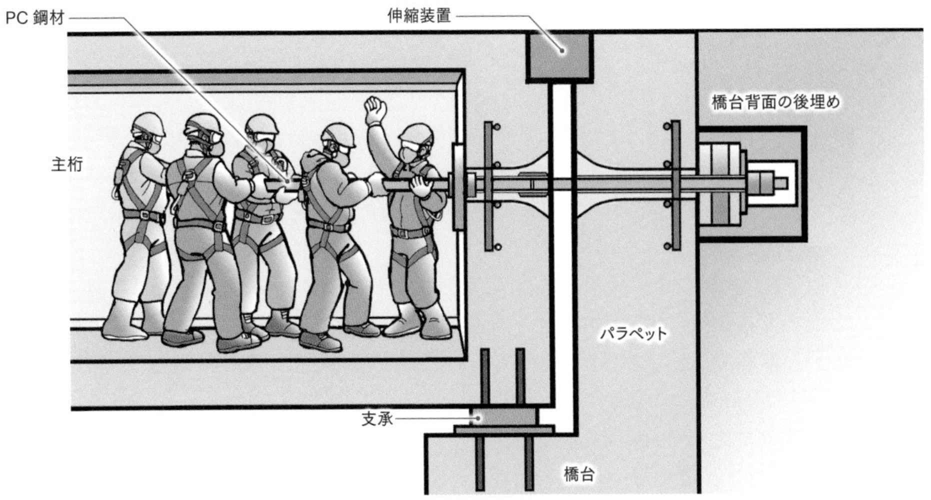
PC鋼材
伸縮装置
橋台背面の後埋め
主桁
パラペット
支承
橋台

落橋防止装置の挿入状況および桁端部と落橋防止装置の構造

（5）舗装

橋桁が完成したあと、第4章の道路と同じように橋面に舗装を施工する。道路と異なる点は、橋桁の床版の劣化を防ぐために、舗装の前に防水層を施工することである。

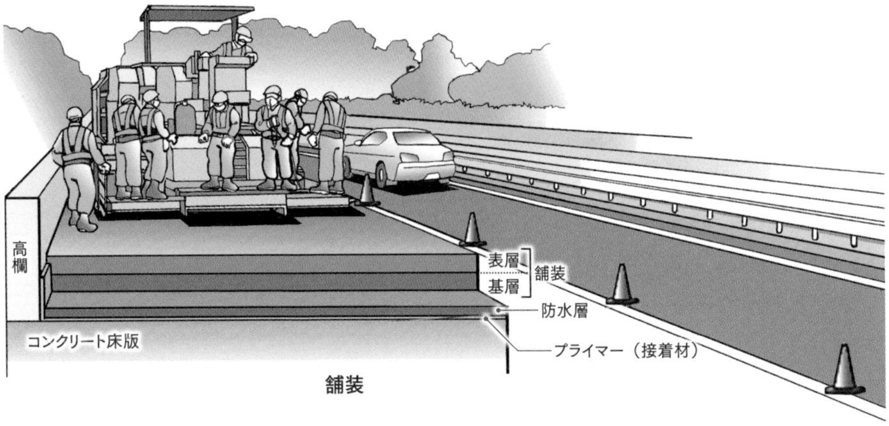
高欄
表層
基層
舗装
防水層
コンクリート床版
プライマー（接着材）

舗装

2-5 完成

橋は、完成すると路面の幅や橋の高さなどの検査を受けて竣工を迎える。谷底を埋めることなく、川で隔てられた2つの場所をつなぐ橋は、それまでの上がり下がりや遠回りの労力の消耗から人や車を解放することになる。2本の橋脚を立てたあと、それぞれがやじろべえのように左右にバランスを取りながら張り出していく橋の工事は、最後はやじろべえ同士がつながって、あたかも人々が手をつなぐような形となる。路面を走ると下の景色や構造は見えないが、もし谷底に下りる機会があれば山間に立つ高い橋脚や、リズミカルな曲線でつながった橋を見てほしい。周りの風景との美しい調和を醸し出す景観となっているはずだ。

橋は人の生活に役立つだけじゃなく、地域の顔として美しい景観をつくっています！

3 トンネル

トンネルとは、山・川・海底・建物などの下を掘り抜いてつくった筒状の線状構造物のことであり、道路・鉄道・水路・電力線・通信ケーブル用などの用途がある。隧道《ずいどう》ともいう。トンネルを掘れなかった頃は、山を越えるために急な坂道を上り下りして大変な労力が必要であったが、その麓《ふもと》にトンネルが掘られるようになると、たくさんの人々が楽に通れるようになった。
トンネルには、荷重や支持能力を地山《じやま》そのものにもたせるという設計上の大きな特徴がある。したがって、トンネルを施工する際には、その目的や長さ、深さ、立地などの条件に加えて、地盤の状態に着目して最適な工法を選択する。
本章では、このうち山岳トンネルにおける全断面工法の発破掘削方式と、シールドトンネルにおける泥土圧シールド工法とを取り上げて紹介する。

1 山岳トンネル

山岳トンネル工法には、「矢板工法」と「NATM（ナトム）」がある。日本では、1970年代までは、矢板工法が主流だったが、それ以降はNATMが多く採用され標準工法となっている。NATMとは、New Austrian Tunneling Methodのことである。

(1) NATMの原理

トンネル周囲の地盤を一体化させて、グラウンドアーチ※を形成することで、地山自体が本来もっている地盤を支える能力を積極的に利用して、トンネルを維持する工法である。したがって、トンネルを掘削した地盤の緩みが小さいうちに、早期にコンクリートを吹き付け、鋼製支保工を建て込み、ロックボルトを打設して、地盤の安定を確保しながらトンネルを掘進する。施工中は、トンネルの掘削により露出した地山面である切羽《きりは》の観察やトンネルの挙動計測などを実施し、その結果を設計と施工に反映させ、必要に応じて設計変更を講じながら施工する工法である。

山岳トンネル

(2) 山岳トンネルの掘削工法―全断面工法

トンネル断面を分割せずに、全断面を一度に掘削する工法である。このため、大型重機を投入することができ、作業の効率も良い。地山が良く、解放面が崩れずに安定した切羽が確保できる場合に用いられる。

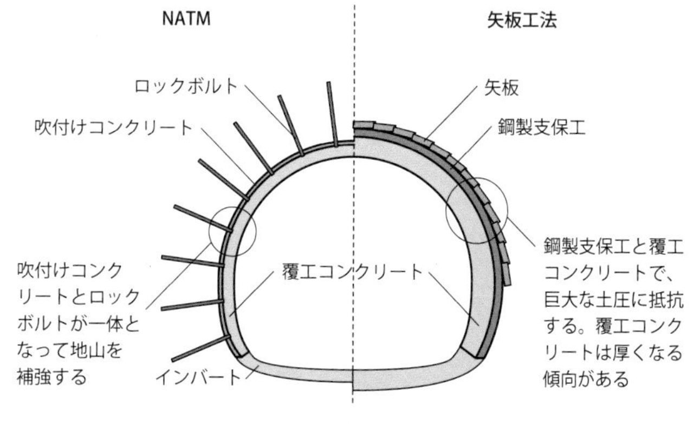

NATMと矢板工法の原理

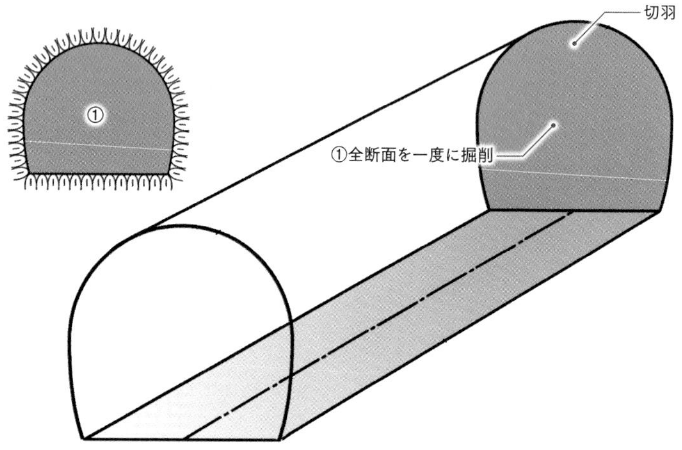

全断面工法の掘削イメージ

※グラウンドアーチ
地中にあるトンネルは、周囲の地盤から大きな圧力を受けるため、そのままでは崩れようとする。ところが、地盤をアーチ状に掘ると、周りからの圧力に対して地盤は互いに押し合い、自らを支え合う。これをグラウンドアーチと呼び、NATMの設計ではこれをうまく活用している。深いトンネルの多くが丸い形状をしているのはそのためである。

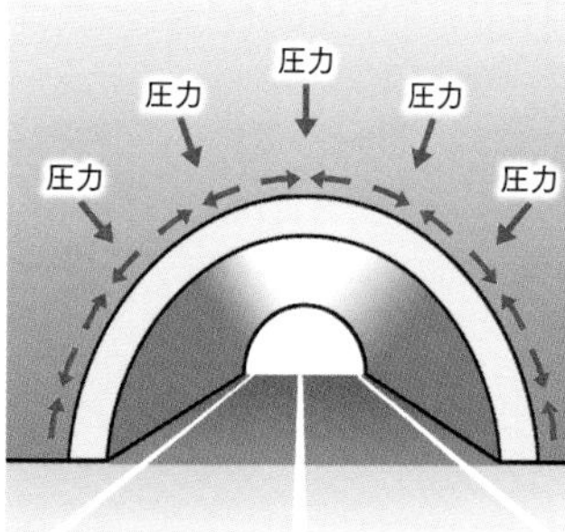

グラウンドアーチの力の掛かり方

その他の掘削工法

ベンチカット工法
トンネル断面を分割して、複数回に分けて掘削する工法である。地山が脆く大きな切羽を露出できない場合に用いられる。先に上半分を掘削し、その後、下半分を掘削して、全断面を掘削する。

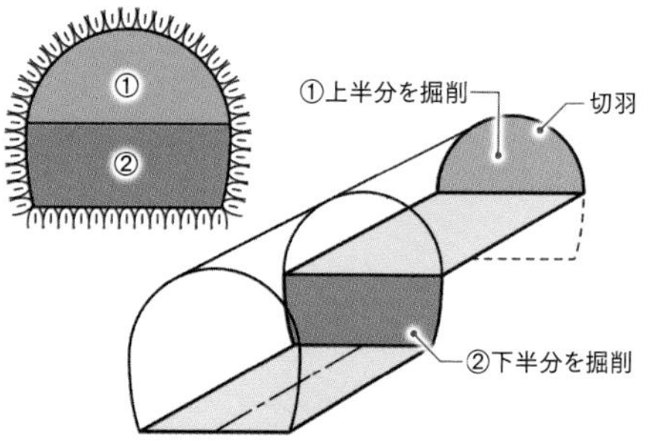

ベンチカット工法

(3) 切羽における掘削方式

掘削方式には、発破、機械、発破と機械の併用などがある。主に地山条件によるが、ほかにもトンネル延長、掘削断面の形状寸法、掘削工法、立地条件、周辺に与える影響などを考慮して決める。

発破掘削　機械掘削では困難な硬岩から中硬岩地山に適用される。

機械掘削　中硬岩から土砂地山に適用される。掘削機械としては硬岩から土砂地山まで対応するものもある。

2 シールドトンネル

シールド工法は、「シールドマシン」と呼ばれる筒形の鋼製マシンを用い、マシンの前面にあるカッターフェイスと呼ばれる円盤状の刃を回転させて地盤を掘削する工法である。マシンの内部には、掘削した土砂を取り込み、搬出する設備のほか、地山を保持する役割のセグメントの運搬、組立て装置や裏込め注入装置があり、マシンが通過したあとにセグメントを組み立て、トンネルを完成させる。崩れやすく軟らかい地盤でも、トンネルを安全に施工できるため、都市部で広く用いられている。

(1) シールド工法

シールド工法では、地質調査結果などに基づき、その現場に最適なシールドマシンとセグメントを設計・製作し、周辺設備も万全の準備をして臨む。掘削の途中で工法を変更することができないため、工法および機械・装置の選定は、地質、深さ、線形、大きさ、距離、作業用地、周辺環境などの諸条件を踏まえて慎重に行う。

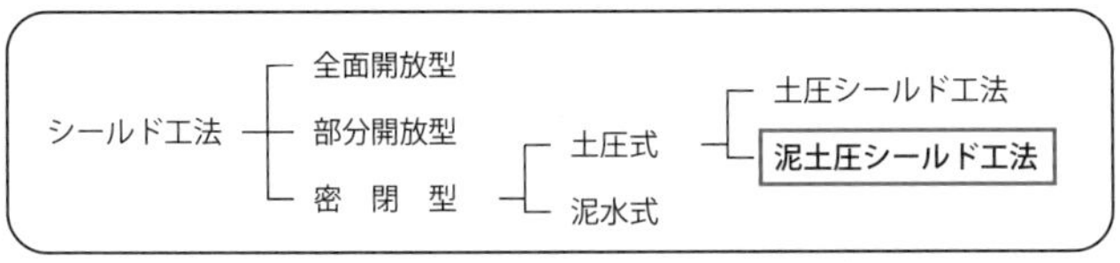

シールド工法
全面開放型
部分開放型
密閉型
土圧式
泥水式
土圧シールド工法
泥土圧シールド工法

シールド工法の分類　赤枠は本章で取り上げる工法

先端のボーリングビット

機械掘削による掘削状況

豆知識 シールドトンネルの用途と大きさ

シールドトンネルは、使用目的や機能により、仕上がり内径2m級の小断面から15m級の超大断面まで様々で、その大きさに適合した機械設備、セグメント構造により施工される。

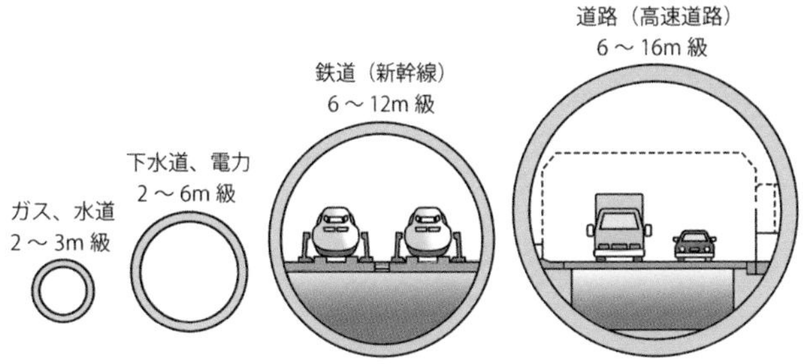

ガス、水道
2～3m級
下水道、電力
2～6m級
鉄道（新幹線）
6～12m級
道路（高速道路）
6～16m級

トンネルの用途と大きさ比較

(2) 泥土圧シールド工法

泥土圧シールド工法の基本構造は、イラストのようにカッター後方の隔壁を貫通して、スクリューコンベヤが設置されている。カッターチャンバーと呼ばれる作泥土室内に充填した掘削土砂の排出量を制御することにより、地山から切羽に作用する土圧、水圧に対して、泥土圧をバランスさせて、地山の崩壊を防ぎながら掘削する。セグメント1リング分の長さを掘削したあと、セグメントを組み立て、このセグメントに反力をとり、シールドジャッキを伸ばして掘削する方法は、すべてのシールド工法に共通である。

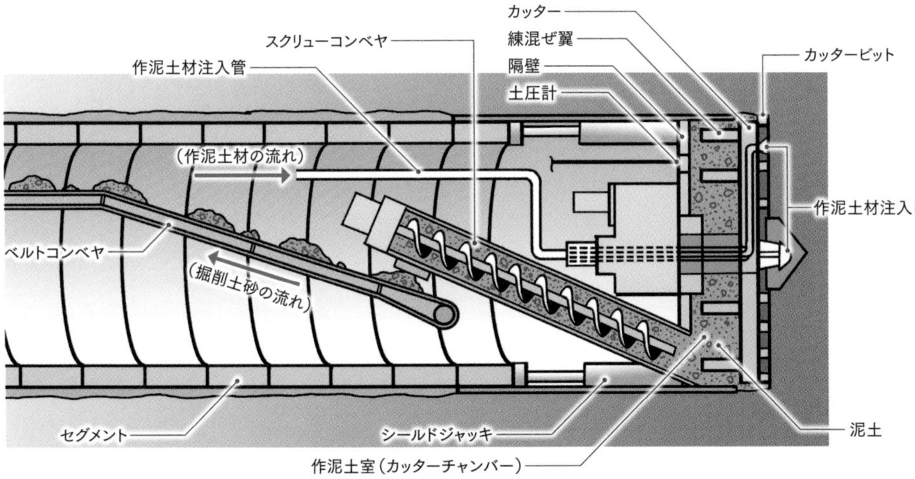

カッター
練混ぜ翼
スクリューコンベヤ
隔壁
作泥土材注入管
土圧計
カッタービット
（作泥土材の流れ）
作泥土材注入口
ベルトコンベヤ
（掘削土砂の流れ）
セグメント
シールドジャッキ
泥土
作泥土室（カッターチャンバー）

泥土圧シールド工法の基本構造と原理

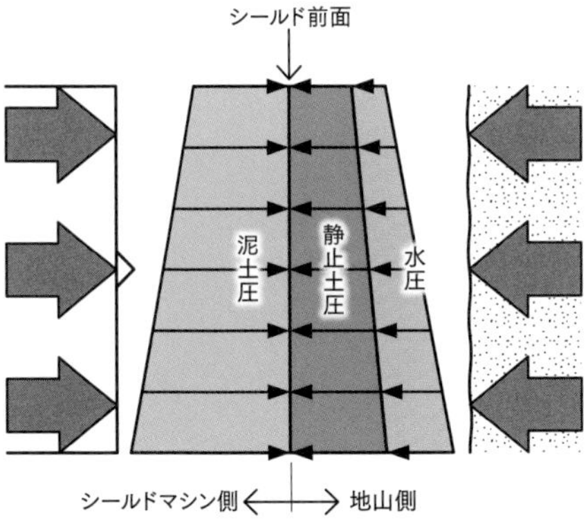

シールド前面
泥土圧
静止土圧
水圧
シールドマシン側
地山側

切羽付近の力のつり合い

3-1 準備工——山岳トンネル・シールドトンネル

準備工では、工事着手前に設計図書を確認・照査して、施工計画を立案する。一般に、工事を受注した時点で基本設計は終了しているが、山岳トンネルでは、施工と同時に地質調査も行い、その結果をフィードバックして、基本設計を見直しながら、最適の設計・施工を行うという特徴がある。一方、シールドトンネルでは、シールド工法に不適当な地盤でないかどうか、シールド工法の種類選定、セグメントの設計のための調査が行われる。

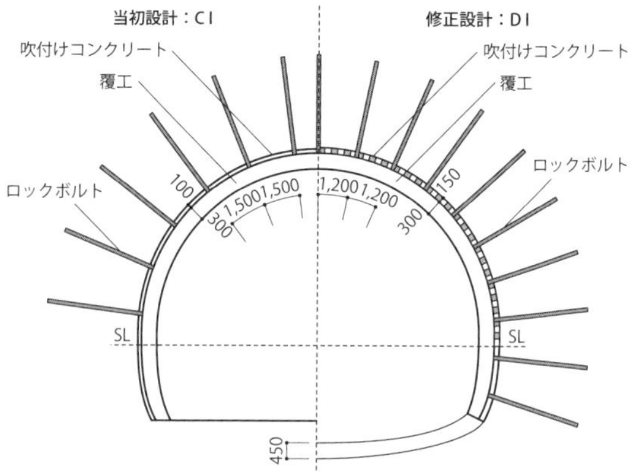

山岳トンネルの支保パターン変更の例（当初設計／修正設計）

1 地質調査

トンネルは、地下につくる線状構造物であるため、入手できる地山の情報には限りがある。完成するとどれも同じように見えるトンネルだが、調査と設計に対する考え方は、山岳トンネルとシールドトンネルとでは、以下のような違いがある。

山岳トンネルの調査では、これまでの数多くのトンネル工事の実績に基づいて作成された地山分類基準で示される分類を標準とすることが多く、これを当初設計として計画する。その後、施工しながら実施する坑内地質観察や計測結果に基づき、必要に応じて、支保工や補助工法の修正設計を施すことができる。地山分類の因子は、岩種、割れ目の状態、弾性波速度、一軸圧縮強度などが一般的である。上図は、当初設計と修正設計との支保パターンの違いの例を示している。施工時の調査結果を反映して、吹付けコンクリート厚さやロックボルトの仕様、インバートコンクリートの有無などが地盤に最適な状態に変更されている。最近では、切羽から削孔検層や水平ボーリング、弾性波探査を実施し、30～100m前方の地山の状況を調査・確認する事例も増加しており、安全性の向上に寄与している。山岳トンネルの地質縦断図には、地質調査で得られた地山条件・地山等級に応じて、吹付けコンクリート、ロックボルト、鋼製支保工を適宜組み合わせた当初設計の支保パターンや補助工法などの情報が記されている。

一方、シールドトンネルの場合には、施工前にシールドマシン、セグメントが製作されるので、その前にこれらの設計が完了している必要がある。市街地などの軟らかい地盤や、多数の埋設物が近接して設置されている場所では、トンネルを施工することで、周辺の地盤や近接構造物に影響を与えてしまう可能性がある。また、地盤内に可燃性ガスや巨レキと呼ばれる比較的大きな岩塊が存在する可能性があるなど、安全に施工する上で支障となる懸念がある場合には、必要に応じて、ボーリングなどの追加の地盤調査や、埋設物調査などを実施する。

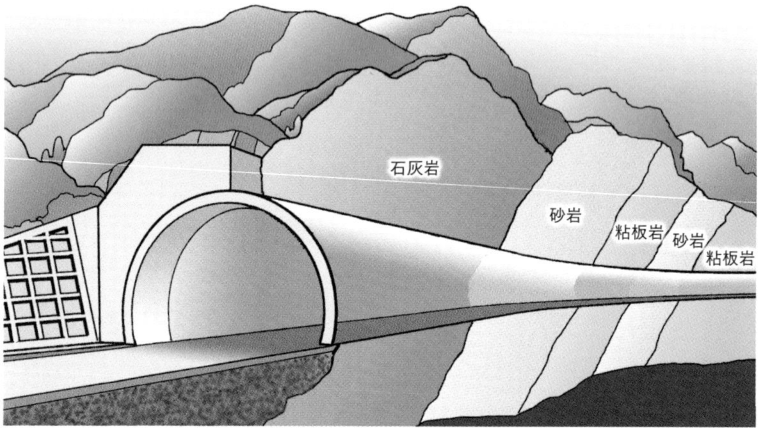

山岳トンネルの線形と地質縦断図のイメージ

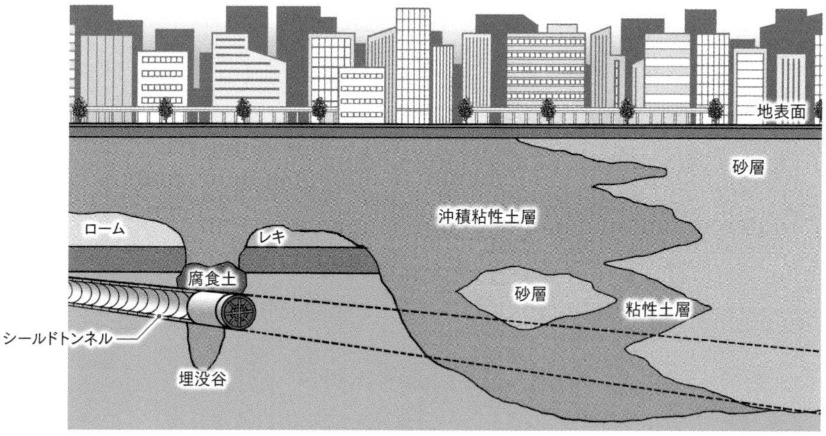

シールドトンネルの線形と地質縦断図のイメージ

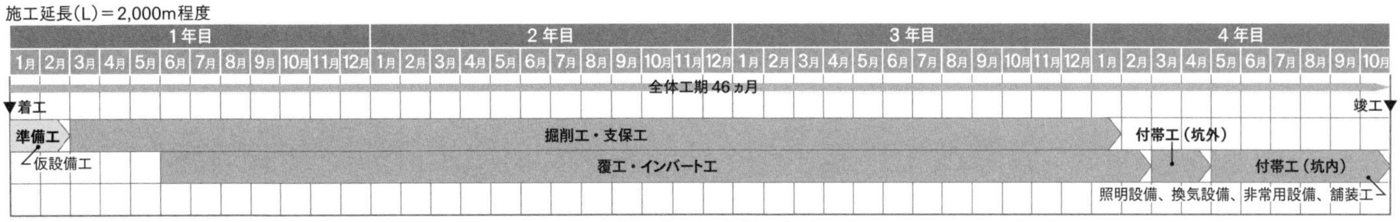
施工延長(L)＝2,000m程度
1年目
2年目
3年目
4年目
全体工期46ヵ月
着工
竣工
準備工
仮設備工
掘削工・支保工
付帯工（坑外）
覆工・インバート工
付帯工（坑内）
照明設備、換気設備、非常用設備、舗装工

山岳トンネルの全体工程表

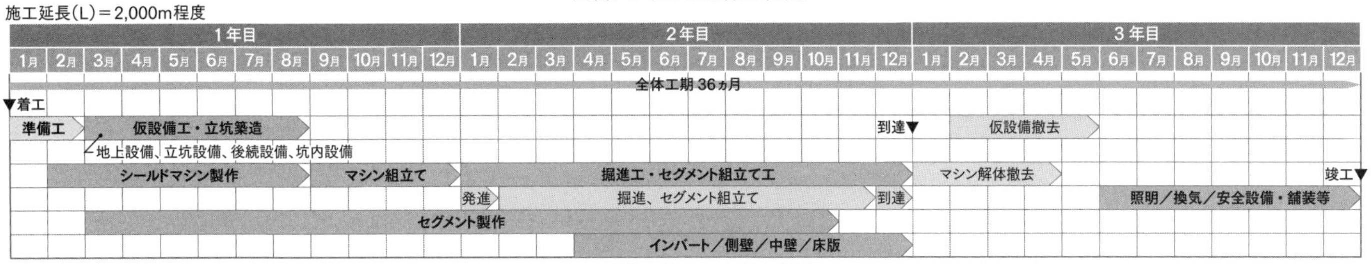
施工延長(L)＝2,000m程度
1年目
2年目
3年目
全体工期36ヵ月
着工
準備工
仮設備工・立坑築造
地上設備、立坑設備、後続設備、坑内設備
到達
仮設備撤去
シールドマシン製作
マシン組立て
掘進工・セグメント組立て工
マシン解体撤去
竣工
発進
掘進、セグメント組立て
到達
照明／換気／安全設備・舗装等
セグメント製作
インバート／側壁／中壁／床版

シールドトンネルの全体工程表

2 トンネルの工事現場で働く専門技能者

(1) 山岳トンネル工事

山岳トンネル工事では、主に地盤にトンネルを掘り抜く作業と、掘り抜かれた空間をコンクリートの壁で覆う作業の2つに大別されるため、ここではこれらに従事する技能者を紹介する。

トンネル掘削技能者　トンネル掘削の作業に従事する。主な作業は、火薬で地山を爆破する発破掘削、発破で粉々になったずりと呼ばれる土砂を搬出するずり出し、1次吹付け、鋼製支保工設置、2次吹付け、ロックボルト打設である。各種建設機械・設備機器の操作や整備の習熟も求められる。掘削面の土砂や岩石の一部が崩れる可能性のある切羽付近で作業するため、下図のようなプロテクターを装着して作業に従事する。通常これらの作業は、技能者が5～10名程度のチームを組み、共同作業として行う。

トンネル覆工技能者　掘削完了後にトンネルをコンクリートで覆う作業に従事する。主な作業はセントルと呼ばれる円筒状の型枠を用いてコンクリートを巻き立てる作業であり、その準備として防水シート張り、鉄筋組立てがある。通常これらの作業は、技能者が5～10名程度のチームを組み、共同作業として行う。

保護帽
バックプロテクター（トンネル切羽防護具）
防塵マスク（電動ファン付き呼吸用保護具）

トンネル掘削技能者（上半身）

(2) シールドトンネル工事

シールドトンネル工事は、シールドマシン、セグメント組立て装置、土砂搬送設備、資機材運搬設備、立坑揚重設備、各種プラント設備など多種多様の機械・装置を使用しており、機械化や自動化が進んでいる。各種機器・装置からの信号や映像は中央制御室に集約され、シールドマシンの掘削制御に利用される。

中央制御室には、ゼネコン技術者のほか、推進の担当技能者などが数名常駐しており、各種設備やプラントの担当技能者と連携を取りながら推進を進める。セグメントの運搬や組立てのほか、掘進の進捗に合わせて、各種プラントの運転・整備、材料手配・管理などを行う。これらの作業は、シールド工とゼネコン技術者で5～8名程度のチームを組み、共同作業として行う。

モニタ監視システム

マシン方向制御システム、マシン自動計測システム、注入充填材制御システム、泥土関連制御システムなど中央制御室内では、たくさんのモニタを見ながら合理的にシールドマシンの掘進制御を行う。

シールドトンネル工事の中央制御室で働くシールドマシン推進担当技能者

3-2 山岳トンネル

日本の国土の約4分の3は山地で、山の傾斜は急で海岸まで迫っていることが多い。このような地形で2つの地点を結ぶ道路や鉄道を通す際に多くの山岳トンネルが建設される。ここでは山岳トンネルの代表的な施工法であるNATMを紹介する。

NATMの施工手順は、掘削工→支保工→覆工・インバート工が一般的であり、次項以降で各手順について詳しく説明する。なお、山岳トンネル工事を進めている期間だけ設置する設備を総称して仮設備といい、坑外設備として、主に吹付けコンクリートプラント設備、給水設備、濁水処理設備、火薬設備、工事用電力設備、換気設備などがあり、坑内設備として、主に換気設備、排水設備などがある。

豆知識 坑口付け

坑口とはトンネルの出入口であり、トンネル工事の出発点であるとともに終点となる。坑口付けとは、トンネル掘削に伴う坑口斜面の緩みを防止するための措置である。一般的な坑口付けの施工順序は、2～3m程度の土被りが確保できるよう、のり面勾配1：0.3～0.5で地山を切り取り、吹付けコンクリートやロックボルトなどによりのり面を補強し安定化を図る。次に捨て枠※1として明かり部※2に鋼製支保工を建て込み、根巻きコンクリートで固定する。その後、鋼製支保工にキーストンプレート※3および金網などを取り付け、内面に吹付けコンクリートを施工する。最後に捨て枠の安定化を図るため、土のうを積み坑口付けを完了する。

※1 捨て枠：コンクリートの型枠のうち、コンクリートの打設後に解体して回収しない型枠
※2 明かり部：坑口よりトンネル外側の部分
※3 キーストンプレート：鋼製プレートを山高さ25㎜に凹凸加工した板材

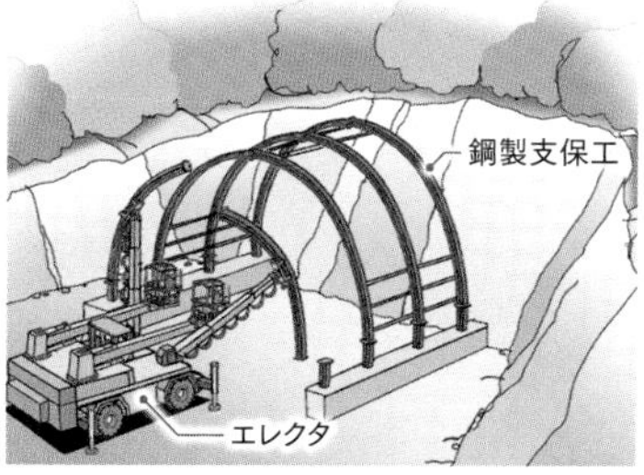

坑口付け

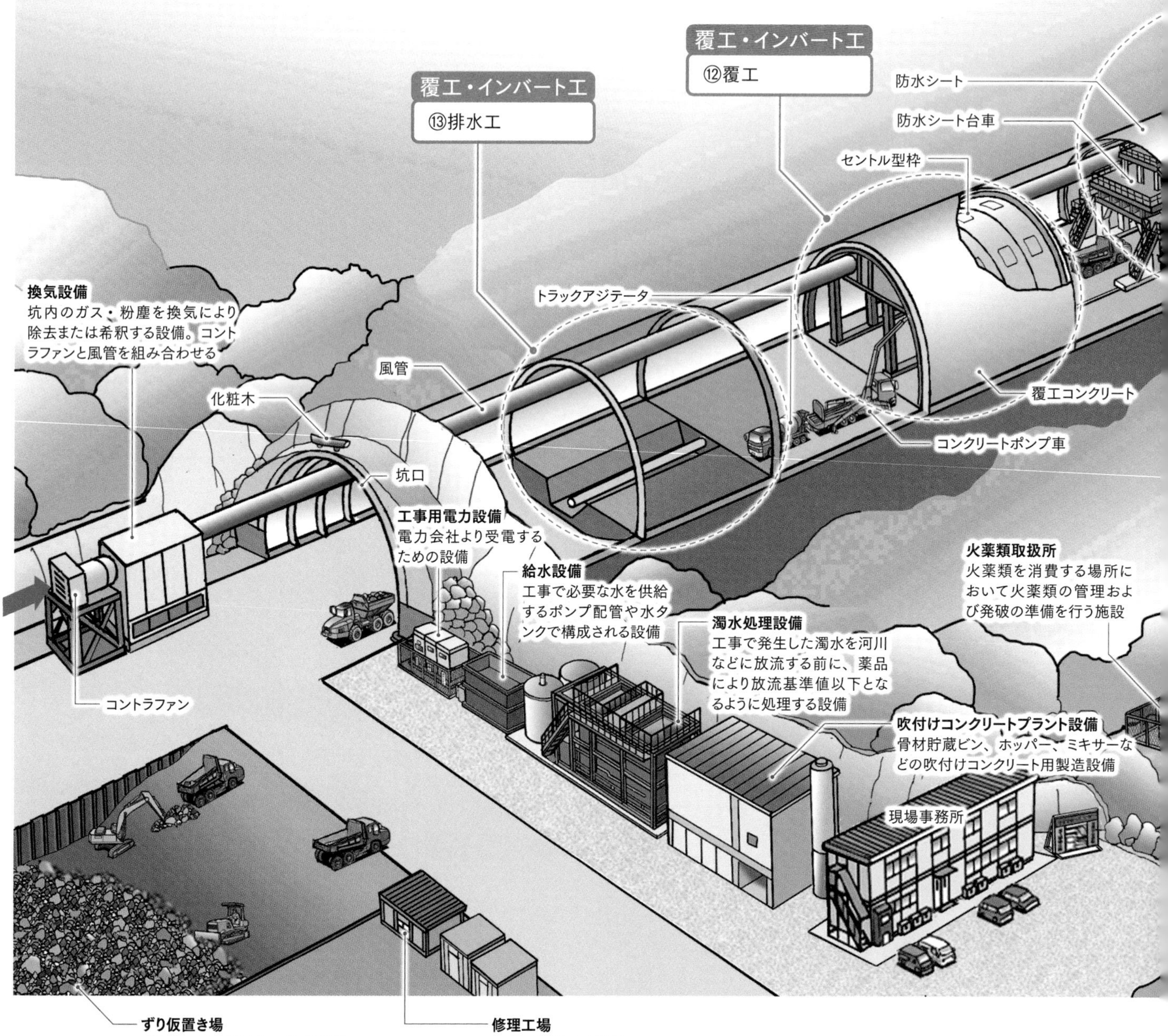

施工延長(L)＝2,000m程度
1年目
2年目
3年目
4年目
1月 2月 3月 4月 5月 6月 7月 8月 9月 10月 11月 12月
全体工期46ヵ月
▼着工
竣工▼
準備工
仮設備工
掘削工・支保工
覆工・インバート工
付帯工（坑外）
付帯工（坑内）
照明設備、換気設備、非常用設備、舗装工

山岳トンネルの全体工程表

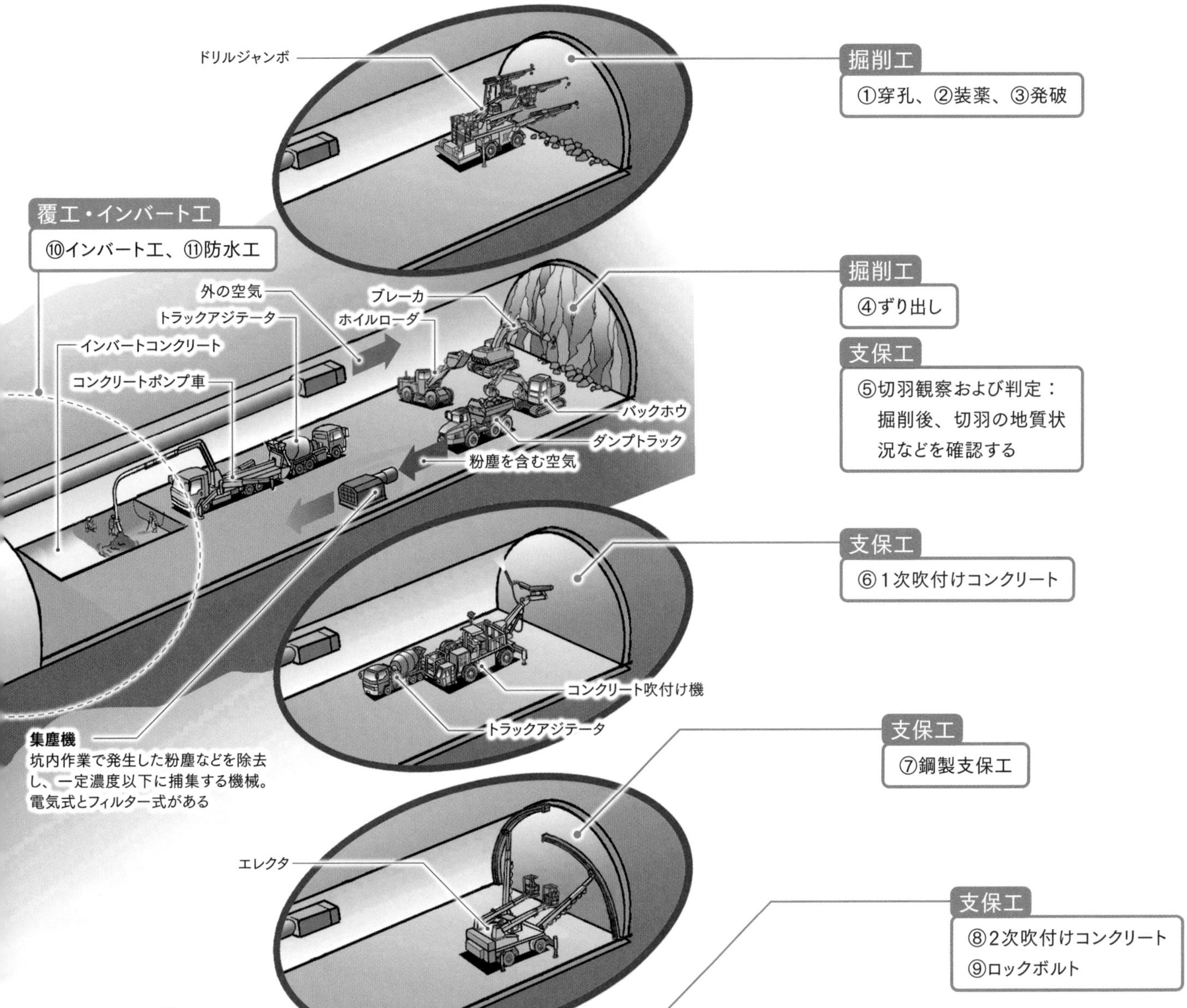
ドリルジャンボ
掘削工
①穿孔、②装薬、③発破
覆工・インバート工
⑩インバート工、⑪防水工
外の空気
トラックアジテータ
インバートコンクリート
コンクリートポンプ車
ブレーカ
ホイルローダ
掘削工
④ずり出し
支保工
⑤切羽観察および判定：
掘削後、切羽の地質状況などを確認する
バックホウ
ダンプトラック
粉塵を含む空気
支保工
⑥1次吹付けコンクリート
コンクリート吹付け機
トラックアジテータ
集塵機
坑内作業で発生した粉塵などを除去し、一定濃度以下に捕集する機械。電気式とフィルター式がある
支保工
⑦鋼製支保工
エレクタ
支保工
⑧2次吹付けコンクリート
⑨ロックボルト

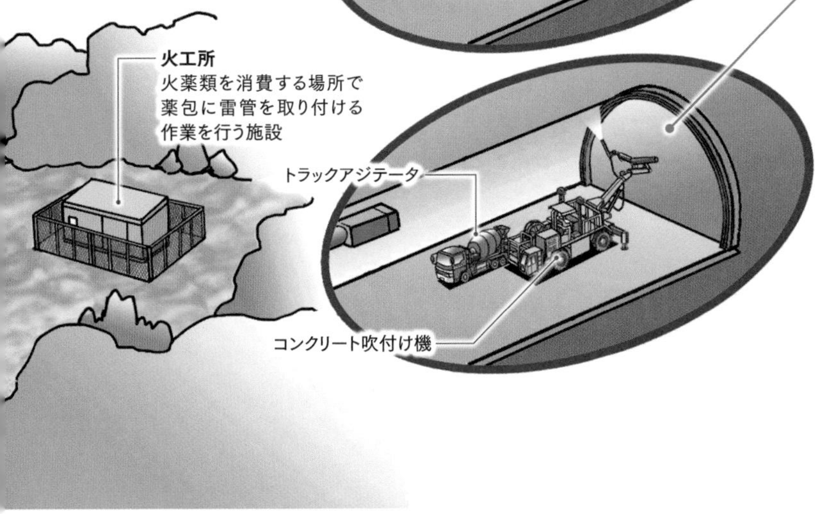
火工所
火薬類を消費する場所で薬包に雷管を取り付ける作業を行う施設
トラックアジテータ
コンクリート吹付け機

豆知識　化粧木《けしょうぎ》

工事中のトンネルの入口には化粧木と呼ばれる反り返った木が飾られている。これは、伊勢神宮本殿の屋根の飾り木が元となっており、その起源は山の神に対する信仰心と安全祈願にある。約1.2mの太い松やヒノキを横にして、両端は角のように加工されている。化粧木の右側の根本部には天照大神、左側の木の先にはウガヤフキアエズの命（神武天皇の父親）が祀られている。坑口付け施工時に設置し、掘削中はずっと設置される。

化粧木

化粧木

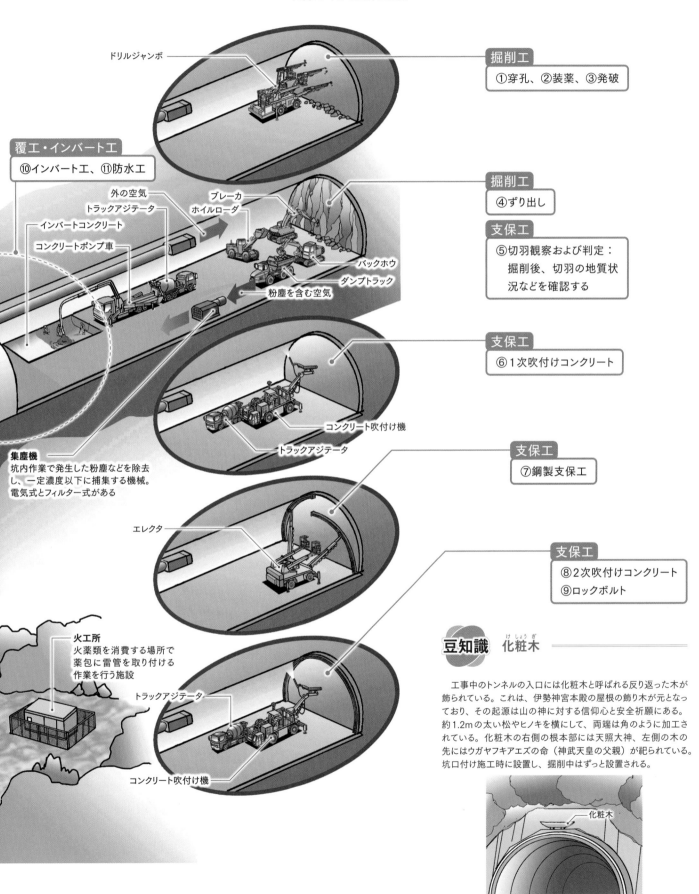

1 掘削工

発破掘削方式による掘削工は、主に硬岩から中硬岩までの硬い地山に適用される。周辺地山の緩みや余掘り[※1]ができるだけ少なくなるよう、穿孔長、穿孔径、心抜き方式[※2]、穿孔配置、爆薬の種類や使用量、雷管の種類および段配置などを定める。特に一掘進長[※3]は、岩質、割れ目の状況、風化変質の程度などの地山条件と切羽の安定性を検討して定める。

※1　設計掘削断面より周囲を余分に掘削すること
※2　切羽の中心の一部を先に爆破する方式
※3　1回の掘削で掘り進む長さ

❶ 穿孔《せんこう》

穿孔は切羽に火薬を装填するための孔をあける作業である。ドリルジャンボと呼ばれる穿孔機を所定の位置に配置し、穿孔に先立ち切羽の点検、浮石の除去、残留爆薬の有無の確認や回収などの措置を行う。その後、発破計画図を基に地質に応じた穿孔を行う。

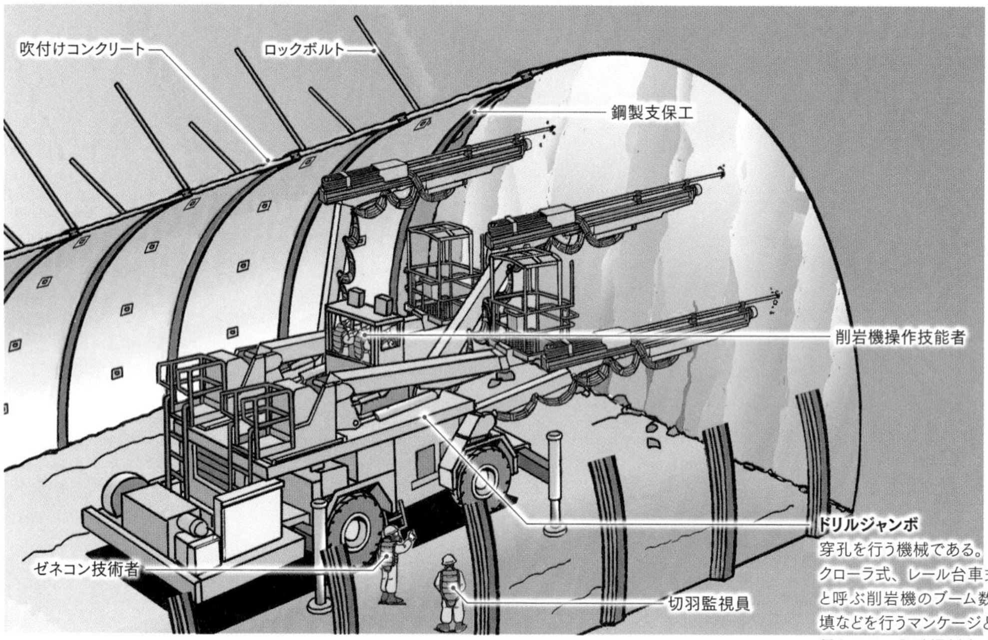

吹付けコンクリート
ロックボルト
鋼製支保工
削岩機操作技能者
ドリルジャンボ
ゼネコン技術者
切羽監視員

ドリルジャンボ
穿孔を行う機械である。走行形式によりホイール式、クローラ式、レール台車式などに分かれる。ドリフタと呼ぶ削岩機のブーム数と技能者が乗って爆薬装填などを行うマンケージと呼ぶかご数の組合せが各種あるが、発破掘削方式の場合は孔あけ施工の効率化を図るため、3ブーム2ケージを使用する場合が多い

❷ 装薬

装薬は穿孔した孔に火薬を装填する作業である。装薬に先立ち、孔荒れなど穿孔の状態を点検し、穿孔中に発生した浮石を除去するなど安全を確認する。装薬手順は、最初に爆薬と雷管で構成される親ダイ[※1]を、次に爆薬のみで構成される増ダイ[※2]を孔に挿入し、最後にそれらを密閉するための粘土でできた込め物を挿入する。これらを孔の奥に押し込むため、毎回木製の細長い込め棒で突いて装填する。

※1　発破における起爆用のダイナマイト
※2　装薬のうち、親ダイ以外のダイナマイト

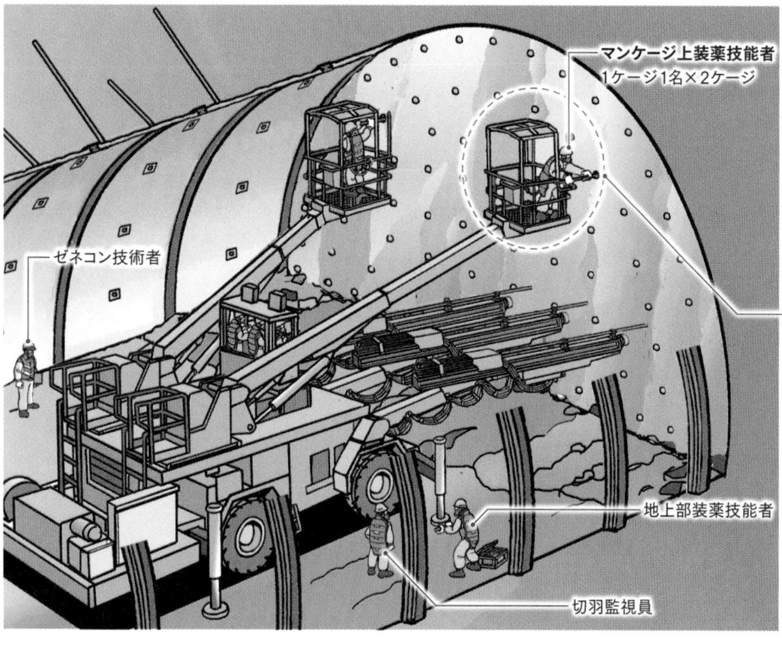

マンケージ上装薬技能者
1ケージ1名×2ケージ
ゼネコン技術者
地上部装薬技能者
切羽監視員

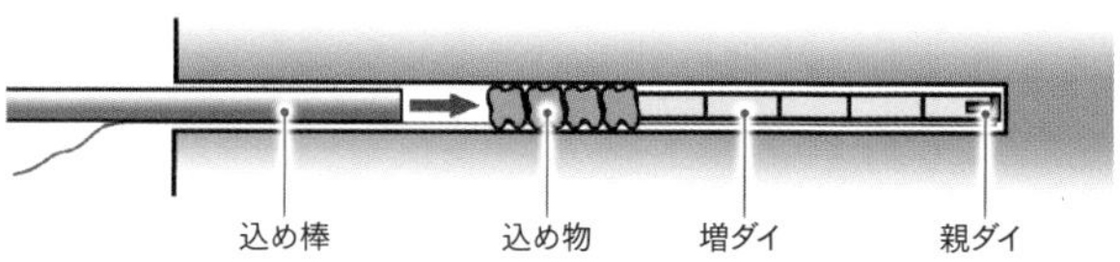

込め棒
込め物
増ダイ
親ダイ

込め棒で装薬する技能者

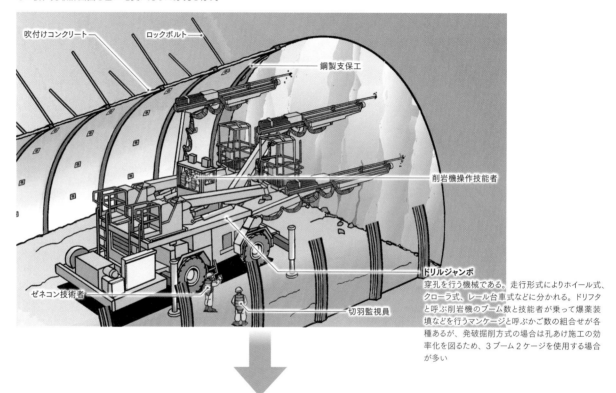

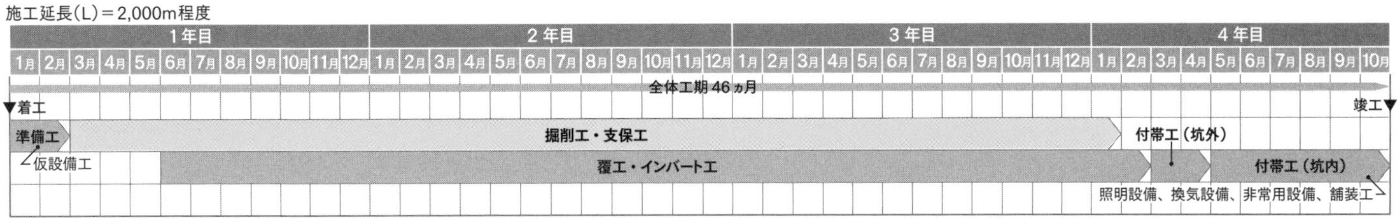
施工延長(L)＝2,000m程度
1年目
2年目
3年目
4年目
1月 2月 3月 4月 5月 6月 7月 8月 9月 10月 11月 12月
全体工期46ヵ月
着工
竣工
準備工
仮設備工
掘削工・支保工
付帯工(坑外)
覆工・インバート工
付帯工(坑内)
照明設備、換気設備、非常用設備、舗装工

山岳トンネルの全体工程表

④ ずり出し

ずりとはトンネル掘削で発生する破砕された岩盤の呼称であり、ずり出しは切羽で発生したずりを積み込み、搬出先まで運搬する作業である。ずりの積込みは破砕岩などの積込みを主としているため、頑丈な重機を選定する。トンネル掘削断面が大きくなるにつれてサイドダンプ方式のホイルローダの採用が多くなる。通常、ずり運搬は、タイヤ方式ではダンプトラックや大型ダンプトラックが使用される。延長の長いトンネルにおいては、連続ベルトコンベヤを採用する例が増えている。

ホイルローダ
破砕した岩盤をダンプトラックに積み込む
大型ダンプトラック
積み込んだずりを坑外へ運搬する

③ 発破

発破は装填した火薬を点火して爆発させ、切羽の岩盤を破砕する作業である。あらかじめ発破指揮者と点火者を定め、危険区域、退避および点火場所の区分、発破作業にかかわる合図および警報の決定、立入禁止措置や技能者の退避確認などを行う。発破に際しては、飛散する岩石などによる既施工部分や坑内仮設物の損傷を防止する。

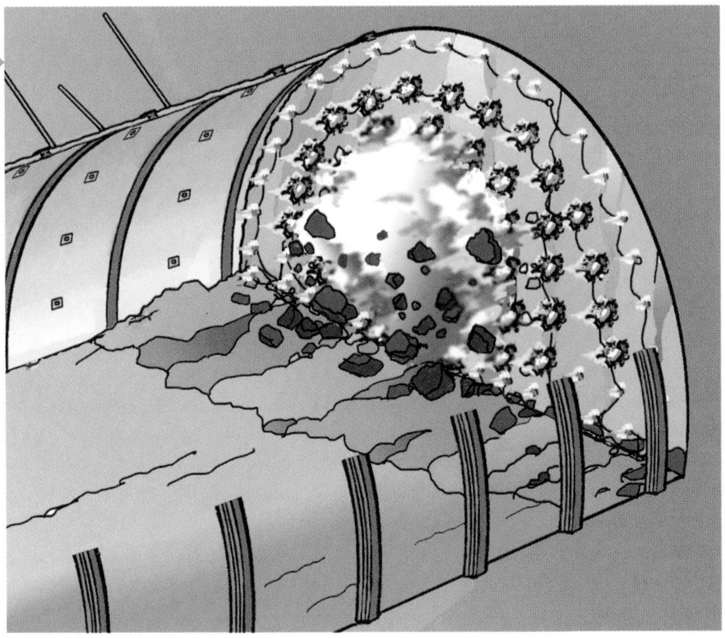

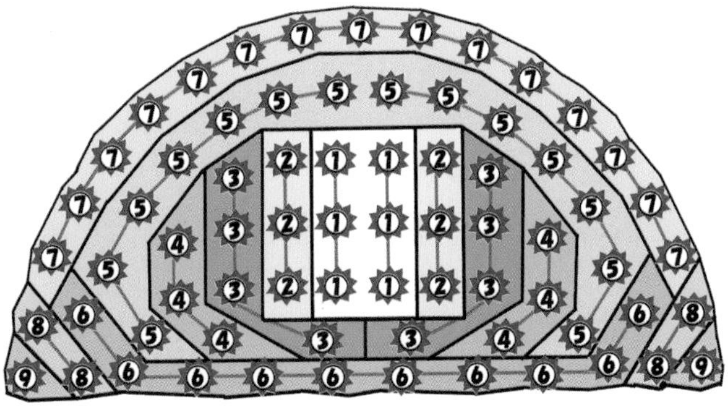

発破は最初に中心部①を瞬時に爆破し自由面をつくり、その後②から⑨まで0.25秒ごとに時差をもって順次周囲を爆破していき発破を制御する。

発破爆破順序例

2 支保工

支保工は、トンネルを掘削することによって発生する応力・変位に対して、トンネル周辺地山と一体となって抵抗する部材であり、トンネルおよび周辺地山の安定化を図るものである。支保工部材としては、吹付けコンクリート、ロックボルト、鋼製支保工などがあり、各部材の特徴を考慮して組み合わせて用いる。支保工の施工は、周辺地山の有する支保機能が早期に発揮されるよう掘削後すみやかに行い、支保工と地山をできるだけ密着あるいは一体化させる。

5 切羽観察および判定

トンネル掘削施工中は、毎日新しい切羽が現れるたびに地質状況およびその変化状況を観察して、設計・施工に問題がないかを確認する。観察結果は、切羽スケッチや写真、記録簿に残す必要がある。
日々の観察の結果、地質の変化が明らかとなった場合は、発注者技術者、コンサルタント施工監理技術者、ゼネコン技術者、協力業者の職長一同が切羽に集まり、切羽判定を行い、支保パターンの見直しに関する協議を行う。

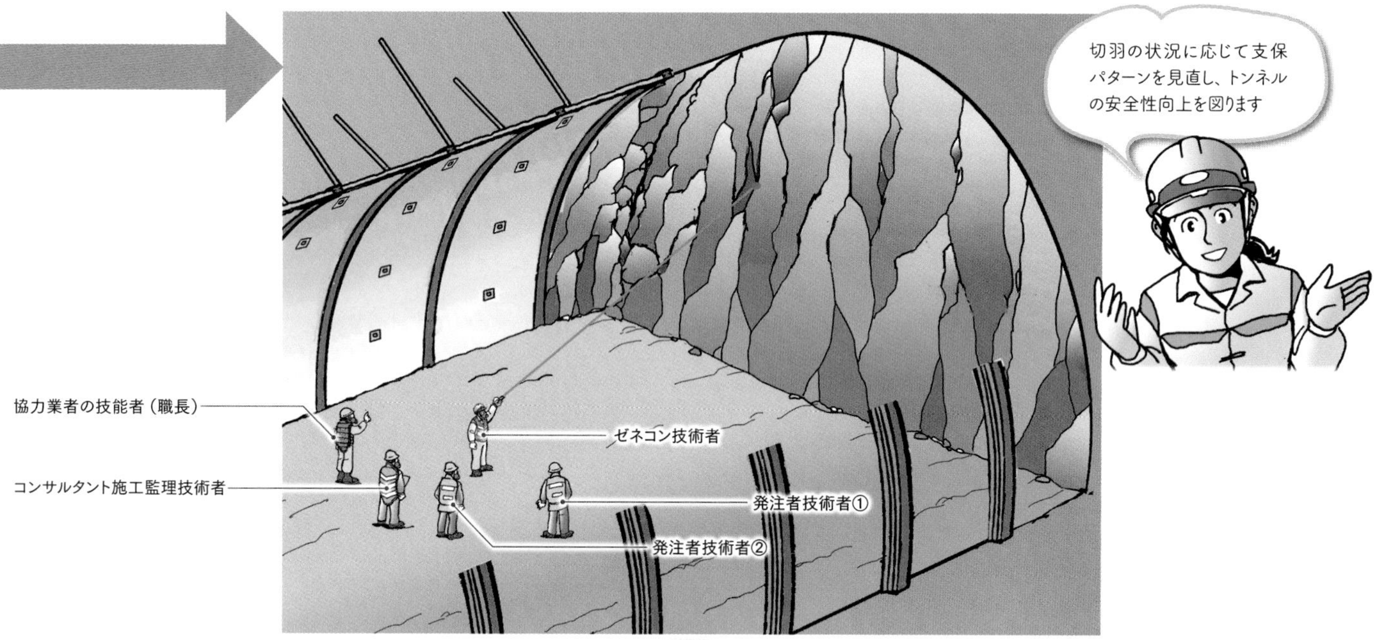
切羽の状況に応じて支保パターンを見直し、トンネルの安全性向上を図ります
協力業者の技能者（職長）
ゼネコン技術者
コンサルタント施工監理技術者
発注者技術者①
発注者技術者②

6 1次吹付けコンクリート

1次吹付けコンクリートは、地山の初期の緩みや肌落ちを抑えるため、掘削後の壁面に直ちにコンクリートを吹き付ける。コンクリート吹付け機で厚さ5cm程度に吹き付け、次工程の鋼製支保工建込み作業の安全性を確保する。切羽正面の掘削面である鏡面の吹付けは、以前は地山性状が良くない場合の補助工法であったが、現在はほぼ標準的に行われている。

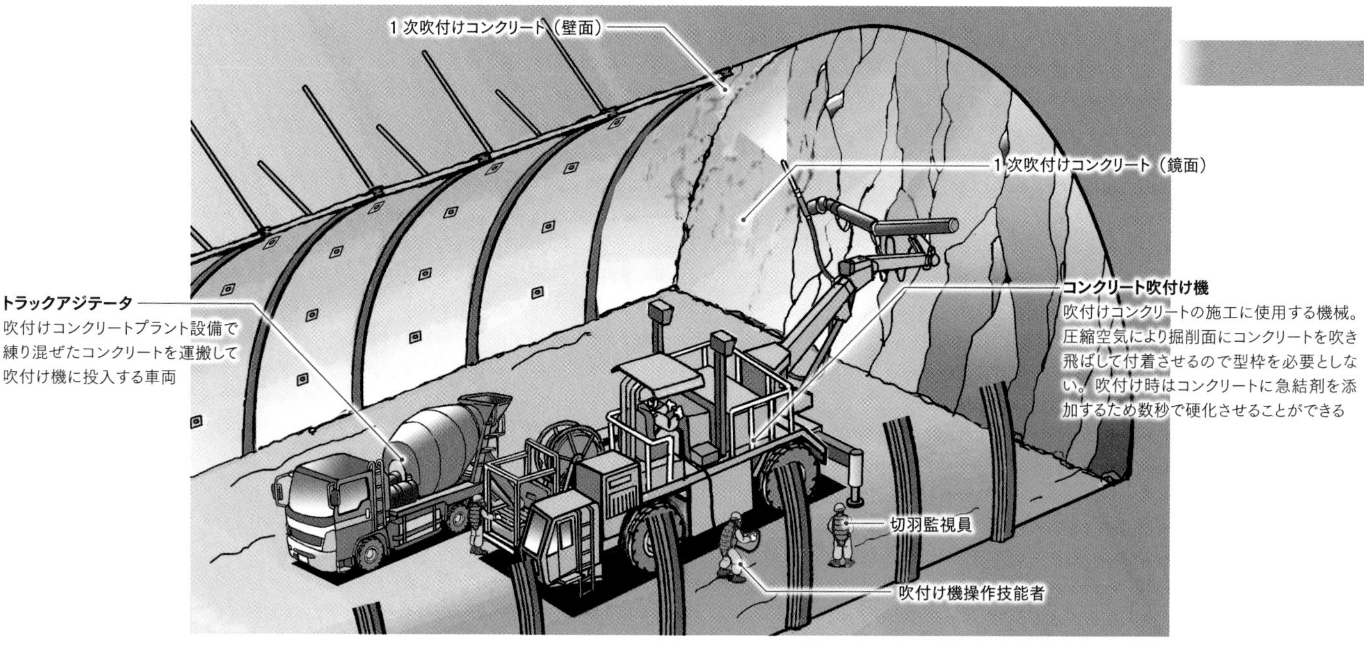
1次吹付けコンクリート（壁面）
1次吹付けコンクリート（鏡面）
トラックアジテータ
吹付けコンクリートプラント設備で練り混ぜたコンクリートを運搬して吹付け機に投入する車両
コンクリート吹付け機
吹付けコンクリートの施工に使用する機械。圧縮空気により掘削面にコンクリートを吹き飛ばして付着させるので型枠を必要としない。吹付け時はコンクリートに急結剤を添加するため数秒で硬化させることができる
切羽監視員
吹付け機操作技能者

⑨ ロックボルト

ロックボルトは、2次吹付けコンクリートの施工後に、複数の油圧削岩機を搭載したドリルジャンボを使用して、壁面から放射状に穿孔し、モルタルなどで孔内を充填し、その中心に鋼棒などの芯材を設置して定着する。これにより、吹付けコンクリート、ロックボルトおよび地山が一体となり地山内部から支保機能が発揮される。

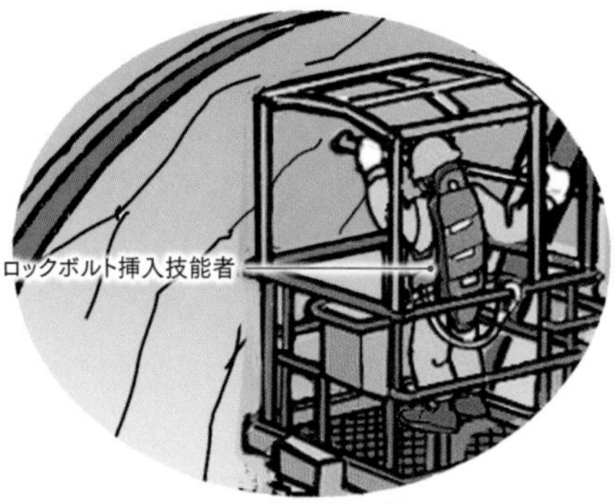
ロックボルト挿入技能者

ロックボルト挿入状況

モルタル充填技能者

モルタル充填状況

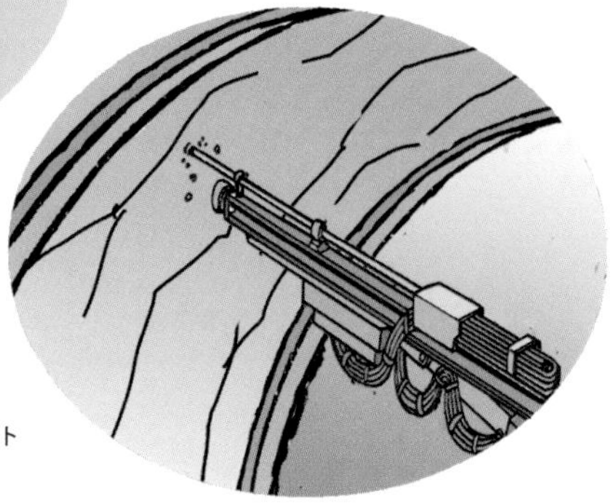

ロックボルト穿孔状況

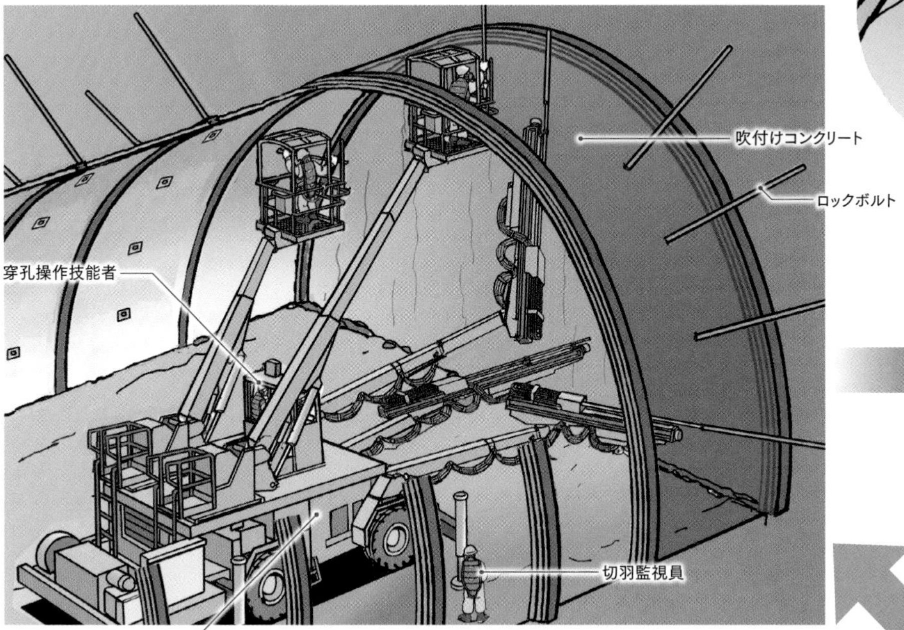
吹付けコンクリート
ロックボルト
穿孔操作技能者
切羽監視員

ドリルジャンボ
切羽面の火薬装填と同じ機械を用いてロックボルト孔を掘り、トンネル上部ではケージに乗ってロックボルト挿入、モルタル充填を行う

⑧ 2次吹付けコンクリート

鋼製支保工建込み後、その間を支保パターンに応じて10～20cmの厚さで壁面の吹付けを行う。施工方法は1次吹付けコンクリートと同様である。

⑦ 鋼製支保工

鋼製支保工は、トンネル形状に合わせてアーチ状に加工したH形鋼などを建て込む支保部材である。鋼製支保工の建込みは、エレクタと呼ばれる専用の機械で行い、建込みにあたっては、浮石などを完全に取り除き、ねじれや倒れがないように、つなぎ材で前回建て込んだ鋼製支保工と連結させる。

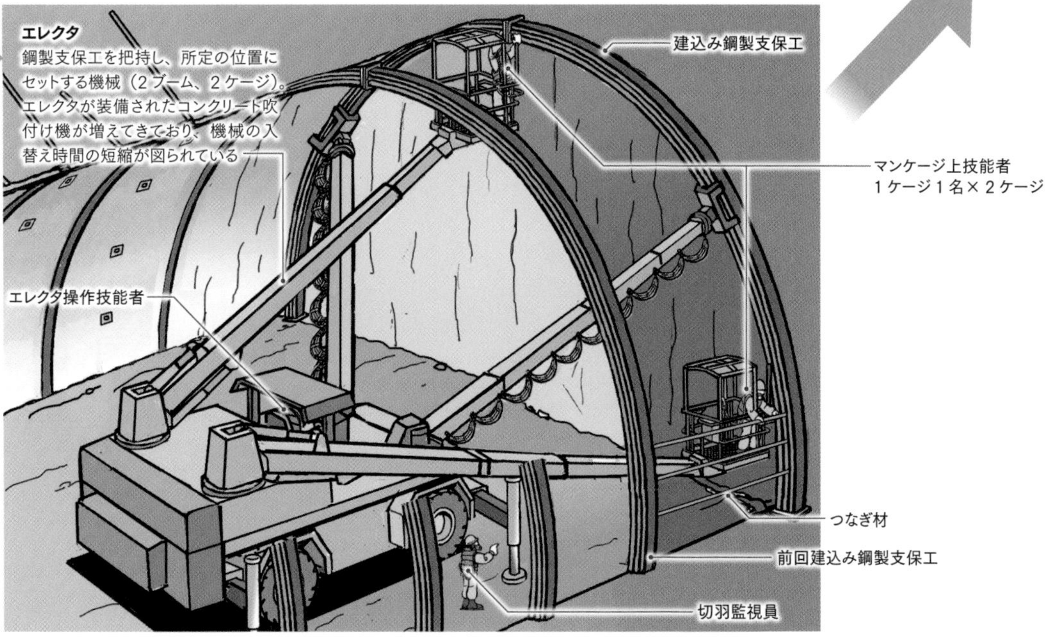
エレクタ
鋼製支保工を把持し、所定の位置にセットする機械（2ブーム、2ケージ）。エレクタが装備されたコンクリート吹付け機が増えてきており、機械の入替え時間の短縮が図られている
建込み鋼製支保工
マンケージ上技能者
1ケージ1名×2ケージ
エレクタ操作技能者
つなぎ材
前回建込み鋼製支保工
切羽監視員

3 覆工・インバート工

掘削工・支保工が完了した区間では、セントルという移動式の型枠を使用して、トンネル掘削後の地山をコンクリートで覆う作業が行われる。これを覆工といい、通常はトンネル底部を除いた範囲に施工されるが、地山性状が良くない場合にはトンネル底部にインバートが設置され、トンネル断面を閉合させることもある。また、供用中は一般的にトンネル内への漏水防止や、覆工に水圧を作用させないことが重要となるため、防水工や排水工も覆工、インバート工に合わせて実施される。

⑩ インバート工

トンネル底部に逆アーチ型にコンクリートを打設する作業である。
地山性状が良くない場合に、インバートを設置することで覆工や支保工と一体となって、トンネルおよび周辺地山の安定性を向上させる。インバート施工前にトンネル底部を掘削し、コンクリートを打設したあとには、主にトンネルで発生する良質なずりを利用して埋戻しを行う。インバートコンクリートの 1 打設長は覆工コンクリートの 1 打設長に合わせることが多い。切羽での掘削用工事車両の通路を確保するため、インバート施工箇所に仮設の橋を設置する、または左右片側ずつ施工する場合がある。

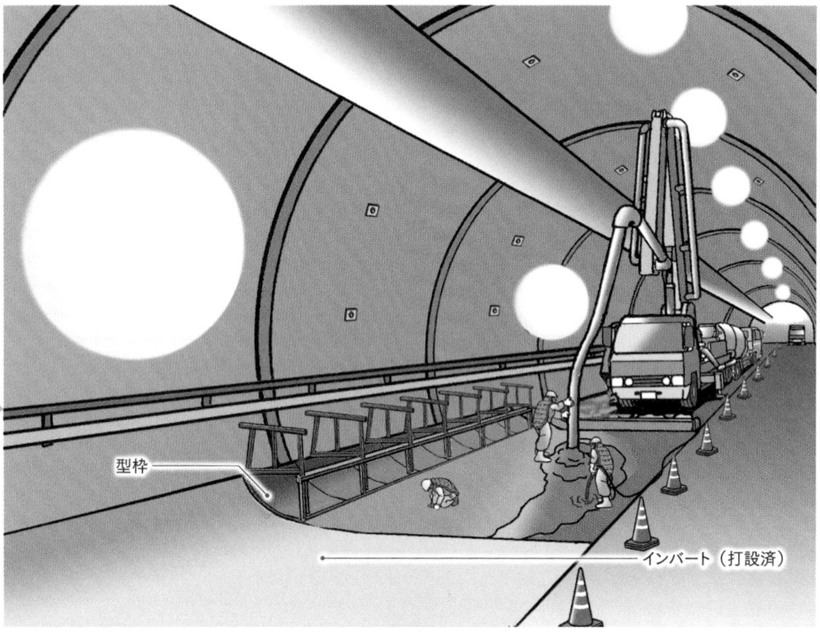

⑪ 防水工

地山からトンネル内への漏水を防止するため、覆工に先だってコンクリート吹付け面に防水シートを設置する作業である。
防水シートには、覆工コンクリート打設時に破損しない強度と伸びをもち、耐久性・施工性の良いものを選定する。通常、エチレン酢酸ビニルやポリ塩化ビニルが用いられる。幅 2m、厚さ 1mm 程度の防水シートをコンクリート吹付け面に釘でトンネル周方向に固定し、隣り合う 2 枚の防水シートを溶着機を使用して接合する。

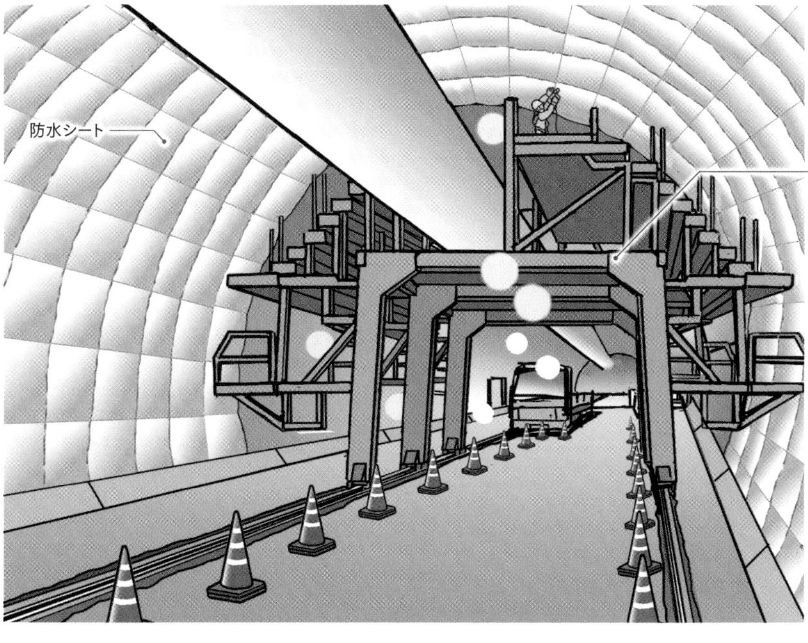

シート台車
防水シートの施工に使用する鋼製の作業台車。路盤に設置したレール上を移動させる

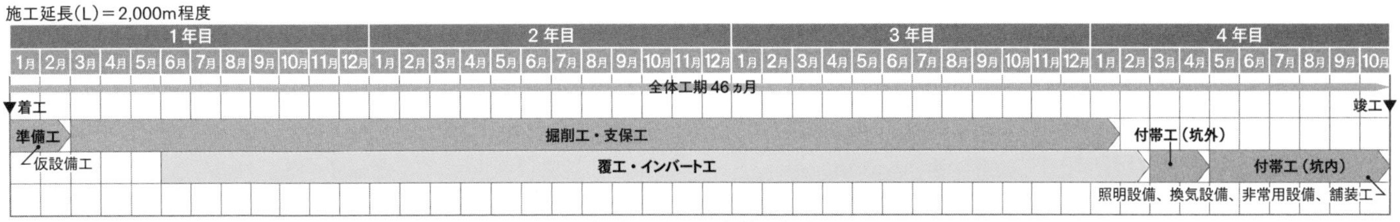

施工延長(L)＝2,000m程度
1年目
2年目
3年目
4年目
1月 2月 3月 4月 5月 6月 7月 8月 9月 10月 11月 12月
1月 2月 3月 4月 5月 6月 7月 8月 9月 10月 11月 12月
1月 2月 3月 4月 5月 6月 7月 8月 9月 10月 11月 12月
1月 2月 3月 4月 5月 6月 7月 8月 9月 10月
全体工期46ヵ月
▼着工
竣工▼
準備工
仮設備工
掘削工・支保工
付帯工（坑外）
覆工・インバート工
付帯工（坑内）
照明設備、換気設備、非常用設備、舗装工

山岳トンネルの全体工程表

⑬ 排水工

防水工により集めたトンネルの湧水を集水し、排水する設備を設置する作業である。
湧水量に応じた間隔で横断排水管を設置し、中央排水管に導水し坑外に排水する。これらの材料としては、高密度ポリエチレン管や硬質塩化ビニル管が使用されている。

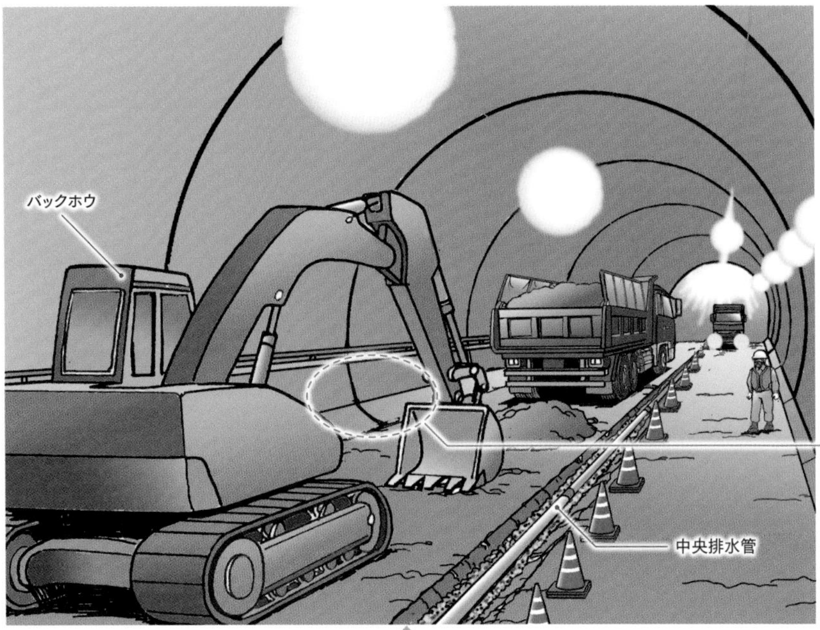

バックホウ
中央排水管

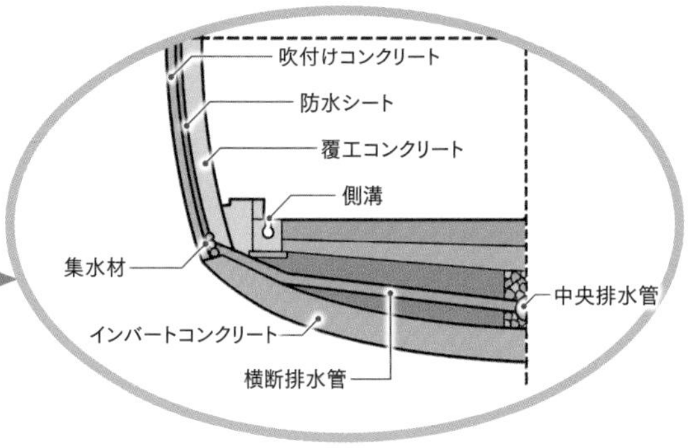

吹付けコンクリート
防水シート
覆工コンクリート
側溝
集水材
中央排水管
インバートコンクリート
横断排水管

詳細図

⑫ 覆工

トンネル掘削後の地山をコンクリートで覆う作業である。
トンネル内への漏水防止、地山の安定性向上、供用後の美観・作業性の確保を目的とする。一般的に長さ9～12m程度の移動式鋼製セントルが型枠として使用され、主に場所打ちの無筋コンクリートとして施工される。

覆工コンクリート（硬化後）
コンクリートポンプ車
トラックアジテータが生コン工場から運搬してくるレディーミクストコンクリートを配管を通して打設箇所へ圧送する
セントル
覆工コンクリートの打設に使用する移動式鋼製型枠。路盤に設置したレール上を移動させる

覆工コンクリート打設手順

①セントルを移動し、所定の位置に据え付ける。
②セントル端部に妻型枠を設置する。
③現場にレディーミクストコンクリートを搬入し、コンクリートポンプ車により、セントル内の配管を通じ最下部から順に配管を切り替えながら、コンクリートを打設する。最後にアーチ部の天井部分にコンクリートを吹き上げる。
④コンクリートが所定の強度に達したら型枠を取り外す。

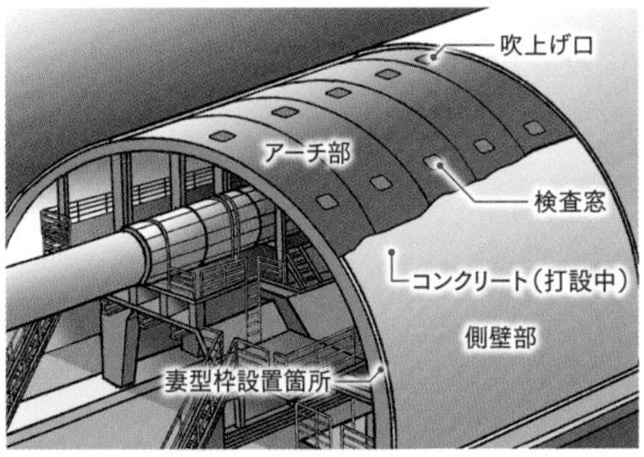

吹上げ口
アーチ部
検査窓
コンクリート（打設中）
側壁部
妻型枠設置箇所

覆工コンクリート打設状況

妻型枠設置状況

コンクリート打設状況

4 付帯工

覆工・インバート工が完了したあとには、トンネル坑外では坑門工、のり面工といった明かり工事および片付けが行われる。その後トンネル坑内では、照明設備、換気設備、非常用設備などの付帯設備工や舗装工が行われ、山岳トンネルは完成となる。

14 坑門工

坑門工はトンネル坑口部の構造物、すなわち坑門を施工する作業である。
坑門の形式は面壁型と突出型に大別されるが、いずれも一般のコンクリート構造物と同様に施工される。

面壁型

突出型

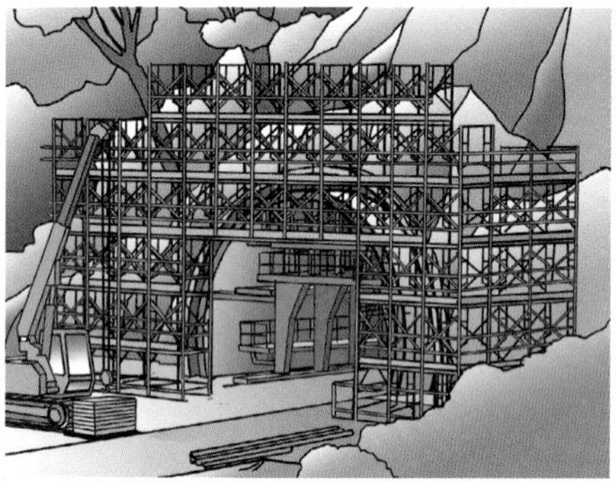

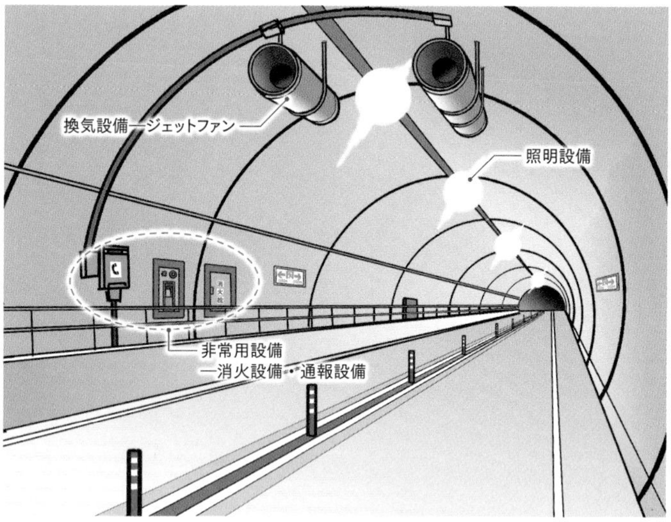
換気設備—ジェットファン
照明設備
非常用設備
消火設備・通報設備
代表的なトンネル内設備

豆知識 貫通式

掘削によりトンネルが無事に貫通したことを祝う式典である。号令とともに発破スイッチが押され、轟音とともに反対側から光が差し込む。式典では、貫通確認後、貫通点清めの儀、貫通点通り抜けの儀ののちに樽神輿《たるみこし》が登場し、乾杯となる。

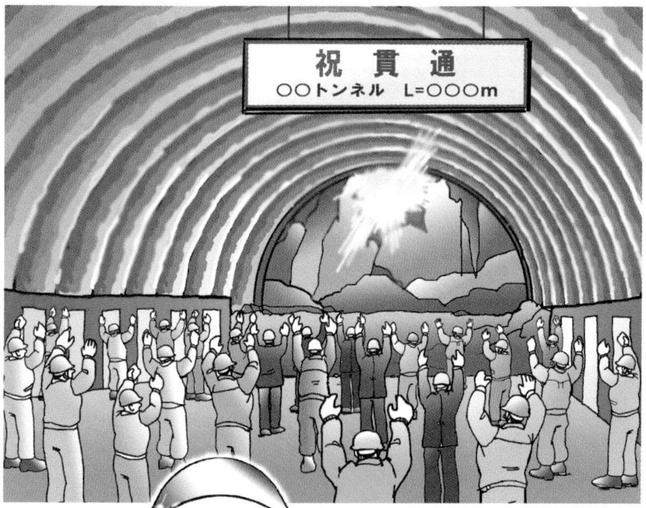
祝 貫 通
○○トンネル L=○○○m

貫通石
○○トンネル L=○○○m
トンネルの貫通点で採取された石のことをいう。安産や合格祈願のお守りとされる。
貫通石

環境コラム 山岳トンネルの掘削工で発生する自然由来汚染土対策

トンネルの掘削土には、自然由来の重金属類が土壌汚染対策法で定める基準を超過して含まれることがある。このような掘削土は、対策を必要とする土壌として汚染土壌処理施設に搬出して処理するほかに、現場内で遮水シートまたは粘性土の遮水工を用いて封じ込めることによって、盛土材料として利用することがある。なお、自然由来の重金属類は地質的に広く分布し、汚染濃度も比較的低いという特徴があり、代表的なものに、ヒ素、鉛、フッ素、ホウ素などがある。

❶掘削

❷搬出

❸盛土

遮水工
対策を必要とする土壌
❹対策完了

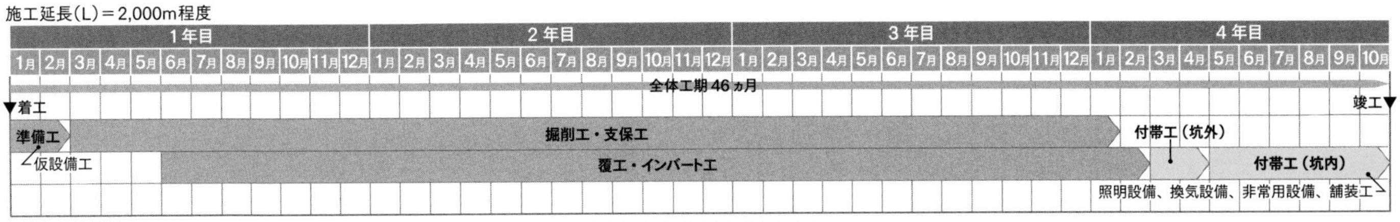
施工延長(L)＝2,000m程度
1年目
2年目
3年目
4年目
1月 2月 3月 4月 5月 6月 7月 8月 9月 10月 11月 12月
全体工期46ヵ月
着工
竣工
準備工
仮設備工
掘削工・支保工
付帯工（坑外）
覆工・インバート工
付帯工（坑内）
照明設備、換気設備、非常用設備、舗装工
山岳トンネルの全体工程表

情報コラム　山岳トンネル工事のデジタル技術

高齢化による熟練技能者の大量離職が懸念される中、入職者の確保と並び、生産性の向上が喫緊の課題になっている。一方、山岳トンネル工事においては、肌落ちと呼ばれる岩石の落下や機械と人間の接触による災害がたびたび発生しており、生産性のみならず、安全性のさらなる向上も重要な課題となっている。こうした状況をふまえ、ICT、IoT、人工知能（AI）などの最新技術が適用されている。以下、その例を示す。

重機・技能者のモニタリング

カメラ、レーダー、センサーを用いて、狭隘なトンネル坑内での機械と技能者の位置や動線情報を3次元データで取得し警告を発することにより、施工機械による挟まれ事故を防止するなどの様々な取組みが行われている。

プロジェクションマッピング

切羽やインバートの地盤情報や形状を、コンピュータで画像データとして作成し、プロジェクタで直接投影する。掘削面からの肌落ちの予測などの安全性の確保や、掘削量の容易な把握などの効率性の向上を可能とする。

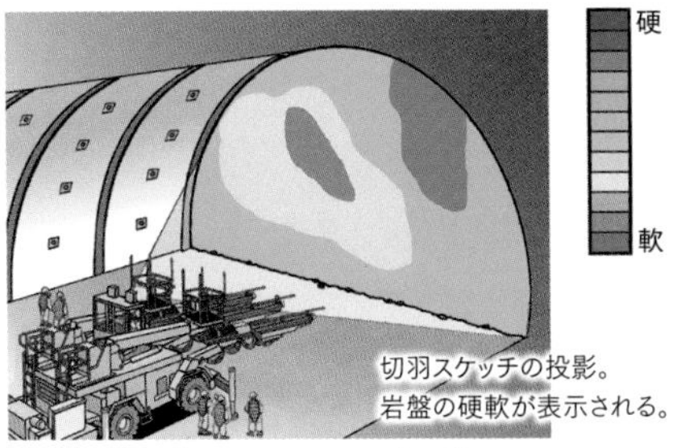
硬
軟
切羽スケッチの投影。
岩盤の硬軟が表示される。
プロジェクションマッピング

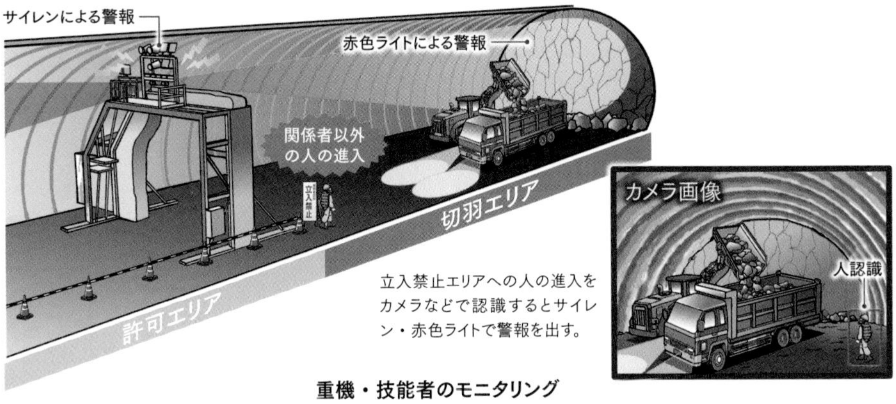
サイレンによる警報
赤色ライトによる警報
関係者以外の人の進入
立入禁止
切羽エリア
許可エリア
カメラ画像
人認識
立入禁止エリアへの人の進入をカメラなどで認識するとサイレン・赤色ライトで警報を出す。
重機・技能者のモニタリング

3-3 山岳トンネルの完成

国土の約4分の3が山地である日本では、山岳トンネルは人々の生活に不可欠な社会インフラである。山で隔てられた2つの場所をトンネルが結ぶことで、急峻で狭隘な山道や距離のある回り道の通行が不要となり、積雪や凍結のおそれのある冬季でさえ自動車や鉄道の大量かつ高速走行が可能となる。山岳トンネル工事では、事前調査を行うとはいえ、実際の地山状況は掘削開始後に初めて判明する。ときには不良地山や大量湧水に遭遇し、難工事となることもある。そうした場合も、技術者は自然と対話しながら困難を克服してきた。完成後にはトンネル内のコンクリート面と坑口しか目にできないが、トンネル内を通行する際には、技術者の努力に思いを馳せてほしい。

自然を直接相手にする山岳トンネル工事には経験が重要で大変ですが、テクノロジーの進化とそれを生かす「人」の力でつくり上げることに醍醐味があります
完成図

3-4 シールドトンネル

シールドトンネルは、まちなかに立坑を掘り、立坑の底部からシールドマシンと呼ばれる機械で横方向にゆっくりと掘削しながら、トンネルの壁となるセグメントと呼ばれるブロックを組み立てることでつくられる。ここでは、道路トンネルのつくり方を説明する。シールドトンネルは地下鉄や上下水道などでも採用されている工法で、地上の安全を守りつつ、既にある地下の構造物にぶつからないようにつくっていく。

シールド工法の施工ステップ

1 立坑築造、シールドマシン組立て、仮設工

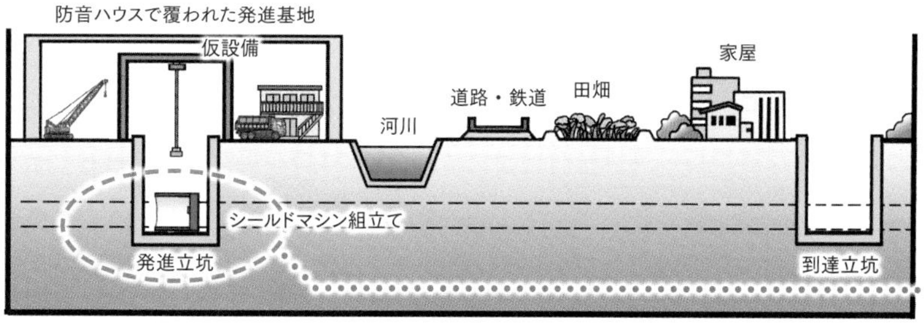
防音ハウスで覆われた発進基地
仮設備
家屋
道路・鉄道
田畑
河川
シールドマシン組立て
発進立坑
到達立坑

発進・到達部となる立坑をつくると、発進部の立坑ではシールドマシンが組み立てられ、地上では掘進に必要な様々な設備が築造される。

2 掘進、セグメント組立て

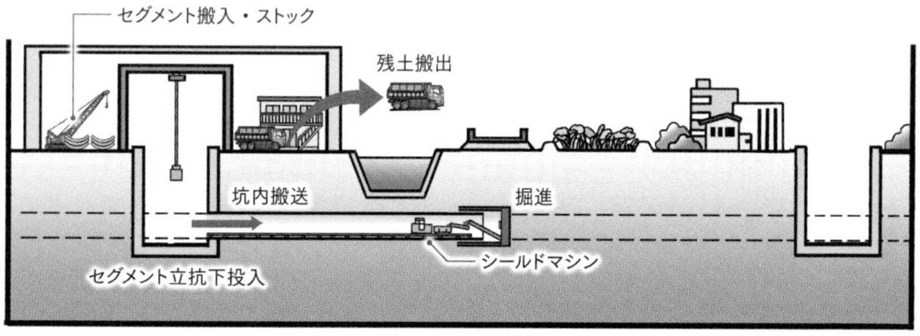
セグメント搬入・ストック
残土搬出
坑内搬送
掘進
シールドマシン
セグメント立坑下投入

シールドマシンで掘り進み、後ろにはトンネルの壁面となるセグメントが組み立てられる。掘削した残土はダンプトラックで搬出され、セグメントは順次先端に搬送される。

3 トンネルの完成

掘進、セグメント組立て、床版設置などが完了し、シールドマシンや仮設備を撤去するとトンネルが完成する。床版は道路や鉄道の基盤となり、このあと、舗装やレールが施工される。完成後、立坑はそのまま埋め戻される。

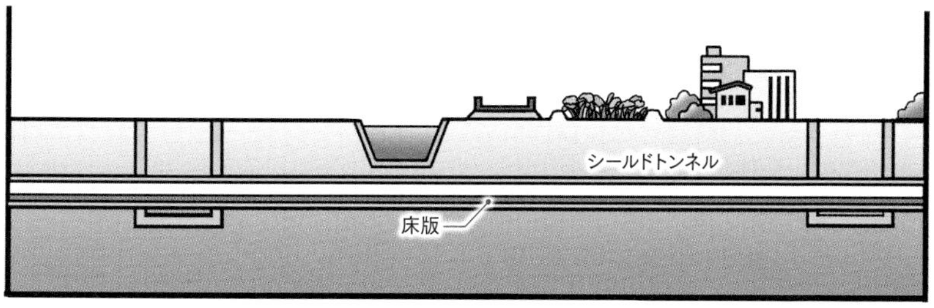
シールドトンネル
床版

シールドマシンの製作・組立て

大きなものでは何千tもの重さと直径が16mにも及ぶシールドマシンは、工場で製作され仮組みする。その後、運搬できる大きさに分割され工場から現場へと搬送される。現場では800tや500tクレーンを使い、立坑下で組み立てられる。

シールドマシン（上空より）

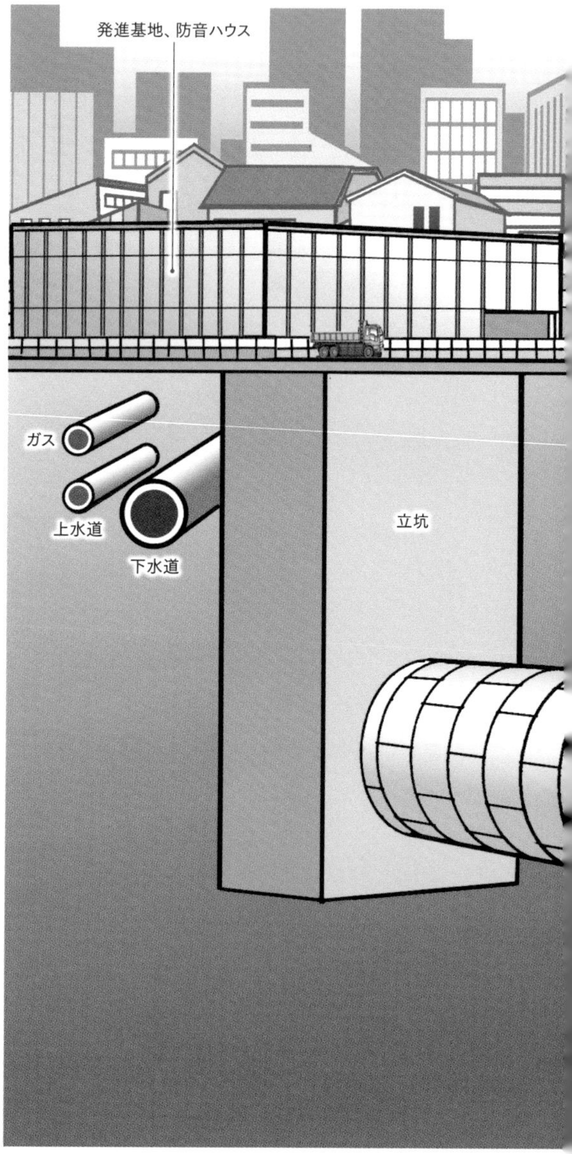
発進基地、防音ハウス
ガス
上水道
下水道
立坑

シールドトンネルのセグメントは、主に鉄筋コンクリート製のリングであり、いくつかのピースに分割されている。大きいものでは、1つのセグメントリングは、13のセグメントピースで構成される。セグメントは、トンネルの1次覆工の役割を果たすものである。コンクリート巻き立てによる2次覆工は省略されることもあり、その場合はセグメントがトンネル壁面となる。また、セグメントは、シールドマシン推進時には、シールドジャッキの反力を受けもつ。このため、これらに耐える強度が必要となる。

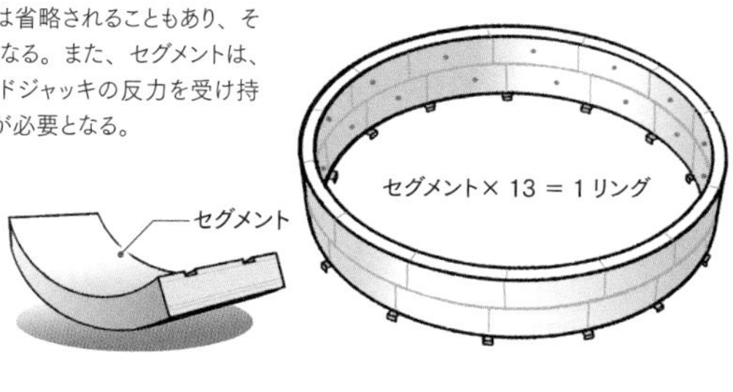
セグメント
セグメント×13＝1リング

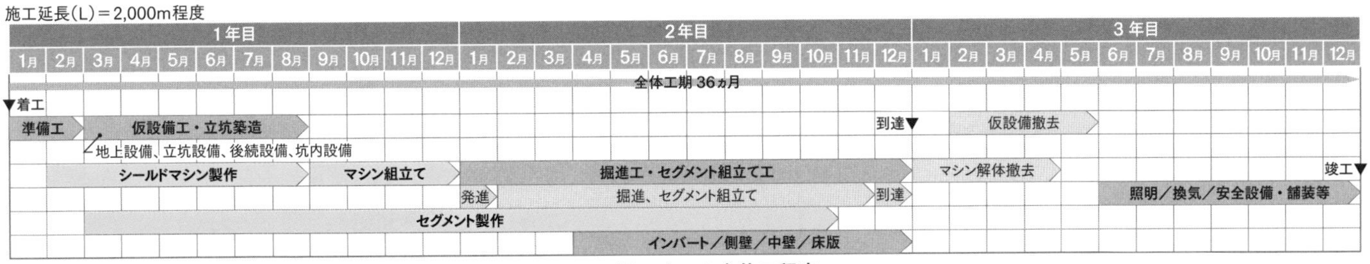
施工延長（L）＝2,000m程度
1年目
2年目
3年目
1月 2月 3月 4月 5月 6月 7月 8月 9月 10月 11月 12月
1月 2月 3月 4月 5月 6月 7月 8月 9月 10月 11月 12月
1月 2月 3月 4月 5月 6月 7月 8月 9月 10月 11月 12月
全体工期 36ヵ月
▼着工
準備工
仮設備工・立坑築造
地上設備、立坑設備、後続設備、坑内設備
到達▼
仮設備撤去
シールドマシン製作
マシン組立て
掘進工・セグメント組立て工
マシン解体撤去
竣工▼
発進
掘進、セグメント組立て
到達
照明／換気／安全設備・舗装等
セグメント製作
インバート／側壁／中壁／床版

シールドトンネルの全体工程表

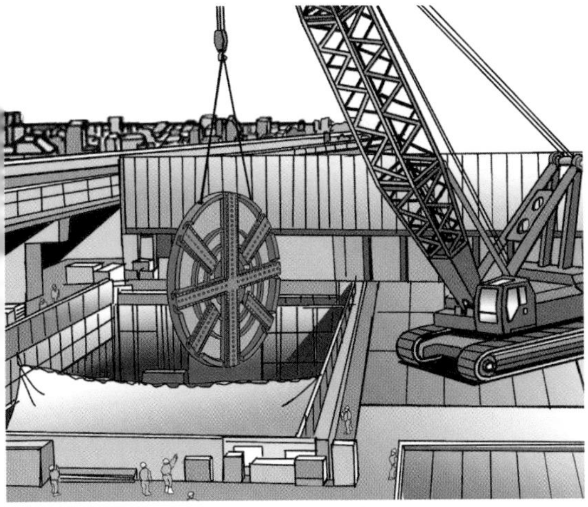

カッターフェイスの投入

シールドマシン（後方より）

日本で初めてのシールドトンネル工事は、大正６年秋田県にある羽越《うえつ》本線・折渡《おりわたり》トンネルで行われました。

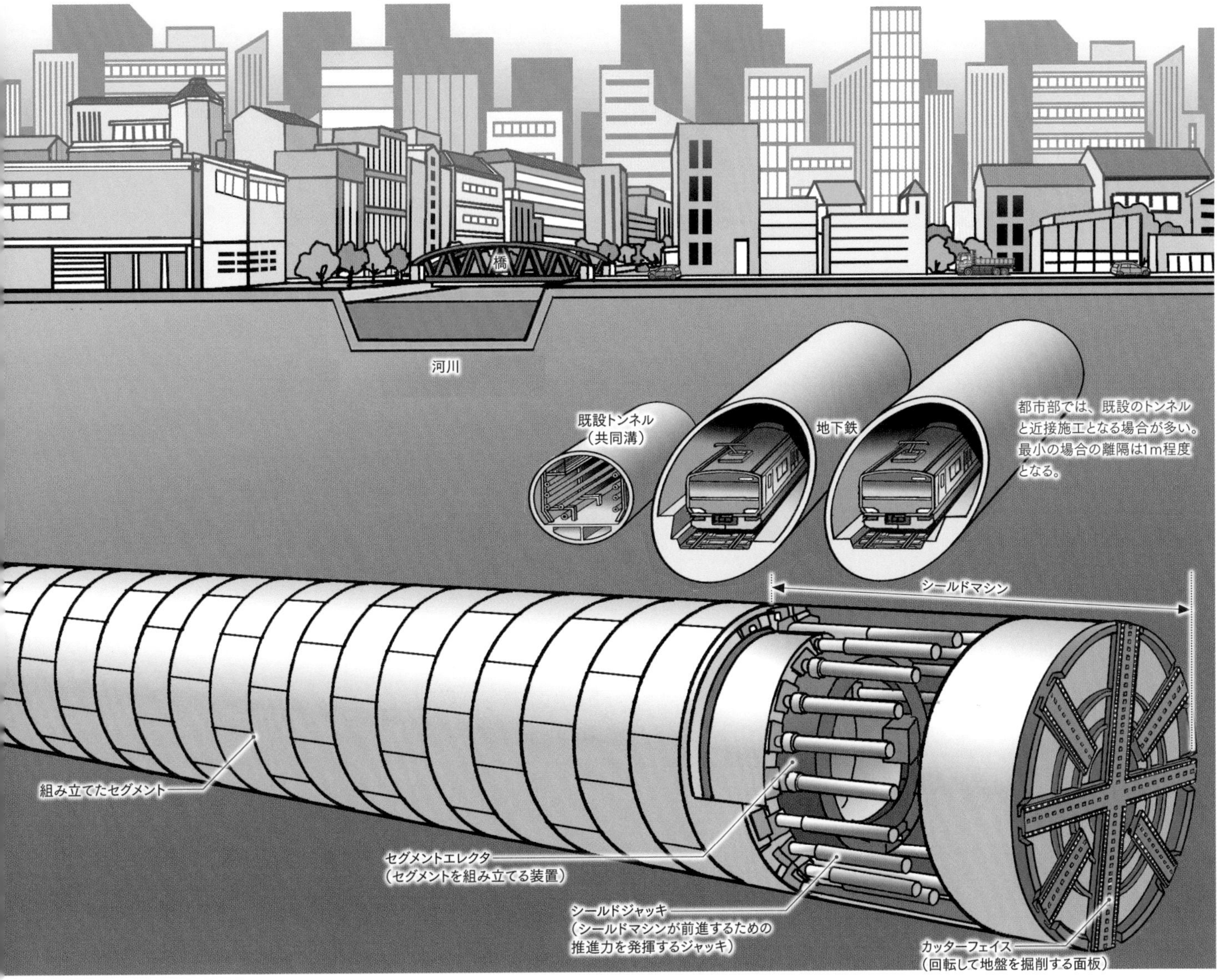
橋
河川
既設トンネル
（共同溝）
地下鉄
都市部では、既設のトンネルと近接施工となる場合が多い。最小の場合の離隔は1m程度となる。
シールドマシン
組み立てたセグメント
セグメントエレクタ
（セグメントを組み立てる装置）
シールドジャッキ
（シールドマシンが前進するための推進力を発揮するジャッキ）
カッターフェイス
（回転して地盤を掘削する面板）

1 仮設備工

シールド工法に使われる設備は、地上設備、立坑設備、シールドマシン、後続設備、坑内設備に分けられ、工程に応じて各設備を整備する。一般的には、シールドマシンの製作と並行して地上設備を設置する。これらは工事を施工するときだけに必要な設備で仮設備と呼ばれ、施工終了に伴い解体撤去される。

（1）地上設備

発進部にヤードを確保し、発進立坑、セグメントストックヤード、電気設備、各種プラント、残土排出設備、クレーン設備、中央制御室、現場詰所などを設置する。その後、都市部で施工するシールド工事では、周辺への騒音防止のため、発進ヤード全体あるいは一部を囲う防音ハウスを設置する。

（2）立坑設備

立坑は、技能者の出入りやセグメント、掘削土、資機材の搬出入に使用され、階段や工事用エレベータ等の昇降設備、排水設備、掘削土搬出用垂直ベルトコンベヤ、送風設備、各種配管などが設置される。

（3）シールドマシン、後続設備

トンネル先端にはシールドマシン、その後方にはマシンを動かすための運転制御台車、油圧ユニット、電源台車、各種ポンプ台車、ベルトコンベヤ、配管延長装置などがズラリと並んでいる。

（4）坑内設備

坑内には、各種中継ポンプ、配管・配線、照明、資機材運搬のための軌道設備、セグメント運搬台車、バッテリーロコなどが設置される。

豆知識　ニューマチックケーソン工法による立坑構築

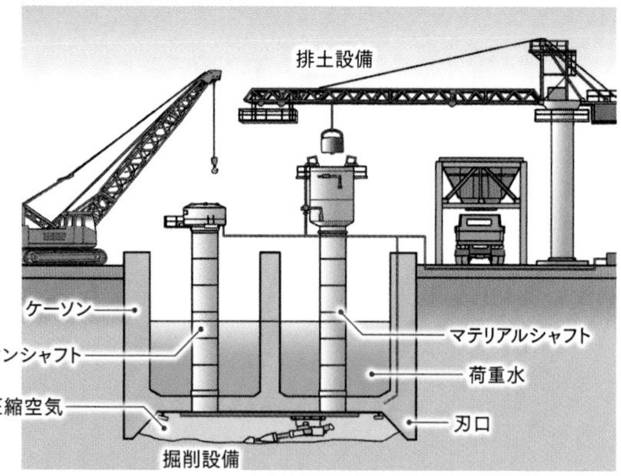

排土設備
ケーソン
マンシャフト
圧縮空気
掘削設備
マテリアルシャフト
荷重水
刃口

立坑は、地上と地下をつなぐ重要な役目を担い、堅牢な出入口として、必要な大きさ・深さと安全性を備えていなければならない。

大型の立坑築造には、ケーソンと呼ばれる箱型や円形のコンクリート函体を地中に沈めていく「ニューマチックケーソン工法」が多く採用されている。下部に圧縮空気を送り地下水を排除して地下で掘削、地上で函体構築を繰り返し、函体を地中に沈設する工法である。

発進基地の仮設備

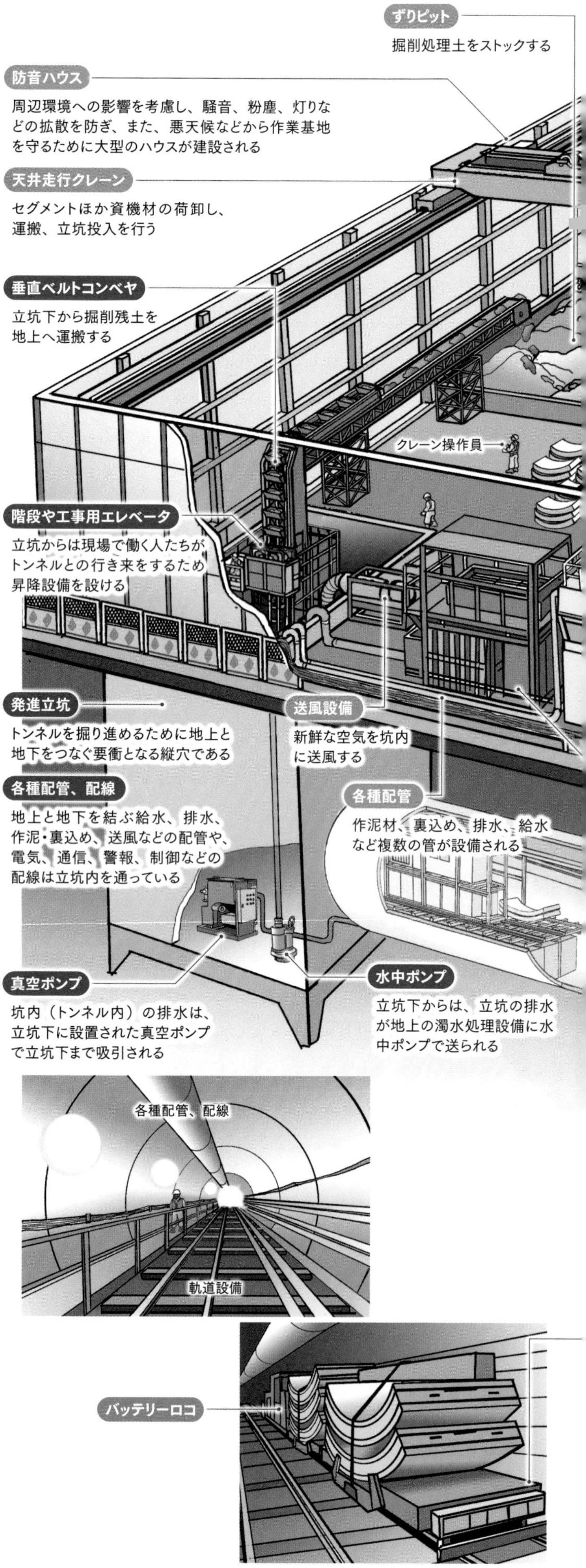

ずりピット
掘削処理土をストックする
防音ハウス
周辺環境への影響を考慮し、騒音、粉塵、灯りなどの拡散を防ぎ、また、悪天候などから作業基地を守るために大型のハウスが建設される
天井走行クレーン
セグメントほか資機材の荷卸し、運搬、立坑投入を行う
垂直ベルトコンベヤ
立坑下から掘削残土を地上へ運搬する
クレーン操作員
階段や工事用エレベータ
立坑からは現場で働く人たちがトンネルとの行き来をするため昇降設備を設ける
発進立坑
トンネルを掘り進めるために地上と地下をつなぐ要衝となる縦穴である
送風設備
新鮮な空気を坑内に送風する
各種配管、配線
地上と地下を結ぶ給水、排水、作泥・裏込め、送風などの配管や、電気、通信、警報、制御などの配線は立坑内を通っている
各種配管
作泥材、裏込め、排水、給水など複数の管が設備される
真空ポンプ
坑内（トンネル内）の排水は、立坑下に設置された真空ポンプで立坑下まで吸引される
水中ポンプ
立坑下からは、立坑の排水が地上の濁水処理設備に水中ポンプで送られる
各種配管、配線
軌道設備
バッテリーロコ

施工延長(L)＝2,000m程度

1年目
2年目
3年目
1月 2月 3月 4月 5月 6月 7月 8月 9月 10月 11月 12月
全体工期36ヵ月
▼着工
準備工
仮設備工・立坑築造
地上設備、立坑設備、後続設備、坑内設備
到達▼
仮設備撤去
シールドマシン製作
マシン組立て
掘進工・セグメント組立て工
マシン解体撤去
竣工▼
発進
掘進、セグメント組立て
到達
照明／換気／安全設備・舗装等
セグメント製作
インバート／側壁／中壁／床版

シールドトンネルの全体工程表

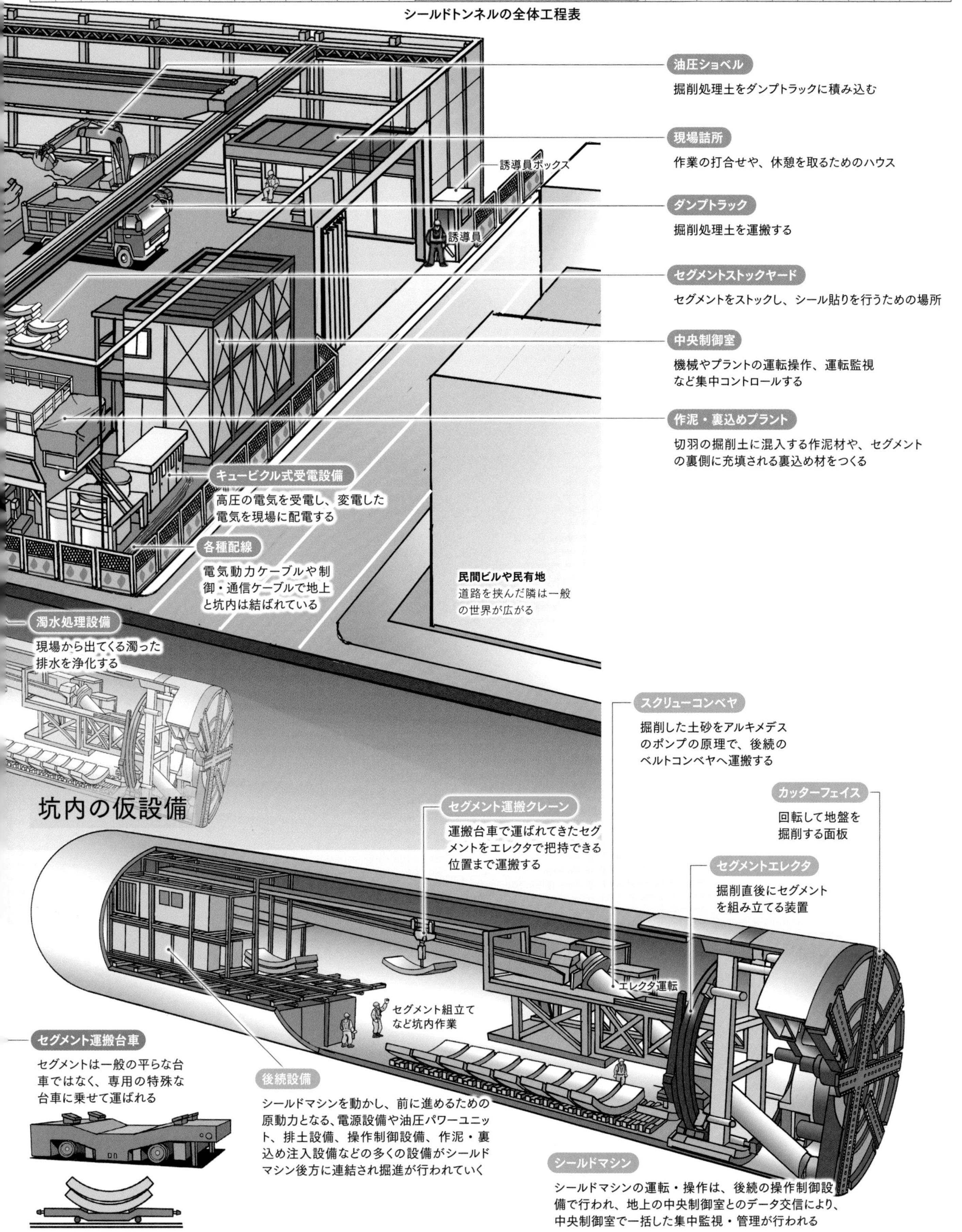
油圧ショベル
掘削処理土をダンプトラックに積み込む
現場詰所
作業の打合せや、休憩を取るためのハウス
誘導員ボックス
誘導員
ダンプトラック
掘削処理土を運搬する
セグメントストックヤード
セグメントをストックし、シール貼りを行うための場所
中央制御室
機械やプラントの運転操作、運転監視など集中コントロールする
作泥・裏込めプラント
切羽の掘削土に混入する作泥材や、セグメントの裏側に充填される裏込め材をつくる
キュービクル式受電設備
高圧の電気を受電し、変電した電気を現場に配電する
各種配線
電気動力ケーブルや制御・通信ケーブルで地上と坑内は結ばれている
民間ビルや民有地
道路を挟んだ隣は一般の世界が広がる
濁水処理設備
現場から出てくる濁った排水を浄化する
坑内の仮設備
スクリューコンベヤ
掘削した土砂をアルキメデスのポンプの原理で、後続のベルトコンベヤへ運搬する
カッターフェイス
回転して地盤を掘削する面板
セグメント運搬クレーン
運搬台車で運ばれてきたセグメントをエレクタで把持できる位置まで運搬する
セグメントエレクタ
掘削直後にセグメントを組み立てる装置
エレクタ運転
セグメント組立てなど坑内作業
セグメント運搬台車
セグメントは一般の平らな台車ではなく、専用の特殊な台車に乗せて運ばれる
後続設備
シールドマシンを動かし、前に進めるための原動力となる、電源設備や油圧パワーユニット、排土設備、操作制御設備、作泥・裏込め注入設備などの多くの設備がシールドマシン後方に連結され掘進が行われていく
シールドマシン
シールドマシンの運転・操作は、後続の操作制御設備で行われ、地上の中央制御室とのデータ交信により、中央制御室で一括した集中監視・管理が行われる

2 掘進工

仮設備工、発進準備が終われば、いよいよ掘進工のスタートとなる。シールドマシンが発進立坑から地中に貫入し、ゆっくりと確実に掘り進み、やがて到達立坑に姿を現す。

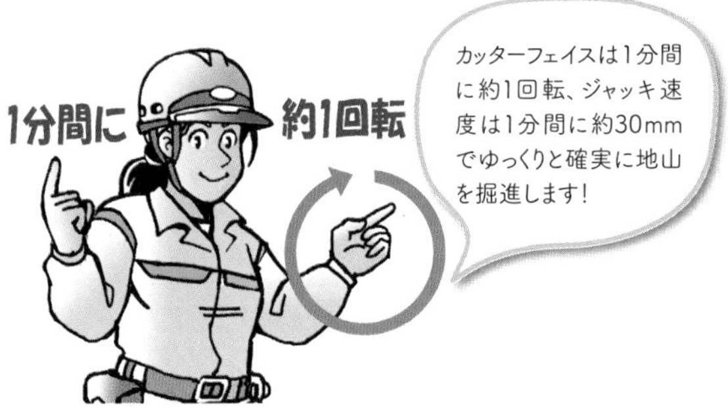

1分間に
約1回転
カッターフェイスは1分間に約1回転、ジャッキ速度は1分間に約30mmでゆっくりと確実に地山を掘進します!

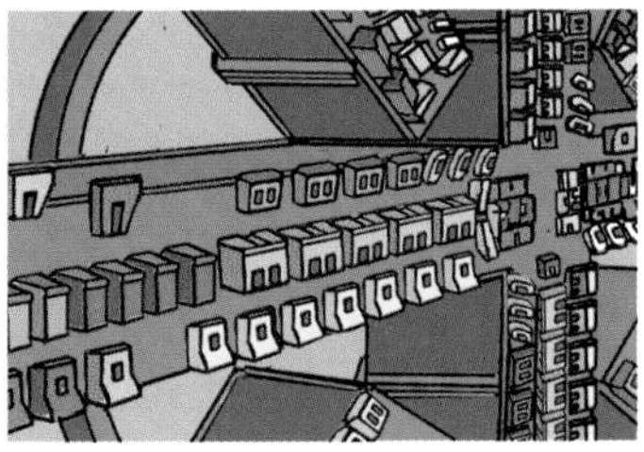

支障物も切削できる超合金カッタービット

(1) 発進

シールドマシンは、発進立坑下部に設けられたエントランスから地中に出ていく。このとき立坑の壁とシールドマシンの間には隙間ができる。この隙間から、地下水・土砂が立坑内に噴出してこないように、エントランスパッキンと呼ぶゴム製のシールパッキンを取り付ける。

(2) 掘進

発進と到達の間は、掘進サイクルを繰り返し、トンネルを掘り進み反対側の立坑に到達する。

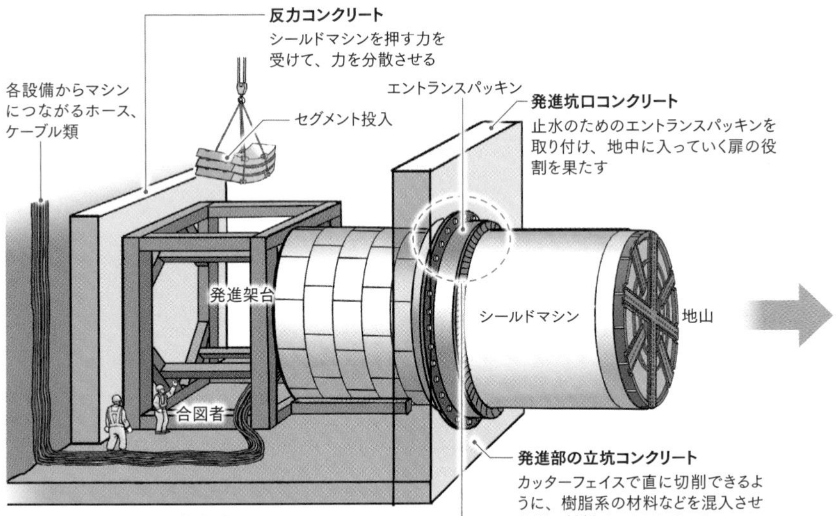

反力コンクリート
シールドマシンを押す力を受けて、力を分散させる
各設備からマシンにつながるホース、ケーブル類
セグメント投入
エントランスパッキン
発進坑口コンクリート
止水のためのエントランスパッキンを取り付け、地中に入っていく扉の役割を果たす
発進架台
シールドマシン
地山
合図者
発進部の立坑コンクリート
カッターフェイスで直に切削できるように、樹脂系の材料などを混入させた弱い材料でつくられている

発進立坑

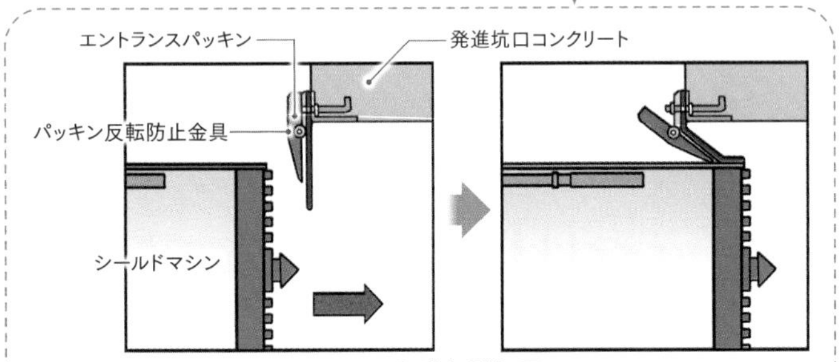

エントランスパッキン
発進坑口コンクリート
パッキン反転防止金具
シールドマシン

発進部詳細図

① 掘削

カッターフェイスを回して地盤を削る。

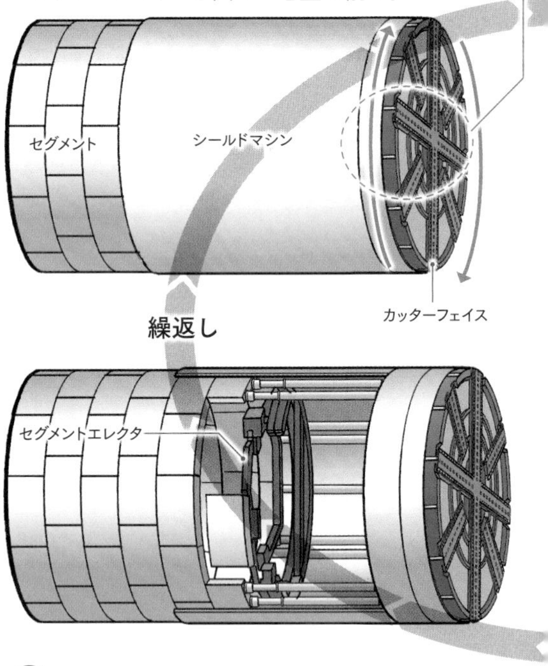

セグメント
シールドマシン
カッターフェイス
繰返し
セグメントエレクタ

④ セグメント組立て

セグメントエレクタでセグメントを組み立てる（64、65頁参照）。

豆知識 地表面変状

シールド掘進に伴い、地山には、圧力の変動、応力の解放が生じ、それが隆起や沈下などの地表面の変状を引き起こすことがある。切羽泥土圧、カッター抵抗、ジャッキスピード、排土量のバランス、裏込め注入管理など、緻密な掘進管理による安全な施工が求められる。

いち早く地表面の変状を検知することが重要であるため、地表面と地中に設置した変位計により変状を随時自動計測し、また、定期的に人による地表面変状測量を行う。

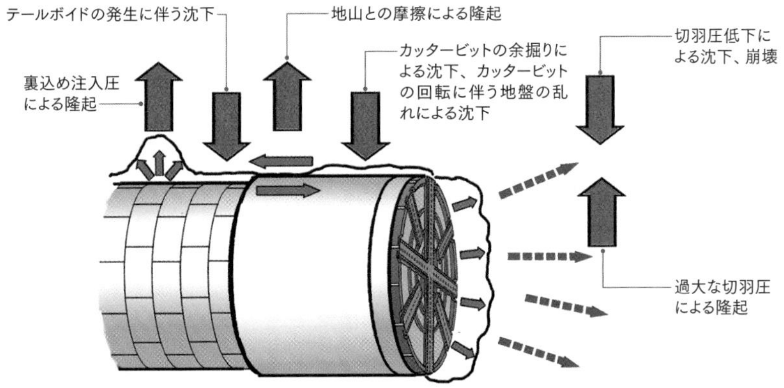

テールボイドの発生に伴う沈下
地山との摩擦による隆起
裏込め注入圧による隆起
カッタービットの余掘りによる沈下、カッタービットの回転に伴う地盤の乱れによる沈下
切羽圧低下による沈下、崩壊
過大な切羽圧による隆起

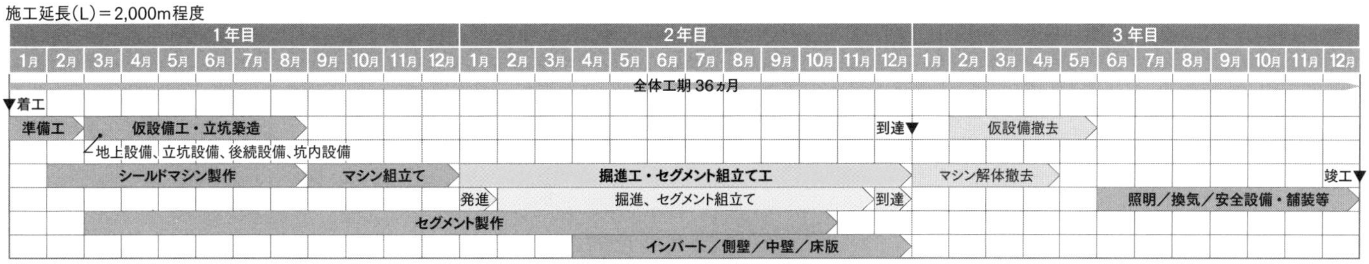
施工延長(L)＝2,000m程度
1年目
2年目
3年目
1月
2月
3月
4月
5月
6月
7月
8月
9月
10月
11月
12月
全体工期 36ヵ月
▼着工
準備工
仮設備工・立坑築造
地上設備、立坑設備、後続設備、坑内設備
到達▼
仮設備撤去
シールドマシン製作
マシン組立て
掘進工・セグメント組立て工
マシン解体撤去
竣工▼
発進
掘進、セグメント組立て
到達
照明／換気／安全設備・舗装等
セグメント製作
インバート／側壁／中壁／床版

シールドトンネルの全体工程表

(3) 到達、貫通

到達後の貫通は、発進と同様の設備を設けるが、イグジットパッキンと呼ばれるシールパッキンは発進と逆向きで流入を抑えられない向きになるため、より確実な地下水・土砂の流入防止対策が必要となる。

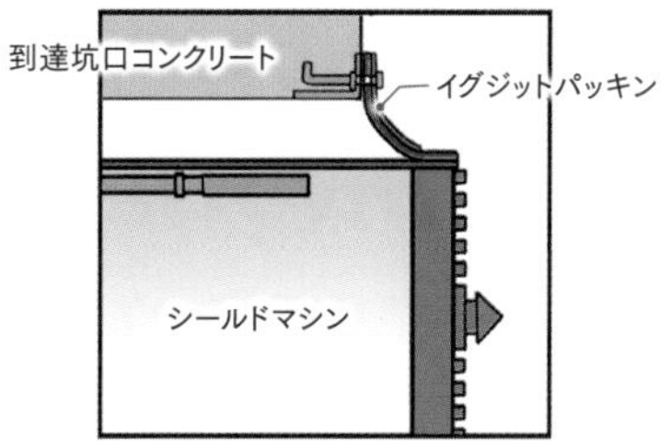
到達坑口コンクリート
イグジットパッキン
シールドマシン

到達部詳細図

② 排土

スクリューコンベヤで掘削した土を後方に出す。

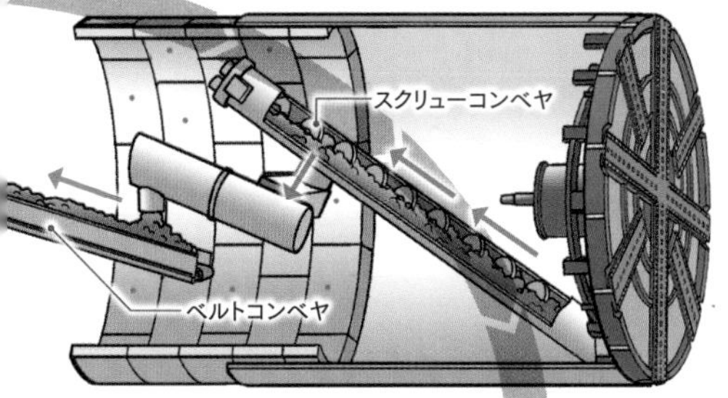
スクリューコンベヤ
ベルトコンベヤ

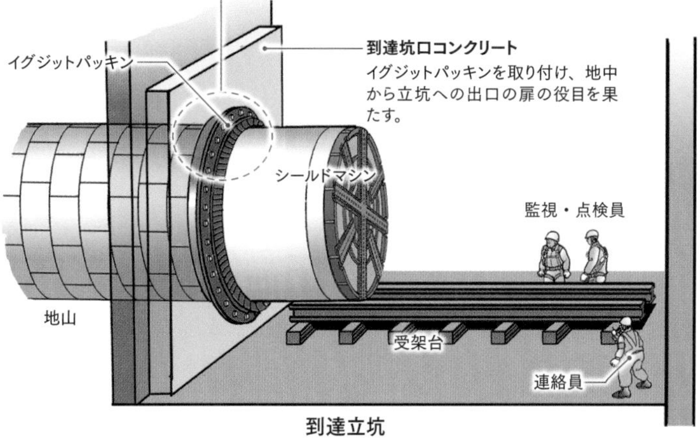
イグジットパッキン
到達坑口コンクリート
イグジットパッキンを取り付け、地中から立坑への出口の扉の役目を果たす。
シールドマシン
監視・点検員
地山
受架台
連絡員

到達立坑

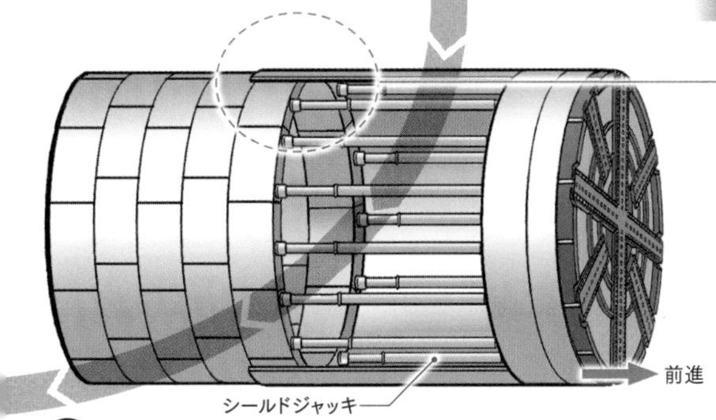
シールドジャッキ
前進

③ 推進

セグメントを反力にしてシールドジャッキで押す。また、同時に地山を変状させないように裏込め注入を行う。

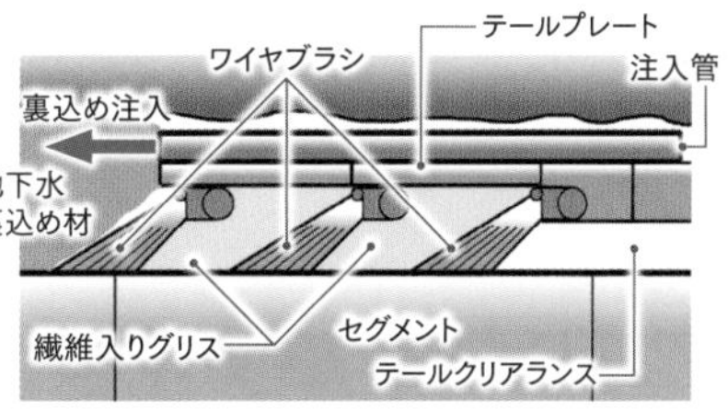
テールプレート
ワイヤブラシ
注入管
裏込め注入
地下水
裏込め材
繊維入りグリス
セグメント
テールクリアランス

裏込め注入

掘進時の摩擦低減のため、フリクションカットビットによる切削で生じるフリクションカットと、シールドマシンとセグメントの外径の差によって生じるテールクリアランスにより、セグメント外周にはテールボイドと呼ぶ空隙が発生する。この空隙は、地山の変状を引き起こすため、早期に裏込め注入をしなければならない。

地下水、裏込め材の内部への浸入をシャットアウトするシールドテール部

情報コラム　自動測量システム

シールドトンネルの坑内測量において、シールドマシン内に設置した複数点のプリズムターゲットを、自動追尾可能なトータルステーションにより自動測量し、PC上でシールド機の絶対座標と方向角を算出するシステム。リアルタイムに線形管理を行うことが可能で、測量精度の向上や人為測量回数の低減などの効果がある。

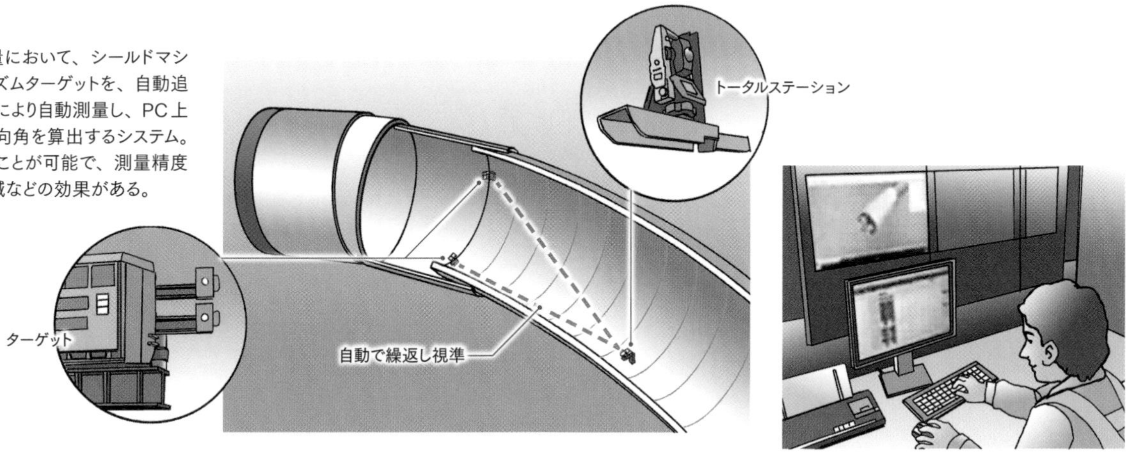
トータルステーション
ターゲット
自動で繰返し視準

3 セグメント組立て工

トンネルの壁面となるセグメントは施工計画に合わせ、シールド発進前からあらかじめ工場で製作される。製作後工場から順次搬出され、現場でそれを受け入れストックする。掘進の進捗に合わせてストック場所の確保が必要になり、用地が狭い場合は、ストックヤードに2階建てステージを設置するなどの工夫が必要になる。また、セグメントが発進立坑から投入される前に、セグメントに防水シールを貼る作業を実施する。発進立坑から投入されシールドマシンまで運ばれたセグメントは、エレクタと呼ばれる機械を用いてリングに組み立てる。

(1) 運搬・搬入・ストック

シールド直径10m級の大断面では、1リング当たりセグメントが10ピース以上あり、1リング30 ～ 40tの重さになる。そのため、掘進の進捗に合わせてほぼ毎日トレーラによって運搬される。搬入されたセグメントは割れや欠けなどの損傷が発生しないように慎重に発進立坑近傍のストックヤードにクレーンで下ろされストックされる。

(2) シール貼り

シールドトンネルは地山の地下水、裏込め注入などの注入物の浸入を遮断しなければならないため、ストックヤードにてセグメントピースに損傷がないことを確認したうえで、接合部に防水シールを貼り付ける。防水シールは、トンネルの遮水機能確保に重要な役割を担うため、水膨張性機能をもったものなど高機能・高性能の材料が使用され、傷つけることがないように、使用する直前に貼付けを行う。

(3) 立坑投入、坑内搬送

セグメントはストックヤードからクレーンで立坑下に吊り降ろされ、セグメント台車に積み込まれてバッテリーロコなどの搬送設備で先端まで運ばれる。

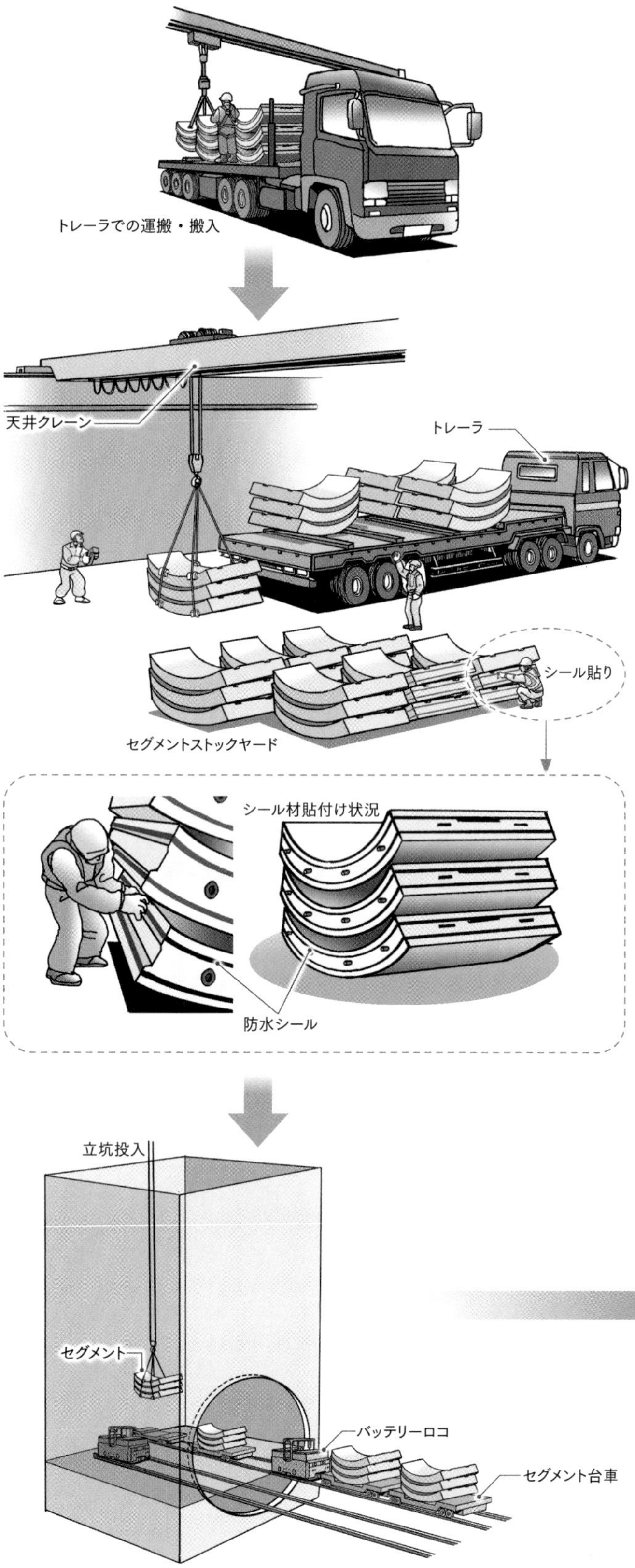
トレーラでの運搬・搬入
天井クレーン
トレーラ
シール貼り
セグメントストックヤード
シール材貼付け状況
防水シール
立坑投入
セグメント
バッテリーロコ
セグメント台車

豆知識 セグメントの種類

セグメントは材質や形状、要求される性能・強度により、3種類に区分される。3種類とも直線用、曲線用がある。

①鋼製セグメントは、軽量で取扱いが容易である。急曲線での適用が多く、2次覆工が必要である。

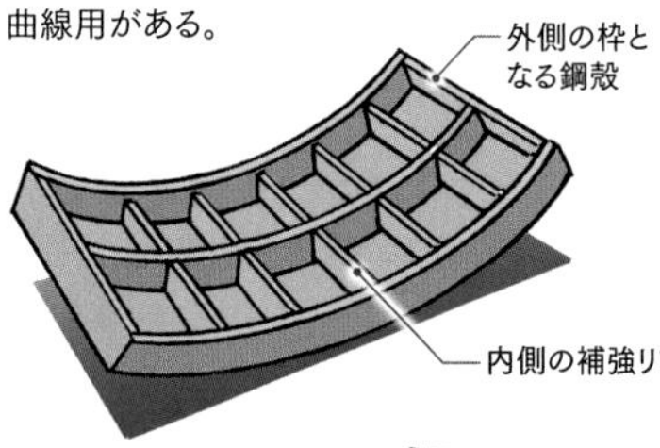
外側の枠となる鋼殻
内側の補強リブ

②RCセグメントは、鉄筋コンクリート製で、圧縮強度と曲げ剛性が優れ、2次覆工も不要で広く使われている。

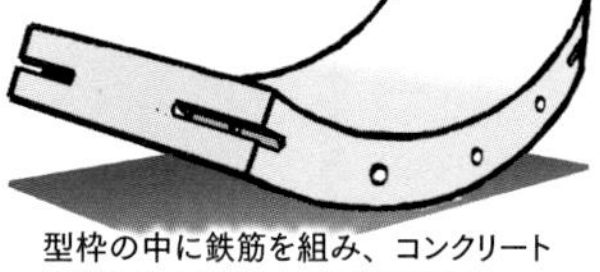

型枠の中に鉄筋を組み、コンクリートを打ち込んだあと、型枠を撤去

③合成セグメントは、鋼殻と鉄筋コンクリートの合成構造で、強度が大きく、土水圧が集中する部分に使用される。また、セグメントの厚さを薄くできるため、内空を確保しても掘削断面を抑えることが可能であるが高価である。

鋼製の型枠の中に鉄筋を組み、コンクリートを打ち込み、鋼殻ごと一体化したセグメント

※曲線用テーパー付きセグメント：シールド曲線部には、曲線外周側が広く、内周側が狭いセグメントを使用する。

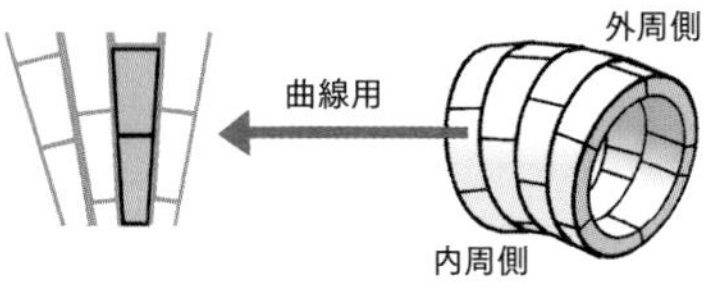
曲線用
外周側
内周側

(4) セグメントの組立て

所定の長さの掘進が終了するとすぐにセグメントの組立て作業に入る。

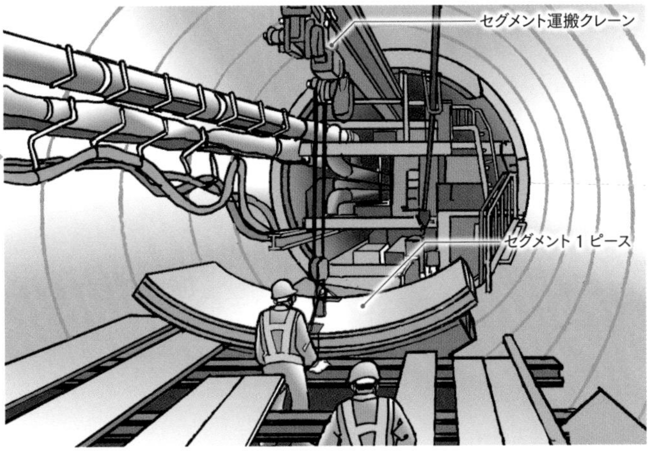

① 先端まで運ばれたセグメントは、組み立てる順序どおりにピースごとにセグメント運搬台車からセグメント運搬クレーンでセグメントエレクタまで運ばれる。

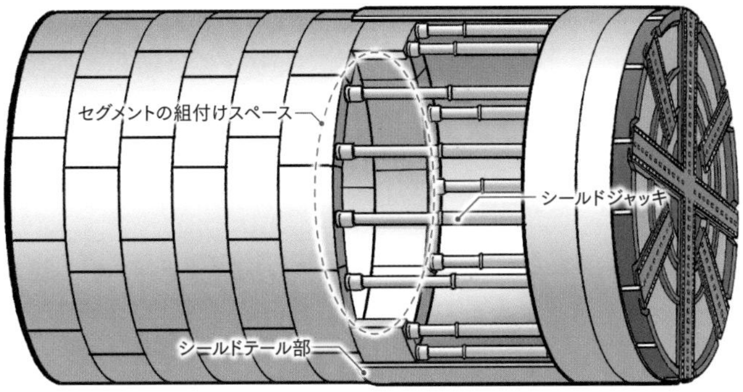

② 掘進終了後、組み付けるセグメント1ピース分だけシールドジャッキを縮め、スペースを確保する。

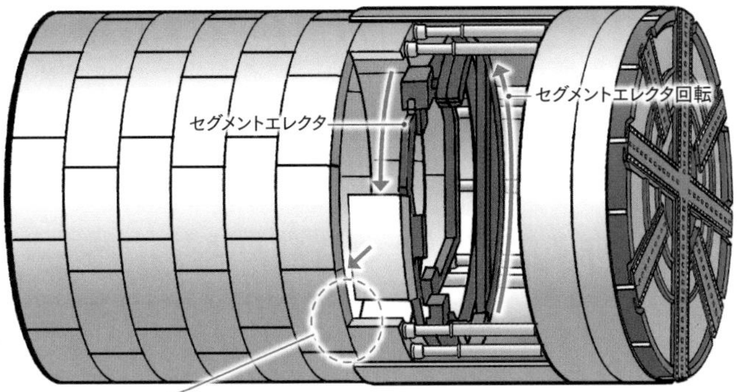

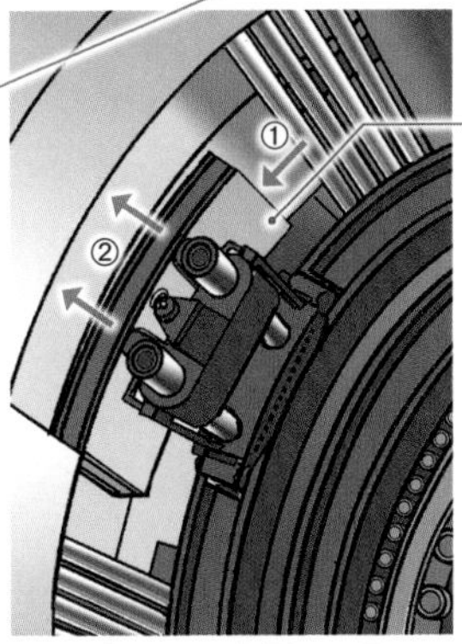

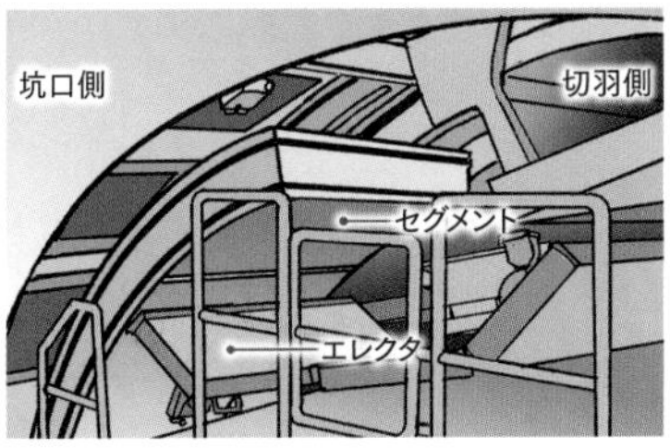

セグメントを内側から見る

③ シールドテール付近まで運ばれてきたセグメント１ピースをセグメントエレクタで把持し、セグメントエレクタを回転させて、組付け位置まで移動する。

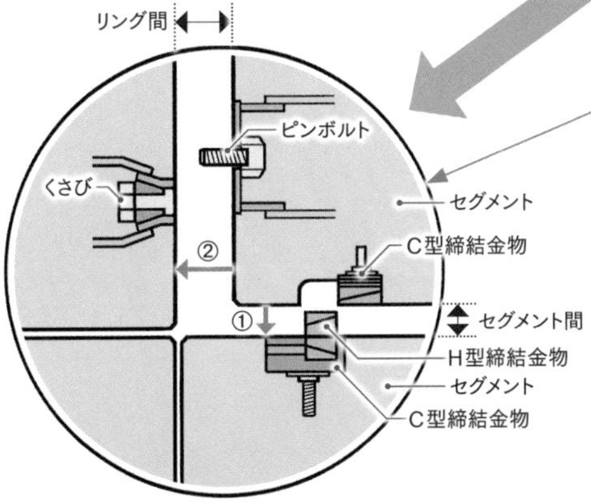

セグメント間は、コッター継手と呼ばれる構造で、セグメントに埋め込まれた２つのＣ型締結金物をＨ型締結金物で締結する。

セグメントの組付け

④ セグメントのピースを組み付ける。
セグメントの周方向のピース間の固定は、ボルト式とはめ込み式の締結金物があるが、最近は、はめ込み式が主流である。一方、リング間はピンボルトとくさびで固定する。

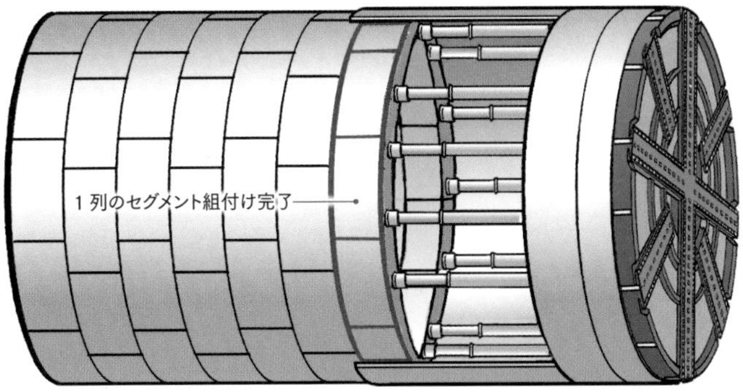

⑤ 縮めていたシールドジャッキをセグメントに押し付ける。
セグメントピースを順次組み付けてリングにしていく。
完了後、掘進に入る。

繰返し

4 インバート、側壁、中壁、床版工

掘進が進んでくると、坑内には作業空間ができる。その空間ではインバートや、このあと、道路の基礎となる床版などの坑内工事が掘進と並行して行われる。

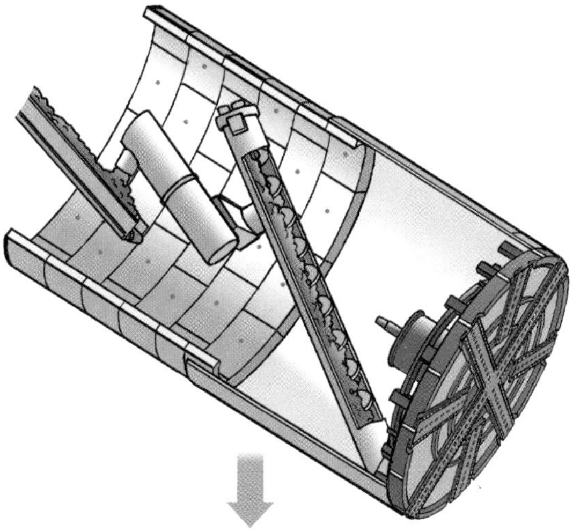

(1) 2次覆工

シールドトンネルでは、トンネルの蛇行修正、防水、防蝕、摩耗防止、内装、耐火、騒音・振動の低減、重量付加、補強などの目的で1次覆工であるセグメントの内側にコンクリートを巻き立て、2次覆工を施工することがある。

2次覆工が計画されている工事では、掘進が終了してから施工され、その後、ほかの坑内設備工事が行われる。

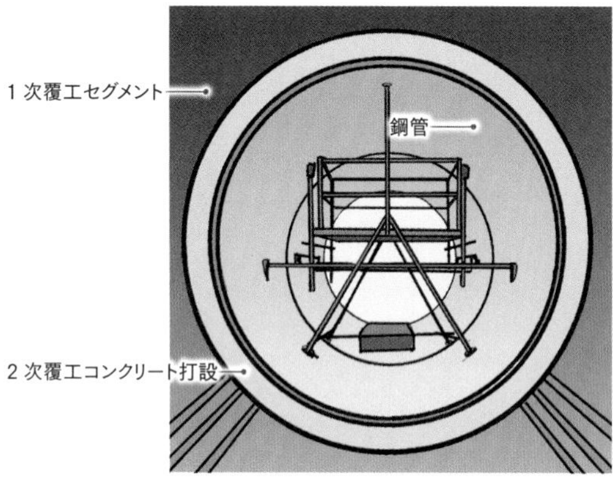

1次覆工セグメント
鋼管
2次覆工コンクリート打設

2次覆工（鋼管＋エアモルタル充填）の例

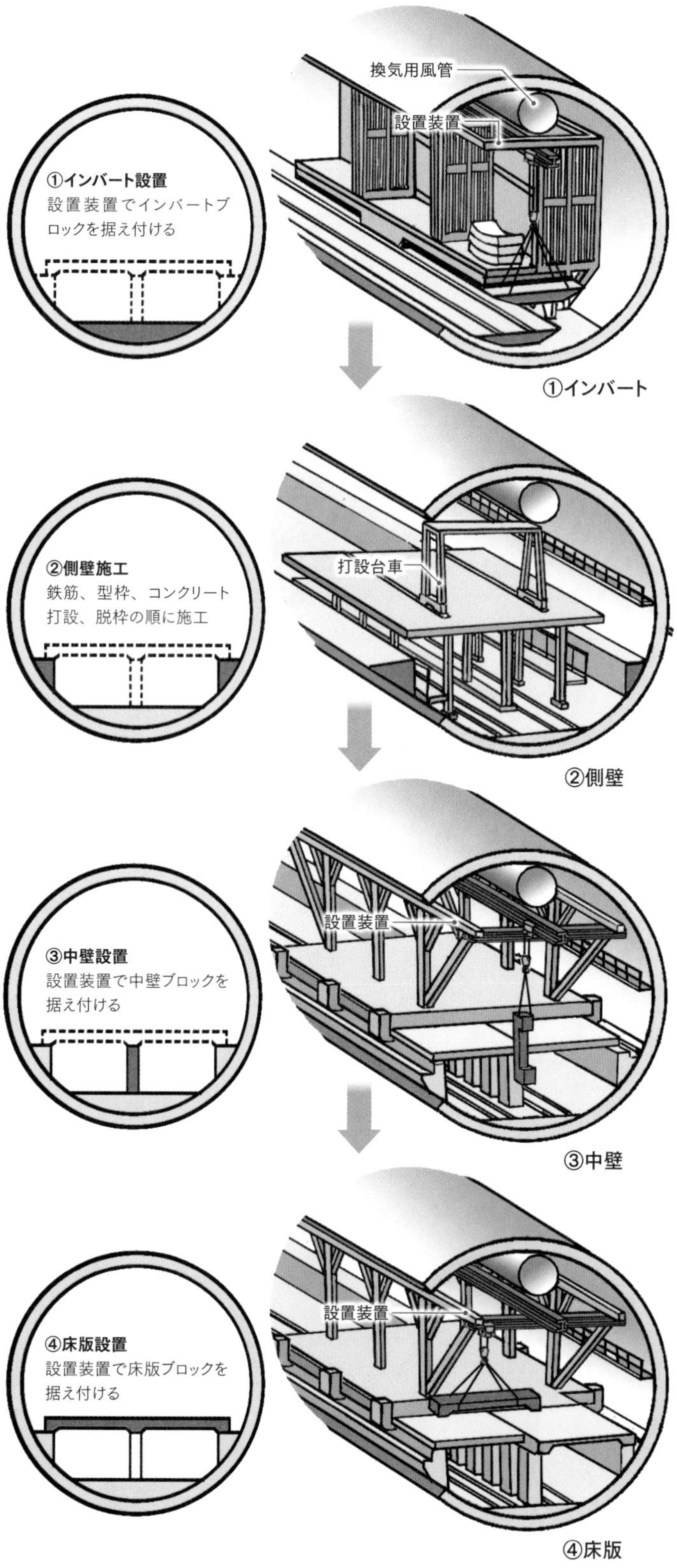

換気用風管
設置装置
①インバート設置
設置装置でインバートブロックを据え付ける
①インバート
打設台車
②側壁施工
鉄筋、型枠、コンクリート打設、脱枠の順に施工
②側壁
設置装置
③中壁設置
設置装置で中壁ブロックを据え付ける
③中壁
設置装置
④床版設置
設置装置で床版ブロックを据え付ける
④床版

(2) 主な坑内工事

①インバート

トンネル下部は運搬車両やバッテリーロコ、技能者の通路となるインバートと呼ぶフラット面の施工も必要で、掘進の進捗量に合わせてプレキャストのインバートブロックを用いて施工される。

②側壁、③中壁

床版を設置するために、両側に受けとなる側壁を現場打ちコンクリートで、中央に中柱となる中壁をプレキャストブロックで施工する。

④床版

道路や鉄道のトンネルでは、道路、軌条の基盤となるフラットな床版が必要となり、掘進後、大断面では掘進と同時にプレキャスト版を用いて施工する。

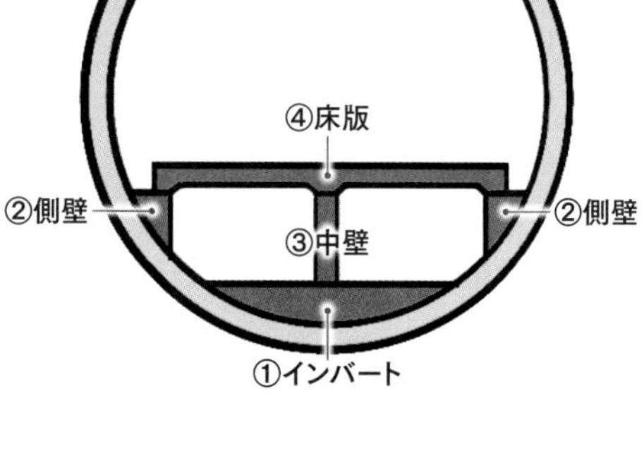

④床版
②側壁
②側壁
③中壁
①インバート

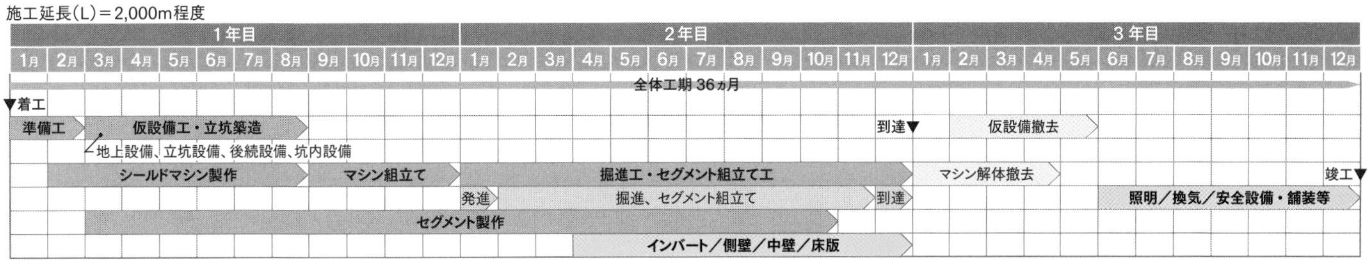
施工延長(L)＝2,000m程度
1年目
2年目
3年目
1月 2月 3月 4月 5月 6月 7月 8月 9月 10月 11月 12月 1月 2月 3月 4月 5月 6月 7月 8月 9月 10月 11月 12月 1月 2月 3月 4月 5月 6月 7月 8月 9月 10月 11月 12月
全体工期 36ヵ月
▼着工
準備工
仮設備工・立坑築造
地上設備、立坑設備、後続設備、坑内設備
到達▼
仮設備撤去
シールドマシン製作
マシン組立て
掘進工・セグメント組立て工
マシン解体撤去
竣工▼
発進
掘進、セグメント組立て
到達
照明／換気／安全設備・舗装等
セグメント製作
インバート／側壁／中壁／床版
シールドトンネルの全体工程表

5 その他の坑内設備

トンネルの工事が終わると、一般の車両の通行に必要な舗装や照明、送風機、避難設備などの安全設備が設置され、開業の準備が進められる。

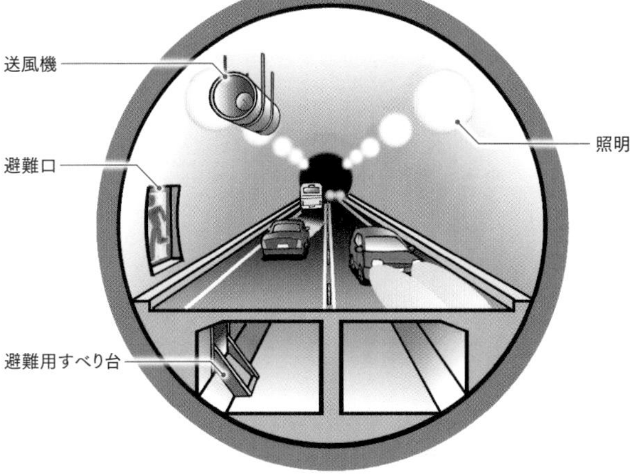
送風機
照明
避難口
避難用すべり台
完成道路トンネル断面

3-5 シールドトンネルの完成

多くの人々や車両が行きかい、賑わいを見せる都会の街区の下に、新しい道路トンネルが完成した。防音ハウスに囲まれた立坑から、都会の地下に輻輳する地下鉄や下水道などを避けながらつくられた長大なシールドトンネルは、完成後も地上から人々の目に触れることはない。しかしながら、照明や送風装置、避難設備などを備えたトンネルは、地上の交通渋滞を解消するとともに、物流や人の流れを向上させ、災害時には貴重なライフラインとして人々の命をつなぐ。トンネルの中を走行するとき、そしてトンネルから地上に出るときに大きく変わる景色を見たら、トンネルが社会と人々の暮らしを支えていることを感じてほしい。

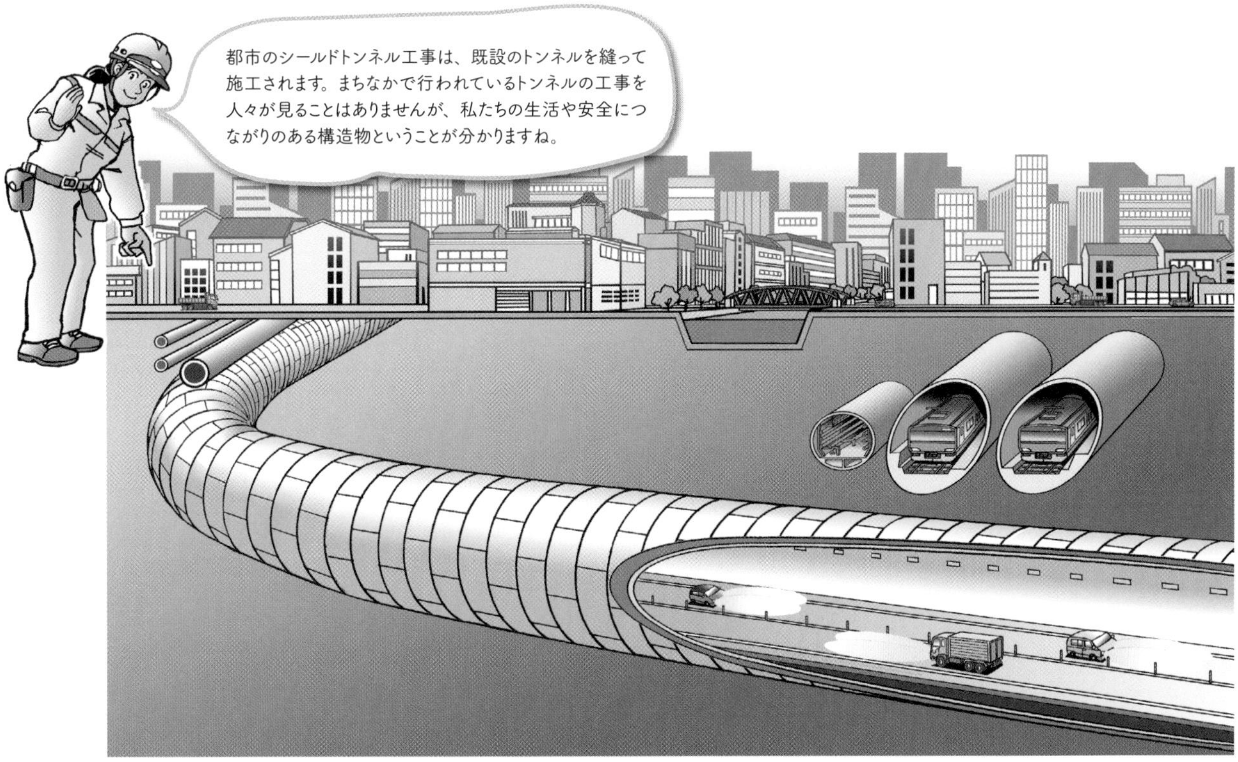
都市のシールドトンネル工事は、既設のトンネルを縫って施工されます。まちなかで行われているトンネルの工事を人々が見ることはありませんが、私たちの生活や安全につながりのある構造物ということが分かりますね。

豆知識 シールドトンネルの形状

シールドトンネルの形は、単純な円だけでなく、円が連なった複円形、また、矩形や楕円形などの形で設計され、その形状に応じたカッターフェイスで掘削される。カッタービットはカッターフェイスの形状が変わっても、切削面を、切残しがないようにムラなく配置される。

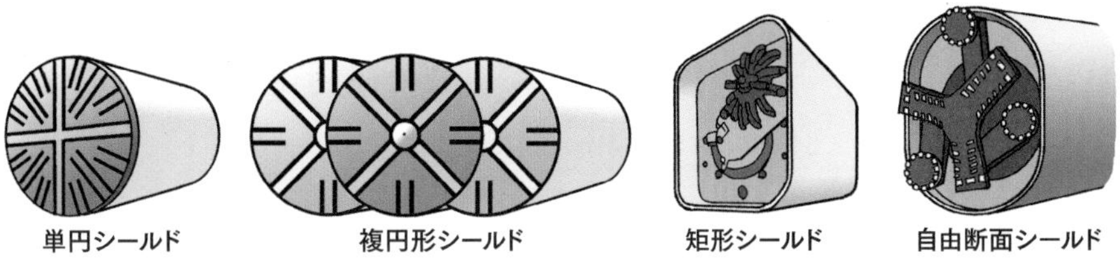
単円シールド
複円形シールド
矩形シールド
自由断面シールド

4 道路

道路は、人や車両がいつでも通行できる地上の施設であり、地域と地域を結び、目的地へ安全、円滑、快適に移動するための機能をもつ。そのため、道路はその土地の地形、地質、気象を考慮してつくられ、車の重さによる轍《わだち》や雨によるぬかるみなどで通行に不自由のないよう舗装が行われる。また、交通に支障をきたさないよう信号や照明、道路標識が設置され、道路として利用できるようになる。

4-1 準備工

周辺環境に配慮し、安全で遅滞なく工事を進めるためには、道路予定場所での地質調査や現地測量、土質条件に合った効率的な施工計画の立案など事前調査が必要となる。

1 調査

道路工事を行う前に、地形・地質・湧水の有無、土砂を切り盛りする箇所の地盤状況、民家や耕作地の有無などの近隣情報を把握し、工事用道路の施工方法や周辺環境対策の検討のために、現地踏査と呼ばれる事前調査を行う。例えば、現地の露頭岩《ろとうがん》で断層や湧水を確認した場合は、将来的な崩壊を抑止する施工の検討を行う。

(1) 切土工の場合

山間部を切り開いて平坦にする切土《きりど》では、施工上の安全性や経済性を考慮して地質や湧水などの調査を行う必要がある。また、急峻な地形での工事は、谷を渡る橋をつくるため、桟橋構造の工事用道路を計画することもある。

(2) 盛土工の場合

盛土《もりど》箇所が田んぼの場合は、地盤が軟弱であることが予想される。原位置や室内での土質試験によって事前に原地盤の土質性状を把握し、盛土時に地盤の崩壊が起きないように軟弱地盤対策を検討する必要があり、排水処理の計画も行う。

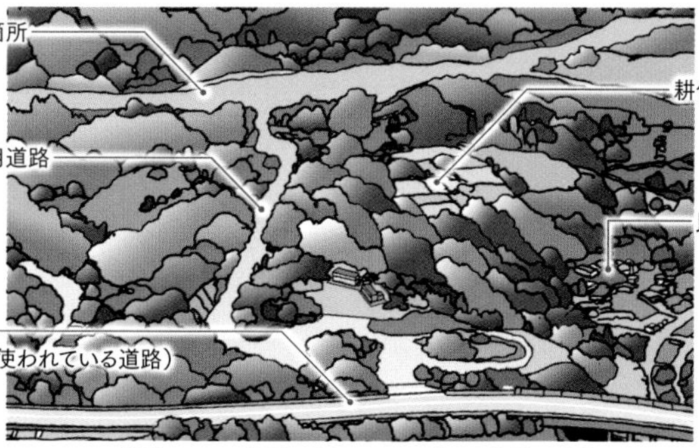

現道から工事箇所までの工事用道路の例

桟橋構造の工事用道路の例

軟弱地盤対策が必要とされる田んぼの中の盛土

原位置試験　室内試験

土質試験

2 関係機関との協議・届出

道路工事を行うには、近隣住民の理解を得て、安全に工事を進めるために関係機関との協議、申請が必要となる。

地元説明会、許可申請

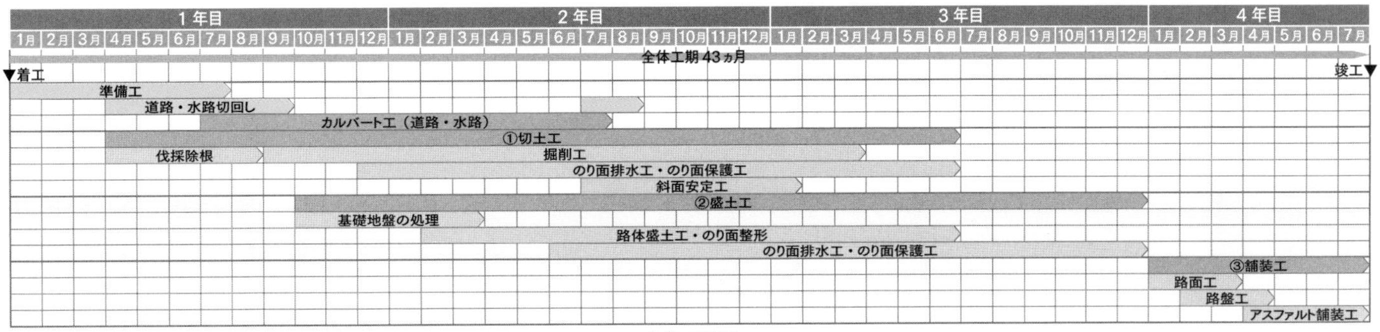
1年目
2年目
3年目
4年目
1月 2月 3月 4月 5月 6月 7月 8月 9月 10月 11月 12月
全体工期43ヵ月
▼着工
竣工▼
準備工
道路・水路切回し
カルバート工（道路・水路）
①切土工
伐採除根
掘削工
のり面排水工・のり面保護工
斜面安定工
②盛土工
基礎地盤の処理
路体盛土工・のり面整形
のり面排水工・のり面保護工
③舗装工
路面工
路盤工
アスファルト舗装工

全体工程表

3 道路の工事現場で働く専門技能者

工事現場には、建設機械を操作し、工事に必要な作業を行う仕事がある。扱う機械の種類や大きさは様々であり、専門の資格をもつ技能者たちが活躍している。

自然のままの地盤を削ったり、土を積んだりするためにバックホウやブルドーザを操作する重機オペレータ

舗装するためにロードローラやタイヤローラを運転する重機オペレータ

地形を測量するためにドローンを操作するオペレータ

工事現場で活躍するオペレータ

4 測量

工事区域全体の地形状況などを確認するために、GNSSを利用した３次元測量を行う。測量結果を解析し、縦・横断面図の作成、土量計算、ICT重機自動制御データ算出などに活用する。

衛星からの電波が受信できる場所で飛行可能区域なら
ドローンによる事前測量もできる時代！

測量結果の解析状況

5 計画

道路づくりには、工事を安全・円滑に進めるために、現道《げんどう》を一時的に迂回させる切回し道路、仮排水およびのり面保護など、道路特有の補助的な計画が必要となる。例えば、既設道路と盛土による新設道路が立体交差する場合、新設道路に既設道路を埋め込むボックスカルバートと呼ばれるコンクリートの箱を設置するために既設道路の切回しを計画する。

既設道路を切り回し、ボックスカルバートを設置後、盛土して立体交差道路を完成させる。

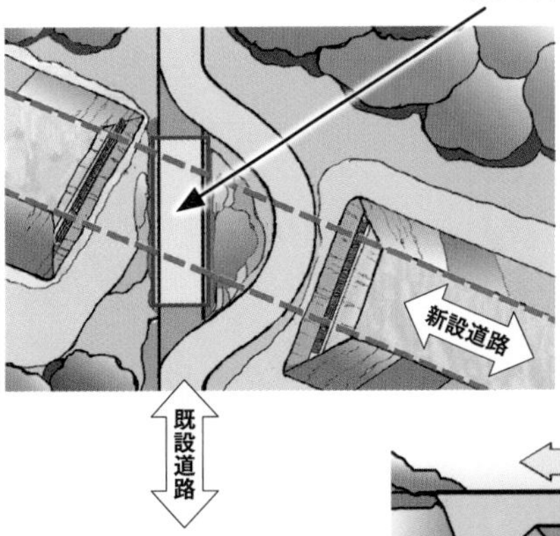
新設道路
既設道路

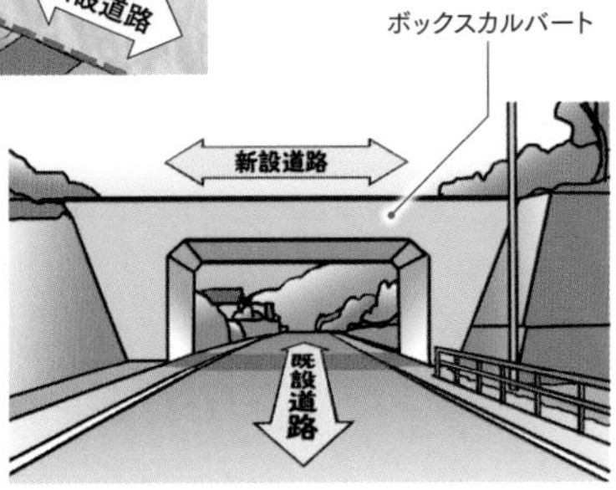
ボックスカルバート
新設道路
既設道路

既設・新設道路交差部の施工方法

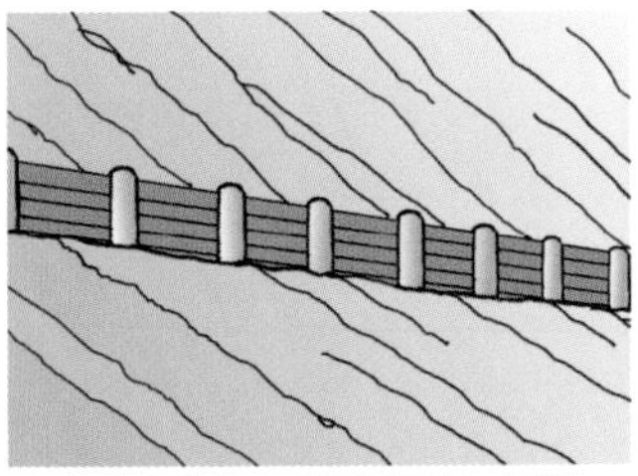

切土や盛土ののり面は雨水により流れ出やすいので、柵や植生を施す。

土砂流出防止柵

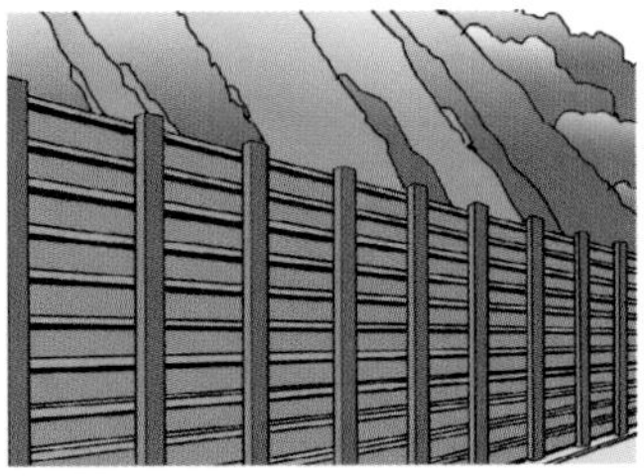

落石の跳躍量と衝撃荷重を計算して、鋼製の防護柵を設置する場合もある。

落石防護柵

＊２つの防護柵は道路完成後、撤去する

4-2 土工

山間部のように起伏が大きい場所に道路をつくる際、原地盤が道路面より高い場所では地盤面を下げるために切土を行い、原地盤が道路面より低い場所では地盤面を上げるために盛土を行う。
山を切り、谷を埋めて、地形を変えながら工事が進む様は圧巻である。

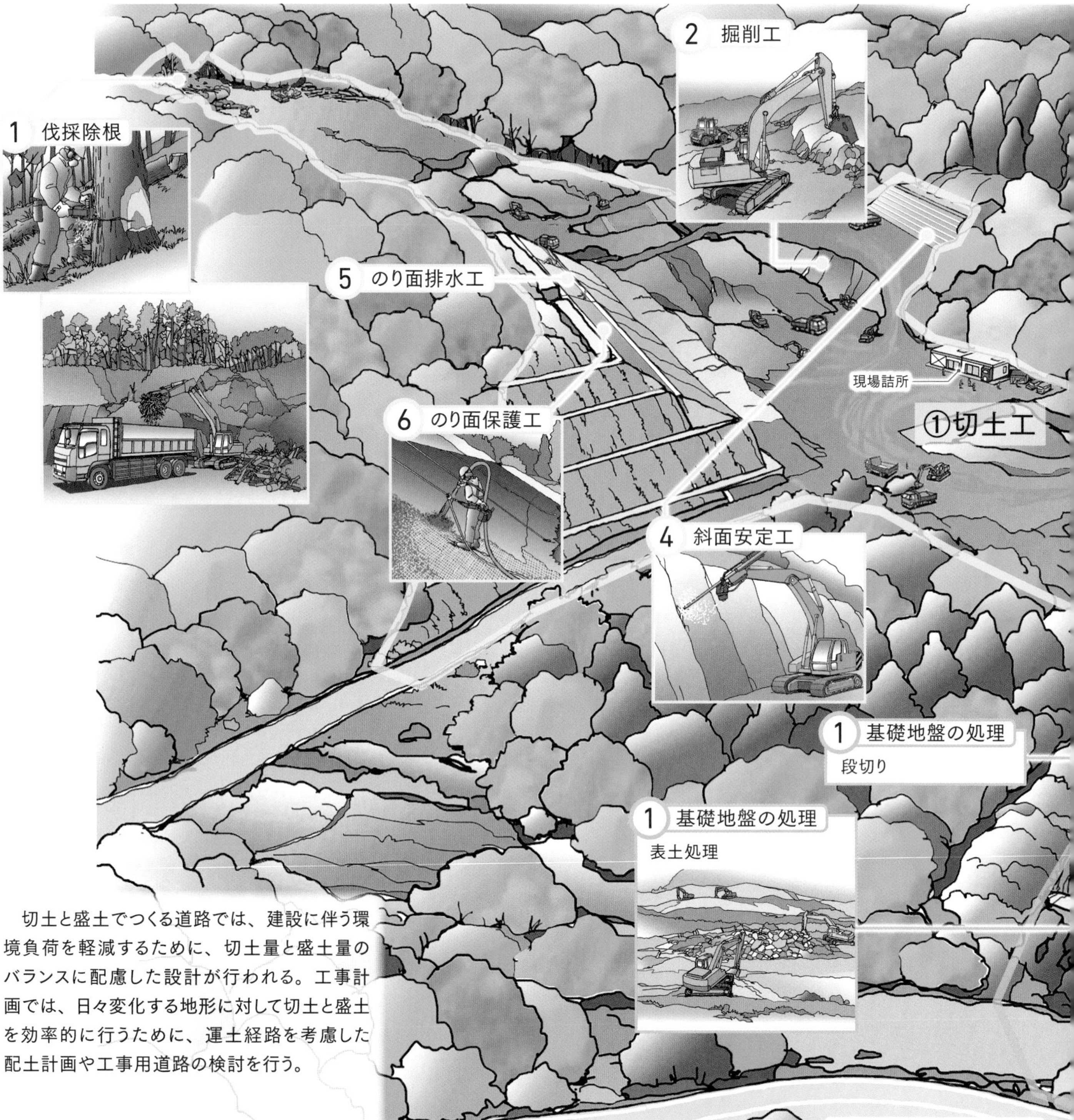

1 伐採除根
2 掘削工
5 のり面排水工
現場詰所
6 のり面保護工
①切土工
4 斜面安定工
1 基礎地盤の処理
段切り
1 基礎地盤の処理
表土処理
工事用道路
重機搬入

切土と盛土でつくる道路では、建設に伴う環境負荷を軽減するために、切土量と盛土量のバランスに配慮した設計が行われる。工事計画では、日々変化する地形に対して切土と盛土を効率的に行うために、運土経路を考慮した配土計画や工事用道路の検討を行う。

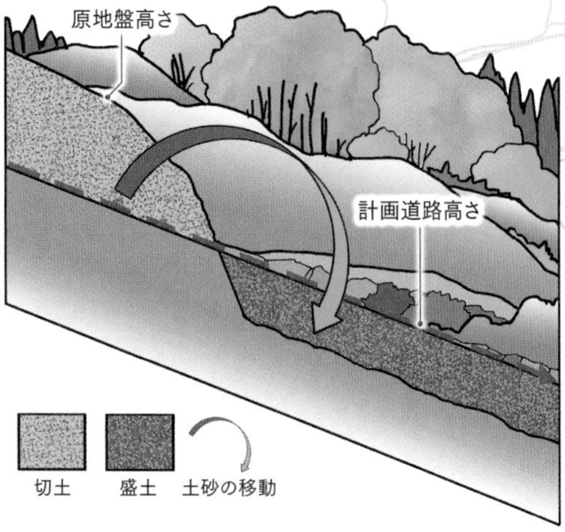

原地盤高さ
計画道路高さ
切土
盛土
土砂の移動

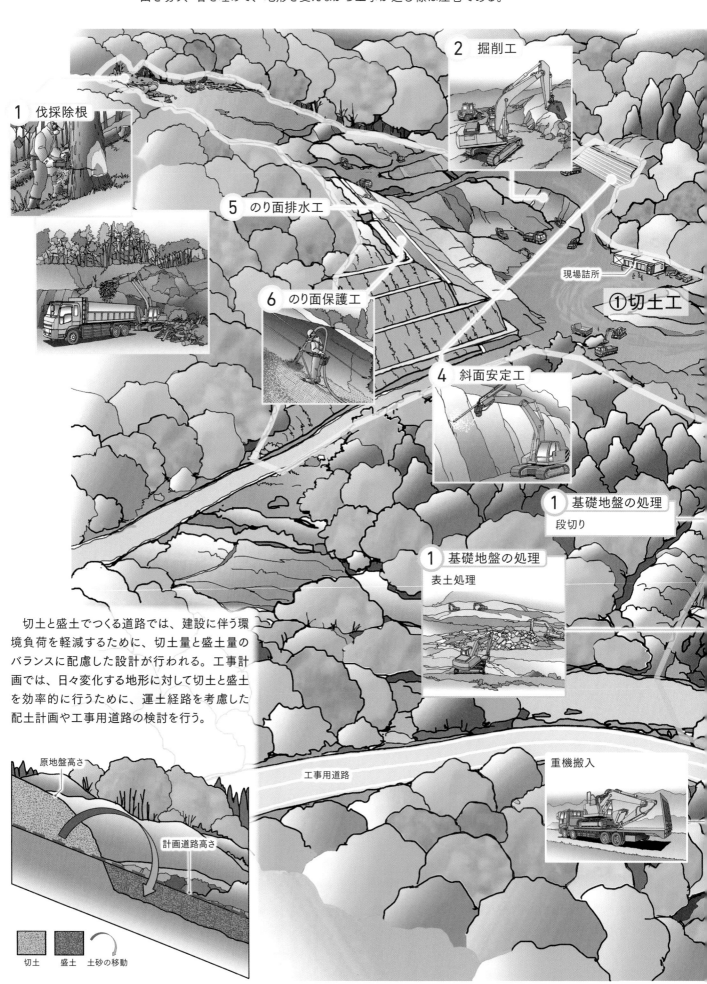

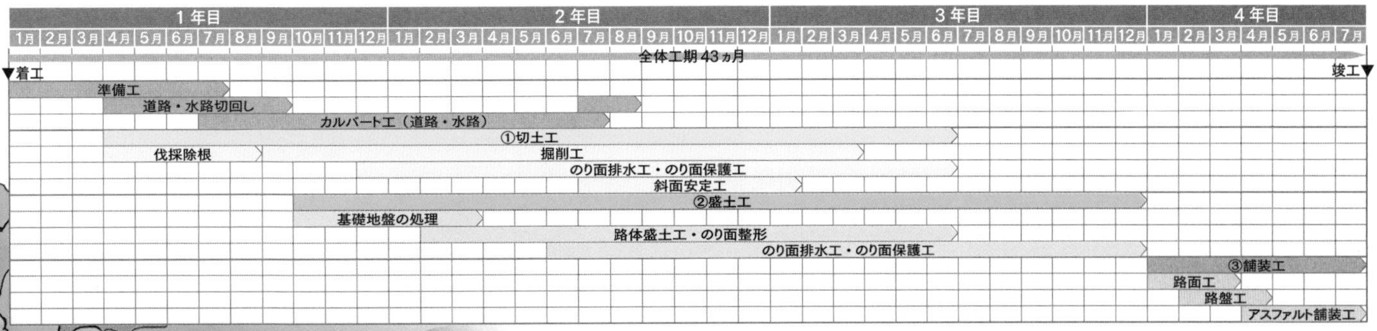

全体工程表

【のり面】

盛土と切土でつくられる土工構造物には「のり面」と呼ばれる人工的な斜面がつくられる。

1 切土工

切土とは、傾斜のある土地に道路をつくるため土砂を掘る作業である。のり面と呼ばれる道路の脇に残る斜面は、将来にわたって崩れないように勾配や形状が決められている。崩れやすい地質の場合には、アンカーを打ち込み補強する。また、のり面には地下水による安定性の低下を防ぐために排水工を施す。さらに、降雨による侵食や風化作用を受けるので、コンクリートなどで保護するほか、植物の種子を散布したり、芝を張ったりして植生による保護も行われる。種子散布や張芝《はりしば》は、のり面緑化と呼ばれ、表面の侵食防止以外に景観をよくする目的もある。切土の施工は、伐採除根、掘削工、斜面安定工、のり面排水工、のり面保護工などの作業がある。

切土のイメージ

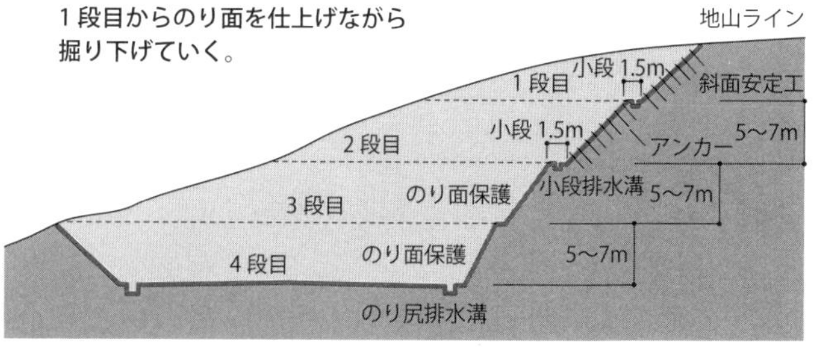
1段目からのり面を仕上げながら
掘り下げていく。
地山ライン
1段目
小段 1.5m
斜面安定工
2段目
小段 1.5m
アンカー
5～7m
3段目
のり面保護
小段排水溝
5～7m
4段目
のり面保護
5～7m
のり尻排水溝

切土のイメージ（断面）

(1) 伐採除根

重機などで掘削を行う場合、事前に工事区域内の草木を切り開き、樹木の根株を掘り起こし取り除く。伐採は草刈り機やチェーンソーを使い、除根はブルドーザやバックホウを使用する。

チェーンソーで木を切断

キャリアダンプトラック
バックホウ

バックホウで根株を除去

(2) 掘削工

一般的に切土は、掘削したのり面を安定させるために5～7mごとに幅1.5m程度の水平部分（小段《こだん》）をつくりながら掘削する。この形がベンチのようであることから、この掘削方法はベンチカット工法と呼ばれている。掘削には主にバックホウを使用し、掘削した土砂はダンプトラックで運搬する。硬い岩盤が出た場合には、火薬を用いて発破をかけて岩盤を砕いていく。

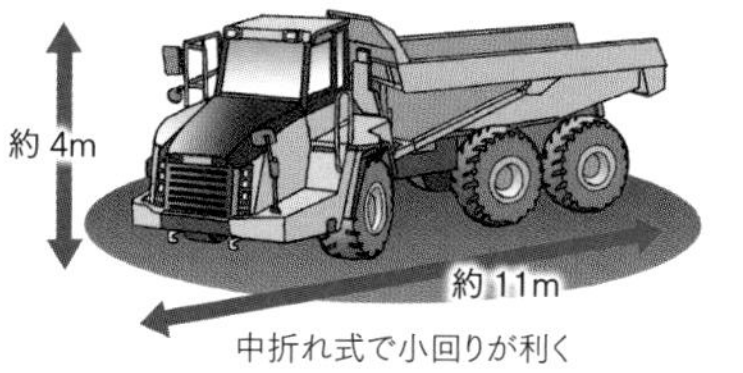
約4m
約11m
中折れ式で小回りが利く

20～40t ダンプトラック

不整地運搬車とも呼ばれ、タイヤで走れない場所で活躍する。

2～11tキャリアダンプトラック

バックホウを用いて段々に掘削

掘削した土砂はダンプトラックで運搬

(3) 斜面安定工

切土でできたのり面が大きい場合や、地質の条件が悪い場合、斜面が固まりですべり落ちないようにするための工夫が必要となる。のり面を安定させるためには様々な方法があるが、アンカーをのり面に一定間隔で設置してのり面の崩壊を防ぐ方法が一般的である。

斜面安定工（アンカー工）

アンカー削孔機械

(4) のり面排水工

のり面の侵食や崩壊を避けるためには、切土後ののり面に排水構造物を設置する必要がある。小段にはのり面に降った雨を集水し、排水するための小段排水溝を設ける。また、小段で集水した排水をのり面下部に排水するため、縦排水溝を20m程度ごとに設ける。最終的に集められた雨水は、近くの河川に放流されることになる。

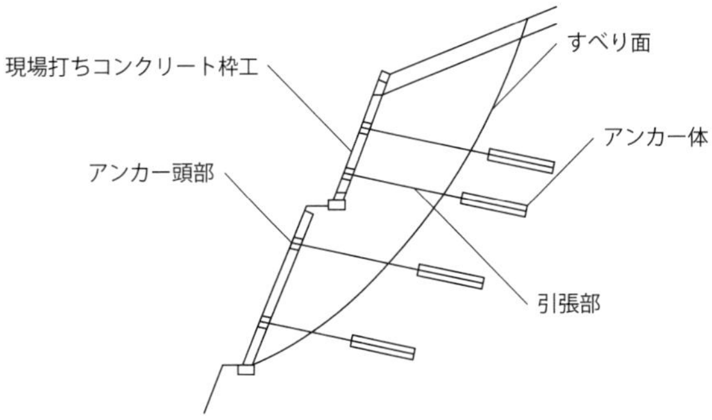
現場打ちコンクリート枠工
すべり面
アンカー体
アンカー頭部
引張部

アンカーで斜面が崩れないように固定する

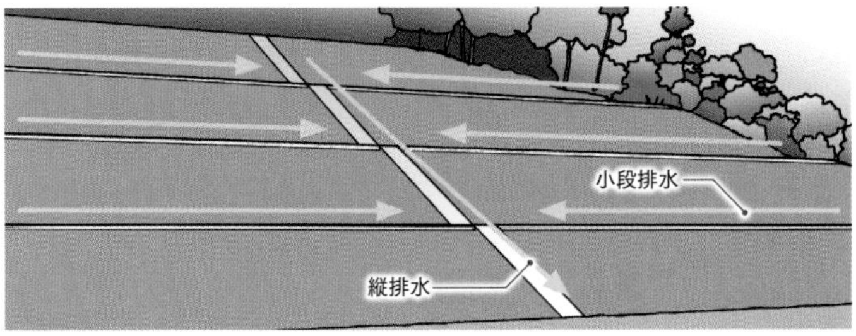
小段排水
縦排水

小段排水を下に流す縦排水溝も設ける

排水構造物

クレーン機能付きバックホウを用いて排水構造物を設置

(5) のり面保護工

のり面は雨で崩れたり、乾燥してひび割れたりすることがないように保護する必要がある。のり面の保護は、景観や環境に配慮した様々な方法がある。主に種子入りのシートを張って、草を生やすものや、土と種子を直接のり面に吹き付けて草を生やす方法、のり枠と呼ばれるコンクリート製のブロックで保護する方法などがある。

種子吹付け
種子や肥料を混合したものを吹き付ける
【代表的な種子】
・トールフェスク
・レッドトップ
・グリーピングレッドフェスク　等
特徴：どのような気候にも適応性が高い
トールフェスク

のり面に植物の種子を撒いている様子

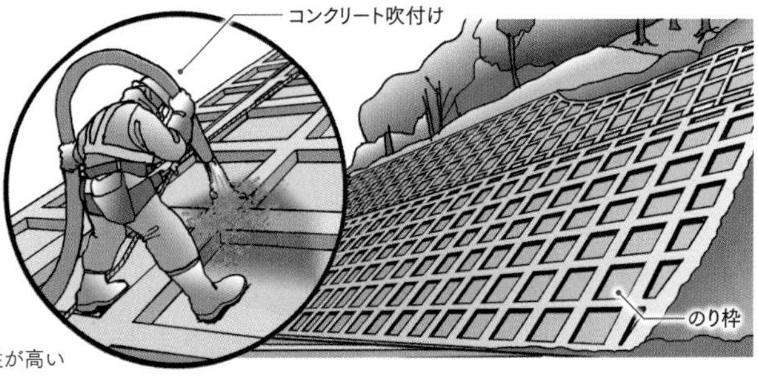
コンクリート吹付け
のり枠

のり枠と呼ばれるコンクリート構造物をつくっている様子

環境コラム　現場周辺での粉塵対策

道路工事では、土砂の掘削や運搬、盛土作業をする際に、重機作業や車両の走行により砂ぼこりが上がったり、強風により現場内の砂塵が飛散したりする。そのため現場周辺では、農作物の生育を阻害したり、住居や自家用車、洗濯物などを汚したりする影響が出やすい。

こうした周辺環境への影響を低減するため、粉塵対策として、現場内の重機が作業・走行する場所には、散水車による散水やミストの散布を行う。また、現場外で走行するダンプトラックには、退場前にタイヤの洗浄を行うことで、周辺道路の汚れを防止する。そのほか、現場の外周に防塵ネットを設置したり、長期間放置されるのり面には粉塵抑制剤を散布するといった対策を行う。

粉塵抑制剤
散水車による散水
ミスト散水
防塵ネット
タイヤ洗浄

2 盛土工

盛土とは、傾斜のある土地を平坦にするために低い部分に土砂を盛っていく作業である。道路をつくるために、土砂を盛って地面の高さを上げ、盛土とその上にある舗装が将来沈下しないよう強固な地盤にする。盛土工は、決められた層厚でブルドーザや振動ローラなどで締め固めながら徐々に土砂を盛っていく。盛土工は、主に基礎地盤の処理に始まり、路体の盛土、盛土完了箇所ののり面整形、のり面排水工、のり面保護工の作業がある。路体盛土の品質管理は盛土の長期的な耐久性を確保するために非常に重要となる。

盛土のイメージ

1 層目から何層にも分けて土を敷き均して固めて盛っていく（一層は約 30cmで仕上げる）

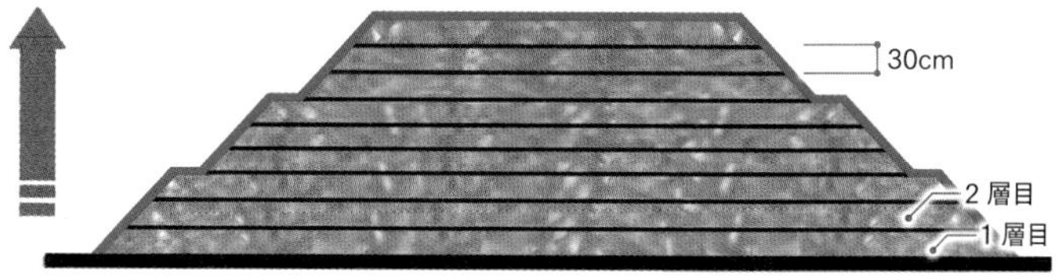
30cm
2 層目
1 層目

盛土のイメージ（断面）

(1) 基礎地盤の処理

盛土の基礎地盤に草木などを残したままにすると、草木が腐って盛土に悪い影響を及ぼすため、伐採除根作業を行う。また、基礎地盤の表土が腐植土など軟らかい土の場合、盛土が沈下するため、あらかじめ取り除く表土処理《ひょうどしょり》を行う。

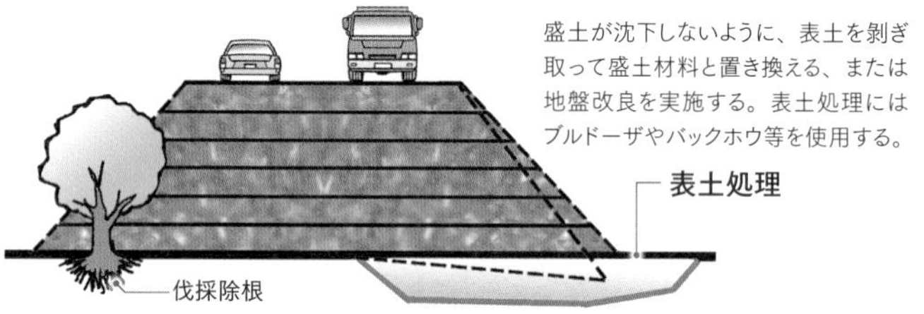
盛土が沈下しないように、表土を剝ぎ取って盛土材料と置き換える、または地盤改良を実施する。表土処理にはブルドーザやバックホウ等を使用する。
表土処理
伐採除根

ブルドーザによる表土処理

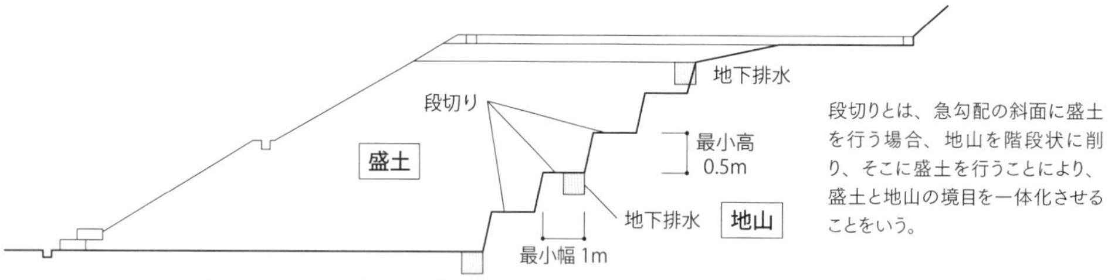
地下排水
段切り
最小高
0.5m
盛土
地下排水
地山
最小幅 1m
地下排水

段切りのイメージ

段切りとは、急勾配の斜面に盛土を行う場合、地山を階段状に削り、そこに盛土を行うことにより、盛土と地山の境目を一体化させることをいう。

バックホウによる段切り

(2) 路体盛土工

①敷均し

荷卸しした盛土材料を、締固め後に所定の仕上がり厚さになるように撒き出して、ブルドーザやモーターグレーダで平らにする。

モーターグレーダ（仕上げ均し）

排土板

ブルドーザ（粗均し）

②含水比の調整

盛土の品質を確保するための施工含水比は、土の締固め試験から締固め曲線と呼ばれる含水比と土の乾燥密度の関係により決められる。例えば、管理基準値として締固め度を90%とすると、施工含水比の範囲は、最適含水比 W_{opt} から乾燥密度が最大乾燥密度の90%以上となる含水比の上限 W_2 までとし、含水比がこの範囲よりも小さい場合は散水処理により、大きい場合は曝気《ばっき》乾燥処理により含水比を調整する。

盛土材料として高含水比の土や強度の不足するおそれのある土を使用せざるを得ない場合は、脱水処理や安定処理を行う。盛土材料の改良はバックホウなどを使用する。

セメントの混合による盛土材料の改良

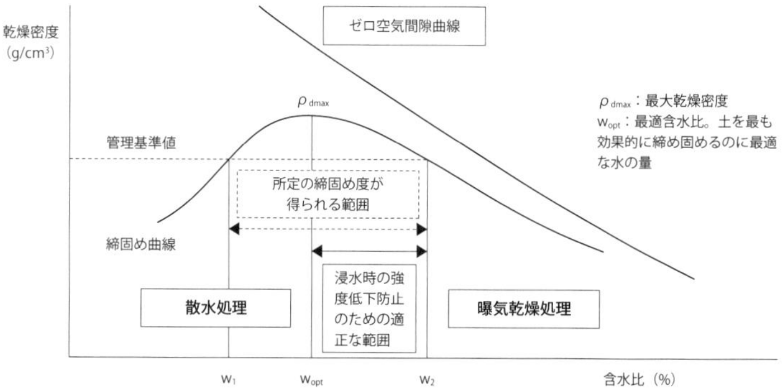
乾燥密度
(g/cm³)
ゼロ空気間隙曲線
ρdmax
ρdmax：最大乾燥密度
Wopt：最適含水比。土を最も効果的に締め固めるのに最適な水の量
管理基準値
所定の締固め度が得られる範囲
締固め曲線
散水処理
浸水時の強度低下防止のための適正な範囲
曝気乾燥処理
W1
Wopt
W2
含水比（%）

含水比を変化させた土を締め固めて、得られた乾燥密度と含水比の関係を表す。

含水比と乾燥密度の関係（締固め曲線）

③締固め

敷き均された盛土材料は転圧機械によって重量や振動によるエネルギーを与えられ、緩い密度の状態から密度の高い状態に締め固められる。このように盛土材料は十分に転圧することでより安定なものとなる。転圧機械には振動ローラやタイヤローラなどがある。

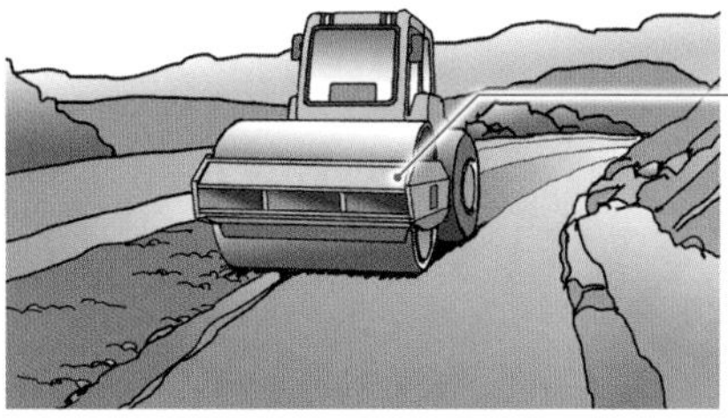
鉄輪の振動とローラの自重で土を締め固める機械

振動ローラによる締固め

(3) のり面整形

のり面は、のり面整形バケットを装着して、安定勾配となるように締固め・整形していく。

(4) のり面排水工

切土工と同じように、のり面排水工には、各小段に水平に設けた「小段排水溝」と、そこに集まった水を下に流す「縦排水溝」がある。さらには、盛土をする前の地盤に水がたまりやすい状況になっている場合は、あらかじめ現地盤に孔あきの排水管を設けて、地下水を排水する「地下排水工（暗渠《あんきょ》）」を設ける。

小段排水溝

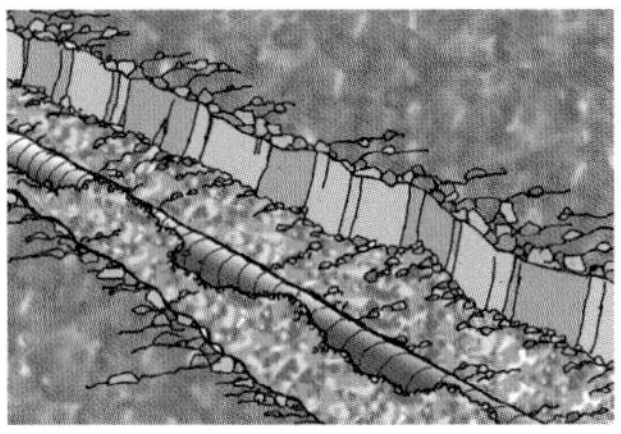

地下排水工（暗渠）

(5) のり面保護工

のり面の侵食や風化の防止を目的として、切土工と同様にのり面保護工を行う。

豆知識 盛土材料を軽量化して基礎地盤の沈下を抑制する技術

特に軟弱な地盤での盛土は、土砂の代わりに、軽量で耐圧縮性、耐水性、自立性に優れた発泡スチロールを用いる場合もある。

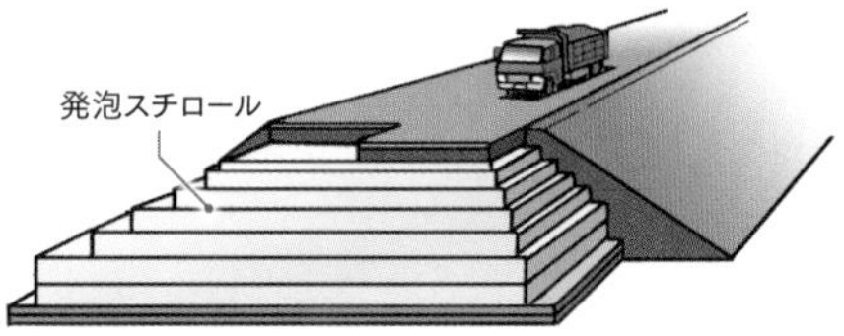
発泡スチロール

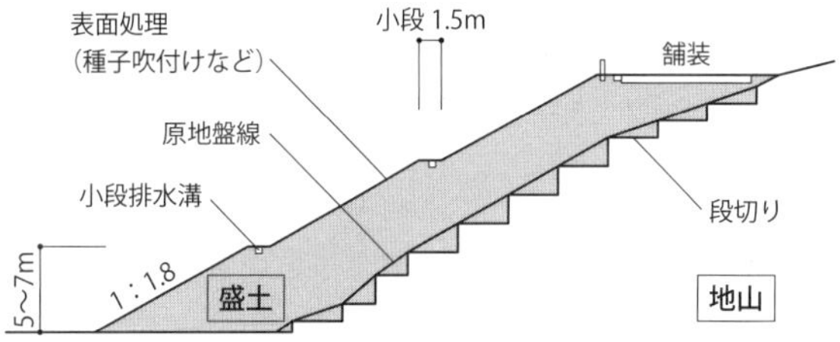
表面処理
（種子吹付けなど）
小段 1.5m
舗装
原地盤線
小段排水溝
段切り
5〜7m
1：1.8
盛土
地山

盛土のり面のイメージ

豆知識 情報通信技術でオペレータをサポート

近年は、UAV・3DレーザースキャナなどのICT機器やGNSSによる位置情報を活用した測量方法が普及している。ICT機械を用いた施工により情報通信技術と位置情報計測技術を組み合わせて土工機械の効率運用が可能となった。マシンガイダンスにより、切土や盛土ののり面の仕上げラインをオペレータに視覚的に伝達し、操作をサポートすることで、施工の効率化と省人化が図られる。

〈従来〉

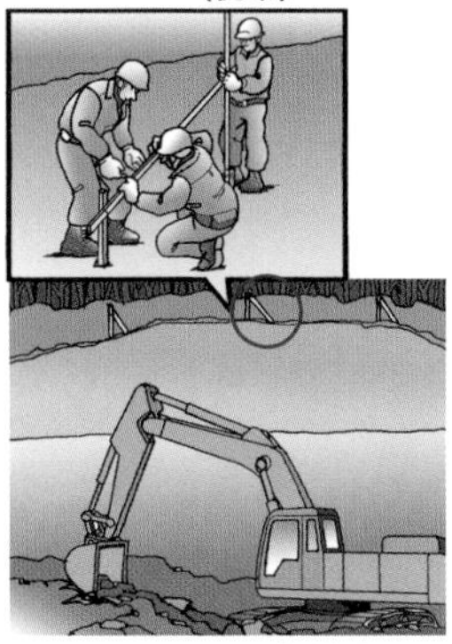

丁張りによる位置出し

〈ICT 土工事〉

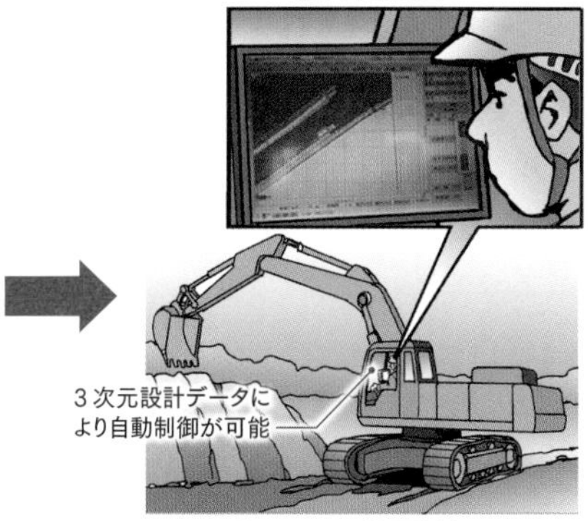
3 次元設計データにより自動制御が可能

ICT土工による位置情報の入手

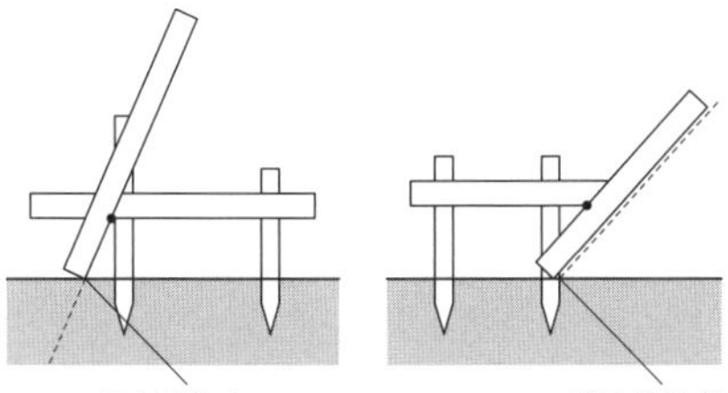
切土開始点
盛土開始点

丁張りは土工の定規で、重機オペレータへの指示になる。正確に遅れずに設置して、チェックすることも大事。

丁張りの例（従来）

〈従来〉

オペレータの目視によるのり面仕上げ

〈ICT土工〉

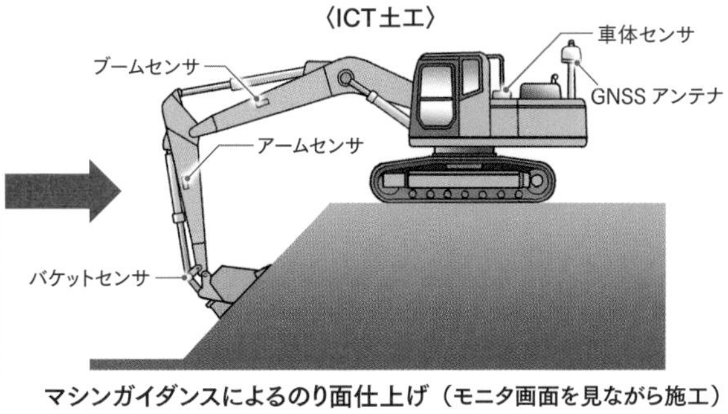
車体センサ
ブームセンサ
GNSS アンテナ
アームセンサ
バケットセンサ

マシンガイダンスによるのり面仕上げ（モニタ画面を見ながら施工）

3 盛土施工時の主な施工・品質管理

盛土の施工にあたっては、長期間にわたって道路としての機能を維持するために、厳格な品質管理を行うことが重要となる。

(1) 敷均し高さ管理システム

ブルドーザの排土板にGNSSとチルトセンサーを搭載し、排土板の位置や高さ、排土板前後の傾きを３次元データとして計測して、敷均し時のブルドーザ排土板高さを自動制御する。

さらに無人化施工では、建設機械に設置したカメラで撮影した映像を遠隔操作室まで無線伝送し、伝送された映像を見ながら建設機械を遠隔操作する。

設計データを読み込み、画面に重機位置と設計高さまでの距離を表示
コントロールボックス
敷均し管理 PC
敷均し管理 PC
押すだけで排土板が設計の高さに自動で移動
オートボタン

無人化施工の例

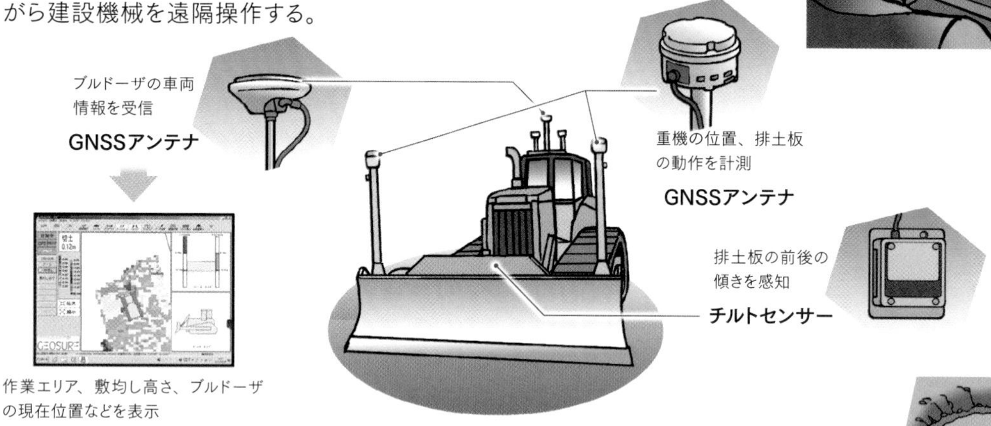
ブルドーザの車両情報を受信
GNSSアンテナ
重機の位置、排土板の動作を計測
GNSSアンテナ
排土板の前後の傾きを感知
チルトセンサー
作業エリア、敷均し高さ、ブルドーザの現在位置などを表示

施工管理用モニタ画面

敷均し高さ管理システム

試験孔から掘り取った土の質量と、掘った試験孔に充填した密度がすでに分かっている砂の質量から、体積を求めて土の密度を計測する。

砂置換法

(2) 締固め施工時の品質管理の方法

盛土がきちんと締め固まって安定していることを確認する必要がある。盛土の品質は「品質規定方式」と「工法規定方式」のいずれかで管理する。

品質規定方式：盛土に求められる品質を仕様書に明示し、品質を満足させるための施工方法は施工者にゆだねる方式である。要求される品質を満足するように「締固め度」や「空気間隙率」などの計測による土の力学的な特性に基づく管理項目や基準値を適切に設定し、これらを管理する。

（例：砂置換法による現場密度試験、RI（ラジオアイソトープ）測定器による現場密度試験）

工法規定方式：締固めに使用する機種や締固め回数など、盛土の施工方法そのものを仕様書に規定する方式で、事前に試験施工（モデル施工）を実施して施工仕様の妥当性を確認する。

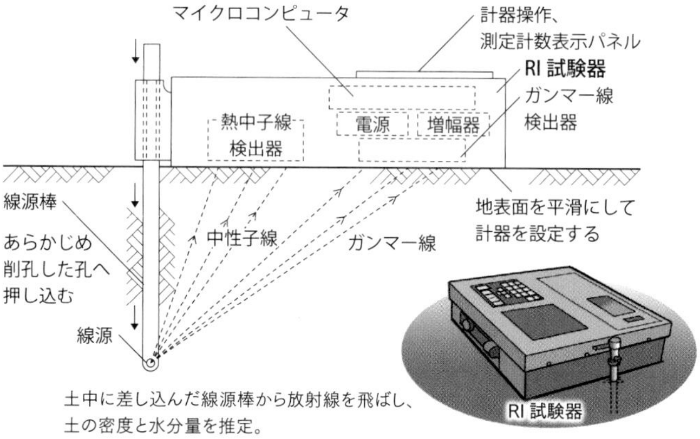
マイクロコンピュータ
計器操作、測定計数表示パネル
RI 試験器
ガンマー線検出器
熱中子線検出器
電源
増幅器
線源棒
あらかじめ削孔した孔へ押し込む
中性子線
ガンマー線
地表面を平滑にして計器を設定する
線源
RI 試験器

土中に差し込んだ線源棒から放射線を飛ばし、土の密度と水分量を推定。
測定結果は紙で印字データとして出力される。

RI法

ブルドーザで敷き均す作業を発注者と確認
（どの機種、排土板高さで何回踏んだら平坦になるか）

敷均し試験

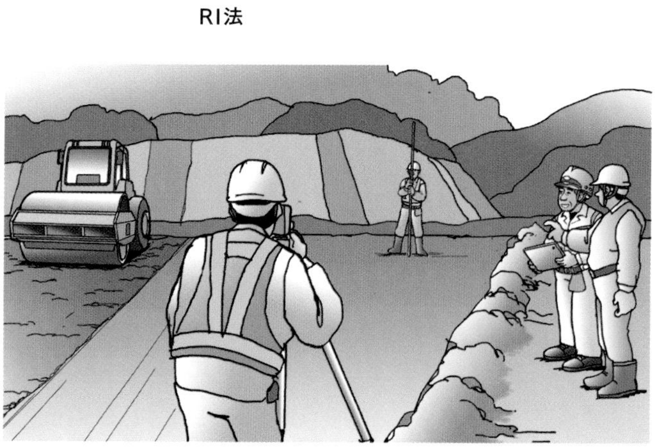

敷き均したヤードを振動ローラで転圧する作業を発注者と確認
（転圧回数ごとに密度比と沈下量を測定し何回の転圧で収斂するか）

締固め試験

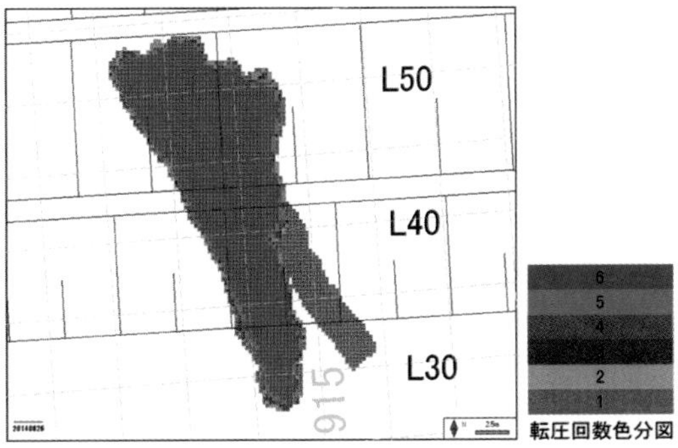
L50
L40
L30
915
6
5
4
2
1
転圧回数色分図

モニタに映った画像の色で何回転圧したか
オペレータが確認できる（工法規定方式）

盛土の締固め管理技術として、GNSSを用いた方法がある。GNSSにより締固め機械の位置を取得し、走行軌跡や締固め回数をリアルタイムに運転席モニタへ提供するものである。過転圧などのミスの防止や締固めの均一化に加え、締固め状況の早期把握により作業の効率化が図られる。

GNSSによる締固め管理技術

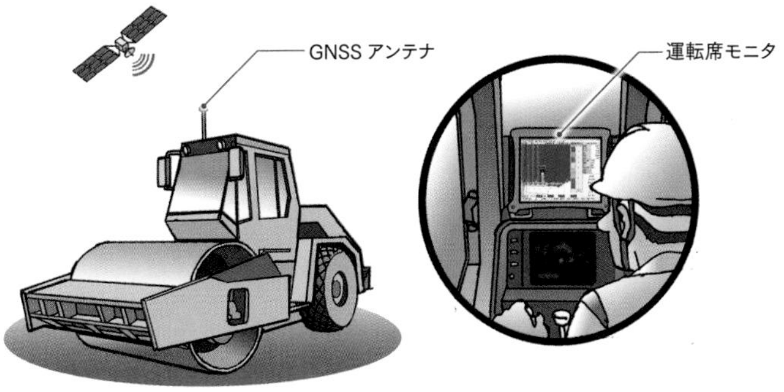
GNSS アンテナ
運転席モニタ

盛土の締固めは一般的には密度管理で行われることが多く、締固め後に現場密度試験を実施し、規定の締固め度を確認している。一方、GNSSによる締固め管理では転圧回数と盛土材料の含水比のみで管理し、発注者との協議のうえで現場密度試験を省略できる。

締固め管理

(3) 動態観測

盛土の施工では、原地盤や盛土の自重によって沈下などの変位が生じる可能性がある。そのため、原地盤を地盤改良したり、施工中に動態観測で盛土の異常を早期に把握したりするなど、施工方法の改善や対策を実施できるようにしておく。

バックホウでセメントを地盤に混合して原地盤を強固にする。

地盤改良

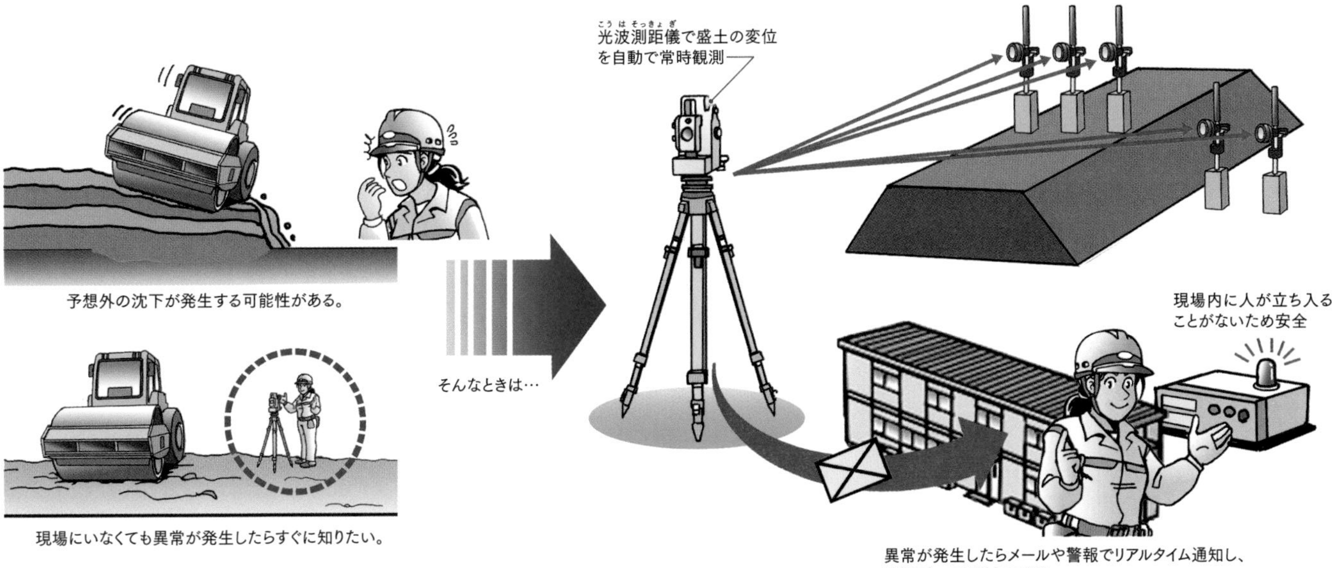
予想外の沈下が発生する可能性がある。
現場にいなくても異常が発生したらすぐに知りたい。
そんなときは…
光《こう》波《は》測距《そっきょ》儀《ぎ》で盛土の変位を自動で常時観測
現場内に人が立ち入ることがないため安全
異常が発生したらメールや警報でリアルタイム通知し、計測データを送信できる。

施工の改善方法

情報コラム　モービルマッピングシステム（MMS）

MMS（Mobile Mapping System）とは、車両にレーザースキャナ、カメラ、GPSを搭載し、走行しながら短時間かつ少人数で効率的に道路面や周辺の地形を3次元計測できるシステムである。盛土形状や土量を3次元データで把握・管理し、道路が設計どおりに施工されたかどうかを「見える化」することで、施工管理業務の省力化・効率化を図ることが可能である。

のり面の出来形確認
道路幅員の出来形確認

3次元データ

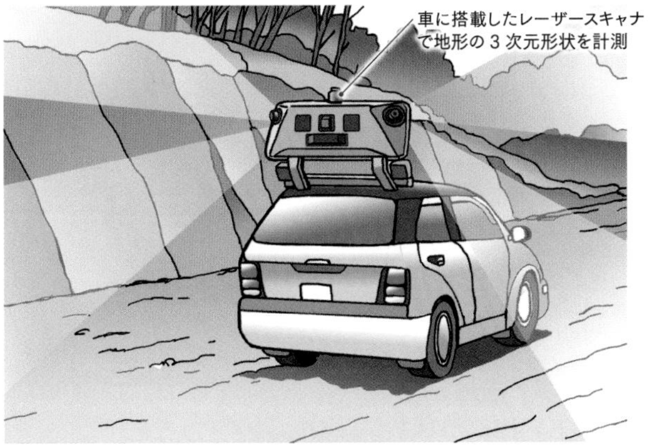
車に搭載したレーザースキャナで地形の3次元形状を計測

MMS計測車両

4-3 舗装工

舗装工は、切土や盛土で造成された地盤面に緻密な層を構築する工事である。この層は、雨天時の路面のぬかるみや乾燥時の砂塵を防止するとともに、車両通行や歩行を支え快適性や安全性を保持する役目がある。アスファルト舗装は、路床の上に路盤、基層、表層 などの複数の薄い層を積み重ねてつくられる。

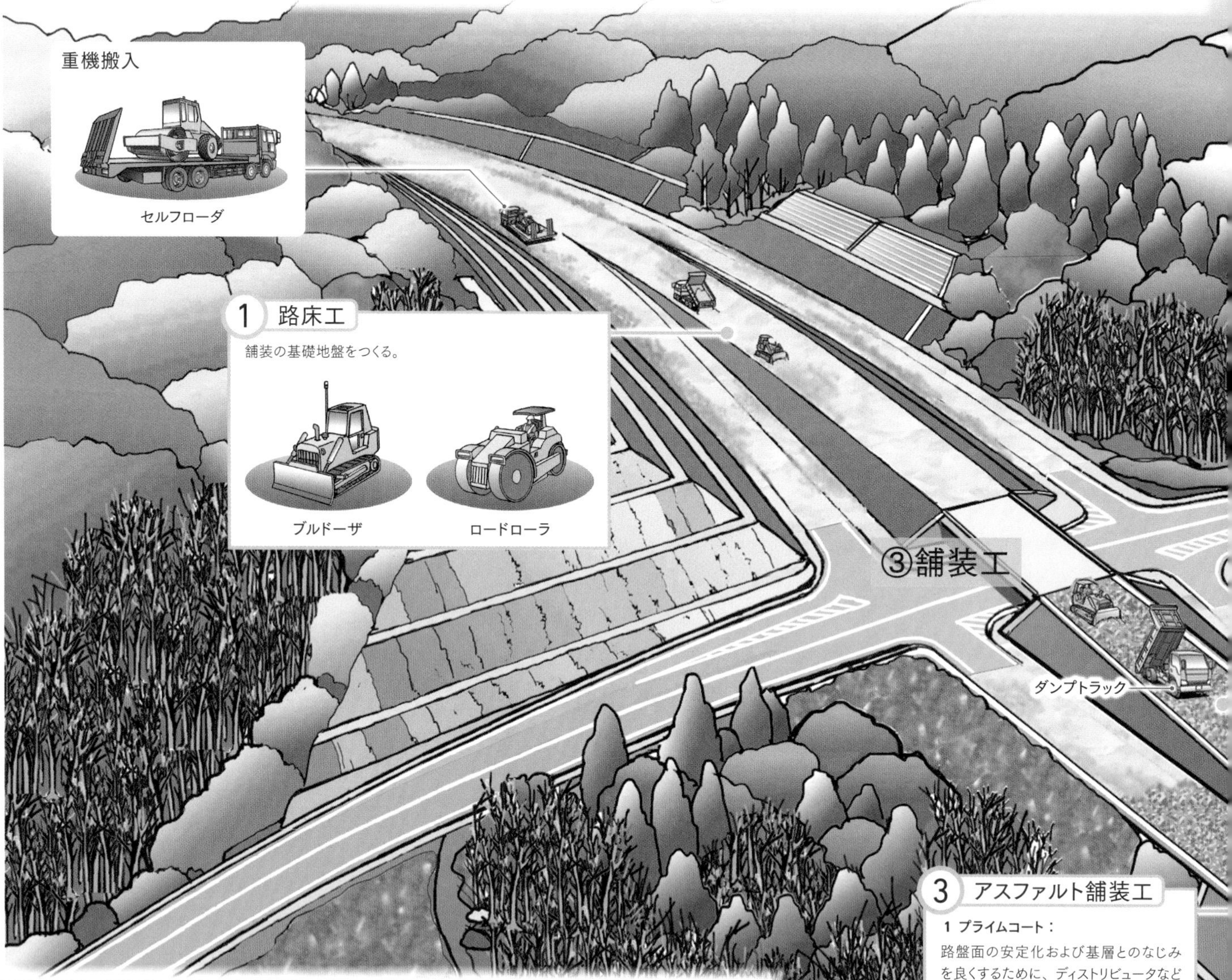

重機搬入
セルフローダ
1 路床工
舗装の基礎地盤をつくる。
ブルドーザ
ロードローラ
③舗装工
ダンプトラック
3 アスファルト舗装工
1 プライムコート：
路盤面の安定化および基層とのなじみを良くするために、ディストリビュータなどで上層路盤表面にアスファルト乳剤を散布する。

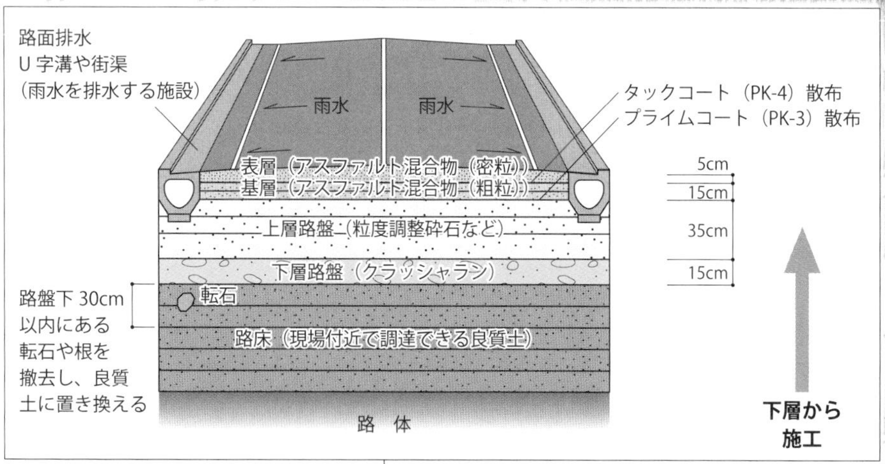

路面排水
U 字溝や街渠
（雨水を排水する施設）
雨水
雨水
タックコート（PK-4）散布
プライムコート（PK-3）散布
表層（アスファルト混合物（密粒））
基層（アスファルト混合物（粗粒））
上層路盤（粒度調整砕石など）
下層路盤（クラッシャラン）
5cm
15cm
35cm
15cm
路盤下 30cm
以内にある
転石や根を
撤去し、良質
土に置き換える
転石
路床（現場付近で調達できる良質土）
路　体
下層から
施工

路盤の下、約 1m の範囲を路床、それより深い部分を路体と呼ぶ。私たちは普段目にすることはないが、道路は人や車が通ってもひび割れやへこむことがないようにいくつもの層を重ねてつくられている。さらに層の間には、表面水の浸透を防止したり、層間の接着性を高めるための液剤が散布され、道路を安全に利用できるよう品質を高めている。

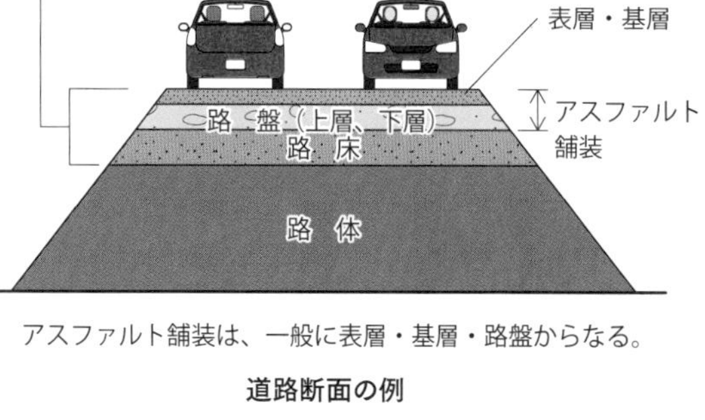

表層・基層
アスファルト
舗装
路　盤（上層、下層）
路　床
路　体

アスファルト舗装は、一般に表層・基層・路盤からなる。

道路断面の例

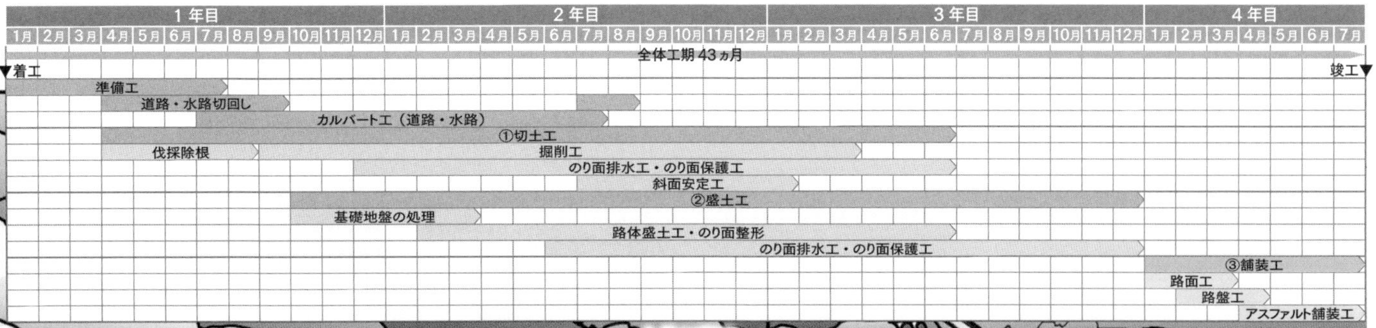
1年目
2年目
3年目
4年目
1月 2月 3月 4月 5月 6月 7月 8月 9月 10月 11月 12月
全体工期43ヵ月
▼着工
竣工▼
準備工
道路・水路切回し
カルバート工（道路・水路）
①切土工
伐採除根
掘削工
のり面排水工・のり面保護工
斜面安定工
②盛土工
基礎地盤の処理
路体盛土工・のり面整形
のり面排水工・のり面保護工
③舗装工
路面工
路盤工
アスファルト舗装工

全体工程表

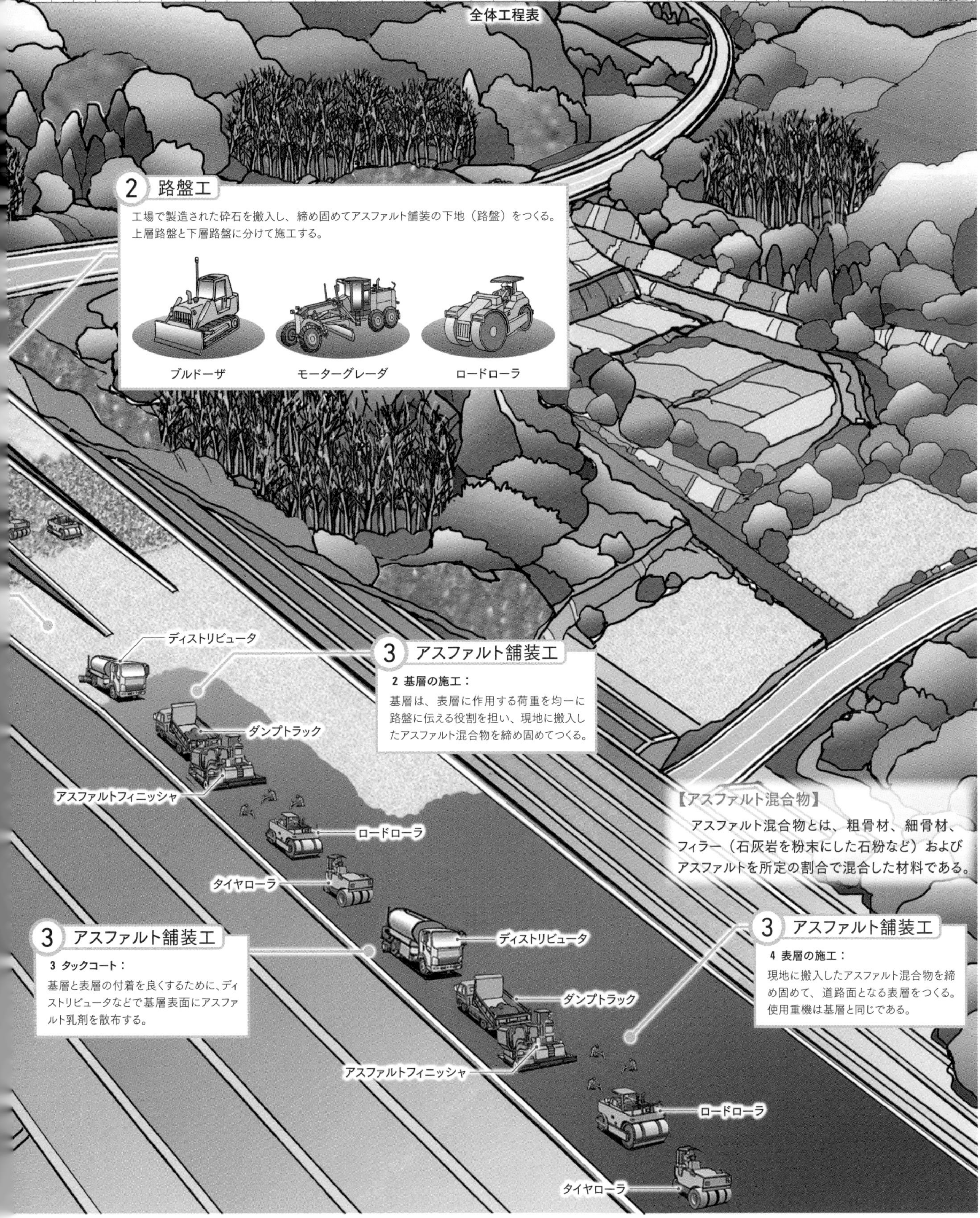
ブルドーザ
モーターグレーダ
ロードローラ
ディストリビュータ
ダンプトラック
アスファルトフィニッシャ
ロードローラ
タイヤローラ
ディストリビュータ
ダンプトラック
アスファルトフィニッシャ
ロードローラ
タイヤローラ

2 路盤工

工場で製造された砕石を搬入し、締め固めてアスファルト舗装の下地（路盤）をつくる。上層路盤と下層路盤に分けて施工する。

3 アスファルト舗装工

2 基層の施工：

基層は、表層に作用する荷重を均一に路盤に伝える役割を担い、現地に搬入したアスファルト混合物を締め固めてつくる。

【アスファルト混合物】

アスファルト混合物とは、粗骨材、細骨材、フィラー（石灰岩を粉末にした石粉など）およびアスファルトを所定の割合で混合した材料である。

3 アスファルト舗装工

3 タックコート：

基層と表層の付着を良くするために、ディストリビュータなどで基層表面にアスファルト乳剤を散布する。

3 アスファルト舗装工

4 表層の施工：

現地に搬入したアスファルト混合物を締め固めて、道路面となる表層をつくる。使用重機は基層と同じである。

1 路床工

路床は、自動車荷重を分散して均一に下方に伝達させるもので、路盤の下約1mの部分である。1層の仕上がり厚さは、20cm以下とする。路床の役目は、不等沈下（不同沈下）を防止し、所定の支持力（設計CBR値※）を保持することである。設計CBR値が3未満の場合は、良質土に置き換えるかセメントまたは石灰で安定処理する。路盤の最深部から深さ30cm以内にある木の根、転石、軟弱土は除去し、良質土に置き換える。

※設計CBR値：アスファルト舗装の構成や厚さを決定する場合に利用される路床土の支持力を表す指標で、CBR試験により算出される。修正CBRや現場CBRなどの用語もあるので注意する。

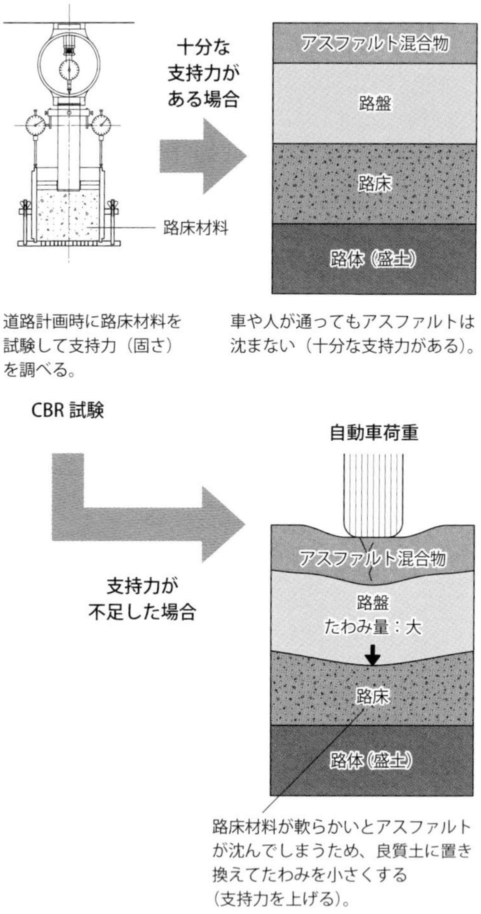
十分な支持力がある場合
アスファルト混合物
路盤
路床
路体（盛土）
路床材料
道路計画時に路床材料を試験して支持力（固さ）を調べる。
車や人が通ってもアスファルトは沈まない（十分な支持力がある）。
CBR試験
自動車荷重
支持力が不足した場合
アスファルト混合物
路盤
たわみ量：大
路床
路体（盛土）
路床材料が軟らかいとアスファルトが沈んでしまうため、良質土に置き換えてたわみを小さくする（支持力を上げる）。

路床をしっかり構築することが重要

2 路盤工

路盤は上層と下層に分かれる。上層は下層よりも通行する車両荷重が大きく作用するため、支持力の大きな材料を使用する。1層の仕上がり厚さは下層路盤で20cm以下、上層路盤で15cm以下とし、所定の密度が得られるまで締固め・転圧を行う。材料は一般的に下層路盤がクラッシャラン、上層路盤が粒度調整砕石である。施工機械はセルフローダなど数トンにも及ぶ専用の運搬車両に載せて運搬する。

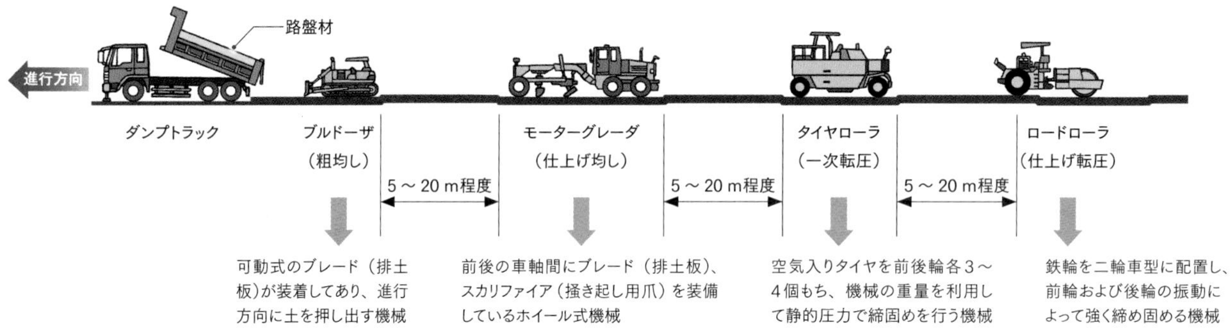
路盤材
進行方向
ダンプトラック
ブルドーザ（粗均し）
モーターグレーダ（仕上げ均し）
タイヤローラ（一次転圧）
ロードローラ（仕上げ転圧）
5～20m程度
5～20m程度
5～20m程度
可動式のブレード（排土板）が装着してあり、進行方向に土を押し出す機械
前後の車軸間にブレード（排土板）、スカリファイア（掻き起し用爪）を装備しているホイール式機械
空気入りタイヤを前後輪各3～4個もち、機械の重量を利用して静的圧力で締固めを行う機械
鉄輪を二輪車型に配置し、前輪および後輪の振動によって強く締め固める機械

路盤材の締固め・転圧は、専用の車両で一定の距離を目安に行う

3 アスファルト舗装工

アスファルト舗装工は、アスファルト乳剤散布とアスファルト混合物の舗装作業からなる。

アスファルト乳剤（液体）には、プライムコートとタックコートがあり、プライムコートは上層路盤と基層の間、タックコートは基層と表層の間に散布して、雨水の浸透を抑制し、上下層のなじみを良くするものである。散布は、ディストリビュータやエンジンスプレーヤを使用して行う。

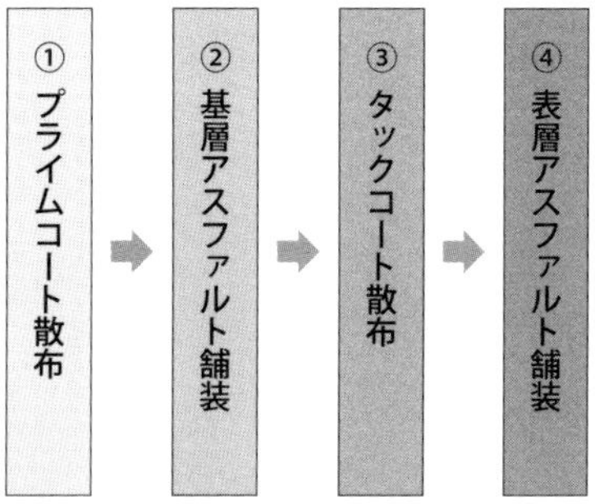
① プライムコート散布
② 基層アスファルト舗装
③ タックコート散布
④ 表層アスファルト舗装

アスファルト舗装施工フロー

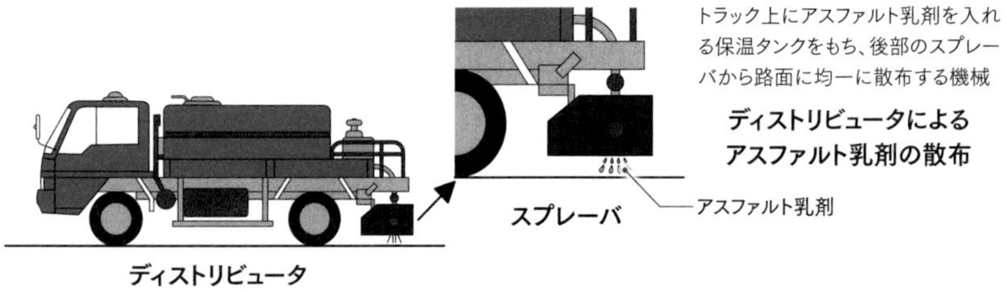
トラック上にアスファルト乳剤を入れる保温タンクをもち、後部のスプレーバから路面に均一に散布する機械
スプレーバ
アスファルト乳剤
ディストリビュータ

ディストリビュータによるアスファルト乳剤の散布

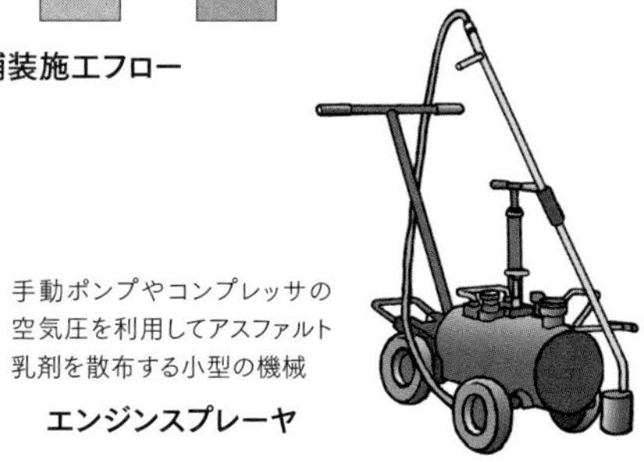
手動ポンプやコンプレッサの空気圧を利用してアスファルト乳剤を散布する小型の機械

エンジンスプレーヤ

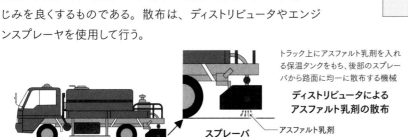

アスファルト舗装は基層と表層に分けられ、どちらもアスファルト混合物を使用する。基層は路盤の凹凸を整正し、表層にかかる荷重を均一に路盤に伝えるものである。表層は 自動車荷重を分散し、安全性や快適性など路面の機能を確保するものである。最近では排水性のものや路面温度を下げるアスファルト混合物など特殊な材料が開発されている。路盤工と同様に施工機械はセルフローダなどの専用の運搬車両に載せて運搬する。

機械はセルフローダなどで運搬

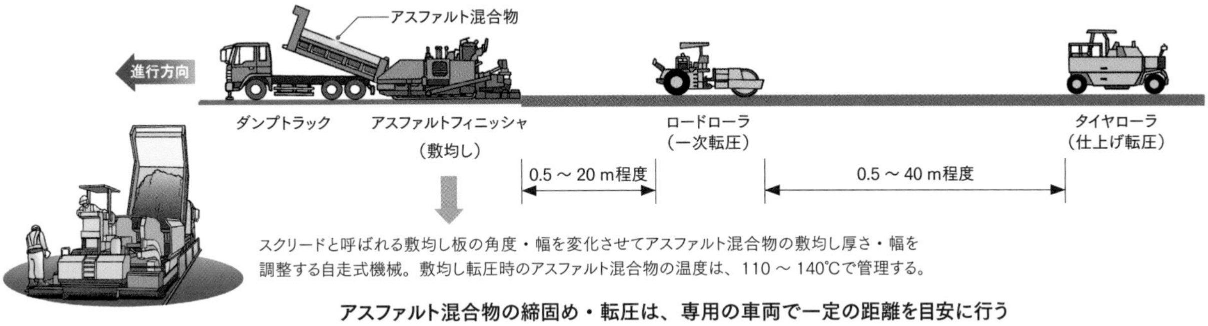
アスファルト混合物
進行方向
ダンプトラック
アスファルトフィニッシャ
（敷均し）
ロードローラ
（一次転圧）
タイヤローラ
（仕上げ転圧）
0.5 ～ 20 m程度
0.5 ～ 40 m程度
スクリードと呼ばれる敷均し板の角度・幅を変化させてアスファルト混合物の敷均し厚さ・幅を調整する自走式機械。敷均し転圧時のアスファルト混合物の温度は、110 ～ 140℃で管理する。

アスファルト混合物の締固め・転圧は、専用の車両で一定の距離を目安に行う

4-4 完成

土工では道路の幅やのり面の長さおよび基準高など、アスファルト舗装工では下層路盤、上層路盤、基層、表層の幅や厚さなどの検査を受けて竣工を迎える。山を削り谷を埋めてつくられる道路は、ドライバーの狭く険しい難所を運転する苦労を解消し、人と物の移動を安全・高速・大量・快適なものに変える。道路は人間でいえば動脈であり、高速道路だけでなく国道、都道府県道、市町村道も含めてそれぞれが張り巡らされ、しっかりつながっているところに意味がある。道路をつくることは道路網をつくることの一端である。

40

道路の施工が終わると、白線やガードレール、標識、街灯を設置していく。それらは、道路を利用する歩行者、運転者の安全を守るために重要な役割を果たす設備である。

その他の設備

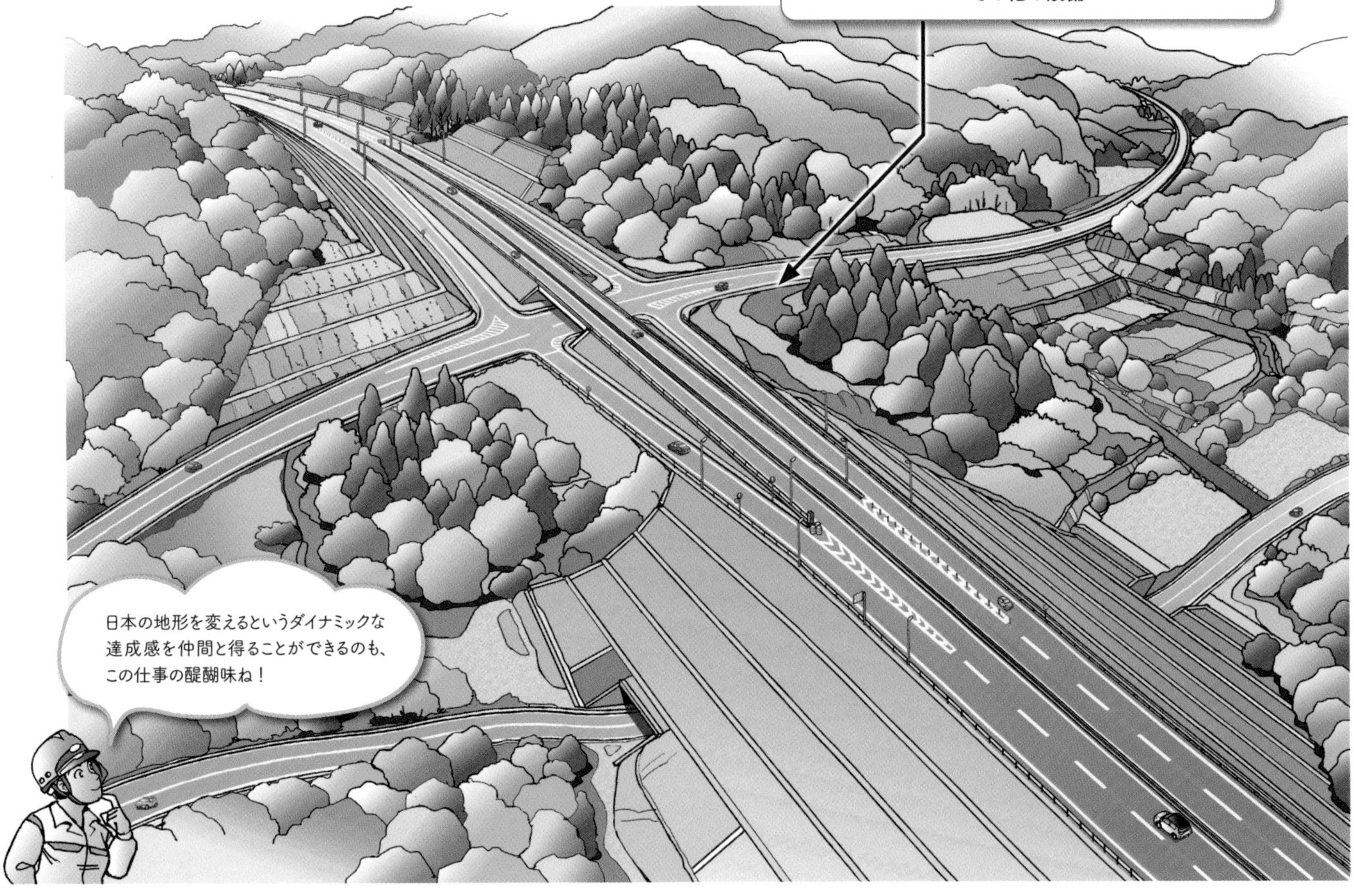
日本の地形を変えるというダイナミックな
達成感を仲間と得ることができるのも、
この仕事の醍醐味ね！

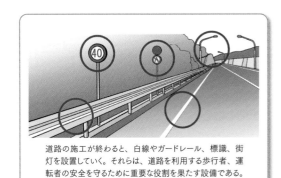

5

河川構造物とダム

河川構造物

雨は地上に降り注ぎ、地表面を流れてその流水が集まったものが河川となる。河川は最終的に海や湖に流れ込むが、その途中に構築される構造物を通じて様々な役割を果たしている。その主な働きは治水、利水である。大雨の際に、氾濫を起こさずに安全に雨水を海まで流すことが治水である。また、人々の飲用や農業や工業、発電用に河川水を利用することが利水である。これらの役割が期待されている河川構造物の代表的なものとしては、ダム、堤防、輪中堤《わじゅうてい》などの堤防、遊水池・調節池、樋門・樋管、頭首工、水門、堰、排水機場があげられる。本章では、河川構造物の中で最も大きく、かつ代表的な「ダム」を取り上げる。

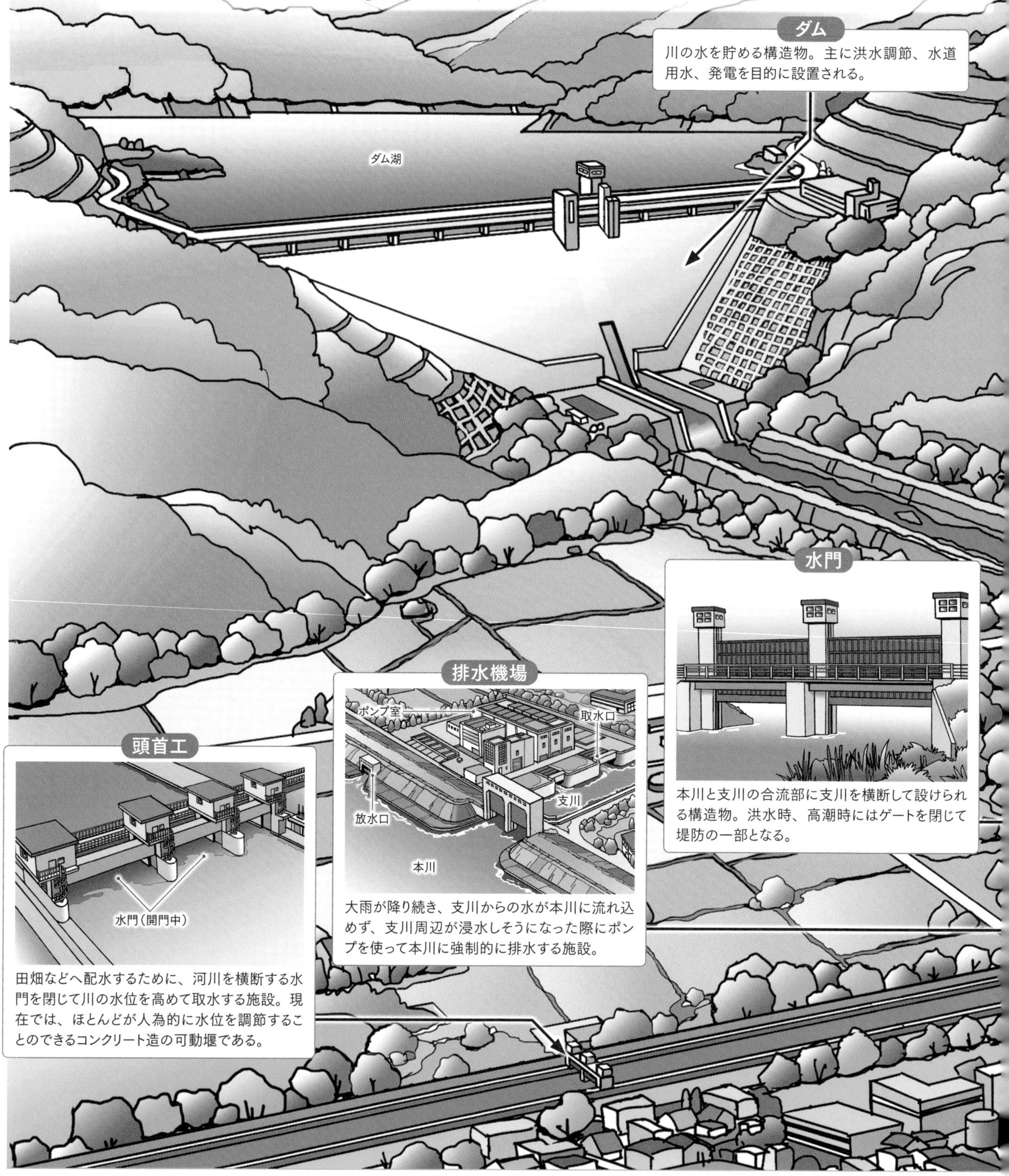
ダム
川の水を貯める構造物。主に洪水調節、水道用水、発電を目的に設置される。
ダム湖
水門
本川と支川の合流部に支川を横断して設けられる構造物。洪水時、高潮時にはゲートを閉じて堤防の一部となる。
排水機場
ポンプ室
取水口
支川
放水口
本川
大雨が降り続き、支川からの水が本川に流れ込めず、支川周辺が浸水しそうになった際にポンプを使って本川に強制的に排水する施設。
頭首工
水門（開門中）
田畑などへ配水するために、河川を横断する水門を閉じて川の水位を高めて取水する施設。現在では、ほとんどが人為的に水位を調節することのできるコンクリート造の可動堰である。

樋門・樋管

樋門・樋管
堤防

河川堤防を横断して設けられる函渠構造物で、河川堤防の効用も備えた施設。河川からの取水や、堤内地の雨水、工場などから河川への排水を目的として設置される。

堤 防

堤防

河岸に沿って土砂を盛り上げた治水構造物。河川沿いの人家や田畑に河川の水を浸入させない目的で設置される。

樹林帯

樹林帯による氾濫流の抑止
水
破堤
河川

樹林帯は、異常洪水時に越流した堤防の安全性確保、破堤部の拡大抑制、氾濫流量の低減、流木・土砂堆積の防止、表土流出の低減を目的として設置される、一定の幅をもった木々をいう。

護岸と床止め

・護岸は、堤防や河岸が川の流れによって削り取られるのを防ぐためにつくられる施設。
・床止めは、洗掘を防いで、河川勾配を安定させるために、川を横断して設けられる施設。

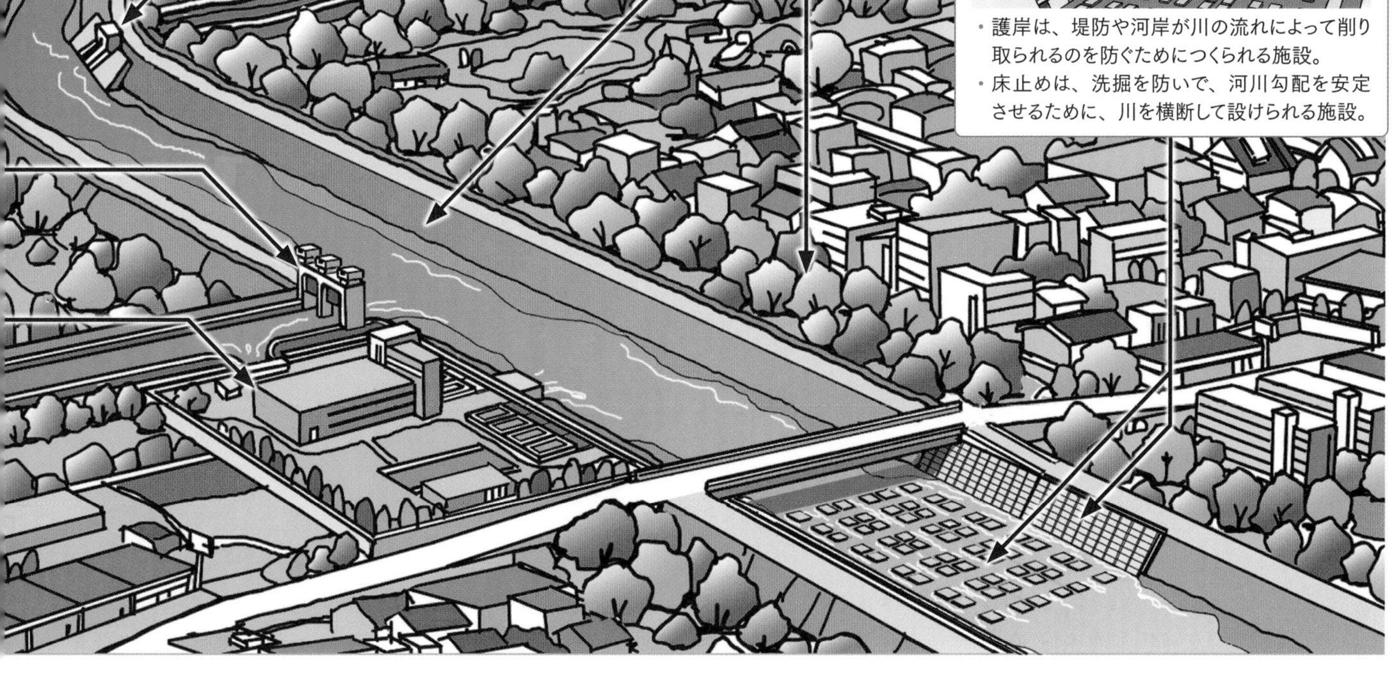

ダム

ダムとは、河川の水を堰き止めて渇水期に備えて水を貯留したり、平時はもとより豪雨に見舞われる非常時において河川の水位を適切な状態に維持したりするための機能をもつ代表的な河川構造物である。ダムには、コンクリートダム、ロックフィルダム、アースダムなど様々な種類がある。また、コンクリートダムにも、以下に示すようにいろいろな形式がある。ここでは重力式コンクリートダムの施工を紹介する。

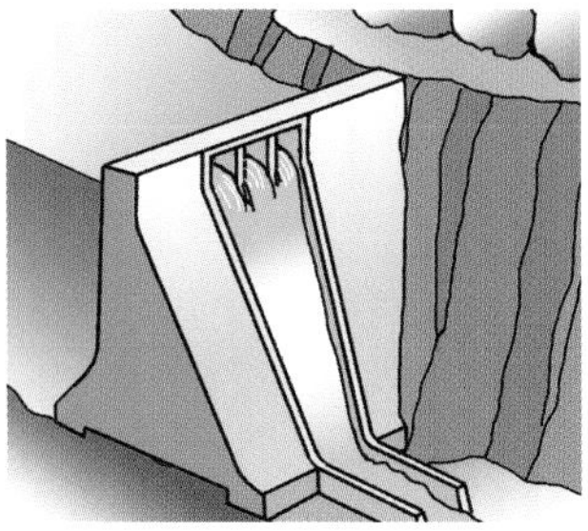

コンクリートダムの重さで貯留水の水圧を支えるダムで、横から見た断面は直角三角形に近い形をしている。

重力式

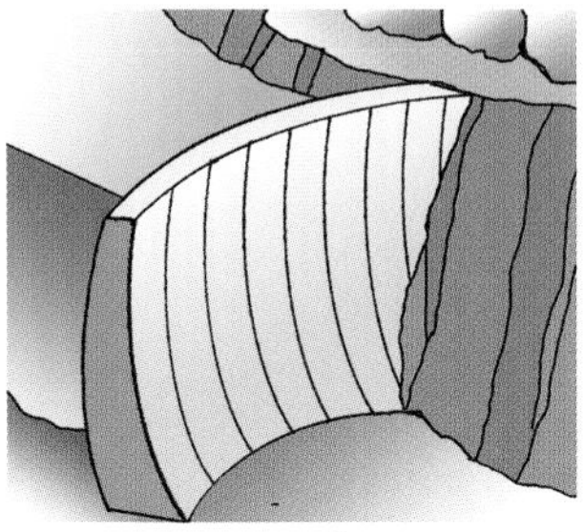

上から見た断面をアーチ状にすることで、水圧を両岸の地山に伝えるため、重力式より断面を薄くできるが、堅固な地山が必要。

アーチ式

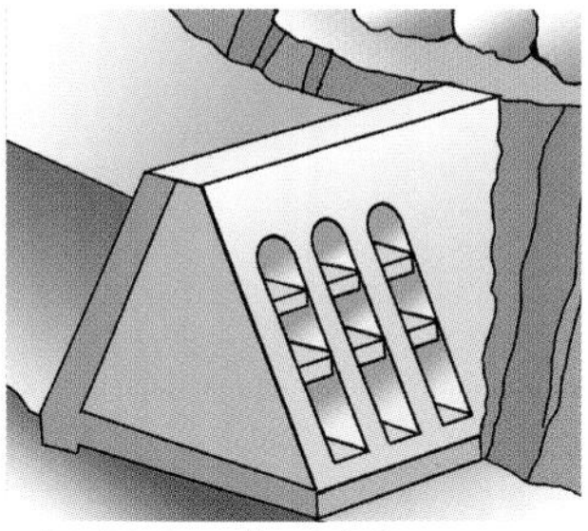

水を堰き止める薄い遮水壁をバットレスと呼ばれる扶《ふ》壁《へき》で支えるダム。構造が複雑となるため、実績は少ない。

バットレス式

内部を空洞にした重力式ダムの変形タイプ。コンクリートを節約できるが、構造が複雑となるため、実績は少ない。

中空重力式

コンクリートダムは大きく分けて上記の４種類に分類されます。立地条件に合った形式を選んで建設します！

5-1 準備工

ダムの建設にあたっては、水利権と呼ばれる河川の水を継続して使用する権利や河川区域内の土地を占用して施設を構築する許可を得るために、河川法に基づく河川管理者との協議、いわゆる河川協議が必要となる。

1 河川協議などの事前協議

河川協議の対象となるのは、河川法の適用を受け、国が管理する一級河川、都道府県が管理する二級河川、市町村が管理する準用河川である。また協議対象となる行為としては、河川の流水の採取、河川区域内の土地の占用、河川区域内の土地における工作物の新築・改築・撤去などがあげられる。そのほかにも、ダム建設に伴う移転・用地補償や漁業関係者との補償にかかわる事前協議が行われる。

ゼネコンと河川管理者と事業者との河川協議

2 工事用道路の計画と取付け

大量の資機材運搬を伴う大規模なダム工事では、大型の重ダンプトラックの往来を可能にする工事用道路を設計・計画し、施工中の安全な通行を確保しながら運搬効率の最大化を図ることが非常に重要である。工事用道路の線形の決定にあたっては、地形と運搬計画を基に検討する。また、道路幅員には、車両の流れが中断することなくスムーズに効率良く、かつ安全に余裕をもって通行可能な広さが必要となる。

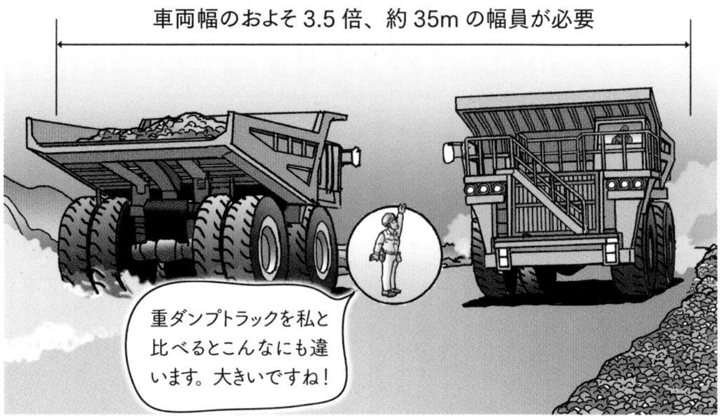
車両幅のおよそ 3.5 倍、約 35m の幅員が必要
重ダンプトラックを私と比べるとこんなにも違います。大きいですね！

大型の重ダンプトラックが通るには、広い道路幅員が必要

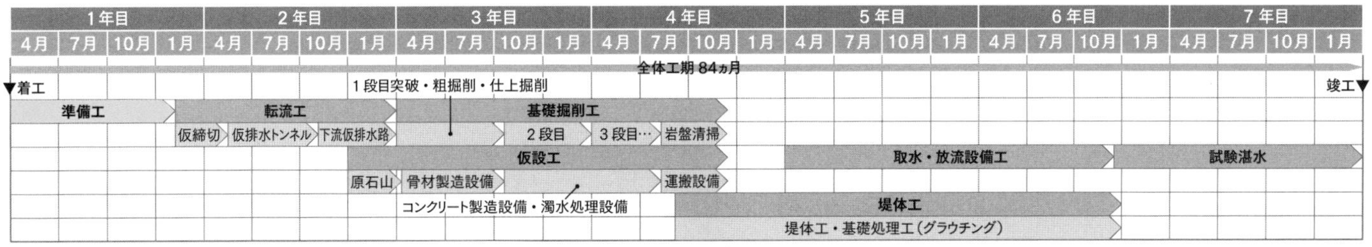
1年目
2年目
3年目
4年目
5年目
6年目
7年目
4月 7月 10月 1月
全体工期 84ヵ月
着工
竣工
1段目突破・粗掘削・仕上掘削
準備工
転流工
基礎掘削工
仮締切
仮排水トンネル
下流仮排水路
2段目
3段目…
岩盤清掃
仮設工
取水・放流設備工
試験湛水
原石山
骨材製造設備
運搬設備
コンクリート製造設備・濁水処理設備
堤体工
堤体工・基礎処理工（グラウチング）

全体工程表

3 現地調査

ダム工事に着手する前の現地調査では、ダムサイト※の水文・地形・地質・生態や水質などにかかわる様々な調査を実施して、基本設計段階の条件が妥当かどうか確認する。特に環境アセスメントと呼ばれる環境影響評価を実施して、環境負荷を最小限に抑えるような実施設計や施工計画の立案に反映させていく。

現地調査の中でも基礎岩盤の地質調査はとても重要で、岩盤の種類や硬さのほか、湛水時に問題となるような亀裂や断層がないことを確認するための調査横坑を設けるなどして綿密な調査が実施される。

※ダムサイト：ダム建設用地のこと

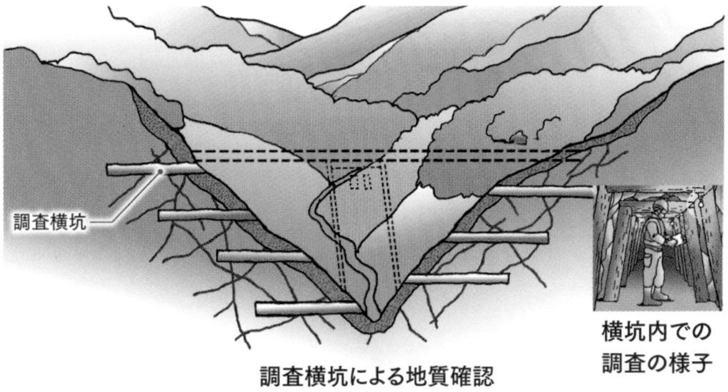
調査横坑

調査横坑による地質確認

横坑内での
調査の様子

4 ダムの工事現場で働く専門技能者

大量のコンクリートを使用するコンクリートダムでは、コンクリート内部の温度応力によるひび割れの発生を防止する目的で、複数のブロックに分割したコンクリート打設が従来行われてきた。そこでは、バッチャープラントで製造されたコンクリートを運搬・打設するタワークレーンのオペレータが活躍している。また、バイバックと呼ばれる大型バイブレータを搭載した油圧重機のオペレータは、コンクリートの品質を左右する締固め作業を行っている。

そのほかにも、コンクリート打設技能者、型枠工、鳶工、基礎処理工など、堤高100mを超える大規模ダムでは延べ100万人もの技能者が従事する。

バイバックオペレータ

バイバックによるコンクリートの締固め作業

タワークレーンオペレータ
コンクリートバケット

タワークレーンとコンクリートバケットによるコンクリート打設

5-2 転流工・基礎掘削工

ダムは多くの場合、既存の河川を横断して建設される。したがって、ダム工事の第一歩は、元の河川の水を転流工と呼ばれる迂回路に切り替えることから始まる。河川の水を迂回させてダム建設予定地をドライアップしたあと、ダム本体の基礎岩盤を露出させる掘削から本格的な工事となる。基礎掘削工では、ダム本体をつくる範囲の大量の土や岩を短期間に掘削する必要がある。一方で、堤体コンクリートを打ち上げる部分の基礎岩盤を損傷させないようにしなければならない。掘削は、粗掘削と呼ばれる大まかな掘削と、その後所定の形状にする仕上げ掘削の2段階に分けて行う。

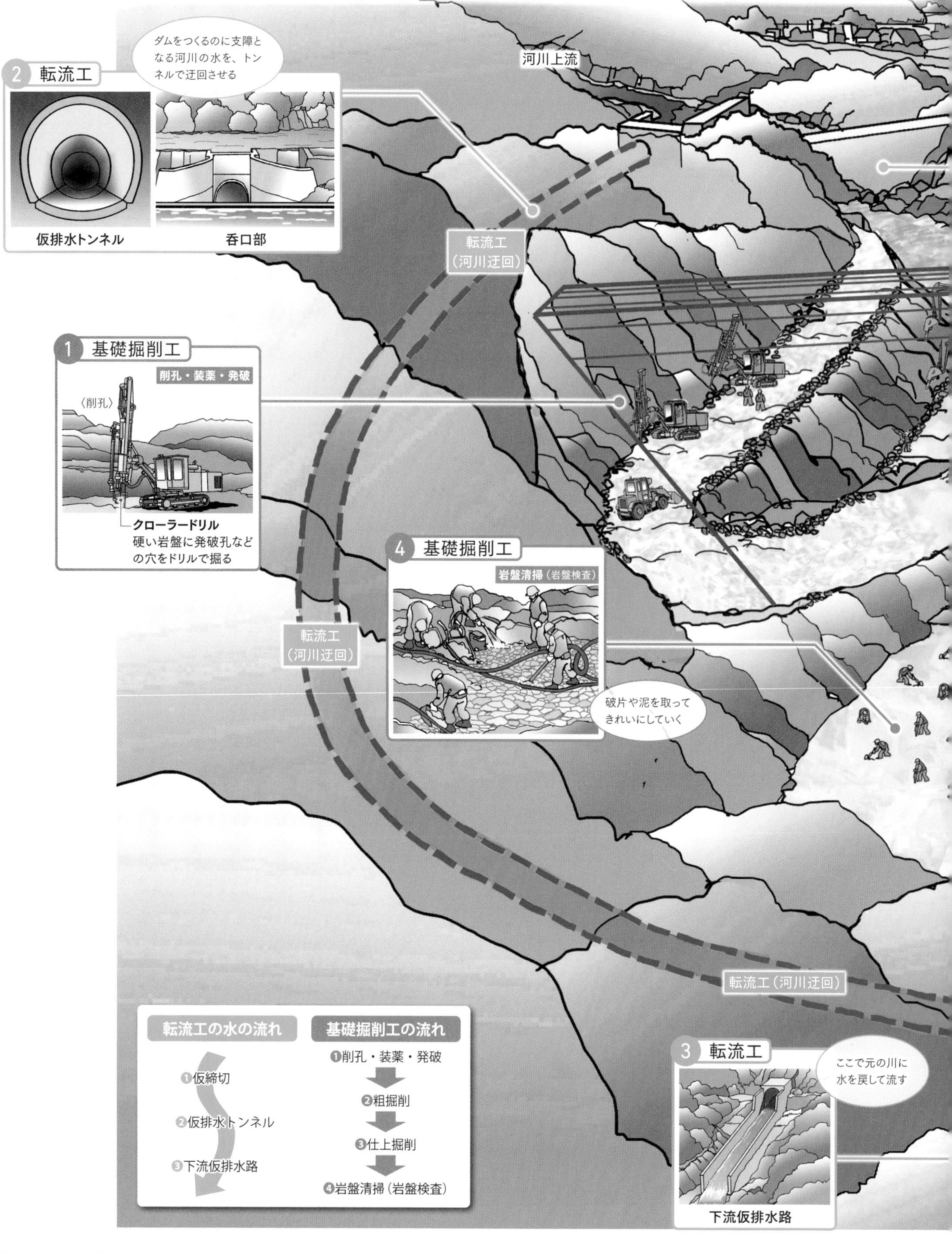

2 転流工
ダムをつくるのに支障となる河川の水を、トンネルで迂回させる
仮排水トンネル
呑口部
河川上流
転流工（河川迂回）
1 基礎掘削工
削孔・装薬・発破
〈削孔〉
クローラードリル
硬い岩盤に発破孔などの穴をドリルで掘る
4 基礎掘削工
岩盤清掃（岩盤検査）
破片や泥を取ってきれいにしていく
転流工（河川迂回）
転流工（河川迂回）
転流工の水の流れ
❶仮締切
❷仮排水トンネル
❸下流仮排水路
基礎掘削工の流れ
❶削孔・装薬・発破
❷粗掘削
❸仕上掘削
❹岩盤清掃（岩盤検査）
3 転流工
ここで元の川に水を戻して流す
下流仮排水路

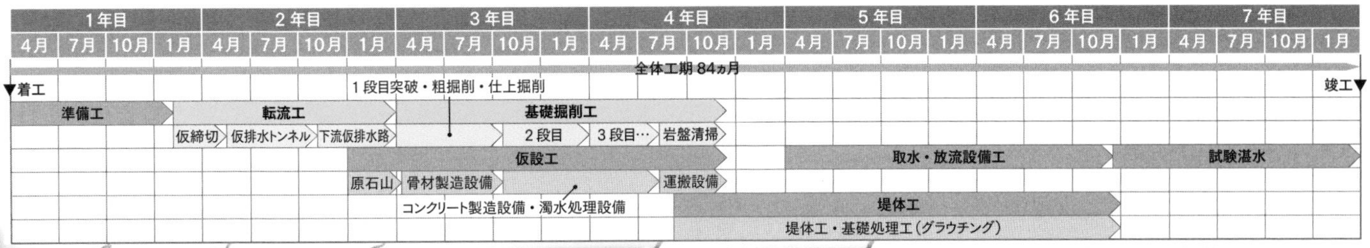
1年目
2年目
3年目
4年目
5年目
6年目
7年目
4月 7月 10月 1月 4月 7月 10月 1月 4月 7月 10月 1月 4月 7月 10月 1月 4月 7月 10月 1月 4月 7月 10月 1月 4月 7月 10月 1月
全体工期 84ヵ月
▼着工
竣工▼
1段目突破・粗掘削・仕上掘削
準備工
転流工
仮締切
仮排水トンネル
下流仮排水路
基礎掘削工
2段目
3段目…
岩盤清掃
仮設工
原石山
骨材製造設備
運搬設備
コンクリート製造設備・濁水処理設備
取水・放流設備工
試験湛水
堤体工
堤体工・基礎処理工(グラウチング)
全体工程表

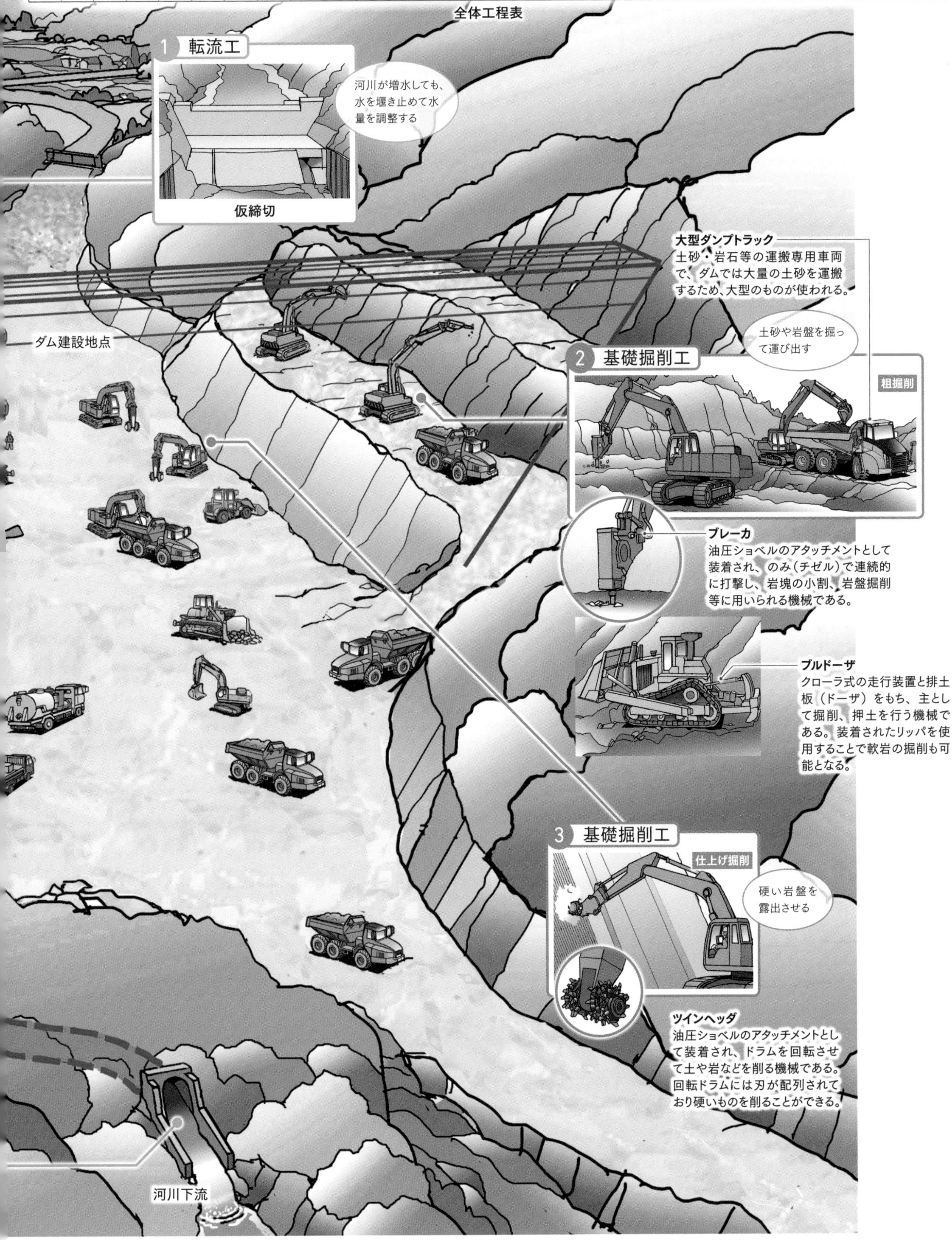
1 転流工
河川が増水しても、水を堰き止めて水量を調整する
仮締切
大型ダンプトラック
土砂・岩石等の運搬専用車両で、ダムでは大量の土砂を運搬するため、大型のものが使われる。
土砂や岩盤を掘って運び出す
2 基礎掘削工
粗掘削
ダム建設地点
ブレーカ
油圧ショベルのアタッチメントとして装着され、のみ(チゼル)で連続的に打撃し、岩塊の小割、岩盤掘削等に用いられる機械である。
ブルドーザ
クローラ式の走行装置と排土板(ドーザ)をもち、主として掘削、押土を行う機械である。装着されたリッパを使用することで軟岩の掘削も可能となる。
3 基礎掘削工
仕上げ掘削
硬い岩盤を露出させる
ツインヘッダ
油圧ショベルのアタッチメントとして装着され、ドラムを回転させて土や岩などを削る機械である。回転ドラムには刃が配列されており硬いものを削ることができる。
河川下流

1 転流工

既存河川の水を止めずに工事を進めるため、ダム本体工事の前に河川の水を迂回させておくことを転流といい、転流のために必要な仮設構造物を転流工という。

ダムの建設予定位置上流の仮締切から仮排水トンネルで河川の水を迂回させ、下流仮排水路で下流の河川まで導水する。

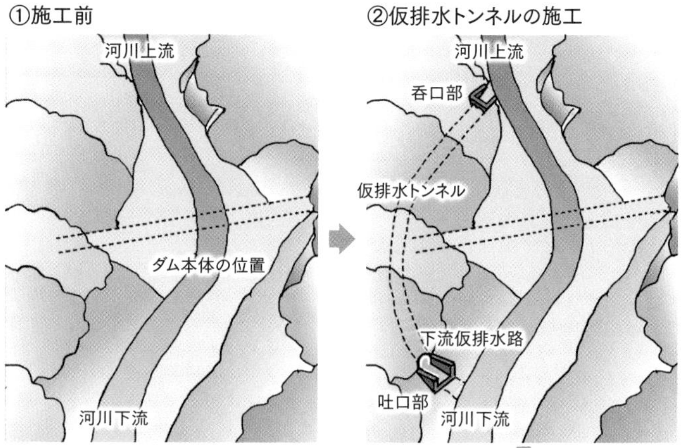

①施工前
河川上流
ダム本体の位置
河川下流
②仮排水トンネルの施工
河川上流
呑口部
仮排水トンネル
下流仮排水路
吐口部
河川下流

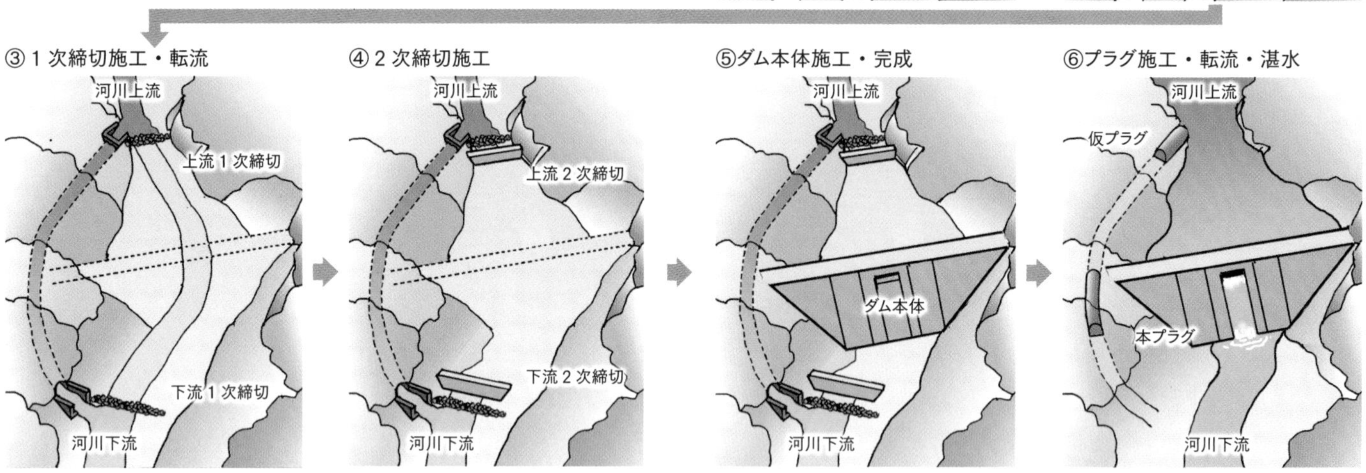

③1次締切施工・転流
河川上流
上流1次締切
下流1次締切
河川下流
④2次締切施工
河川上流
上流2次締切
下流2次締切
河川下流
⑤ダム本体施工・完成
河川上流
ダム本体
河川下流
⑥プラグ施工・転流・湛水
河川上流
仮プラグ
本プラグ
河川下流

転流の手順

(1) 転流工への切替え手順

転流工完成後、水量の少ないときを見計らって河川の水を仮排水トンネルに転流させる。これを1次締切という。通常は近くで発生した掘削ずりなどを集積しておき、ブルドーザやバックホウといった重機で一気に既設河川の中に掘削ずりを押し出して締め切り、河川の水を仮排水トンネル呑口部に導水する。転流後、土嚢で表面保護とさらなる止水を兼ねて1次締切の補強をする。

次に1次締切からの漏水を集めてポンプ排水できるように釜場を設けた上で、2次締切の施工に入る。2次締切は堤体が所定の高さにまで立ち上がる間に、何回かの洪水に遭遇することになるので、それに十分耐えることを想定して設計される。

右の①～③の手順は、
こちらの河川の上流
から見たものです。
河川上流
仮排水トンネル 呑口部
上流1次締切
上流2次締切
ダム本体の位置
河川下流

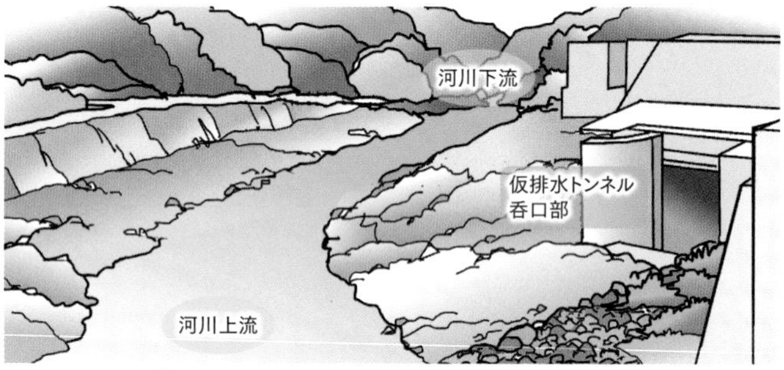

河川下流
仮排水トンネル
呑口部
河川上流

①河川の切替えのための仮排水トンネルを施工

河川下流
1次締切
河川上流

②1次締切の施工で仮排水トンネルに転流

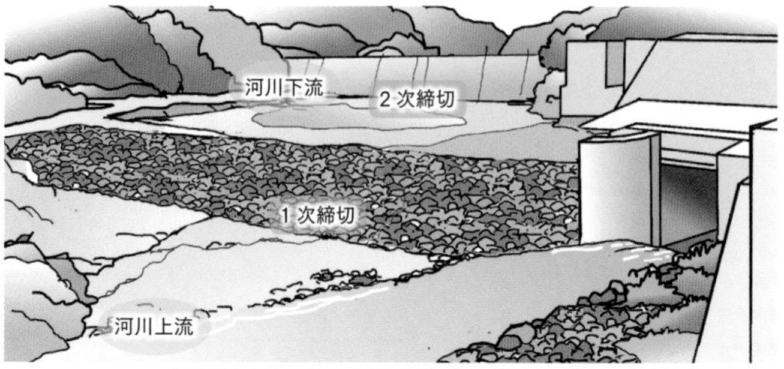

河川下流
2次締切
1次締切
河川上流

③仮排水トンネルに転流後2次締切の施工

(2) 転流工の構造物

転流工は、仮排水路と仮締切により構成される。仮排水路には、トンネル方式と開水路方式がある。ダムサイトが広く、堤体内に河川の水を切り替えながら施工できる場合は開水路方式を採用することもあるが、ここでは仮排水トンネルを用いるトンネル方式について説明する。仮排水トンネルは、ダム堤体の施工区域を避けるために堤体横の山中を迂回させる。

①仮排水トンネル

仮排水トンネルは、通常の山岳トンネルと同様にNATM工法（44頁参照）などにより施工する。ただし、常に洪水に配慮しながら施工しなければならない。そのため下流の吐口部から上流側に向かって施工するのが通常である。また、トンネル内に土石を含んだ洪水が流れることもあるので、インバート（トンネル下床部）に対して摩耗対策が必要となる。対策としては、インバートを厚くしたり、高強度のコンクリートを使用したりする。

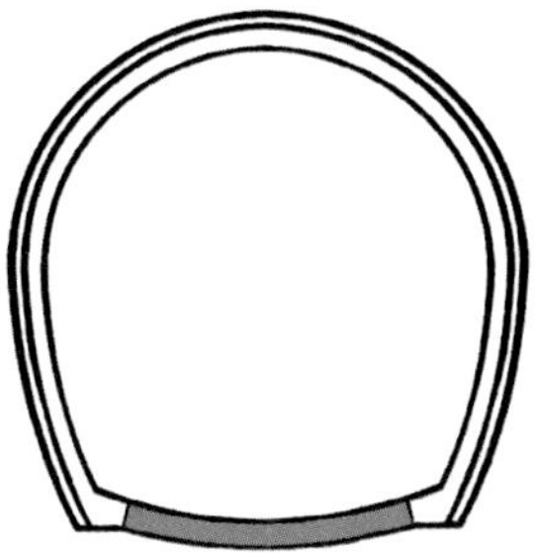
インバート

仮排水トンネル断面

②仮締切

仮締切は、通常のダムと同様の構造型式であり、コンクリートや岩の材料で築堤するロックフィル、土で築堤するアースフィルなどがある。期待される機能としては、ダム施工期間の5～10年の間にできるだけ越流させずにダム本体の工事ができることである。仮締切は仮設構造物の扱いであるため、堤体の規模は最小限としたいが、このコストと、越流により被災した場合の予想被害額を比較検討してその規模が決定される。仮締切の設計で対象とする流量は、1年に1～2回程度発生する洪水の流量を対象とすることが多い。

ダム上流の仮設構造物
はダム湖の底に。

上流側の転流工は仮設構造物であり、ダム完成後はダム湖に沈むこととなる。

豆知識　仮排水トンネルの閉塞

ダム本体が完成し、湛水を開始するためには仮排水トンネルを閉塞しなければならない。この閉塞のための構造物をプラグと呼び、コンクリートを充填する。ただしプラグは、トンネル全長ではなく、まず上流側の呑口部を厚さ数メートルの仮プラグで閉塞した後、ダム軸から下流側の数十メートルの区間を本プラグで閉塞する。

プラグ（コンクリート充填）

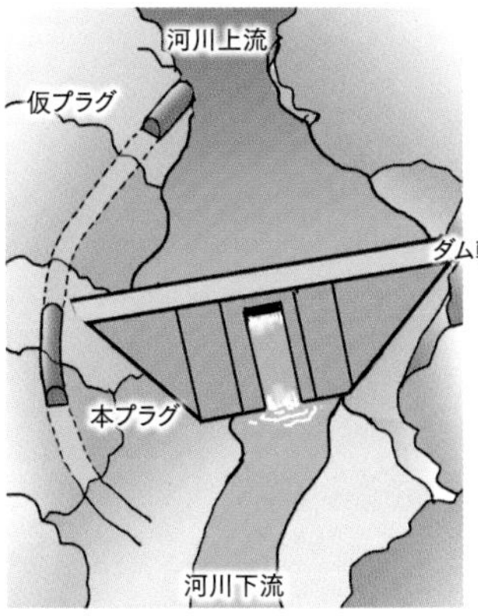
河川上流
仮プラグ
ダム軸
本プラグ
河川下流

仮排水トンネルの閉塞

仮締切（上流2次締切）

2次締切施工中に、
1次締切を越流し
大変なことになった。

越流により被災した仮締切

2 基礎掘削工

転流によって、ダムの建設予定地をドライにしたあと、ダム本体の基礎部分の掘削を行う。ダムは巨大で重量の大きな構造物であることから、強固な岩盤の上につくられなければならない。硬い岩盤を露出させるため、軟らかい土砂を掘削する。これを基礎掘削という。

掘削は、斜面上部から河床に向けて行う。バックホウやブルドーザの大型重機は、パイロット道路という稲妻形の道をつけながら、スイッチバック方式で斜面上部まで登っていく。

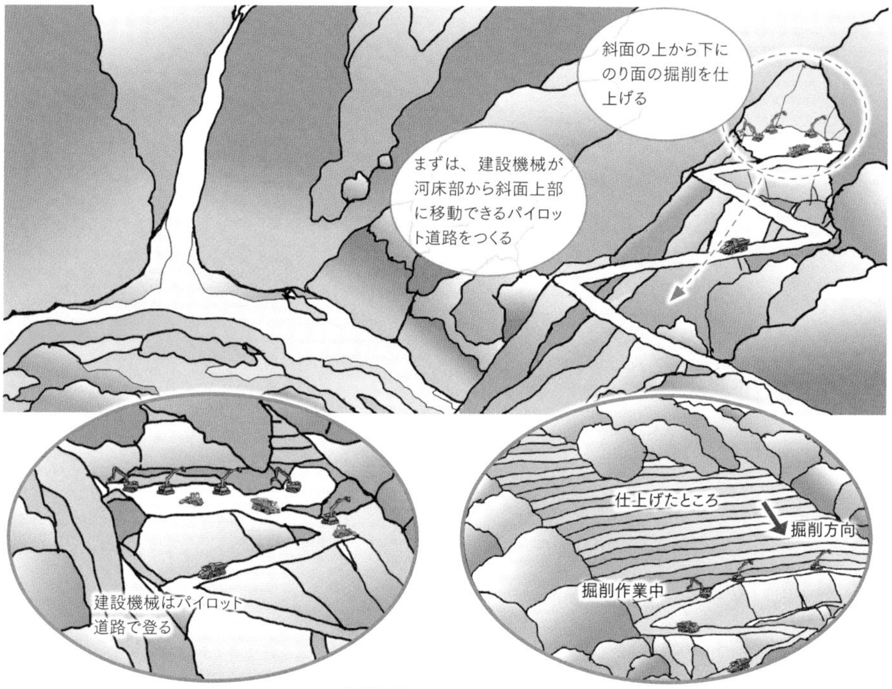

斜面の上から下にのり面の掘削を仕上げる
まずは、建設機械が河床部から斜面上部に移動できるパイロット道路をつくる
建設機械はパイロット道路で登る
仕上げたところ
掘削方向
掘削作業中

基礎掘削工の様子

(1) 測量・伐採

ダムを施工する場所の樹木を伐採しながら測量して、掘削する重機のオペレータが作業できるようにするための目印を設置する。測量器具をもって、草木の茂った道なき道を歩くのは大変な作業である。現在では、地形の状況を撮影画像で確認するためにGNSSやUAVといった最新技術も取り入れられている。

目印を設置する測量

重機を使って伐採する。

(2) 削孔・装薬・発破

硬い岩盤を掘削するため、火薬を使った発破により岩盤を崩す。発破作業は、最初にドリルで岩盤を削孔して火薬を仕込む。なお、事前に発破による振動・騒音や飛び石が周辺へ及ぼす影響を調査をするとともに仕込む火薬の量を検討するための発破試験を実施する。

火薬を仕込む穴をドリルで削孔

掘削斜面の発破

(3) 粗掘削

掘削計画面まで残り深さ0.5m程度よりも浅い部分までを、発破や重機を使用して掘削する。掘削する量は非常に大量となるため、一般の重機では作業が捗らない。このため「5-1 準備工」で示した大型の重ダンプトラックを持ち込んで運搬する。

斜面の上から土を下に落としていく。

河床部の掘削では大型ダンプで土を運び出す。

(4) 仕上げ掘削

粗掘削で残した掘削計画面から0.5m程度の厚さの部分をツインヘッダや小型バックホウといった重機で丁寧に掘削する。細かなところはピックハンマやバールを使用して、緩んだ岩盤を入念に除去する。

小型重機や人力による仕上げ掘削の様子

(5) 岩盤清掃

岩盤上の泥や土砂をスコップで取り除き、高圧の水で洗ったり高圧の空気で吹き飛ばしたりする。吹き飛ばした土砂には吸引機を使用して、基礎岩盤面の浮石、岩砕、泥土を完全に除去する。ダム本体が岩盤に接する部分であることから、とても大切な作業である。

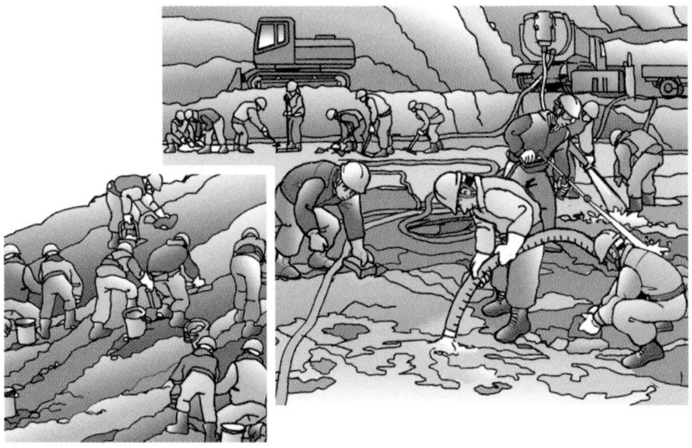

丁寧な清掃により岩盤をきれいにする。

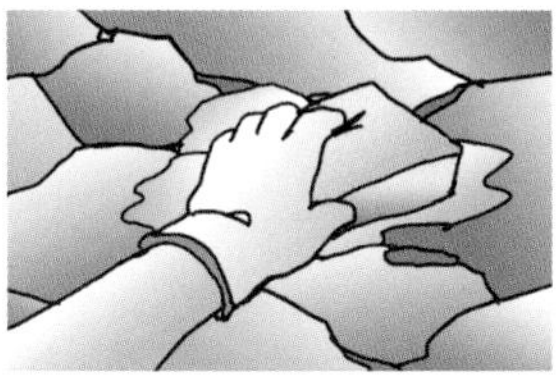

最後は人の手で雑巾やスポンジを使って水分までふき取る。

(6) 岩盤検査

ダム本体を支持する基礎地盤として所要の強度があるかを検査する。岩盤検査は、地質技術者が岩盤をハンマで叩く打音や亀裂状態を目視で確認して岩盤を評価する検査である。ダム本体が着底する広大な範囲をよく検査して、強度の区分や亀裂の状況をスケッチする。検査の結果、ダムの基礎として強度が不足する場合は、追加掘削などの対策をして再度検査をする。

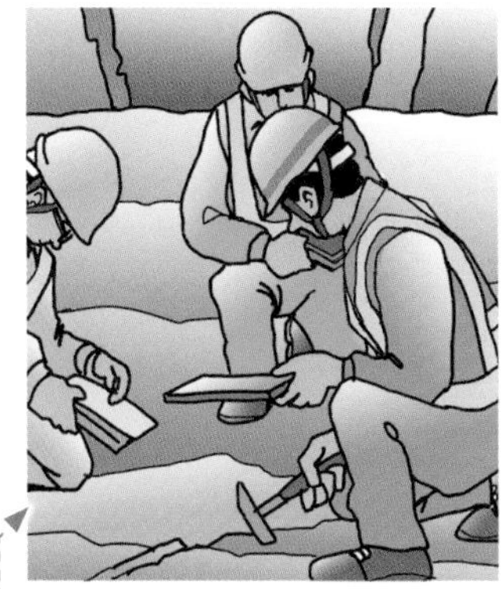

地質技術者による岩盤検査の様子

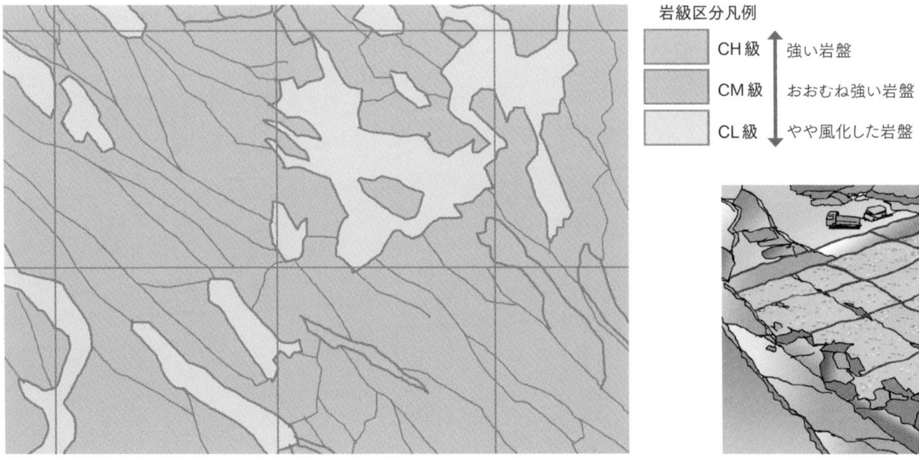
岩級区分凡例
CH級 強い岩盤
CM級 おおむね強い岩盤
CL級 やや風化した岩盤

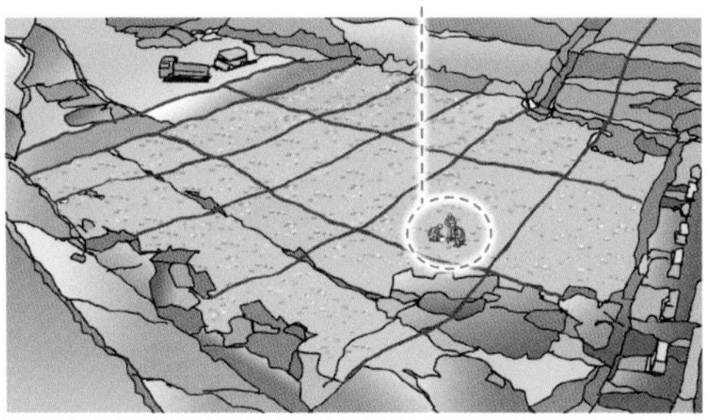

岩盤検査の結果を記録したスケッチ

5-3 仮設工

土木工事では、本設構造物をつくるために工事期間中のみ使用する設備が重要な役割を果たす。仮設備と呼ばれるこれらの施設は、工事費の多くの割合を占め、本体構造物の構築に関する施工性、品質、安全に大きな影響を与える。特に山奥に構築されるダムにおける仮設備は大規模で、コンクリート打設量、工法、工期、コスト、施工性、安全性などに加え、社会的環境、周辺の自然環境の保全にも配慮して計画される。ダムの主な仮設備には、岩石を採取する原石山、採取した岩石を骨材にする骨材製造設備、製造した骨材を用いてコンクリートを製造するコンクリート製造設備、製造したコンクリートをダム本体まで運ぶ運搬設備、これらの工程で発生する濁水を処理する設備などがある。仮設備の設置は基礎掘削工と同時作業で行われ、原石山での原石採取や骨材製造、コンクリート製造運搬は堤体工事の進捗とともに進められる。

原石山

ダム近郊の山から大きな原石を採取

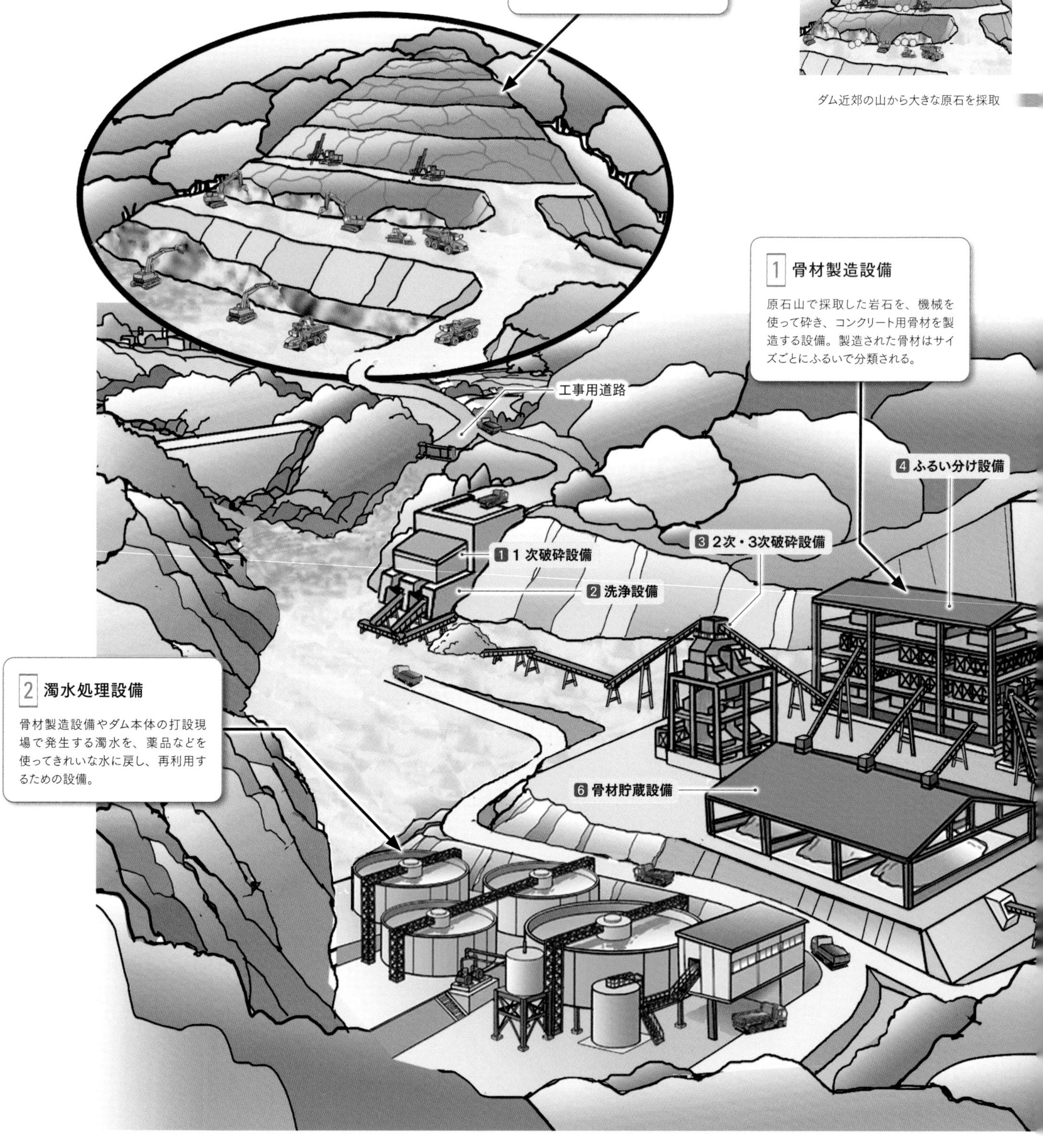

1 原石山
ダムのコンクリートに使用する骨材を製造するための岩石を採取する。
1 骨材製造設備
原石山で採取した岩石を、機械を使って砕き、コンクリート用骨材を製造する設備。製造された骨材はサイズごとにふるいで分類される。
工事用道路
4 ふるい分け設備
3 2次・3次破砕設備
1 1次破砕設備
2 洗浄設備
2 濁水処理設備
骨材製造設備やダム本体の打設現場で発生する濁水を、薬品などを使ってきれいな水に戻し、再利用するための設備。
6 骨材貯蔵設備

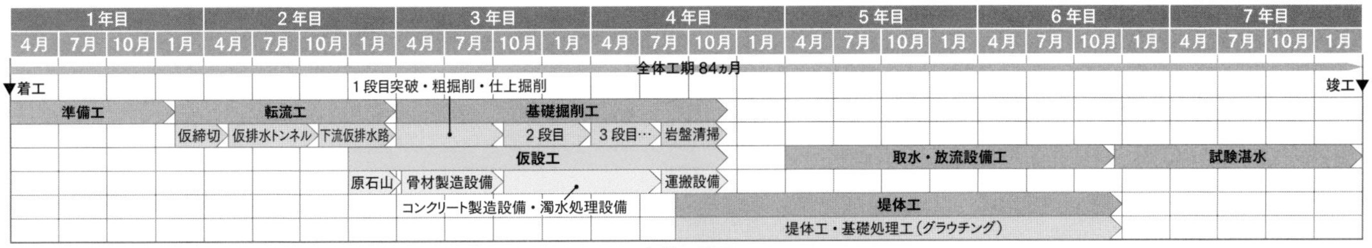
1年目
2年目
3年目
4年目
5年目
6年目
7年目
4月
7月
10月
1月
全体工期 84ヵ月
▼着工
竣工▼
1段目突破・粗掘削・仕上掘削
準備工
転流工
基礎掘削工
仮締切
仮排水トンネル
下流仮排水路
2段目
3段目…
岩盤清掃
仮設工
取水・放流設備工
試験湛水
原石山
骨材製造設備
運搬設備
コンクリート製造設備・濁水処理設備
堤体工
堤体工・基礎処理工（グラウチング）

全体工程表

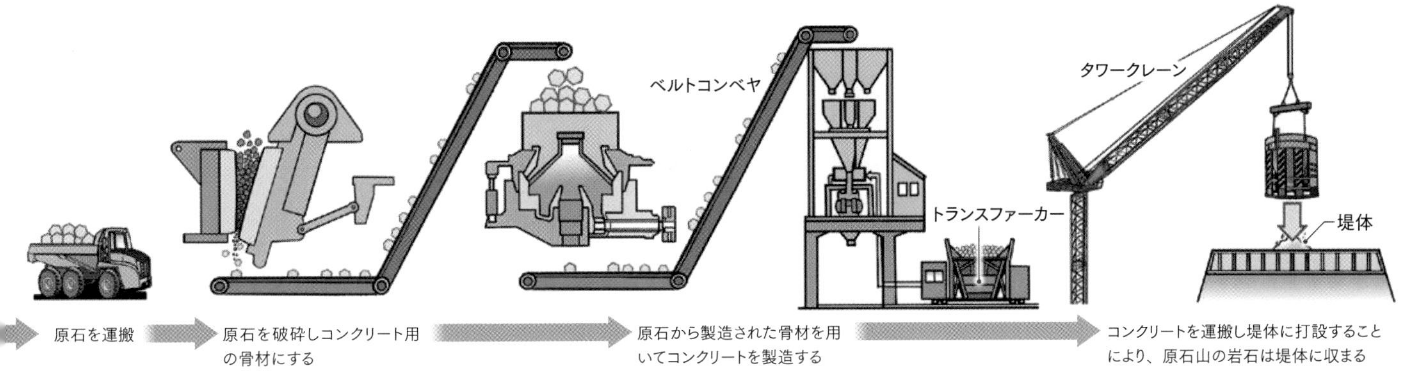
ベルトコンベヤ
タワークレーン
トランスファーカー
堤体
原石を運搬
原石を破砕しコンクリート用の骨材にする
原石から製造された骨材を用いてコンクリートを製造する
コンクリートを運搬し堤体に打設することにより、原石山の岩石は堤体に収まる

ダムコンクリート骨材の地産地消

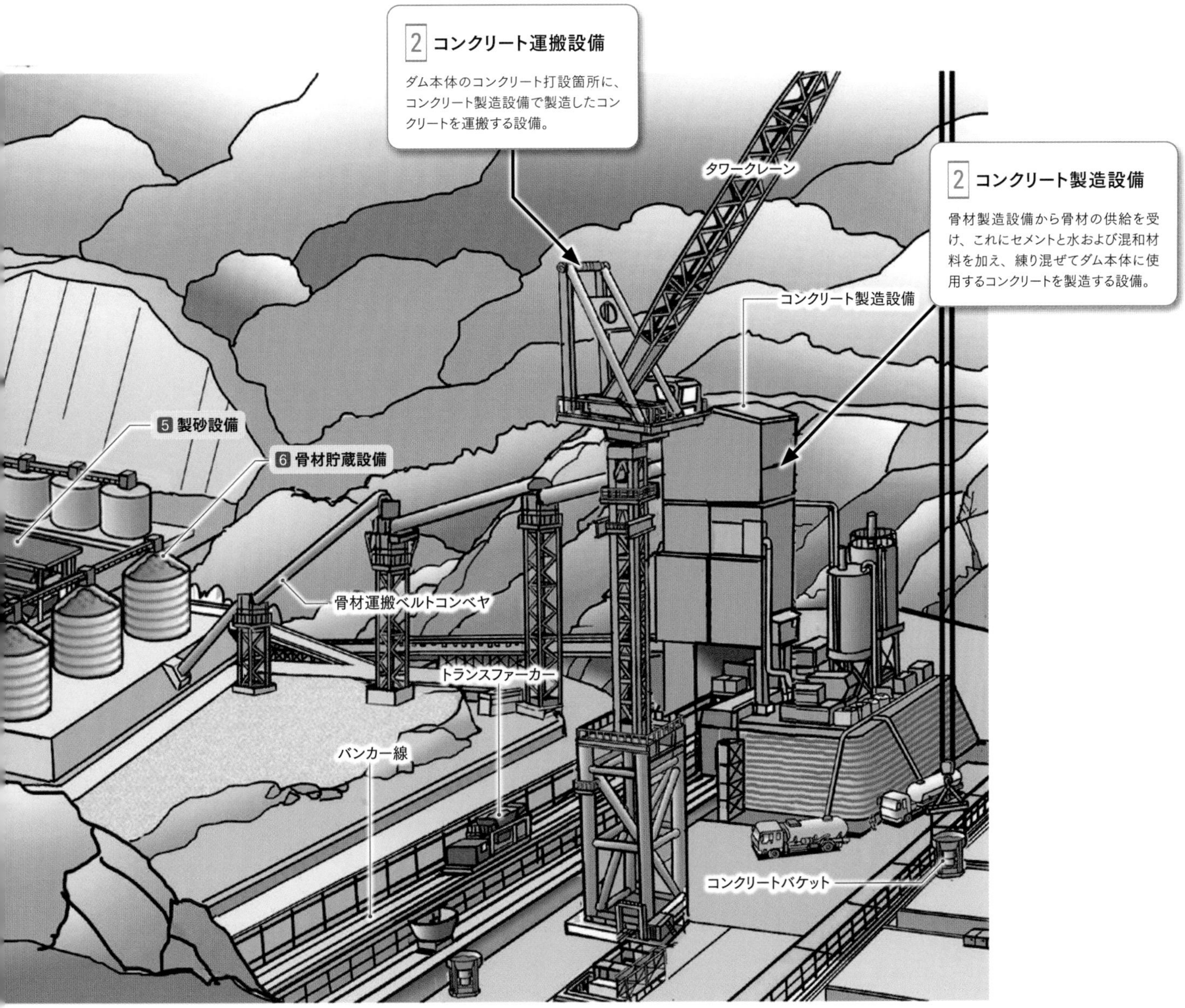
2 コンクリート運搬設備
ダム本体のコンクリート打設箇所に、コンクリート製造設備で製造したコンクリートを運搬する設備。
2 コンクリート製造設備
骨材製造設備から骨材の供給を受け、これにセメントと水および混和材料を加え、練り混ぜてダム本体に使用するコンクリートを製造する設備。
タワークレーン
コンクリート製造設備
5 製砂設備
6 骨材貯蔵設備
骨材運搬ベルトコンベヤ
トランスファーカー
バンカー線
コンクリートバケット

1 原石山・骨材製造設備

コンクリートの材料となる砂、砂利といった骨材の原石を採取する山を原石山という。原石山では表土を取り除いた岩盤を発破して岩石を採取、運搬し、骨材製造設備では破砕、ふるい分けを行ってダムコンクリートに使用する骨材を製造する。

②岩盤発破
①岩盤削孔
③岩石集積
④岩石積込み・運搬

原石山での岩石採取

（1）原石山

コンクリートダム工事は、短期間に大量のコンクリートが必要となるため、ダムサイトからできるだけ近い位置に、利用可能な岩石が採取できる原石山を決める。原石山の選定には、捨土量、搬出の難易度、採取時の騒音・振動等の環境問題などの多くの要素がある。ダムコンクリートの骨材の性質としては、堅硬・緻密なこと、耐久性が高いこと、粒形が扁平でないことが求められる。

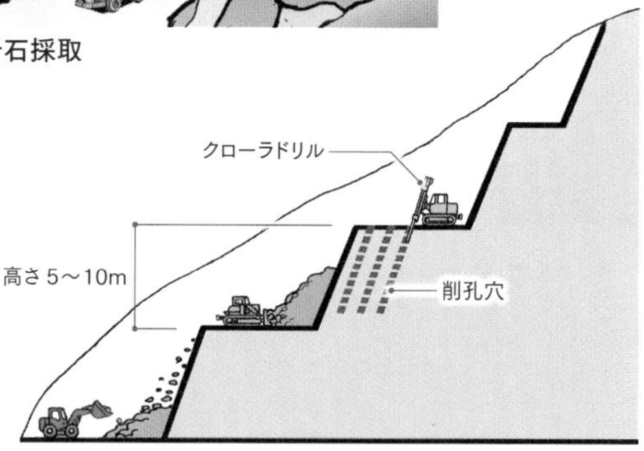

クローラドリル
高さ 5～10m
削孔穴

階段状に発破して岩石を採取する

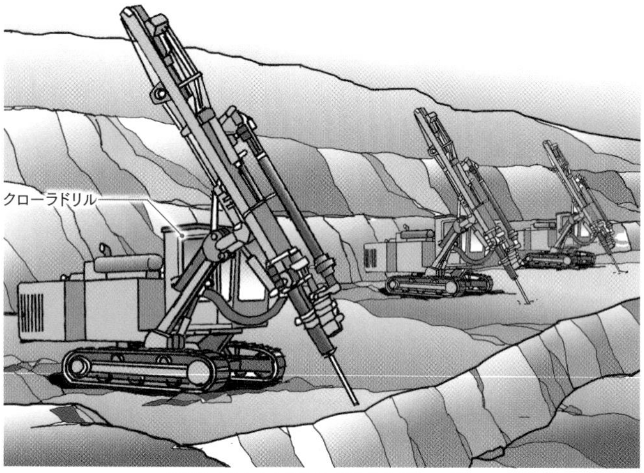

クローラドリル

発破しようとする箇所に平らな地盤をつくり、
火薬を装填する穴をクローラドリルで削孔する。

①岩盤削孔

削孔した孔に火薬を詰め地山を爆破する。火
薬量は岩石が遠くに飛散しないよう調整する。

②岩盤発破

ブルドーザ

岩石をブルドーザにて集積する。

③岩石集積

大型ダンプ
ホイルローダ

集積した岩石はホイルローダ（バケット容量 $4m^3$）にて大型ダンプ
（最大積載量 30t）に積み込み骨材製造設備まで運搬する。

④岩石積込み・運搬

（2）骨材製造設備

原石山から採取した岩石は、破砕機を使って砕き、細骨材・粗骨材などのコンクリート用骨材になる。ダムコンクリートに使用する骨材は、骨材の粒径ごとに適切に配分されていることを求められるため、製造された骨材はふるい分けを行う。粒径の大きさにより150 ～ 80mm、80 ～ 40mm、40 ～ 20mm、20 ～ 5mmの粗骨材と5mmより小さい骨材の細骨材に分けられて貯蔵設備に備蓄される。

①1次破砕設備

原石山から運ばれた800～500mm程度の大塊を、200mm程度以下に砕くのが1次破砕設備で、ジョークラッシャという機械が使用される。この機械は、固定歯と振動する歯の間に岩石を投入して、歯の前進後進によって岩石を破砕する。ジョークラッシャへの投入前に、グリズリ振動フィーダという設備で一定のサイズ以下を通過させて、投入する原石を選別する場合もある。

②洗浄設備

岩石などに混入する粘土や有害物および骨材に付着している不良鉱物等を洗浄して除去する設備で、破砕された岩石と水をドラムスクラバに入れ、回転させることで洗浄する。クラッシファイヤは、洗浄水中から必要な砂、岩石と不必要な微粒子を分級する設備である。

③2次・3次破砕設備

2次・3次破砕設備は1次破砕設備より送られた岩石を、コンクリート練混ぜに必要な150 ～ 5mmの大きさの骨材にするために破砕する設備でコーンクラッシャが使用される。コーンクラッシャは、偏心した軸をもつマントルという円錐が回転することで、マントルと壁との間に発生した圧縮作用により、骨材を細かく砕く機械である。

④ふるい分け設備

砕いて細かくなった岩石を粒度ごとにふるい分けする設備で、振動ふるいをタワー状に組み合わせスクリーンタワーと呼ばれている。振動ふるいには円振動傾斜形と直線振動水平形の2形式がある。

⑤製砂設備

製砂設備は、原石を砕き5mm以下の砂にするロッドミルと、洗浄された砂と泥水を分離するクラッシファイヤで構成されている。

⑥骨材貯蔵設備

製造された骨材は、粒度ごとに貯蔵ビンと呼ばれるストックパイルに貯蔵される。骨材は、ここから定量的に引き出されて、ベルトコンベヤでコンクリート製造設備に供給される。

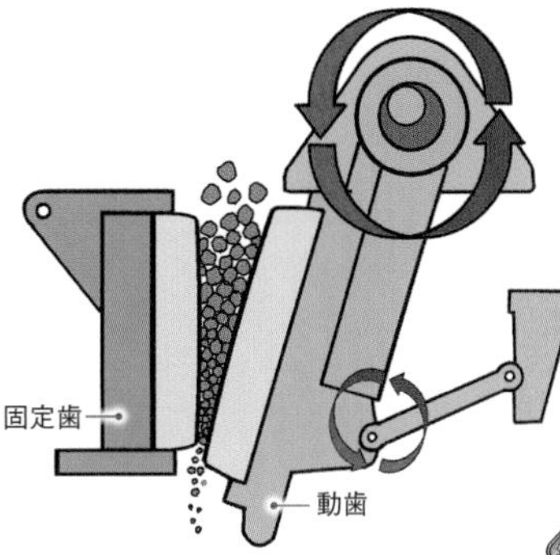

1次破砕機：
ジョークラッシャ内部

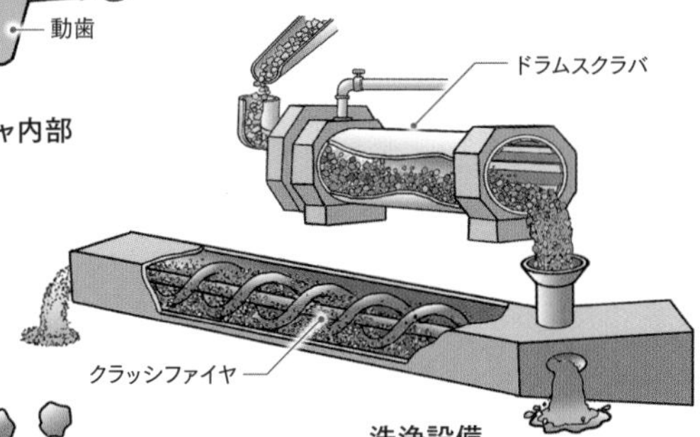

洗浄設備

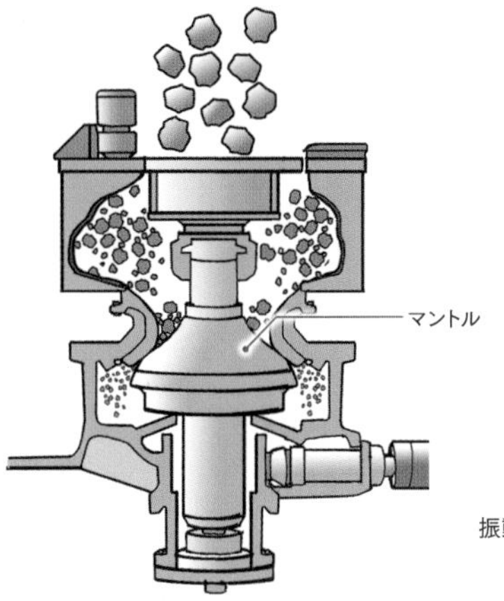

コーンクラッシャ

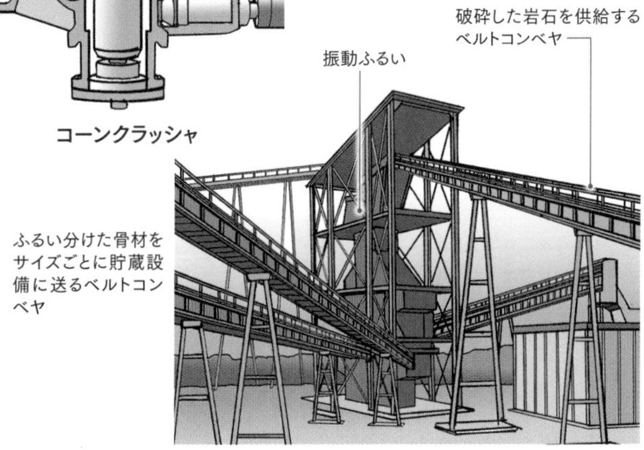

ふるい分け設備

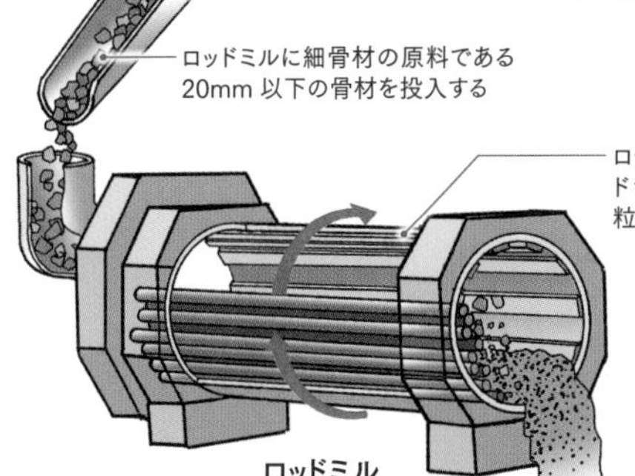

ロッドミル

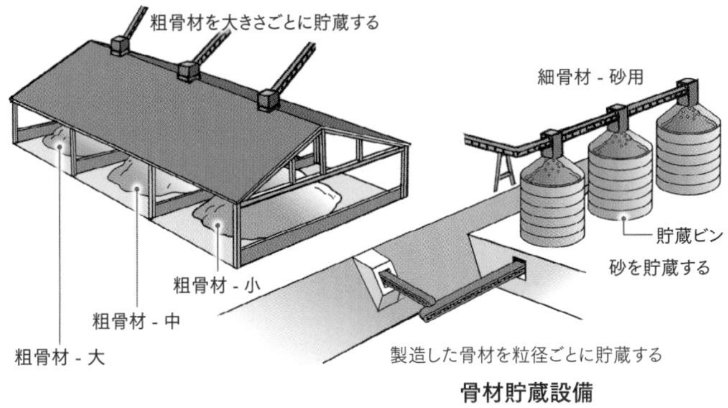

骨材貯蔵設備

2 コンクリート製造・運搬設備・濁水処理設備

一般構造物で使用するコンクリートは、レディミクストコンクリートと呼ばれ、生コン工場で製造したコンクリートをトラックアジテータに積み込み、打設箇所に搬入し打設する。一方、ダムでは、生コン工場が近くにないことや一度に大量のコンクリートが必要となるため、現地で調達した骨材を用いてコンクリートを製造する設備をダムサイトに設置することが多い。

（1）コンクリート製造設備

コンクリート製造設備はバッチャープラントと呼ばれる。バッチャープラント内は、数段のフロアに分かれており、最上部には骨材貯蔵設備から供給された骨材をストックする貯蔵ビンがあり、その下部に計量器、コンクリートミキサー、ホッパーの順に配置されている。最下部にはコンクリートを運搬するトランスファーカーが乗り入れる構造になっている。

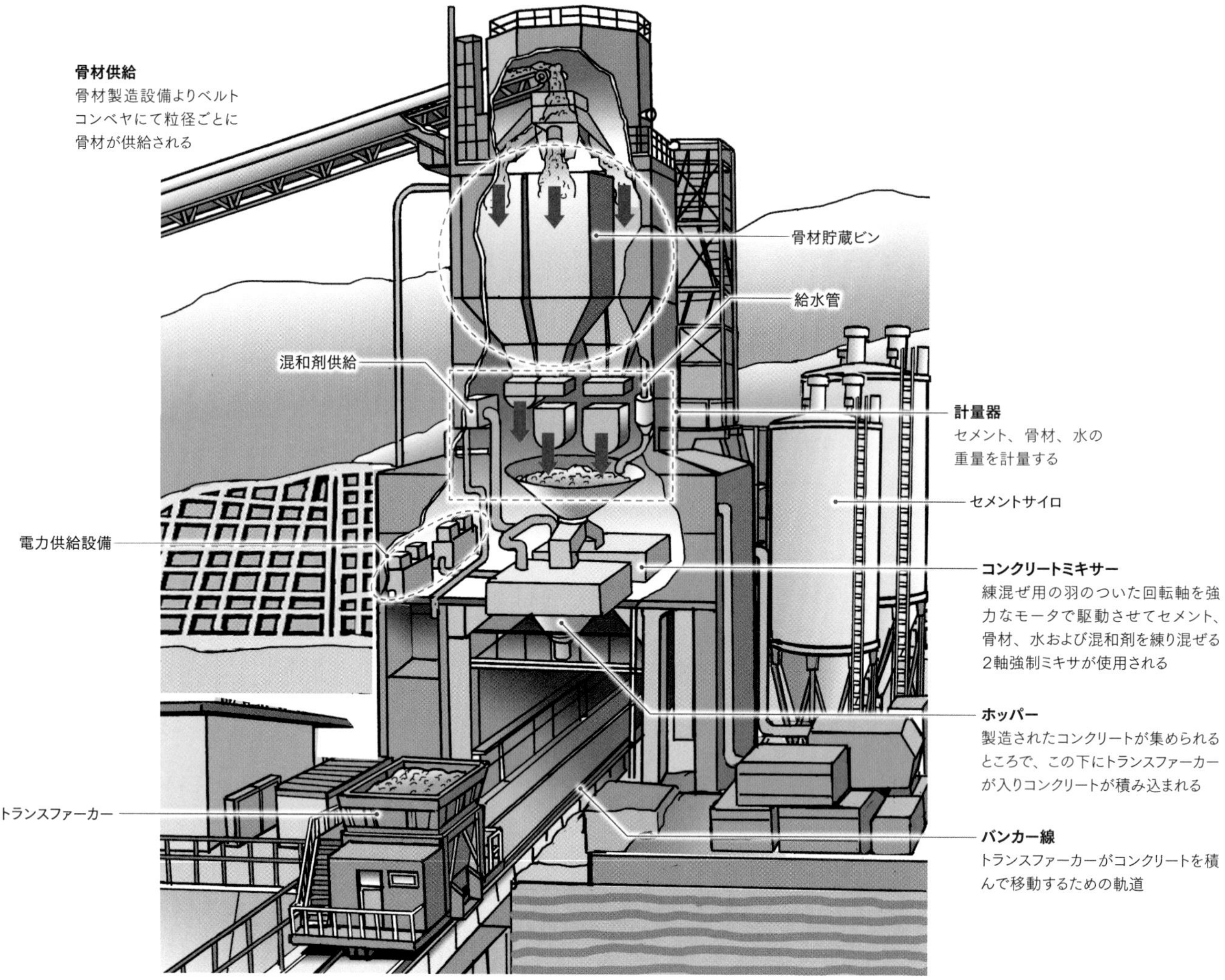

骨材供給
骨材製造設備よりベルトコンベヤにて粒径ごとに骨材が供給される
骨材貯蔵ビン
給水管
混和剤供給
計量器
セメント、骨材、水の重量を計量する
セメントサイロ
電力供給設備
コンクリートミキサー
練混ぜ用の羽のついた回転軸を強力なモータで駆動させてセメント、骨材、水および混和剤を練り混ぜる2軸強制ミキサが使用される
ホッパー
製造されたコンクリートが集められるところで、この下にトランスファーカーが入りコンクリートが積み込まれる
トランスファーカー
バンカー線
トランスファーカーがコンクリートを積んで移動するための軌道

コンクリート製造設備（バッチャープラント）

（2）コンクリート運搬設備

ダムコンクリートの運搬方法は、ダムの高さや長さ、打設するコンクリートの数量を考慮して決定する必要があり、ダムごとに運搬設備は様々な組合せがある。ここでは、コンクリート運搬設備として一般的に採用されているタワークレーンを取り上げる。タワークレーンによるコンクリート打設では、コンクリートの受渡しにトランスファーカーとコンクリートバケットが用いられる。

①トランスファーカー

バッチャープラントで製造されたダムコンクリートをコンクリートバケットに受け渡す運搬台車をトランスファーカーという。トランスファーカーはバッチャープラントの最下部で練り上がったコンクリートを積み込み、バンカー線と呼ばれる軌道上をタワークレーンの吊り込み位置まで移動して、コンクリートバケットにコンクリートを積み替える。

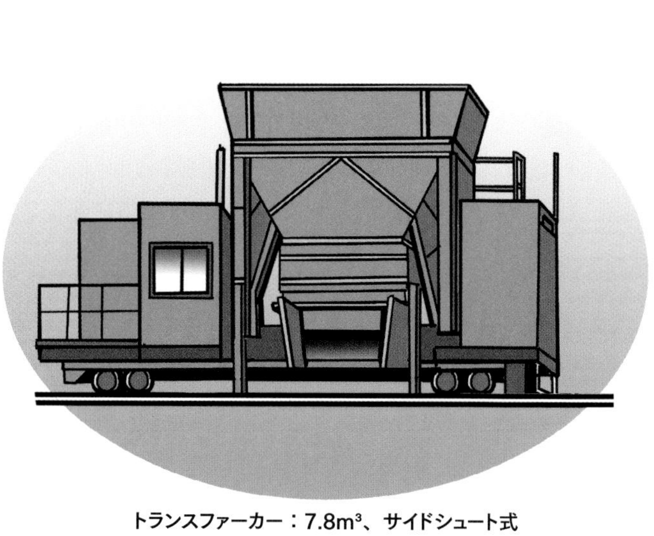

トランスファーカー：$7.8m^3$、サイドシュート式

②バンカー線

バッチャープラントでつくられたダムコンクリートをクレーンの吊込み位置まで運ぶためのレール走路で、コンクリートの運搬方法によりトランスファーカー方式とバケット台車方式がある。それぞれバンカー線上をバケット台車またはトランスファーカーが走行する。

バンカー線

③コンクリートバケット

コンクリートをダム本体まで運搬するための鋼製の容器。タワークレーンで吊り上げられ打設箇所まで運搬される。

コンクリートバケット：$7.8m^3$（国内最大級）

④タワークレーン

タワークレーンは、コンクリート打設のほか資材や重機の移動など幅広い作業に用いられる。コンクリート運搬作業では、タワークレーンによって吊り上げられたコンクリートバケットを打設箇所ごとに広範囲に移動させる重要な役割を果たしている。

タワークレーン

豆知識　コンクリート打設の自動化

現在、バッチャープラントへの材料供給、コンクリート配合種別に応じた骨材・セメント・水等の計量、コンクリート練混ぜ、トランスファーカーへの積載、移動、コンクリートバケットへの積替え、バケットの打設位置までの移動、コンクリートを放出するまでを自動制御で行う打設システムが実用化されようとしている。

（3）濁水処理設備

ダム工事では、ダム本体の基礎掘削時や骨材製造設備での骨材洗浄に伴って浮遊物質を多く含む濁水が発生する。また、コンクリート製造に伴う洗浄水、コンクリート打継ぎ面のグリーンカット（100頁参照）や養生、グラウチングによってアルカリ性の高い排水が発生する。これらの排水は濁水処理設備で浮遊物質を除去し、希硫酸で中和処理し再生水として循環使用され、河川への放流を減らす工夫をしている。

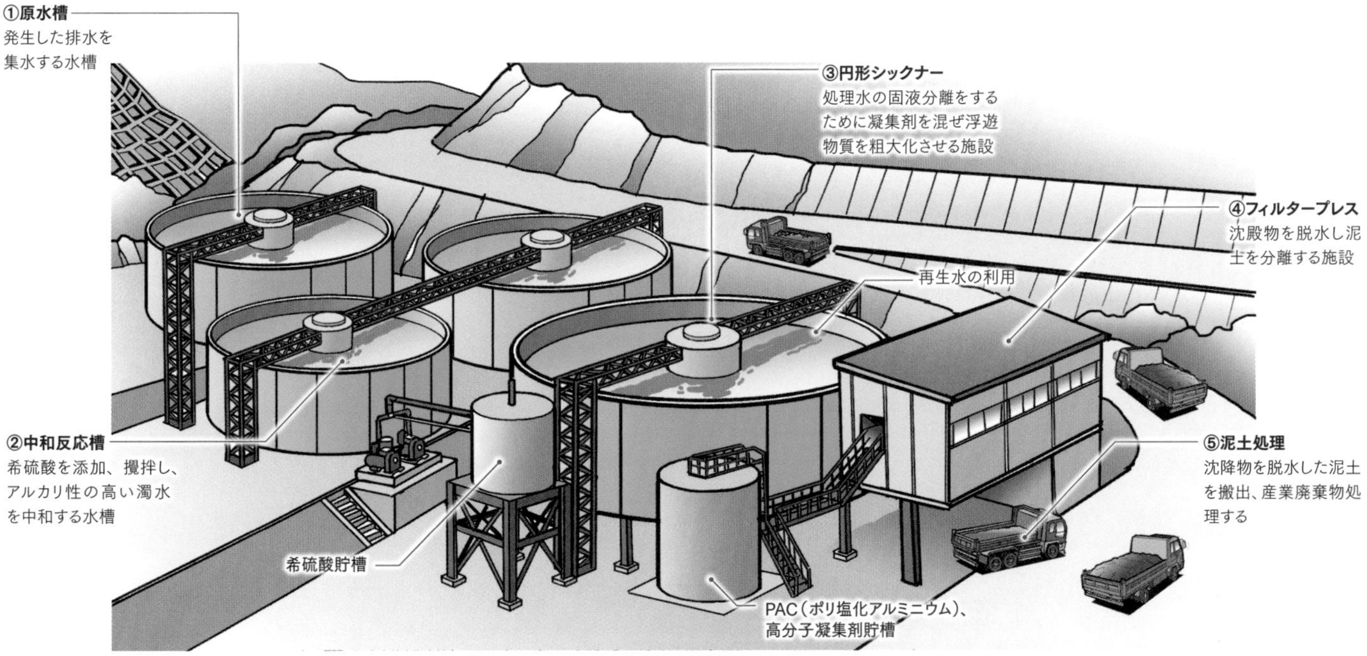
①原水槽
発生した排水を集水する水槽
③円形シックナー
処理水の固液分離をするために凝集剤を混ぜ浮遊物質を粗大化させる施設
④フィルタープレス
沈殿物を脱水し泥土を分離する施設
再生水の利用
②中和反応槽
希硫酸を添加、攪拌し、アルカリ性の高い濁水を中和する水槽
⑤泥土処理
沈降物を脱水した泥土を搬出、産業廃棄物処理する
希硫酸貯槽
PAC（ポリ塩化アルミニウム）、高分子凝集剤貯槽
濁水処理設備

5-4 堤体工

堤体とするダムコンクリートの打設は、従来、横継目、縦継目を設けて 1 ブロックのコンクリートの打設形状が柱状となる柱状ブロック工法で行われてきた。ただし近年は、使用コンクリートを工夫することで縦継目を設けずに横継目のみとする面状工法が多く採用されている。面状工法では、横継目を埋設型枠化することで、養生期間を設けずに隣接ブロックの打設が可能となるほか、コンクリート打設後の目地型枠撤去手間がなくなるため、省力化と工程短縮が可能である。加えて各ブロックの 1 回の打設高さを同じくし、隣接ブロックを同時打設することで、ブロック間の高低差をなくせるため、作業の安全性にもつながる。

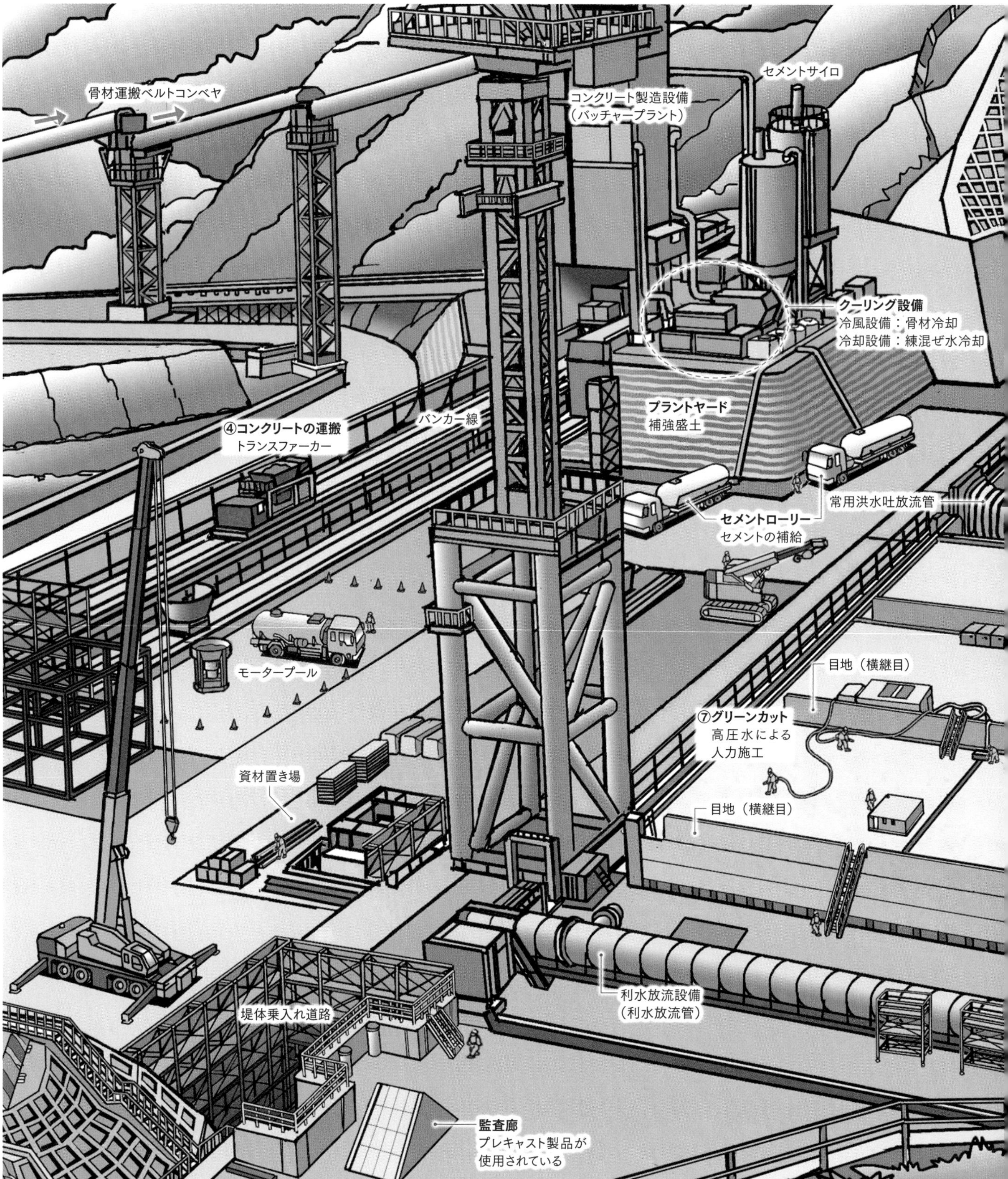

骨材運搬ベルトコンベヤ
コンクリート製造設備
（バッチャープラント）
セメントサイロ
クーリング設備
冷風設備：骨材冷却
冷却設備：練混ぜ水冷却
プラントヤード
補強盛土
バンカー線
④コンクリートの運搬
トランスファーカー
常用洪水吐放流管
セメントローリー
セメントの補給
モータープール
目地（横継目）
⑦グリーンカット
高圧水による
人力施工
資材置き場
目地（横継目）
利水放流設備
（利水放流管）
堤体乗入れ道路
監査廊
プレキャスト製品が
使用されている

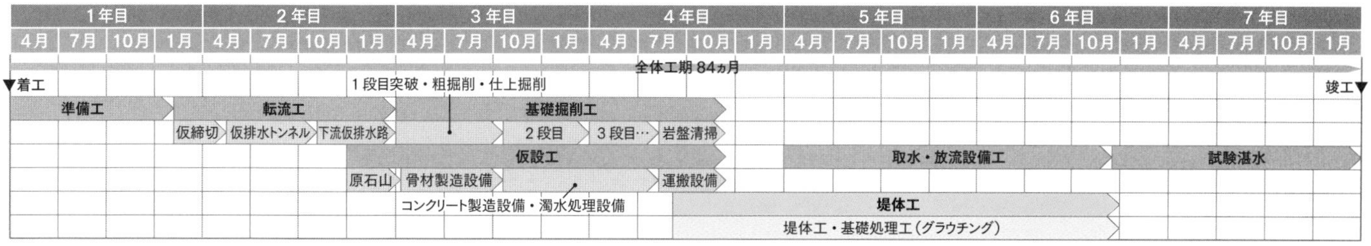
1年目
2年目
3年目
4年目
5年目
6年目
7年目
4月 7月 10月 1月
全体工期 84ヵ月
▼着工
竣工▼
1段目突破・粗掘削・仕上掘削
準備工
転流工
基礎掘削工
仮締切
仮排水トンネル
下流仮排水路
2段目
3段目…
岩盤清掃
仮設工
取水・放流設備工
試験湛水
原石山
骨材製造設備
運搬設備
コンクリート製造設備・濁水処理設備
堤体工
堤体工・基礎処理工（グラウチング）

全体工程表

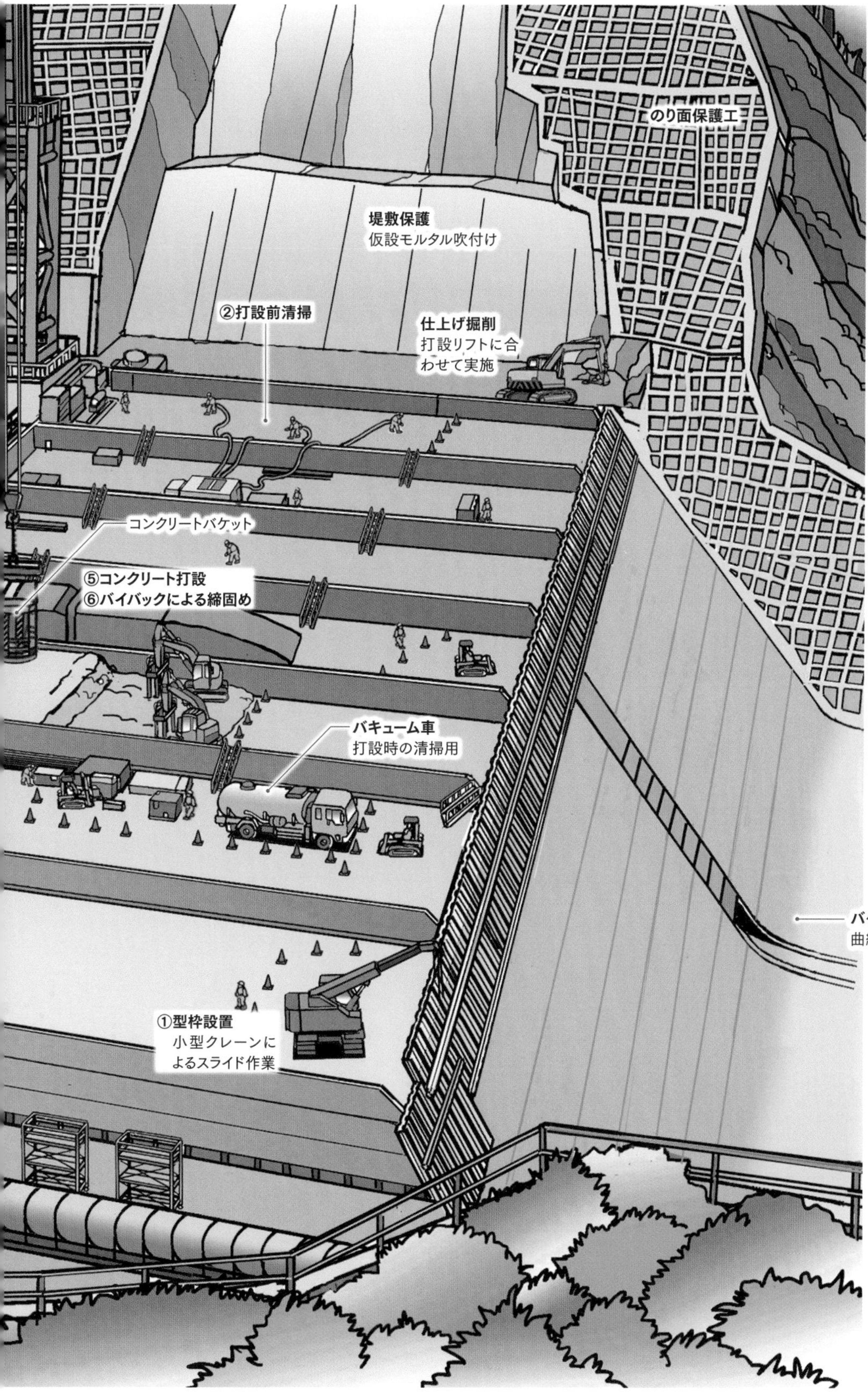
のり面保護工
堤敷保護
仮設モルタル吹付け
②打設前清掃
仕上げ掘削
打設リフトに合わせて実施
コンクリートバケット
⑤コンクリート打設
⑥バイバックによる締固め
バキューム車
打設時の清掃用
バケットカーブ
曲線型枠による施工
①型枠設置
小型クレーンによるスライド作業

豆知識 ダム型枠の改良

コンクリートダムの型枠は大型のものが多く、高所での作業が不可避であることから、より安全かつ効率的にと多くの改良がなされている。特に、監査廊※の型枠は、セントルや鋼製架台を用いて組み立て、その解体・撤去が閉所で斜面作業となることもある煩雑な作業であった。最近は、型枠・鉄筋・足場・支保工の組立てを省略でき、安全で効率的なプレキャスト製によるものが多く採用されている。

※監査廊とは、堤体内部に設けられるトンネル状の通路で、完成後の検査、計器による各種測定、グラウト注入作業に利用される。

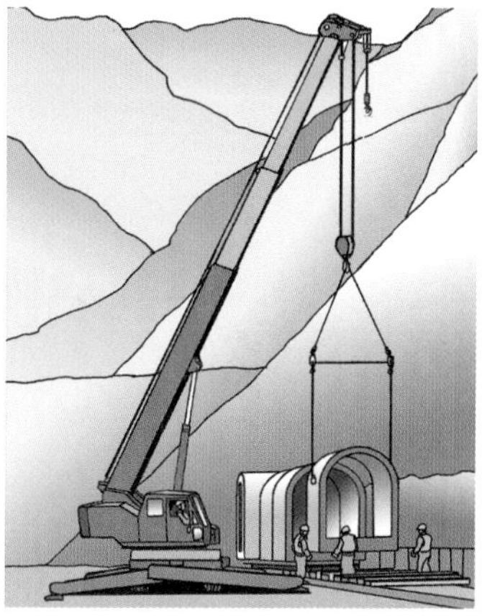

プレキャスト製監査廊の据付け状況

1 堤体工

ダムコンクリートの打設は、毎日1リフトずつ行われる。1リフトの高さは1m程度であり、型枠の設置、グリーンカットや清掃、モルタル敷均し、コンクリート運搬、締固めなどの作業がある。大きなダムであるが、ひとつひとつの作業は緻密で繊細なものであり、以下に述べる①～⑦の作業の繰返しによって、ダムが構築される。

① 型枠設置

上下流面のスライド型枠は、その外部に足場が設置されており、コンクリート打設後、上方にその足場ごと型枠をスライドさせ、打設直後のコンクリートに型枠下部を固定する。スライド型枠は、高さ2.0m、幅3.0mのものが標準であり、スライド型枠外側の縦端太とコンクリートに埋設したアンカーを直径3cm以上のシーボルトで緊結して固定する。

シーボルト

上流面型枠のスライド状況

⑦ グリーンカット

打設後のコンクリート表面にはレイタンス層と呼ばれる強度の小さい層が残るため、そのままコンクリートを打ち継ぐと、ダムの弱点となる。グリーンカットとは、その弱層部を削り取り、新鮮な面を露出させる作業である。削取りには回転式鋼製ブラシや高圧水を使用する。

機械によるグリーンカット

⑥ コンクリートの締固め

ダムコンクリートは水和熱量低減のため、セメント量、水量が少なく、そのスランプは3～5cm程度となる。締固めにはバックホウに直径15cm、長さ90cm程度のバイブレータを取り付けたバイバックを用いる。構造物回りなどの狭い場所では人力で締め固めるが、一人で持つのがやっとぐらいの大きくて重いバイブレータである。

バイバックによる締固め状況

豆知識　越流部の施工

水が流れる越流部は、水をスムーズに流すために曲線が入った形状となっている。頂部はクレストカーブ、底部をバケットカーブといい、その曲線の施工は、曲線状に加工した木製型枠や鋼材を使用する。一様に越流水が流れるようにする必要があるため、型枠の設置時のみならずコンクリートの打設中にも、測量を何度も繰り返し、高さを確認するなど、細心の注意が払われる。

※クレストカーブ、バケットカーブの位置については104頁の図「減勢工の概要」参照

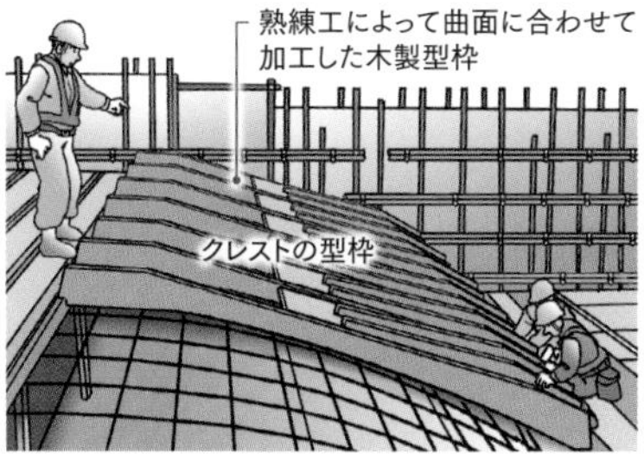
熟練工によって曲面に合わせて
加工した木製型枠
クレストの型枠
クレストカーブの曲線型枠

バケットカーブの型枠
曲面に合わせて曲げ
加工した鋼材
バケットカーブの曲線型枠

② 打設前清掃

コンクリート打設前には、新鮮な打継ぎ面を露出させるとともに、不純物や汚れ水が混入することがないように、入念に清掃を実施する。

打設前清掃（高圧水による清掃）

③ モルタル敷均し

コンクリート打設前に、打継ぎ面にモルタルを2cm程度薄く敷き均す。このモルタルは、コンクリートとコンクリート、岩盤とコンクリートを接着する役割をもっているため、打継ぎ面や岩盤面に練り込むように丁寧に敷き均し、コンクリートの一体化を図る。

モルタル敷均し状況

④ コンクリートの運搬

バッチャープラントで製造されたコンクリートは、トランスファーカーでバンカー線上を運搬され、バンカー※に置かれたコンクリートバケットに放出される。コンクリートの入ったバケットはクレーンによって打設箇所まで運搬される。

※バンカーとは、クレーンの吊込み位置のことである。

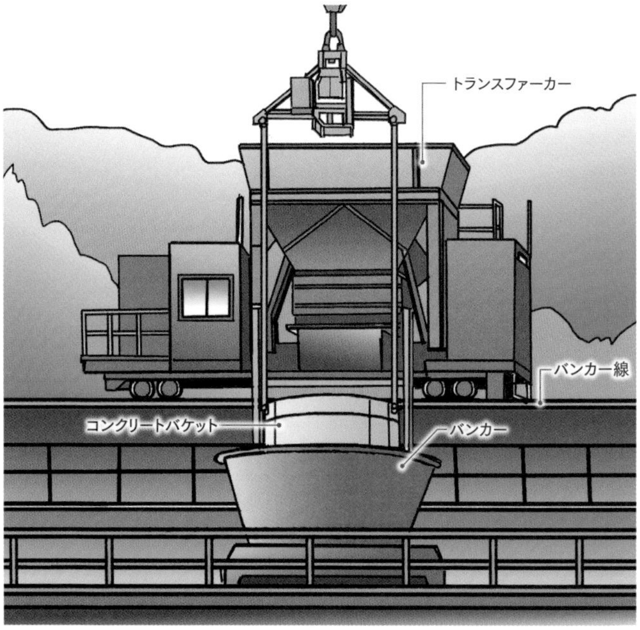
トランスファーカー
バンカー線
コンクリートバケット
バンカー
トランスファーカーからコンクリートバケットへ

⑤ コンクリートの打設

コンクリートバケットはクレーンによって打設箇所まで運搬され、信号手の無線スイッチにより放出される。

バケットから放出されるコンクリート

2 基礎処理工 グラウチング

ダムの基礎岩盤に潜在する亀裂や断層が原因で、ダムの貯水時に基礎岩盤中で漏水して、ダムの性能を低下させるおそれがある。これを防ぐため、貯水前に基礎岩盤中にボーリングを行い、そこに徐々に圧力を加えながらセメントミルクを注入し、基礎岩盤の細かな亀裂を埋める作業を行う。この作業をグラウチングといい、ダムと岩盤の一体性および水密性を確保する。

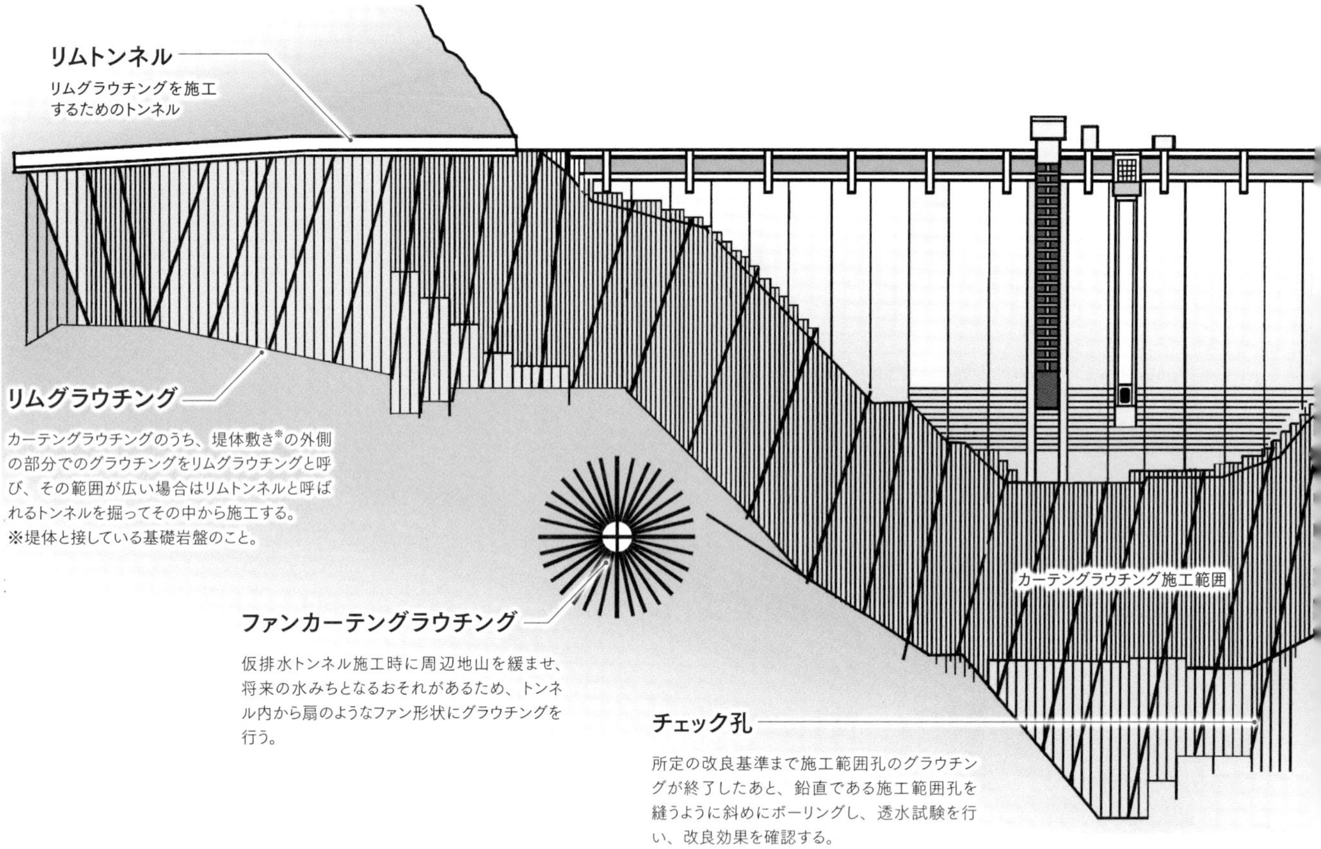
リムトンネル
リムグラウチングを施工するためのトンネル
リムグラウチング
カーテングラウチングのうち、堤体敷き※の外側の部分でのグラウチングをリムグラウチングと呼び、その範囲が広い場合はリムトンネルと呼ばれるトンネルを掘ってその中から施工する。
※堤体と接している基礎岩盤のこと。
ファンカーテングラウチング
仮排水トンネル施工時に周辺地山を緩ませ、将来の水みちとなるおそれがあるため、トンネル内から扇のようなファン形状にグラウチングを行う。
カーテングラウチング施工範囲
チェック孔
所定の改良基準まで施工範囲孔のグラウチングが終了したあと、鉛直である施工範囲孔を縫うように斜めにボーリングし、透水試験を行い、改良効果を確認する。

カーテングラウチング施工範囲図

ダムの上流側に施工するカーテングラウチングの施工範囲を表すため、上流からダムを望んでいる。

ボーリングとグラウチング

グラウチングは、基礎岩盤にボーリングマシンで直径約5㎝の孔をあけて、設計で定められた規定の圧力と濃度でセメントミルクを岩盤に注入する作業である。ボーリングには小型ボーリングマシンが使われることが多い。

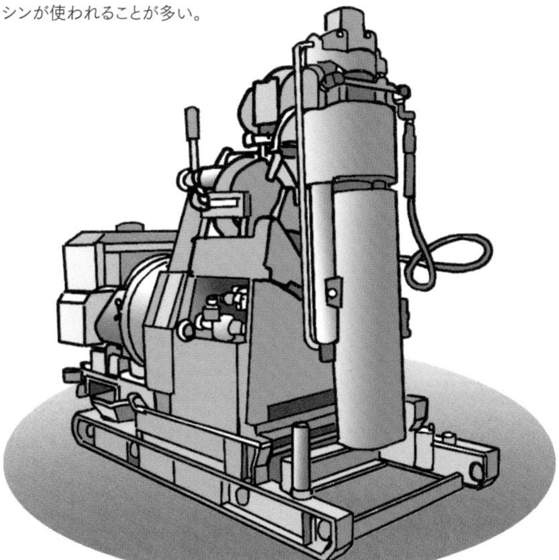

ダイヤモンドビット

ボーリングマシンに取り付けるロッド先端の筒状のビットにはダイヤモンドが埋め込まれており、100mでも掘ることが可能である。

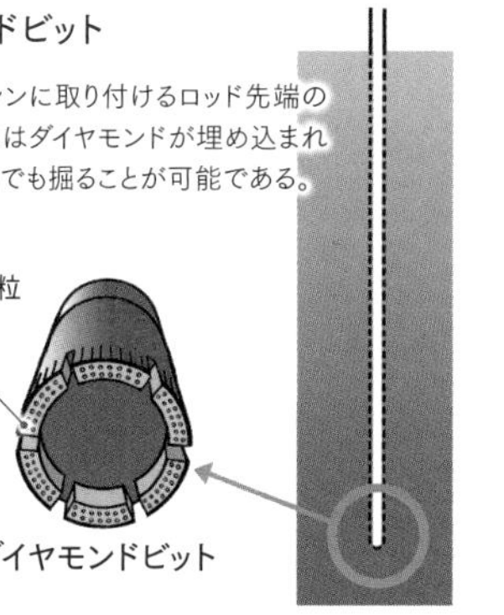
ダイヤモンドの粒
ダイヤモンドビット

セメントミルク

セメントミルクとは、セメントに水を加えたもの。濃度を薄いものから濃いものへ変えながら順次注入することで岩盤の細かな亀裂を効率的に埋めることができる。

セメント
水
水

グラウチング管理

グラウチングは、地質状況により改良状況が複雑に変化するため、現場から得られたデータを分析して、次の作業を決定している。以前は手作業で解析・分析が行われていたが、現在ではコンピュータ、ネットワークの高度化に伴う集中管理が可能となり、スピードアップも図られている。集中管理室はダム天端、ダム上流などの堤体外に設置される。

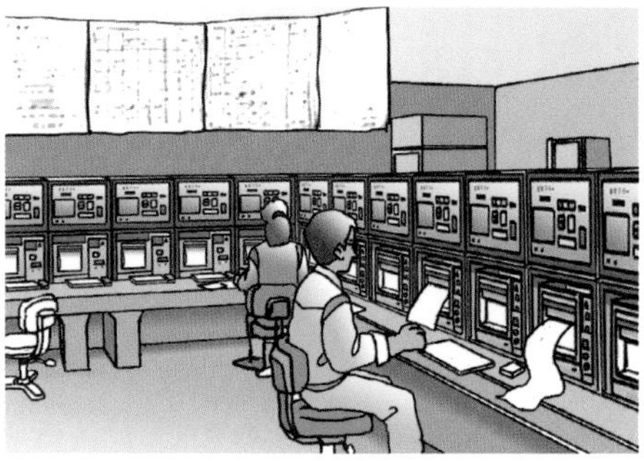
集中管理室

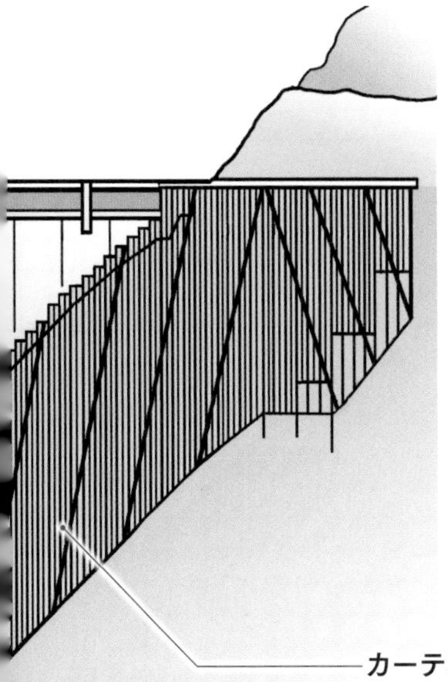

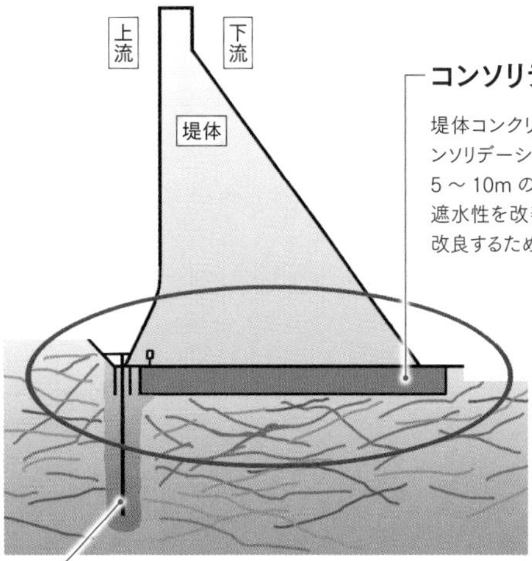

グラウチング施工範囲

コンソリデーショングラウチング

堤体コンクリートを 3m 以上打設したあと、コンソリデーショングラウチングを施工する。深さ 5 ～ 10m の基礎岩盤表面付近について、①遮水性を改善するため、②岩盤弱部を補強・改良するための 2 つの目的がある。

カーテングラウチング

カーテンのように、基礎岩盤中にダム軸と平行に面状グラウチングを行い、岩盤の水みちを遮断する作業をカーテングラウチングという。堤体コンクリート打設が 15m 程度まで進んだあとに、その施工を開始する。目に見えない場所で水を止める作業であることから、地下のダム工事といえる。

ステージ注入工法

ステージ注入工法とは、1ステージ 5m を削孔してその部分だけを注入、また次の 5m のステージに進む、という繰返しで、順次深いところまでグラウチングを行う工法である。カーテングラウチングではダムの高さと同じくらいの深さまで注入が行われるほか、所定の改良強度、範囲が確認できない場合、さらに深くまで施工を行うこともある。

①第 1 ステージ ボーリング　②第 1 ステージ グラウチング（注入）　③第 2 ステージ ボーリング　④第 2 ステージ グラウチング（注入）

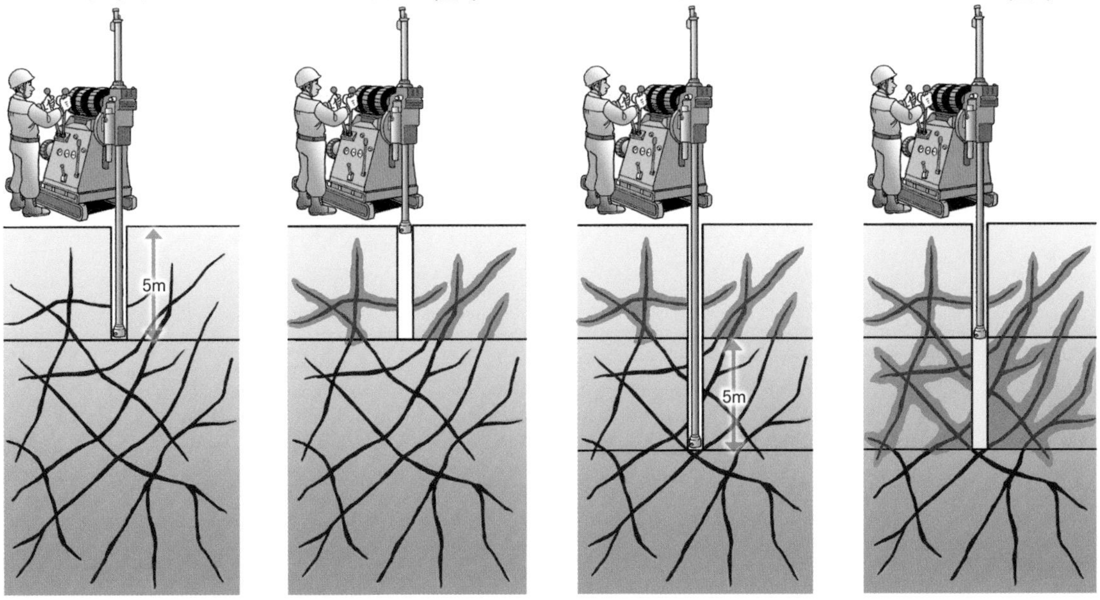

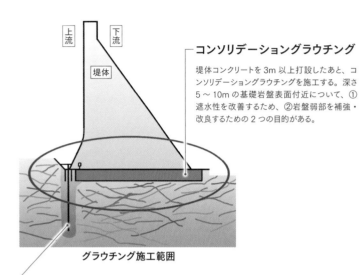

5-5 取水・放流設備工と試験湛水

取水・放流設備は、下流河川の水量の安定や緊急時の貯水池の水位低下を目的として、ダム本体の内部および下流側につくられる。また、ダム工事の最終段階には、できあがったダムに水を貯めて異常がないか確認するために試験湛水を行う。

1 取水・放流設備工

ダム本体の内部に、貯水池の水位を調節する常用洪水吐《こうずいばき》放流管、貯水池の水を利用するための選択取水設備、取り込んだ水を導く放流管を設置していく。これらの設備は、ダム本体のコンクリートの打込みに合わせて順次設置していくことになる。鋼製のゲートやパイプなどは大型で重いため、設置作業には大型クレーンを使用する。

ダムの下流側には、貯水池の水位調節のために放流された水の勢いを弱めるための減勢工という構造物を設置する。減勢工は、ダム本体の洪水吐から放流された水を導流壁によって導き、副ダムで勢いを止めてから静かに放流する機能をもつ。

また、ダム本体から少し離れた場所で、選択取水設備から伸びた放流管の先端に、河川への放流量を調節するためのゲートやバルブなどの利水放流設備を設置する。これらのゲートやバルブは、高い水圧に耐えながら大量の水を調節して流すようにつくられるので、大型で頑丈にできている。

ダム本体内部に設置される常用洪水吐放流管

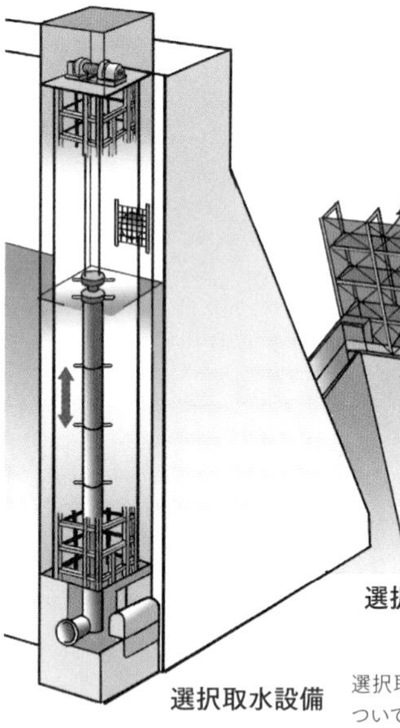

選択取水設備

選択取水設備をもつ選択取水口については107頁の図を参照

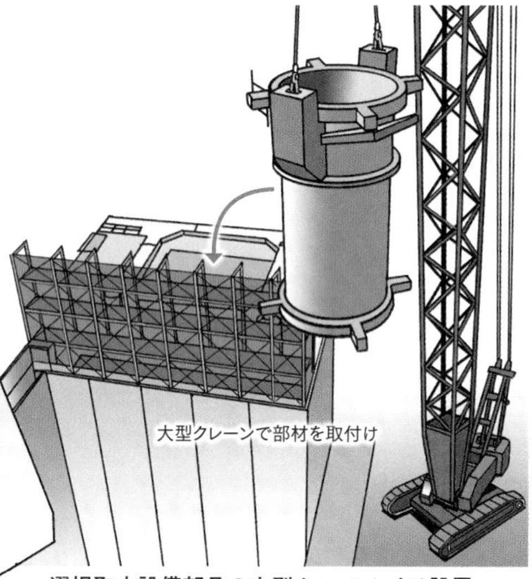
大型クレーンで部材を取付け

選択取水設備部品の大型クレーンによる設置

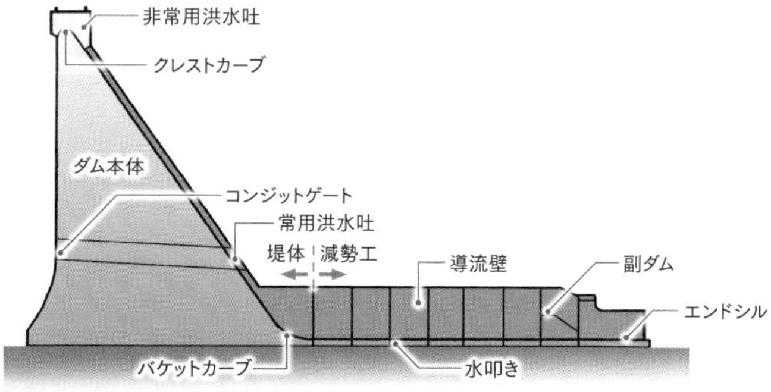
非常用洪水吐
クレストカーブ
ダム本体
コンジットゲート
常用洪水吐
堤体
減勢工
導流壁
副ダム
エンドシル
バケットカーブ
水叩き

減勢工の概要

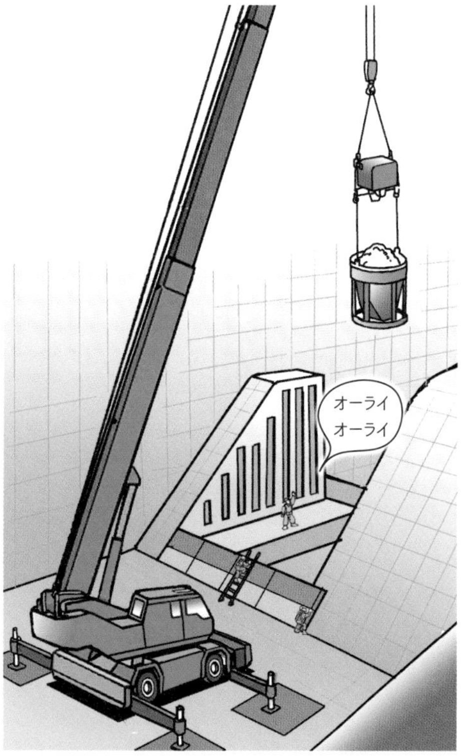
オーライ
オーライ

副ダムのコンクリート打設

導流壁の施工の様子

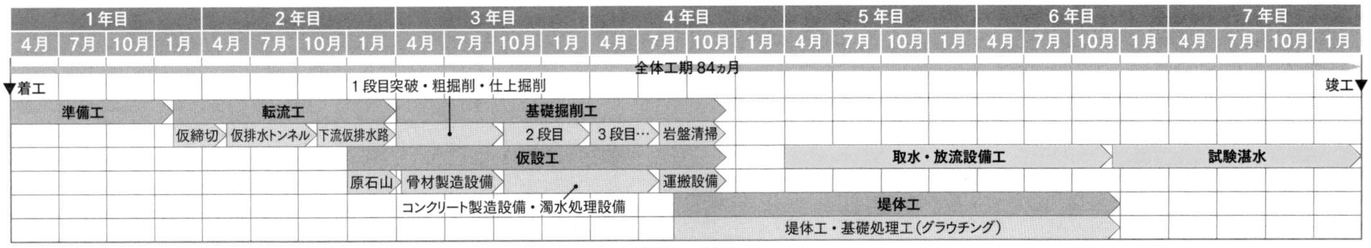
1年目
2年目
3年目
4年目
5年目
6年目
7年目
4月 7月 10月 1月
全体工期84ヵ月
着工
竣工
1段目突破・粗掘削・仕上掘削
準備工
転流工
基礎掘削工
仮締切
仮排水トンネル
下流仮排水路
2段目
3段目…
岩盤清掃
仮設工
取水・放流設備工
試験湛水
原石山
骨材製造設備
運搬設備
コンクリート製造設備・濁水処理設備
堤体工
堤体工・基礎処理工（グラウチング）

全体工程表

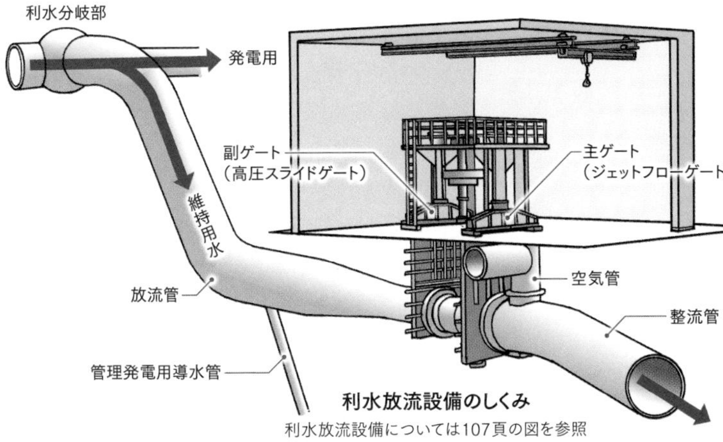
利水分岐部
発電用
維持用水
副ゲート
（高圧スライドゲート）
主ゲート
（ジェットフローゲート）
空気管
放流管
整流管
管理発電用導水管

利水放流設備のしくみ

利水放流設備については107頁の図を参照

利水放流設備の高圧スライドゲート

2 試験湛水《しけんたんすい》

完成したダムに実際に水を貯めて、ダム本体、貯水池および周辺の斜面に異常がないかどうかを確かめることを試験湛水という。ダム供用期間に想定される最高水位であるサーチャージ水位まで水位を上げて、ダム本体や基礎岩盤からの漏水、ダム本体への浮力の影響や仮排水トンネルの止水・閉塞状況、越流部からの放流状況を確認する。その後、供用時の常時水位まで水位を下げて、ダム本体や基礎岩盤からの漏水、一度水に浸かったあと、再度露出した貯水池周囲の斜面が崩れずに安定しているかどうかも確認する。

試験湛水時に見られる越流部からの放流は、200年に一度くらいの確率でしか見ることのできない非常に貴重な光景となる。

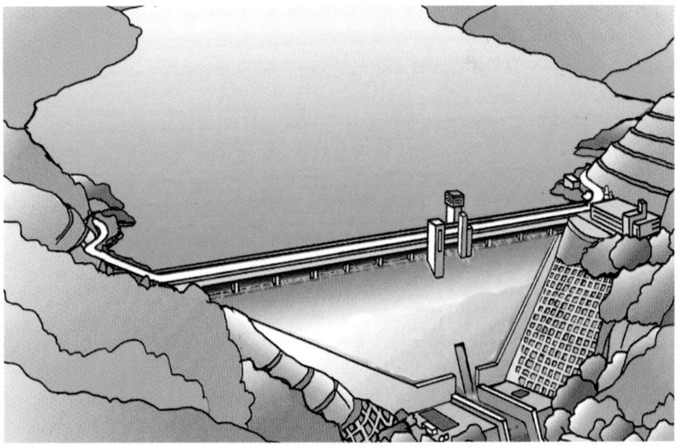

試験湛水による堤体越流部からの越流

環境コラム　猛禽類へ配慮した工事の進め方

ダム建設など山間部の工事では、猛禽類が工事箇所付近に生息する事がある。その場合、猛禽類の生息環境や繁殖環境への影響を少なくするために、モニタリングしながら工事影響に対して段階的に慣らしていく方法がとられる。この方法は「コンディショニング」と呼ばれ、慣らす段階の対象として、施工時間、施工範囲、営巣地との距離などがあげられる。工事は、モニタリングの結果を踏まえ、事業者、専門家といった関係者との協議を実施しながら行う。営巣地との距離を対象とした場合、徐々に営巣地との距離を近づけ工事を本格化させる。

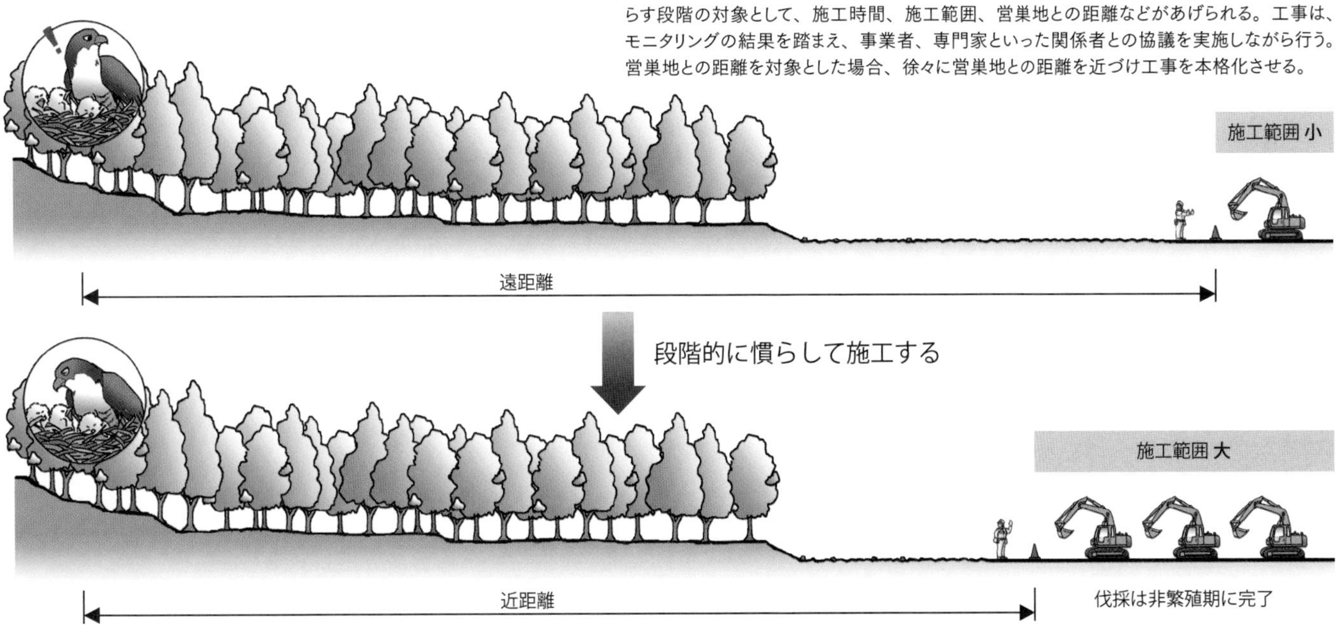
施工範囲 小
遠距離
段階的に慣らして施工する
施工範囲 大
近距離
伐採は非繁殖期に完了

コンディショニング

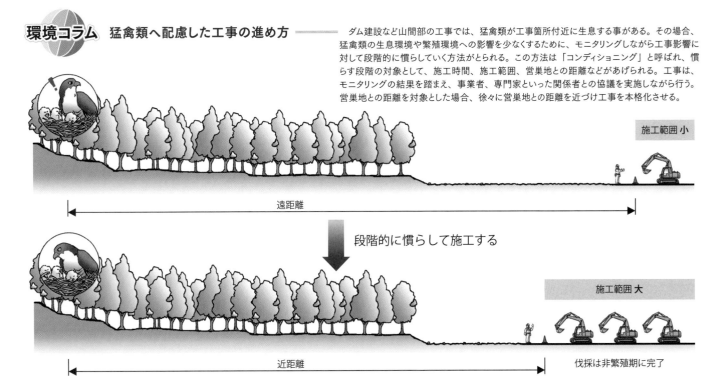

5-6 完成

ダムは、計画、各種調査、設計、工事といった様々な段階を経て、おおむね 30 年以上の歳月をかけ、延べ数十万人にも及ぶ工事関係者の努力と労力によって完成を迎える。完成したあとは、ダムの管理者によって常時監視、点検、各種設備の制御や維持が行われ、ダムの機能を果たしている。

ダムを間近で見たことがあるだろうか。人々の英知を結集させた土木構造物の象徴ともいえるダムを間近に見れば、想像を超える存在感で人々の暮らしに大きな安心感をもたらしていることを感じられるだろう。

豆知識 コンクリートダムは完全には遮水できない？

ダムに水を貯め始めると、カーテングラウチングで岩盤を遮水していても、隙間をかいくぐって浸透してきた水がダムの底盤に潜り込んできて、ダム本体を押し上げる揚圧力が発生する。設計ではこの揚圧力を考慮しているが、より安全性を高めるために、ダムの中に設けた監査廊というトンネルから、カーテングラウチングの下流側の位置で、水抜き用の孔を掘って水圧を低下させる。また、カーテングラウチングより下流側の岩盤中の水圧が、設計で想定された各種条件に対して異常な状態にないかを確認するため、圧力計を取り付けて観察する。

監査廊からの水圧の点検

網場《あば》

ダム堤体付近に集まってきた上流からの流木や浮遊物は、ダムのいろいろな設備に悪影響を及ぼすので、フロート（浮き）に網を吊り下げたもので止め、溜まったものを船で回収する。網場の中ほどには船が通り抜けられる設備を設けている

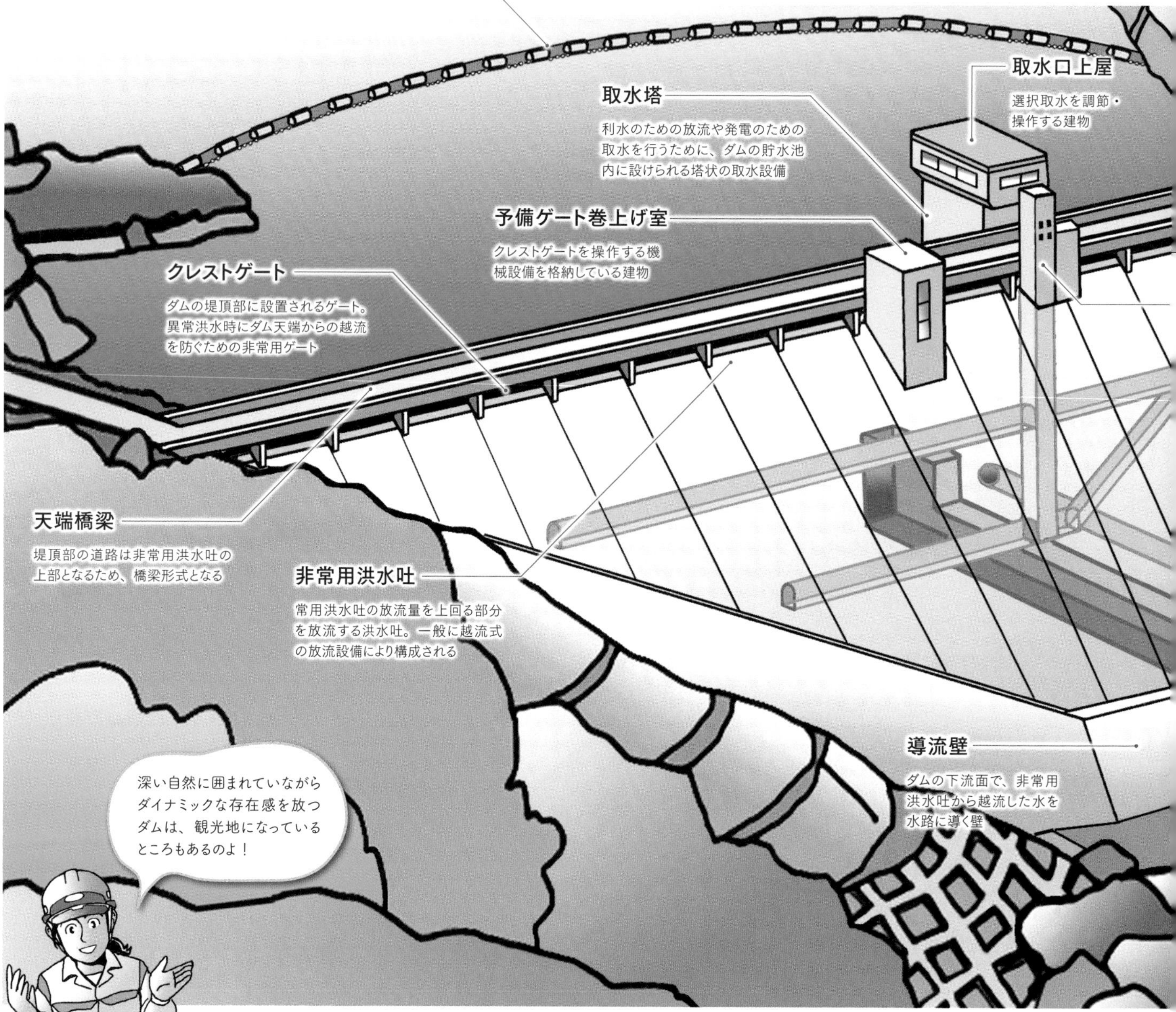
取水口上屋
選択取水を調節・操作する建物
取水塔
利水のための放流や発電のための取水を行うために、ダムの貯水池内に設けられる塔状の取水設備
予備ゲート巻上げ室
クレストゲートを操作する機械設備を格納している建物
クレストゲート
ダムの堤頂部に設置されるゲート。異常洪水時にダム天端からの越流を防ぐための非常用ゲート
天端橋梁
堤頂部の道路は非常用洪水吐の上部となるため、橋梁形式となる
非常用洪水吐
常用洪水吐の放流量を上回る部分を放流する洪水吐。一般に越流式の放流設備により構成される
導流壁
ダムの下流面で、非常用洪水吐から越流した水を水路に導く壁
深い自然に囲まれていながらダイナミックな存在感を放つダムは、観光地になっているところもあるのよ！

ダムの全体図（下流側から全体を望む）

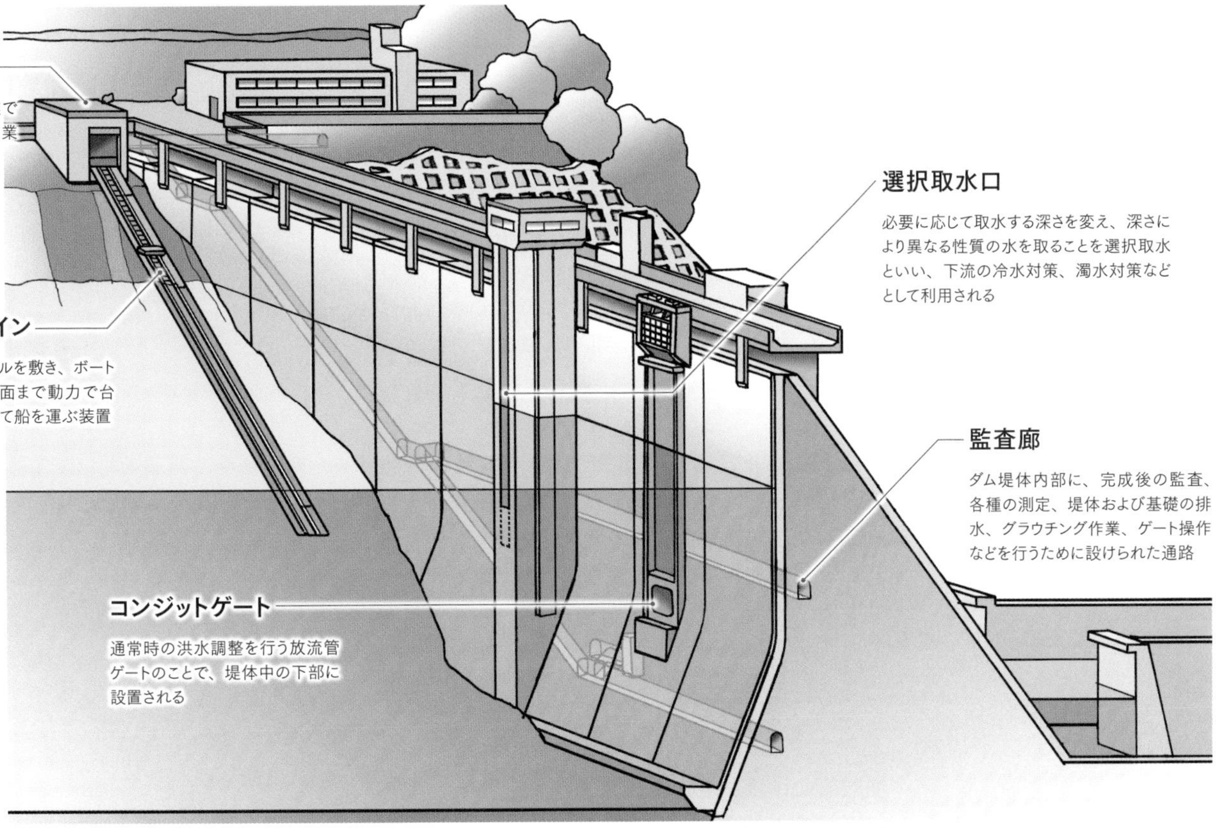
ボートハウス
貯水池の巡視や作業で使用する巡視船・作業船を格納する設備
インクライン
傾斜面にレールを敷き、ボートハウスから湖面まで動力で台車を昇降させて船を運ぶ装置
コンジットゲート
通常時の洪水調整を行う放流管ゲートのことで、堤体中の下部に設置される
選択取水口
必要に応じて取水する深さを変え、深さにより異なる性質の水を取ることを選択取水といい、下流の冷水対策、濁水対策などとして利用される
監査廊
ダム堤体内部に、完成後の監査、各種の測定、堤体および基礎の排水、グラウチング作業、ゲート操作などを行うために設けられた通路

ダムの全体図（堤体上流面および断面）

ダム管理所
ダムの設備を操作し、ダムの安全性を管理するための建物。一般の人たちへのダムの紹介や見学施設としても利用される
エレベータ塔
ダム管理のため、ダム底部の監査廊に移動するためのエレベータ
常用洪水吐
通常時の洪水調整を行う設備で、コンジットゲートから取り込んだ水を河川に放流する
利水放流設備
農業用水や工業用水として使用するために計画的に選択取水口から取り込んだ水を河川に放流する
副ダム
洪水吐から落下する水による洗掘防止・減勢のためにダム下流側に設けられる低い堰

6 鉄道の地下駅

鉄道の地下駅は、地下空間に設けられた駅舎のことである。地上駅に比べて駅舎の地下化は、土留めや掘削・埋戻しの工事が発生するため建設費は高くなるが、地上での用地占有が小さく、騒音・振動による市民生活への影響も抑えられるなど、市街地ではメリットも多い。新駅の構築には、「開削方式」と「トンネル方式」があるが、ここでは道路に沿って路上からその下を掘削し地下駅を構築する開削方式を紹介する。

6-1 準備工

工事の図面や仕様書、現場条件などを事前に確認する。必要な現地調査を行って工事予定地の現況を正確に把握し、適切な施工計画を立案する。特に市街地での工事は、地下の埋設物や地上の架空線が工事の支障とならないかを事前に調査したり、交通対策や環境対策にも十分に配慮する必要がある。また、近隣の住民や店舗などへの事前説明を実施する。

1 調査

工事を始める前に、工事場所の確認・調査を行う。現地やその周辺での地盤調査のほか、電柱や電線、看板などの支障物調査、水道管やガス管などの埋設物の調査、地上部の交通調査、近隣建物の現状調査などを実施する。また、工事事務所の設置といった工事に必要な環境も整備する。

(1) 地盤調査

現場および周辺地域でボーリング調査を実施し、支持地盤の確認のほか、土質やN値などの土の強度、地下水位などを正確に把握する。また、平板載荷試験や現場透水試験などの各種試験、弾性波探査や電気探査などの物理探査も適宜行う。

(2) 地下埋設物調査

工事の掘削作業で地下にある水道管やガス管などの埋設物に損傷を与えないために、あらかじめ掘削予定の道路や歩道の下にある埋設物がどの位置のどの深さにあるのか、国・地方公共団体の各担当窓口で図面を得て現地調査をし、必要に応じて試掘と呼ばれる試験的な掘削によって確認する。

(3) 架空線の調査

開削工事に干渉する電柱や電線（架空線ともいう）は、電力会社や電話会社などの施設管理者と協議して移設・撤去を行う。なお、工事完了後には元の場所もしくは新しい適切な場所に復旧する。

(4) 近隣建物調査

現場周辺にある近隣建物の経年劣化状況や傾斜度、地盤高などの現況を工事開始前に調査する。工事中もしくは工事後に掘削などによる地盤沈下やひび割れなどの不具合が確認されたときに、工事によるものかを判断する際に使われる。

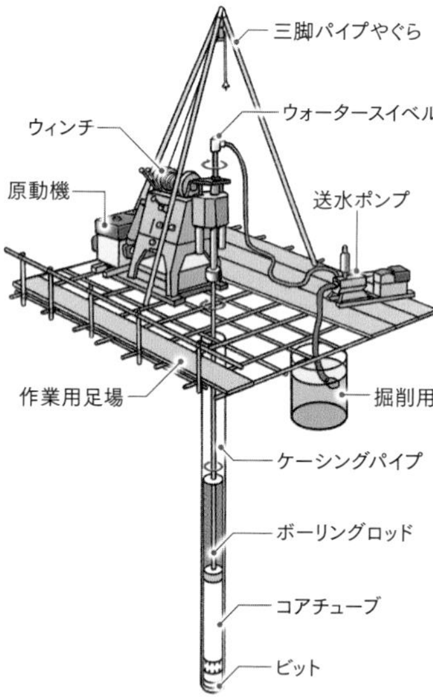

ボーリング調査

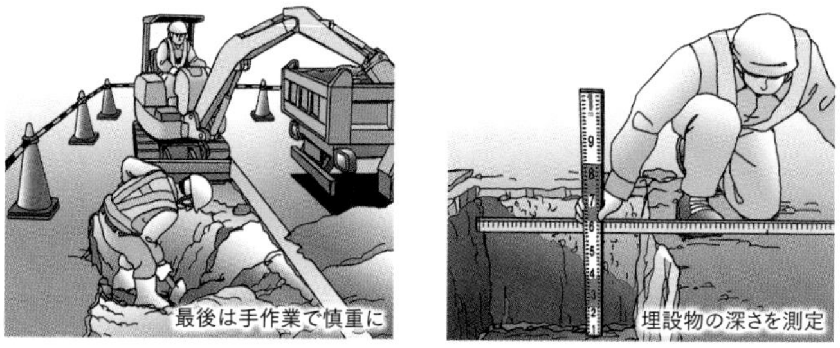

試掘による埋設物の確認

電柱の移設工事

近隣建物調査

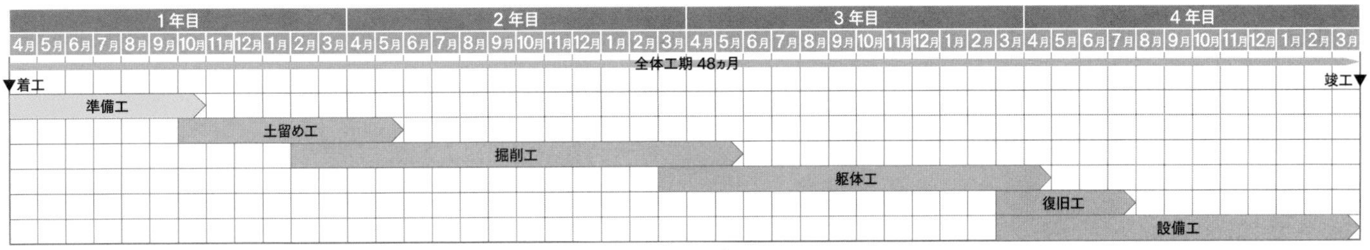
1年目
2年目
3年目
4年目
4月 5月 6月 7月 8月 9月 10月 11月 12月 1月 2月 3月
4月 5月 6月 7月 8月 9月 10月 11月 12月 1月 2月 3月
4月 5月 6月 7月 8月 9月 10月 11月 12月 1月 2月 3月
4月 5月 6月 7月 8月 9月 10月 11月 12月 1月 2月 3月
全体工期 48ヵ月
▼着工
竣工▼
準備工
土留め工
掘削工
躯体工
復旧工
設備工

全体工程表

(5) 交通調査

車両や人の量・流れを調べる交通量調査や、信号機の時間帯ごとの現示状況を調べる信号現示調査、騒音・振動などの大きさを調べる騒音・振動調査を現地で実施する。道路管理者や警察署との協議のほか、工事中の交通規制計画に役立てる。

交通量調査
実施中
交通量調査
実施中

交通量調査

騒音・振動調査

2 開削工事現場で働く専門技能者

資材の搬入出、支保工や鉄骨、足場などの組立て・解体撤去、大型機械の据付けなどを行う。

鳶工

鉄筋を所定の形状・寸法に加工したり、設計図どおり鉄筋を組み立てて結束したりする作業を行う。

鉄筋工

3 仮設計画・計測計画

市街地で工事を安全かつ円滑に進めるため、交通規制を伴う作業帯の計画や、一時的に設置する土留め支保工や覆工板、安全施設、足場などの仮設構造物の計画を行う。さらに、開削工事で必要な土留め・切梁の変形計測、地下水位のモニタリング、周辺地盤や近隣建物の沈下監視などの計測計画を立てる。

仮設計画の主な項目

- ○ 車道・交通の切り回し
- ○ 工事測量
- ○ 土留め支保工
- ○ 工事用電気・給排水設備

計測計画の主な項目

- ○ 土留め変位の計測管理
- ○ 地下水位の計測監視
- ○ 支保工の軸力管理
- ○ 環境（騒音・振動）調査計画
- ○ 周辺地盤の沈下管理

4 事前の協議、届出・申請、説明会

工事期間中、道路の一部を占有した車両規制を行うため、所轄の警察署や道路管理者と事前に協議し、道路占用許可申請や道路使用許可申請、沿道掘削申請、特殊車両通行許可申請などの必要な申請を行う。また労働安全衛生法や労働基準法など、各法令に基づき官公署への届出手続きが必要となる。さらに、道路下に埋設された電力やガス、水道などのケーブル・管路の管理者とも事前協議を行い、移設の届出申請をする。工事の着手前には、近隣の住民や店舗などへの工事説明のほか、工事概要の掲示による周知と近隣の理解を求める。

掘削作業によって周辺の地盤が沈んでいないか調べる沈下測量は、計測計画の中で大切な作業となる。

これから工事の概要について
ご説明をさせて頂きます
工事関係者
事業者
工事はいつからだ?
どんな工事かな?
家に影響ないかしら?

住民への工事説明会

豆知識 地下鉄の歴史

世界初の地下鉄は英国ロンドンの地下鉄で、1863年に開業し、その延長はおよそ6kmであった。日本に地下鉄が開業したのは1927年（昭和2年）、浅草～上野間の2.2km区間で、これが東洋初の地下鉄である。このとき完成した路線はのちの銀座線の一部となり、現在も利用されている。当時の建設方法も開削工法であったが、掘削作業はすべて人力で行われた。

6-2 土留め工・掘削工

地下駅は、公共空間である道路の下につくられることが多い。車や人の通行をできる限り妨げずに工事を行うため、覆工板と呼ばれる鉄製の板を道路に敷き詰め、その直下で小学校の校舎がすっぽり入るほどの巨大な空間を構築していく。このとき、地中の土を大量に掘り出しても周囲の建物が傾かないよう、地中に仮設の壁、すなわち土留め壁が構築される。さらに土留め壁は土圧に押されて倒れないよう切梁という「つっかい棒」で支えられる。このように、道路下では地上の景色からは想像もつかないドラマが繰り広げられていく。土留め壁を構築する方法は、掘削の深さや地下水位、土質などの条件を踏まえていろいろな工法が開発されているが、ここでは「ソイルセメント系柱列式連続壁工法」（SMW 工法：Soil Mixing Wall 工法）による施工について紹介する。

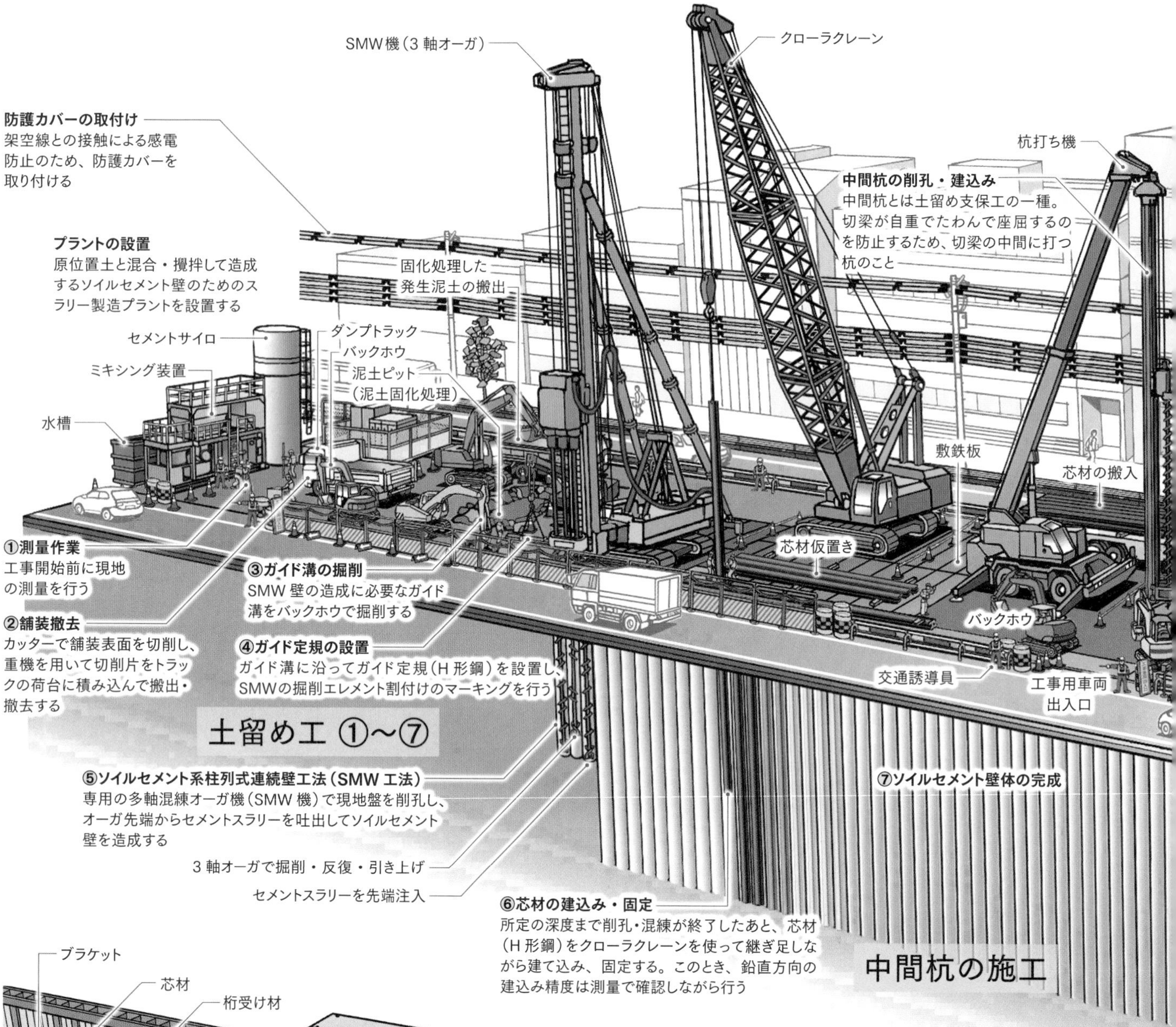
SMW機（3 軸オーガ）
クローラクレーン
防護カバーの取付け
架空線との接触による感電防止のため、防護カバーを取り付ける
杭打ち機
中間杭の削孔・建込み
中間杭とは土留め支保工の一種。切梁が自重でたわんで座屈するのを防止するため、切梁の中間に打つ杭のこと
プラントの設置
原位置土と混合・撹拌して造成するソイルセメント壁のためのスラリー製造プラントを設置する
固化処理した発生泥土の搬出
セメントサイロ
ダンプトラック
バックホウ
泥土ピット（泥土固化処理）
ミキシング装置
水槽
敷鉄板
芯材の搬入
芯材仮置き
①測量作業
工事開始前に現地の測量を行う
③ガイド溝の掘削
SMW 壁の造成に必要なガイド溝をバックホウで掘削する
バックホウ
②舗装撤去
カッターで舗装表面を切削し、重機を用いて切削片をトラックの荷台に積み込んで搬出・撤去する
④ガイド定規の設置
ガイド溝に沿ってガイド定規（H 形鋼）を設置し、SMWの掘削エレメント割付けのマーキングを行う
交通誘導員
工事用車両出入口
土留め工 ①～⑦
⑤ソイルセメント系柱列式連続壁工法（SMW 工法）
専用の多軸混練オーガ機（SMW 機）で現地盤を削孔し、オーガ先端からセメントスラリーを吐出してソイルセメント壁を造成する
⑦ソイルセメント壁体の完成
3 軸オーガで掘削・反復・引き上げ
セメントスラリーを先端注入
⑥芯材の建込み・固定
所定の深度まで削孔・混練が終了したあと、芯材（H 形鋼）をクローラクレーンを使って継ぎ足しながら建て込み、固定する。このとき、鉛直方向の建込み精度は測量で確認しながら行う
中間杭の施工

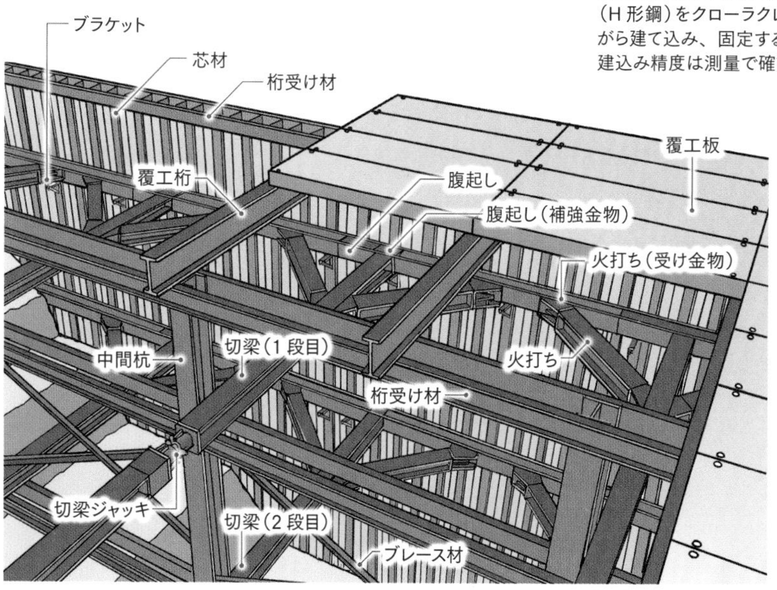
ブラケット
芯材
桁受け材
覆工板
覆工桁
腹起し
腹起し（補強金物）
火打ち（受け金物）
中間杭
切梁（1 段目）
火打ち
桁受け材
切梁ジャッキ
切梁（2 段目）
ブレース材

土留め支保工（水平切梁工法）の部材名称

腹起し
土留め壁に作用する土圧や水圧を支持し、切梁やグラウンドアンカーなどに伝える水平方向の横架構材で、土留め壁に沿って設置される。

切梁
土留め壁に作用する土圧や水圧などの外力を支えるための水平方向の支持部材で、腹起しに直角に設置される。

火打ち
切梁や腹起しを補強するために隅角部や切梁端部に斜めに取り付ける部材。

切梁ジャッキ
切梁の緩みをなくすべく切梁に軸力を加えて土留め壁のたわみを防止。通常、腹起しや中間杭の近くに取り付け、千鳥状に配置する。

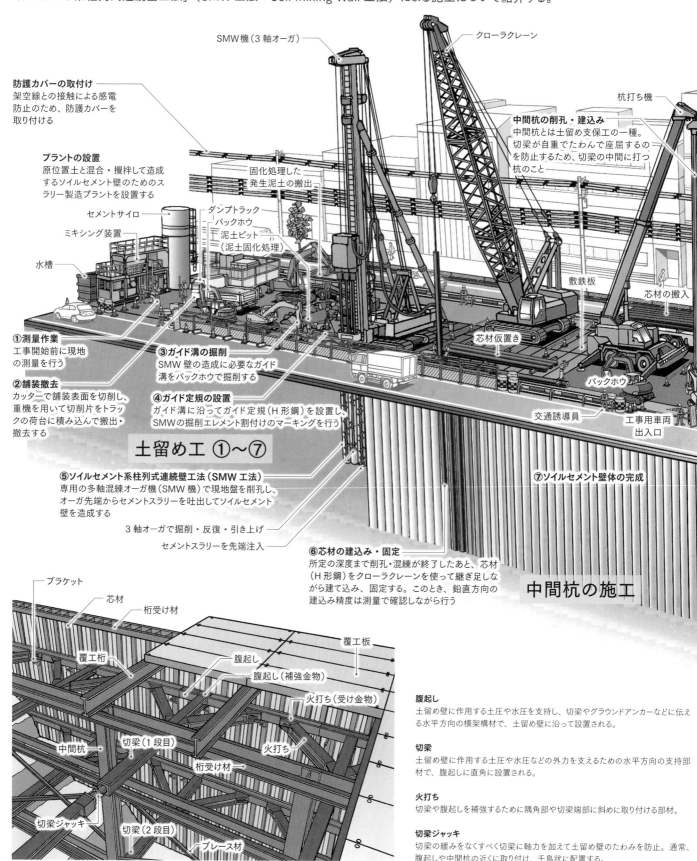

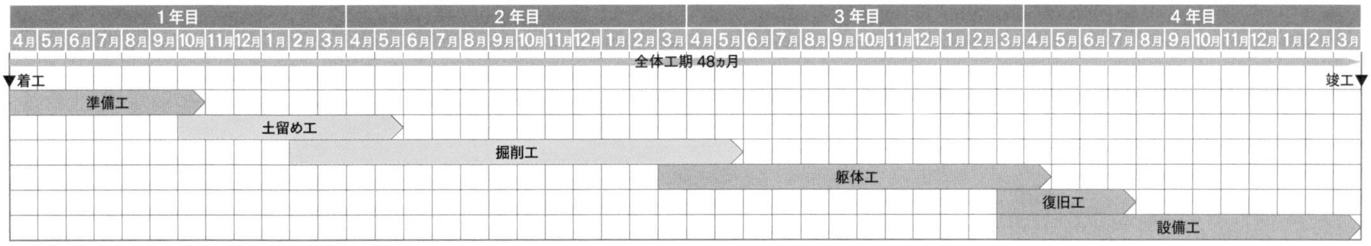

全体工程表

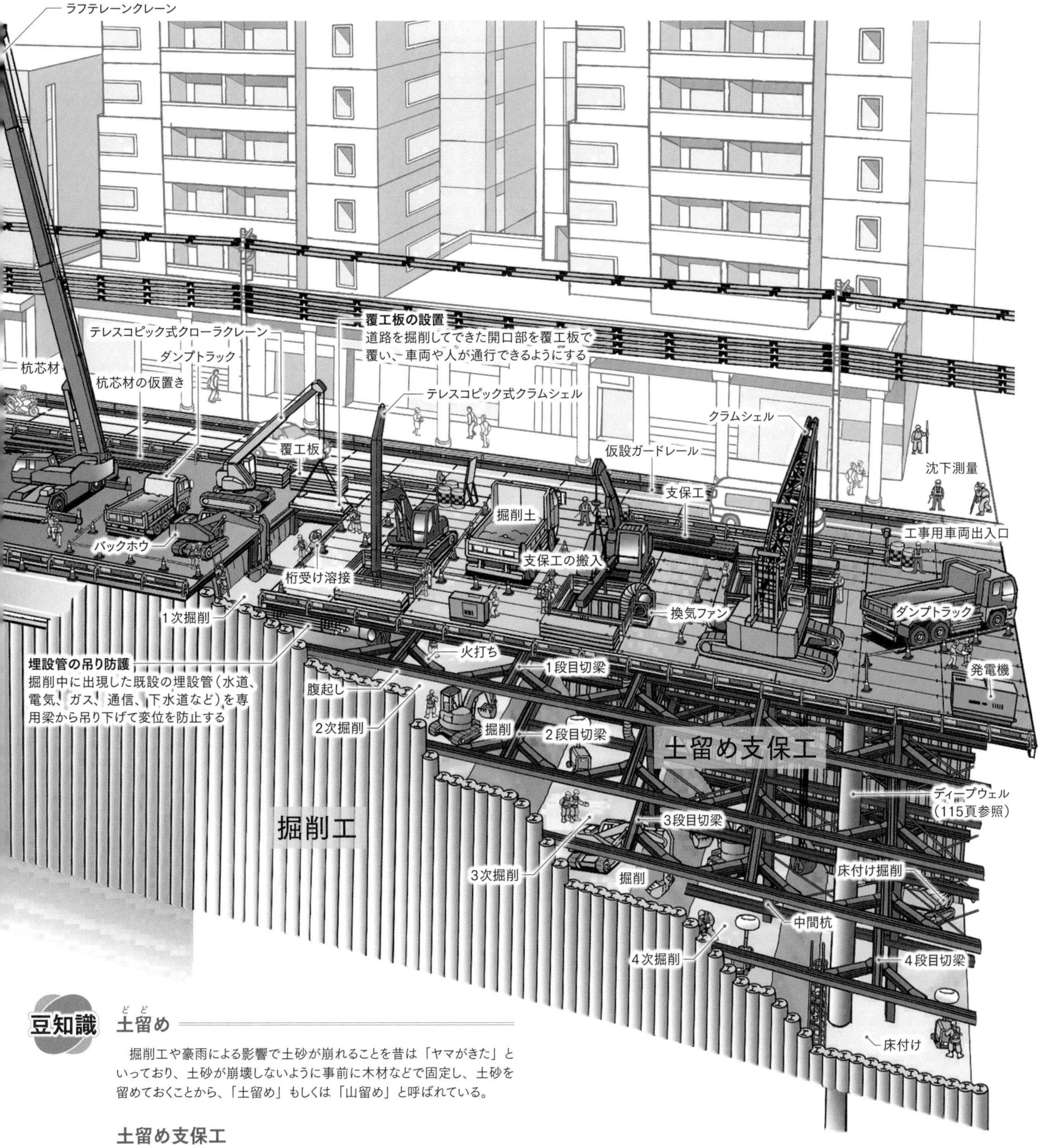

豆知識　土《ど》留《ど》め

掘削工や豪雨による影響で土砂が崩れることを昔は「ヤマがきた」といっており、土砂が崩壊しないように事前に木材などで固定し、土砂を留めておくことから、「土留め」もしくは「山留め」と呼ばれている。

土留め支保工

土留め支保工は、土留め壁に作用する土圧を支えるための仮設物で、掘削深さ、掘削面積・形状、敷地の高低差、土質、工事の手順、周辺地盤、施工費などを考慮して、最適な工法を選定する。SMW工法の場合、水平切梁工法またはグラウンドアンカー工法が用いられることが多い。

1 土留め工・掘削工の施工手順

地上や地下にある支障物の撤去・移設を行ったあと、地中に土留め壁や中間杭を施工する。次に、舗装を撤去し、覆工板を敷設する。覆工板の下では土留めを支える支保工を設置しながら地下の掘削を進めていく。

(1) 支障物の撤去・移設

工事で支障となる標識や信号、中央分離帯、街路樹、街路灯、歩道などの構造物を撤去・移設する。また、土留め壁の構築に支障となる地下埋設物も撤去・移設する。

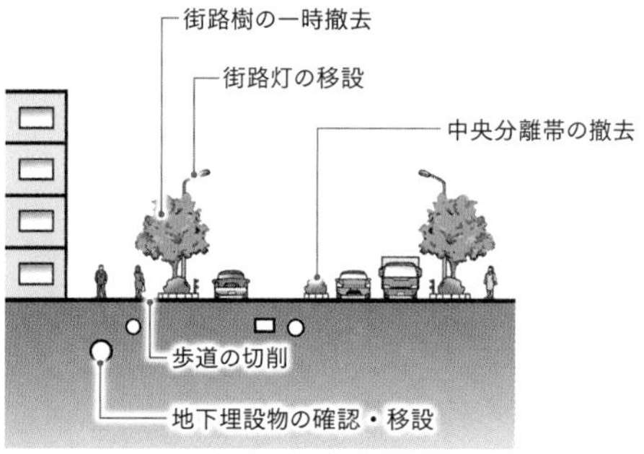

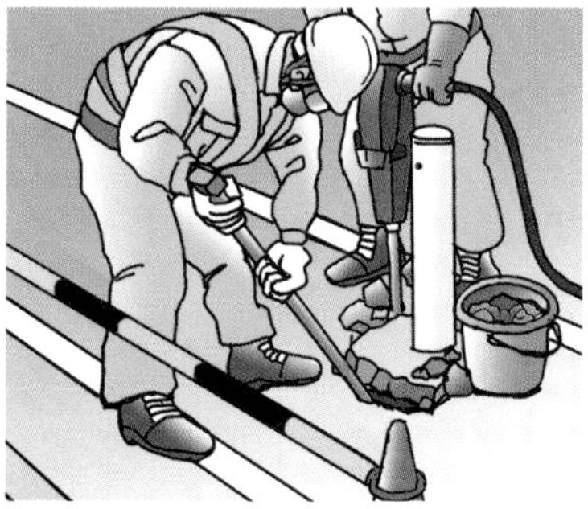

道路付帯構造物のうち、工事で支障となるガードレールの撤去作業

(2) 土留め壁・中間杭

地面を掘削する際、地盤の崩壊を防ぐため、地中にあらかじめ土留め壁を構築する。また土留め壁の支保工のうち、切梁の座屈を防止する中間杭を打ち込む。

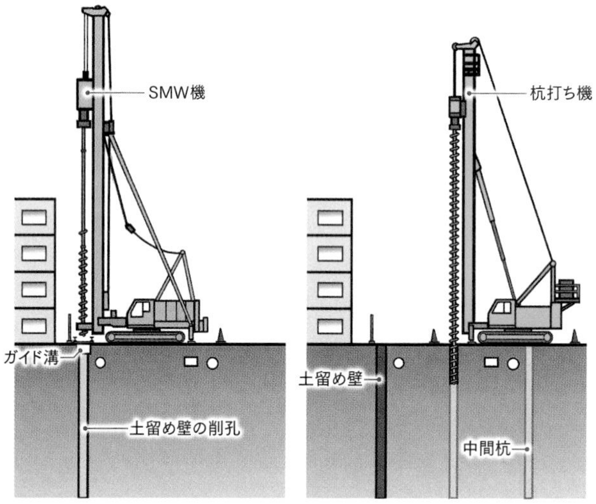

土留め壁の削孔前、ガイド溝に沿って設置したH形鋼のガイド定規上に、SMW機オーガを挿入する目安位置をマーキングし、割付け精度を確保

(3) 路面覆工

部分的に掘削を行ったあと、道路面に覆工板を設置する。覆工板により、道路下で掘削作業を行いながら路上での交通が可能となる。

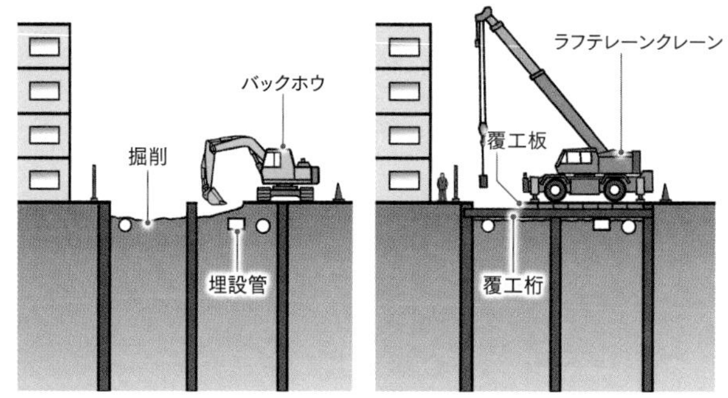

クレーンを使って覆工桁を建て込み、順次、覆工板を設置

(4) 掘削・支保工

掘削深さに応じて作業に適した掘削機械を用いて所要の深さまで掘削する。掘削中、地中から現れた埋設管を吊り防護しながら掘削・土留め支保工の施工を続ける。

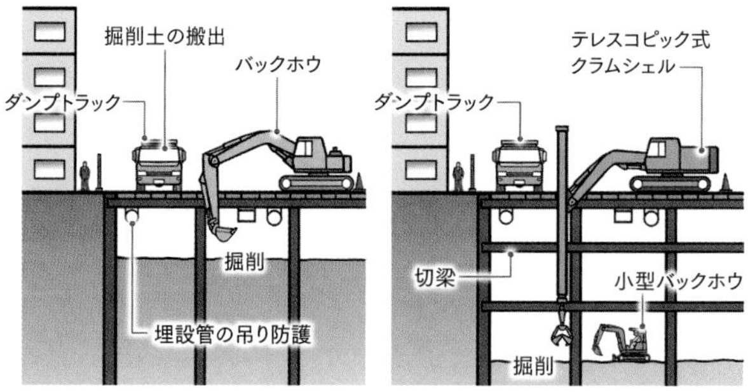

地上からの掘削作業のほか、路面覆工下でも小型重機を使って掘削

2 掘削機械の種類

最も一般的な掘削機械はバックホウであり、バックホウの掘削可能深さは約4～5mである。積込み機械は、バックホウとクラムシェルを用いることが多い。クラムシェルは、掘削深さが深く、バックホウでダンプトラックに直接積み込みできない場合に用いられる。

アーム先端のショベルで土を掘り、ダンプトラックの荷台に土をそのまま積み込む作業や土を集積する作業を行う機械

バックホウ

深い掘削の際、地下でバックホウが集積した土をワイヤで吊られたバケットで地上にいるダンプトラックに積み込む機械。ワイヤ式クラムシェルともいう

クラムシェル

油圧でアームが伸縮し、下部の土をバケットでつかむことが可能。クラムシェルより作業効率が高い機械

テレスコピック式クラムシェル

豆知識 地盤改良工

地盤が軟弱な場合、掘削に伴って土留め壁が倒壊したり、構築した躯体が沈下するなどの問題が発生することがある。そこで、事前の地盤調査結果に基づき、適切な方法で必要な箇所に人工的な改良を行う。

地盤改良工は、施工条件や規模などに応じて工法を選択するが、ここでは「高圧噴射撹拌工法」について紹介する。本工法は、スラリーと呼ばれる流体を高圧で噴射して得られる運動エネルギーで地盤を切削し、噴射口を回転させながら引き上げて土と硬化材を混合・撹拌することで、堅固な固化体を造成する方法である。使用する硬化材や噴射方法などにより多様な工法があるが、造成に用いるロッド構造により、単管工法、二重管工法、三重管工法に分類される。

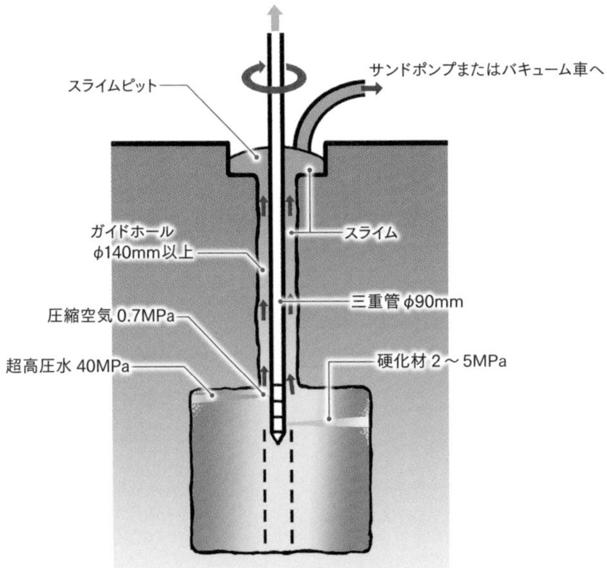

高圧噴射撹拌工法（三重管工法）

情報コラム XR技術を活用した地下埋設物の可視化

近年、XR（Cross Reality）技術で総称される、VR（Virtual Reality：仮想現実）やAR（Augmented Reality：拡張現実）、MR（Mixed Reality：複合現実）といった現実と仮想世界を融合する技術が建設現場で使われている。例えば、タブレット端末やAR/MRグラスなどを介して地中埋設インフラを現実空間に投影し可視化する技術が開発されている。工事中この技術を活用することによって、埋設物との接触事故の防止や出来形の確認などが可能となる。

ARゴーグルにより可視化された地下埋設物

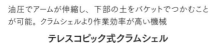

3 土留め工

土留め工とは、土の掘削によって周辺の地盤が崩れないように、地中に土留め壁と呼ばれる仮設の壁を構築し、土留め壁を支える支保工を設置する工事である。ここではSMW工法による土留め壁の構築方法について説明する。

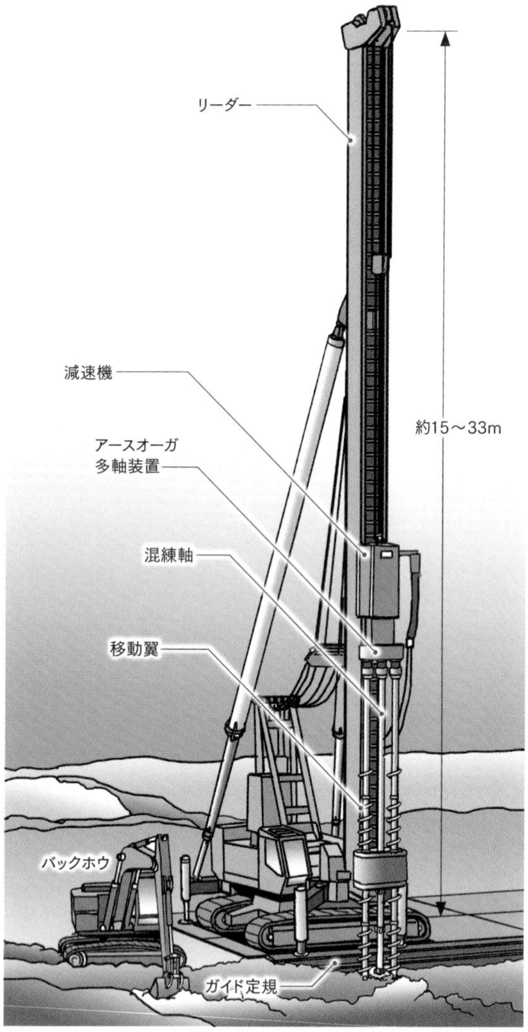

SMW 機（3 軸アースオーガ式）

SMW工法とは、土とセメントスラリー※を攪拌して円柱状の改良体をラップさせせることにより、止水性のあるソイルセメント壁をつくる工法である。壁の剛性を上げるために、芯材としてH形鋼を挿入する。止水壁として最もよく採用される工法であり、地下水のある地盤で、比較的深い掘削に適しており、地下駅を構築する場合に標準的に用いられる。

削孔は止水性を確保できるように連続的に施工し、完成した壁体に作用する土圧などにより、削孔径や芯材の寸法および配置間隔を決定する。

※セメントスラリー：セメントと水を混合して泥状にした混合液

SMW工法の主な特長

- エレメント※をラップして構築するため土留め壁の遮水性が高い
- 孔壁の緩みや崩壊が少なく、周辺地盤への影響が小さい
- 原位置土を利用するため泥土処理量が少なく、経済性に優れる
- 大きな断面の芯材を使えるため、大深度施工への利用が可能

※エレメント：1 回の掘削・混合・攪拌で造成されるソイルセメント壁の構築単位

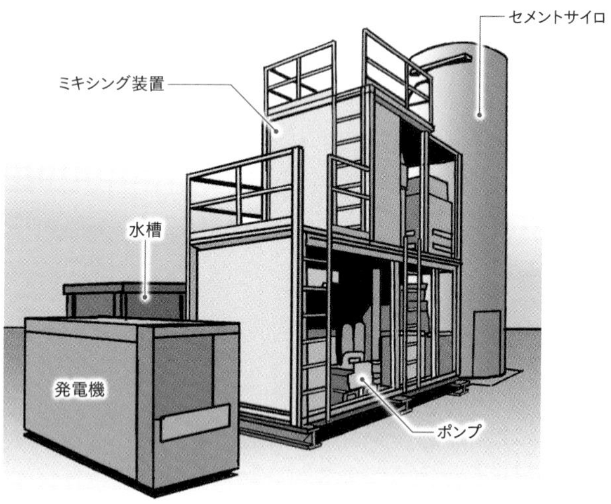

現場内に設置するセメントスラリー製造プラント

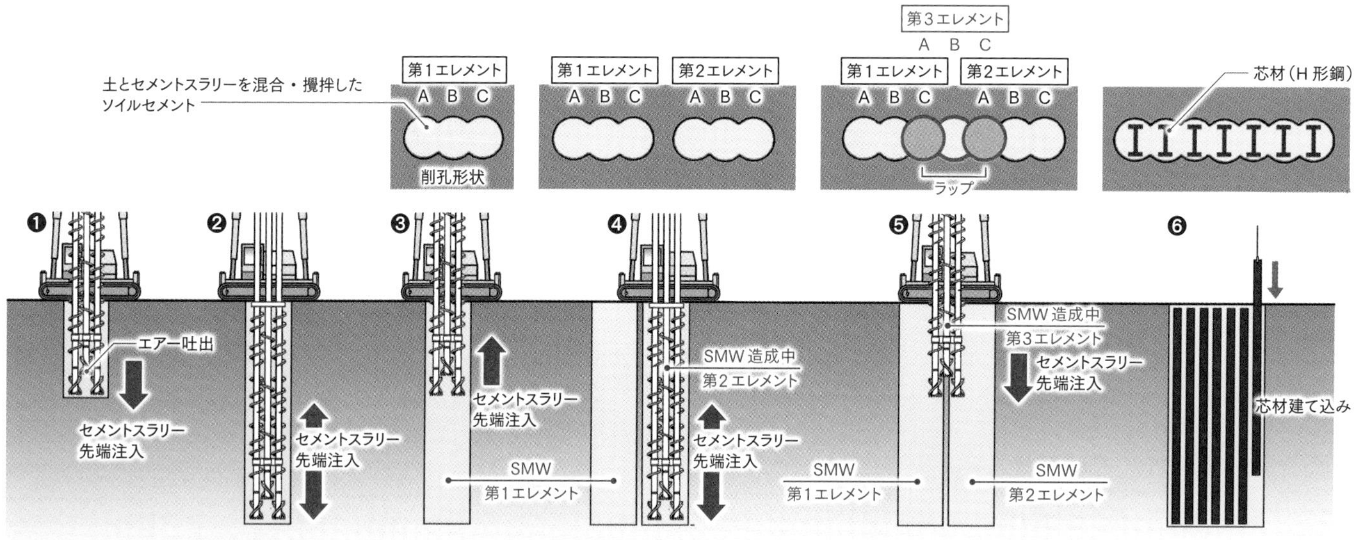

❶ スクリューの先端からセメントスラリーとエアーを吐出しながら削孔し、原位置土と混合・攪拌

❷ 所定の深度に到達したあと、スクリューを上下に反復し混合・攪拌

❸ スクリューを引き上げて第 1 エレメントの造成完了

❹ 次に第 2 エレメントを同様に削孔し造成

❺ 第 1 エレメントの端部 C と第 2 エレメントの端部 A を完全にラップさせるように第 3 エレメントを造成

❻ 削孔混練が完了したあと、クレーンで H 形鋼の芯材を建て込み、所定深度と位置で固定して SMW 壁完成

SMW 機による土留め壁構築の基本的な流れ

4 排水工法

掘削深さが地中の水位、つまり地下水位より深くなると地下水が湧き出てきて、土が泥状になり掘削作業に支障をきたしてしまう。この場合、掘削開始時や掘削中に排水を行う必要がある。排水工法にはいくつかの方法があり、ここでは「ディープウェル工法」について説明する。

ディープウェル工法は、直径600mm程度の井戸用鋼管を地中深く埋め込み、井戸内に流入した地下水を水中ポンプで汲み上げ、井戸周辺の地下水位を低下させる工法である。掘削面に集水用のくぼみを設ける釜場排水と比べ、設置費用・手間がかかるが、大量の水を効率良く排水できる。

水中ポンプで汲み上げられた水は、通常ノッチタンクと呼ばれるろ過槽を介し、揚水に混じる泥などを沈殿させて分離し、上澄みの水だけを場外に排水する。排水された水は地下水が大半を占めるため、中性であることが一般的だが、現場内に解体したコンクリート片があると、コンクリート中のアルカリ成分が現場内の水に溶け出し、アルカリ性を示すことがある。そのため、定期的にpHチェックなどの水質管理を実施する。

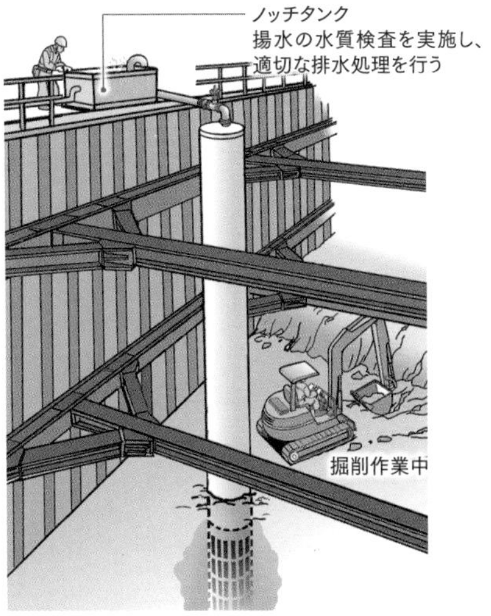

ディープウェル工法

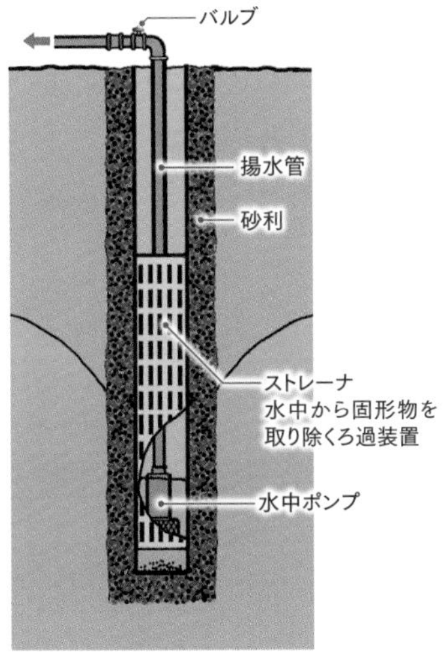

内部構造

5 残土処理

掘削作業で発生した土を「残土《ざんど》」という。残土は、埋戻し土として現場内で再利用されるものを除いて、通常はダンプトラックなどで場外に搬出し、適切に処理する必要がある。残土は、決められた仮置き場まで、あらかじめ決めた経路で運搬する。

テレスコピック式クラムシェルによる残土のダンプトラックへの積込み状況

6 計測管理

掘削時には、切梁軸力や土留め壁の水平変位、周辺地盤の沈下などの計測を定期的に実施する必要がある。切梁には土留め壁の変形や応力軽減のため、掘削に伴って発生する軸力を先行導入するプレロードが行われる。施工中、計測値と計画予測値とを比較し、必要に応じて油圧ジャッキでプレロードを調整する。土留め壁の変位の計測は、ピアノ線、下げ振りなどを用いた計測方法や土留め打設時に設置した計測管に傾斜計を挿入して測定する方法などがある。

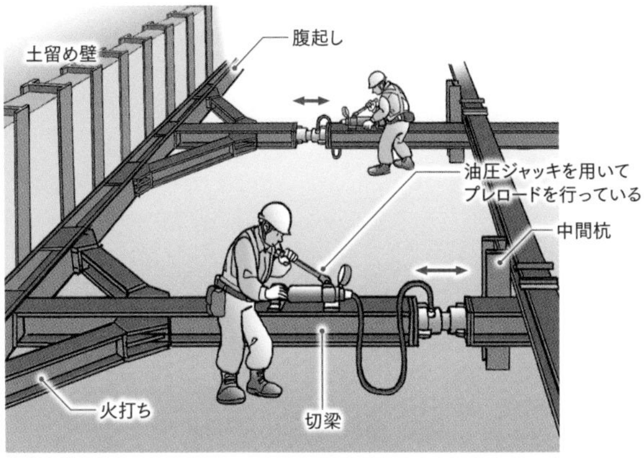

切梁へのプレロード導入

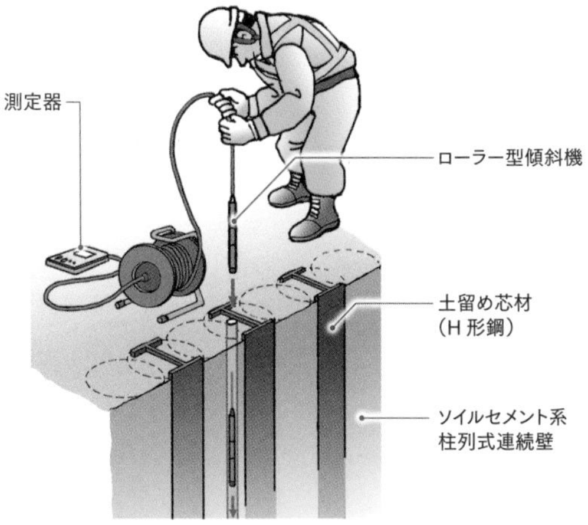

挿入式傾斜計による土留め壁の水平変位計測

芯材の間隔：挿入式傾斜計を見やすくするために、隔孔おきに表示

環境コラム 復水工法——リチャージウェル

汲み上げた地下水の放流先を確保し下水道への排水を削減するため、ディープウェルなどによって揚水した地下水を再び地中に戻す工法である。揚水により低下した周辺の地下水位を回復させる効果もある。

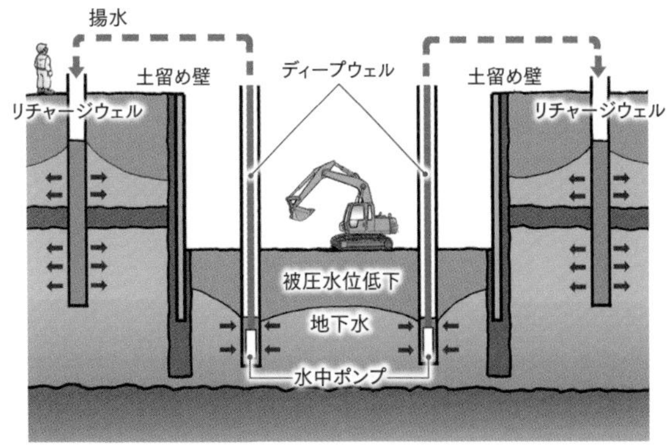

6-3 躯体工

土留め・掘削工が終わると、やっと駅舎となる躯体《くたい》※工が始まる。これまでは駅舎をつくるための準備であり、ここからが本番である。躯体工は、道路の下にできた巨大な空間の中で建物を構築していくイメージである。躯体工には、床付け、砕石敷均し、鉄筋組立て、型枠支保工組立て、コンクリート打込みなど様々な工事が混在し、巨大な空間の一番下から少しずつ駅舎を構築していく。また、覆工板の上にはところ狭しとクレーンや重機、コンクリートポンプ車、トラックアジテータなどが配置され、巨大な空間の中へ資材を運んでいく。覆工板の下では、地上からはうかがい知れない壮大な施工が行われているのである。躯体工を進めるためには、安全に気を配りながら、様々な工種の工程をやりくりする入念な作業計画が必要である。

※躯体：構造物を構成するスラブや壁、柱などの構造体をいう。躯体には、コンクリートや鋼材、木材などの材料が用いられるが、土木工事で躯体とは一般に「鉄筋コンクリート」を指す。

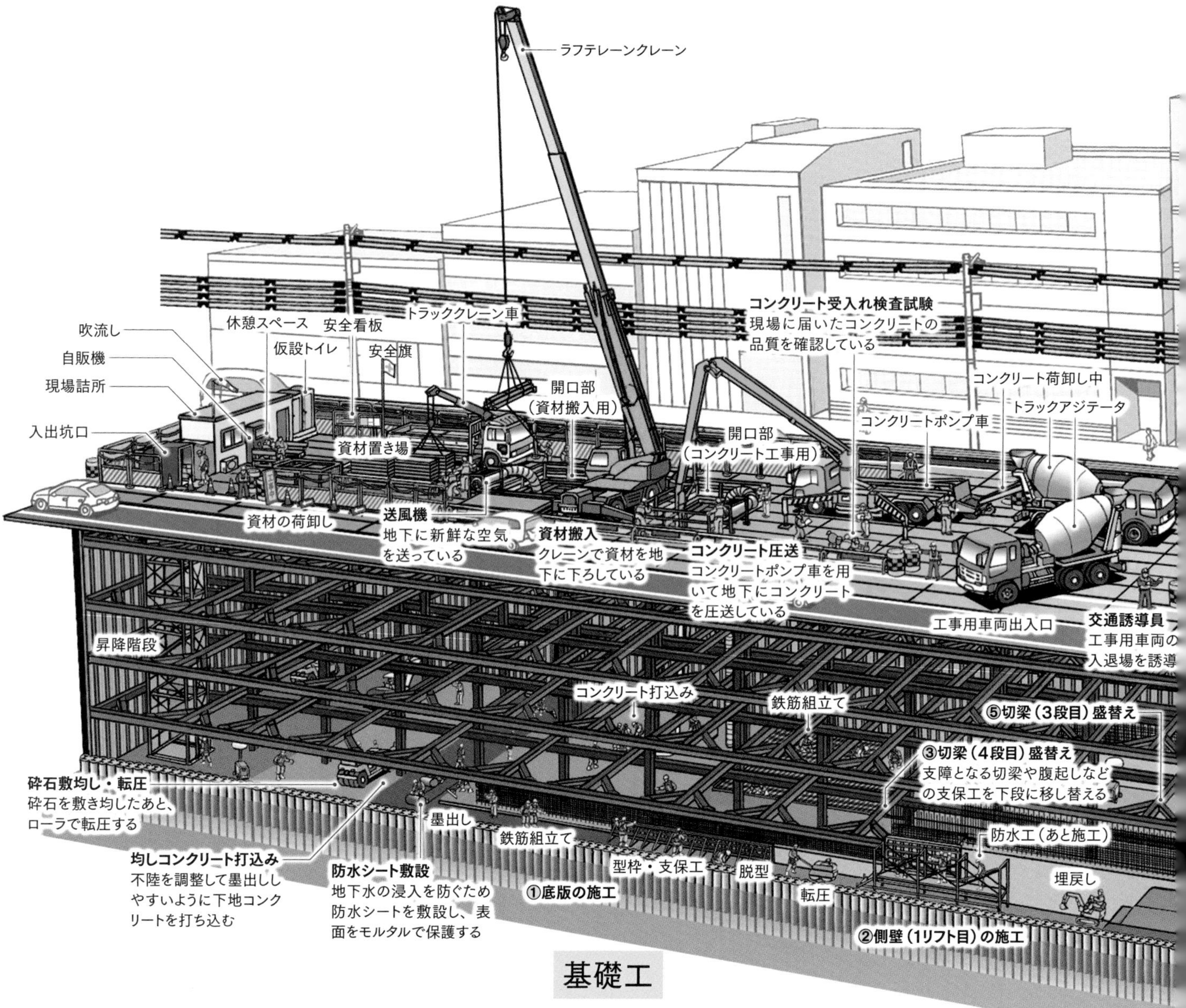

豆知識　外壁防水工

地下躯体の外壁防水工には「先施工」と「あと施工」がある。先施工とは、躯体のコンクリートを打ち込む前に、土留め壁に直接防水層を施す施工法であり、用地の狭い都市部での工事で採用されることが多い。一方、あと施工はコンクリートの躯体構築後、表面に防水層を形成する施工法であり、躯体と土留め壁面との間に作業スペースがとれる場合に採用される。なお、本頁の鳥瞰図はあと施工での防水工を想定したものである。

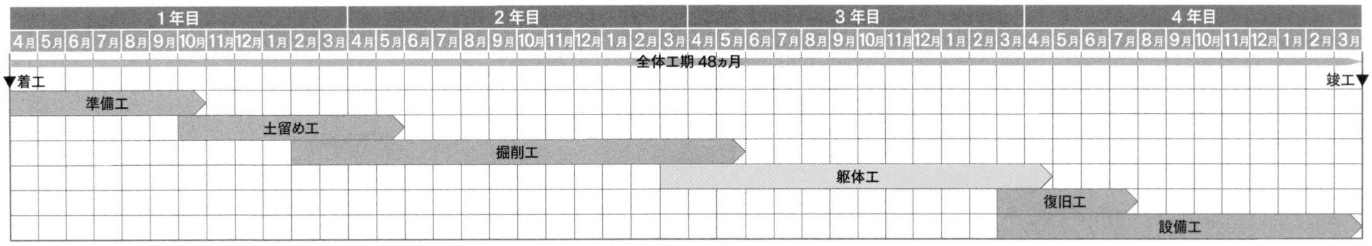

全体工程表

豆知識　トラックアジテータとミキサー車の違い

生コン工場で製造されたコンクリートを工事現場まで運搬する車両は、トラックアジテータ、またはアジテータ車などと呼ばれ、ミキサー車ではない。アジテータ（agitator）とは攪拌する機械を意味し、コンクリートが固まらないようにかき混ぜながら運ぶ機械で、一般に街中を走行しているのはトラックアジテータである。一方、ミキサー車とは、車に積んだミキサー内にセメントや水、砂、砂利などの材料を投入し、練り混ぜてコンクリートを製造できる車のことである。

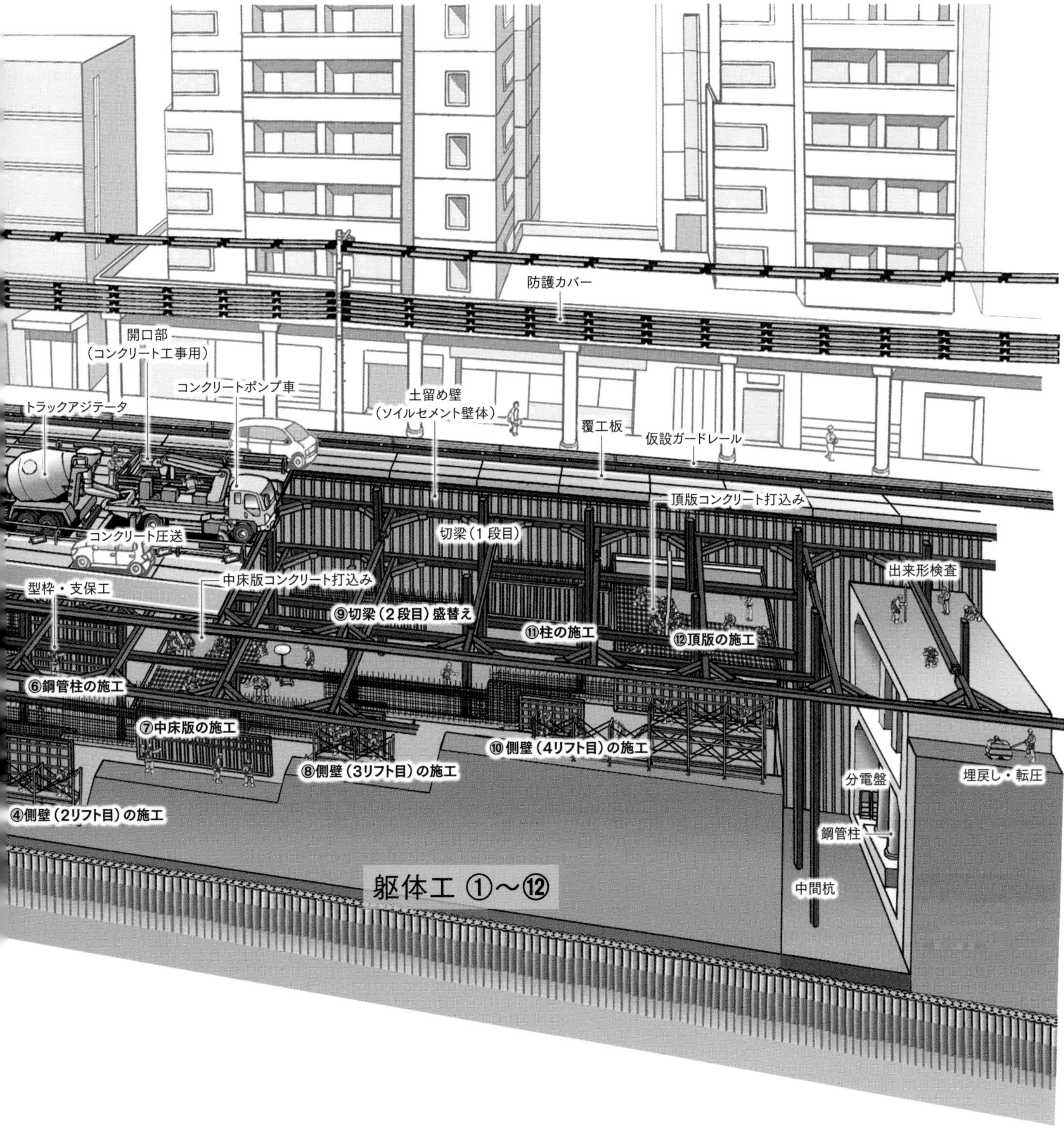

1　躯体の構築手順例

　躯体工では、砕石躯体の敷均しを行ったあと、一番下から躯体のコンクリートを順次構築していく。躯体のコンクリートは、鉄筋組立て、型枠支保工組立て、コンクリートの打込みなどを順次繰り返しながら、仕上げていく。その際、土留め支保工の盛替えを行いながら工事を進め、躯体構築後には埋戻しを行って完了となる。

① 砕石の敷均し・転圧、均しコンクリートの打込み、防水シートの敷設

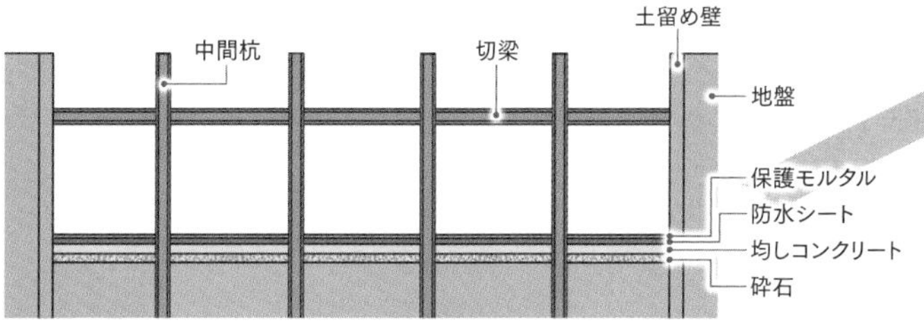

地盤の不陸を整地するため、砕石を敷いて転圧したあと、均しコンクリートを打ち込む。躯体の基礎となるため、平らな面に仕上げなければならない。その上に防水シートを敷設し、仕上げに保護モルタルを打ち込む。

② 底版・側壁の鉄筋・型枠・支保工の組立て

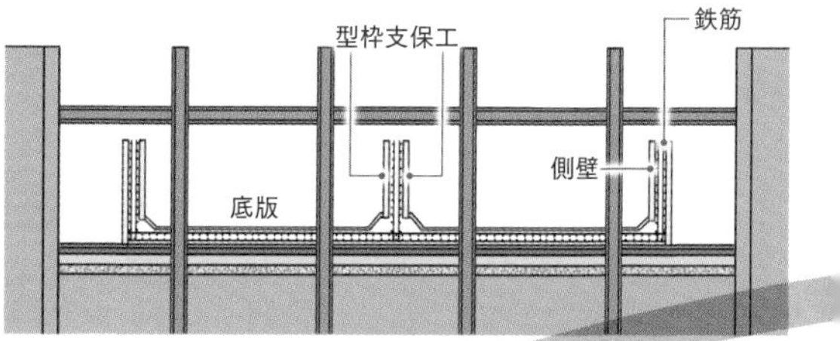

鉄筋を底版、側壁の順に組み立てる。狭い空間で長い鉄筋を扱うため、周囲に気をつけながら作業を行う。

⑥ 中床版のコンクリート打込み・養生

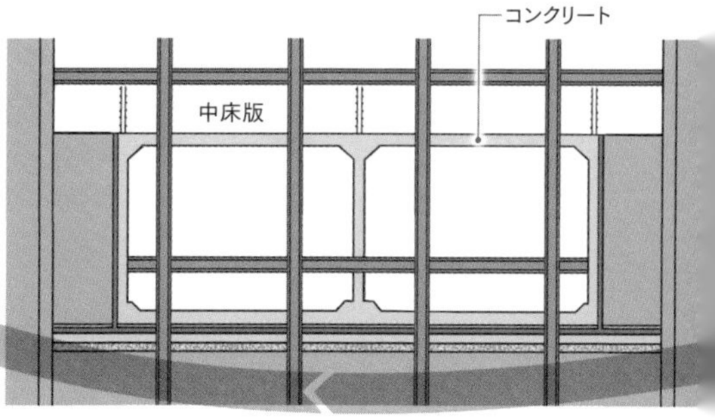

⑦ 躯体の構築完了

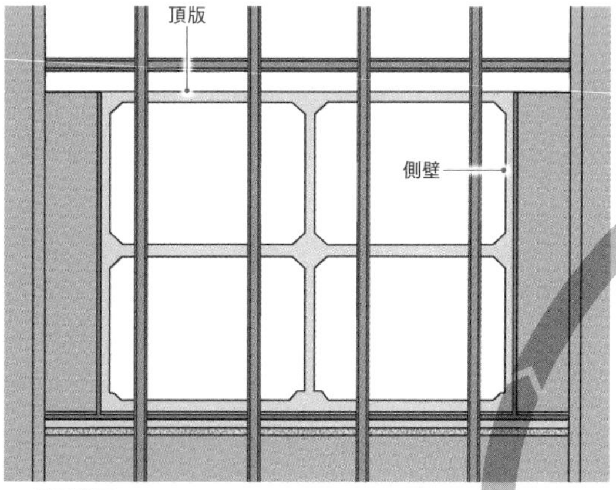

側壁、頂版の施工

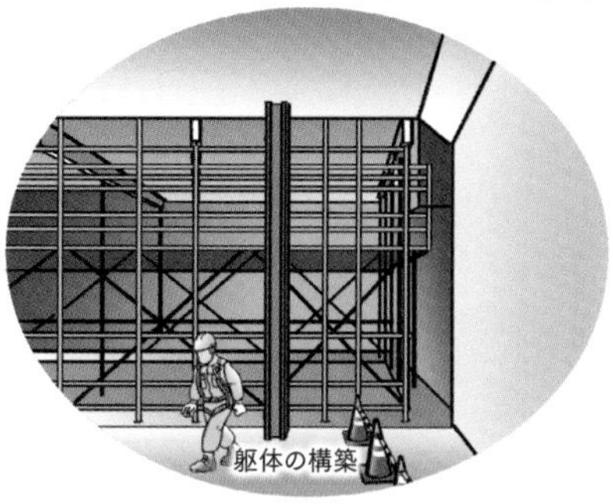

土留め支保工の盛替え→鉄筋・型枠の組立て→コンクリートの打込み・養生の作業を繰り返して、躯体を構築していく。

⑧ 土留め壁（一部）・中間杭・土留め支保工・切梁の撤去、埋戻し

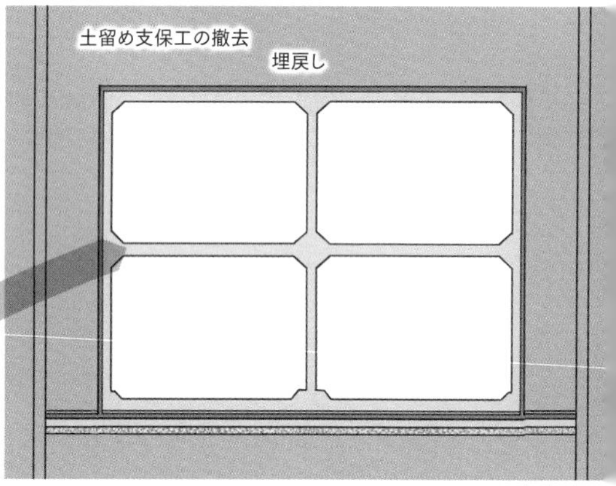

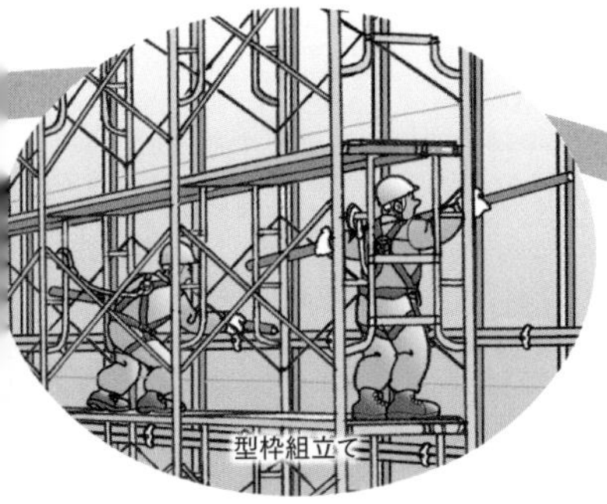
型枠組立て

次に、型枠・支保工を組み立てる。コンクリートを打ち込んでいるときに動かないように堅固に組み立てて固定する。

③ 底版・1リフト目側壁のコンクリート打込み・養生

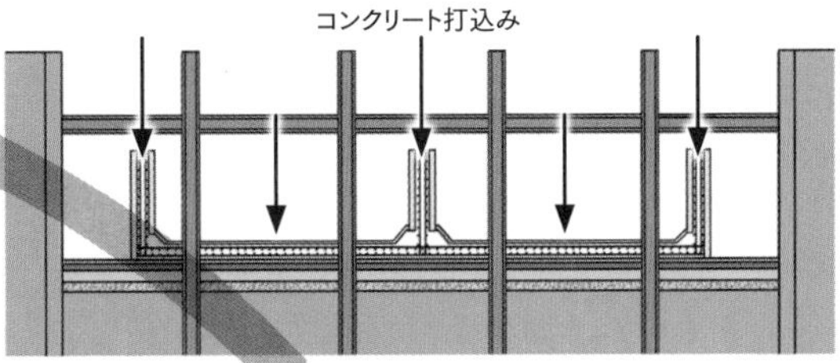
コンクリート打込み

コンクリート打込み

コンクリートの打込みに必要な配管設備などを地上から接続したあと、底版と側壁にコンクリートを打ち込む。

シートによる水分逸散抑制養生

打込み後のコンクリートは、型枠の取り外し後も水分の逸散を抑制して湿潤状態に保たなければならない。

④ 土留め支保工の盛替え

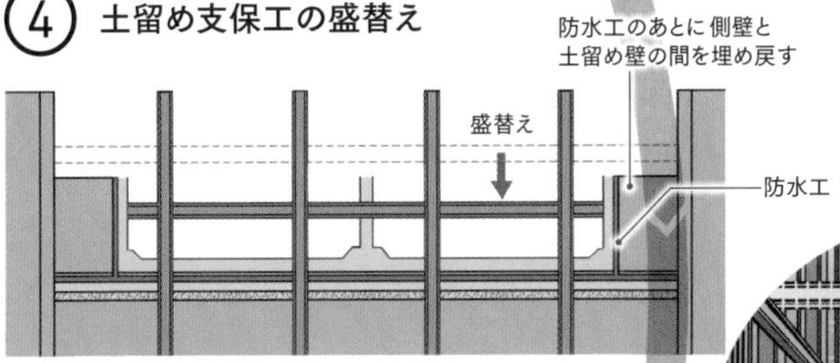
防水工のあとに側壁と
土留め壁の間を埋め戻す
盛替え
防水工

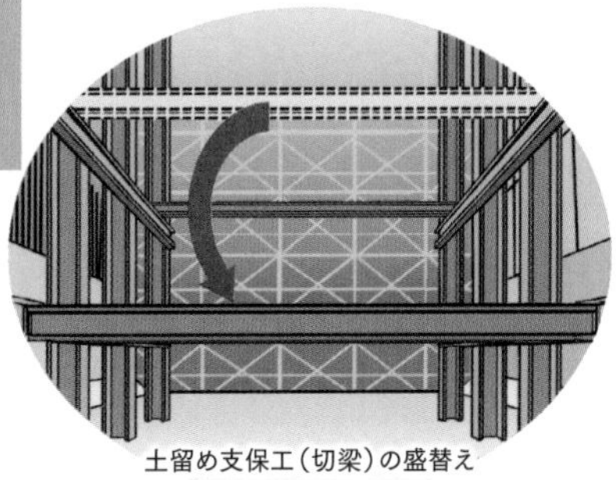
土留め支保工（切梁）の盛替え

躯体構築に合わせて支障となる切梁や腹起しなどの支保工を適切な位置に移し替えていく。

埋戻し後、転圧・締固め

土留め支保工を撤去したあと、振動ローラなどの機械を用いて埋戻し材の転圧・締固めを行う。

⑤ 2リフト目側壁・中床版の型枠・支保工・鉄筋の組立て

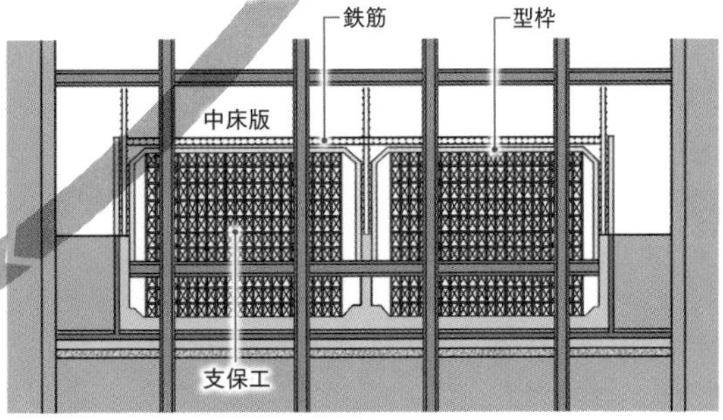
鉄筋
型枠
中床版
支保工

底版上での型枠・支保工の組立て

コンクリートの底版上に型枠・支保工を組み立て、その上に中床版の型枠と鉄筋を組み上げる。

中床版コンクリートの打込み

充填不良や締固め不良が発生しないようにバイブレータでコンクリートを入念に締め固める。

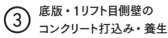

2 躯体の施工上の留意点

躯体工は、作業スペースが狭隘なので、綿密な施工計画が大切である。また、コンクリートを低所へ圧送するので輸送管が閉塞しやすいことや、中間杭の処理による地下水浸透対策などが必要である。

(1) 地上ヤードでのコンクリート工事用車両の配置・動線

トラックアジテータやコンクリートポンプ車の配置や動線は、狭隘な条件の地上ヤードを前提に検討されることが多いため、事前の綿密な施工計画が大切である。

(2) コンクリートの低所への圧送中の落下閉塞対策

低所への圧送距離が長くなると、圧送中にコンクリートが自重で落下して材料分離が生じ、閉塞しやすくなる。そのため下部の水平管を長くし、鉛直配管の途中にS字管などの抵抗部を設けることで、コンクリートの流下速度を抑制して材料分離の発生を防ぐ。また、圧送の中断が予想されるときは、コンクリートの流出に備えて、ストップバルブを設置する。

S 字管とストップバルブ

(3) 中間杭の処理

コンクリート中に埋まっている中間杭はそのまま残し、それ以外を切断し撤去する。中間杭の切断跡は止水上の弱点となるので、防錆剤を塗布して覆ったり、保護モルタルを被せたりする。また止水対策として、中間杭の断面に沿って水膨張系ゴム止水材を設置する場合もある。

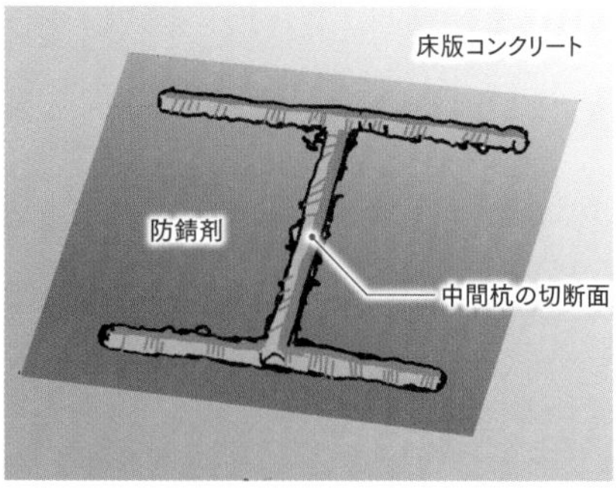

床版から外に出ている中間杭は切断し
防錆剤を塗布

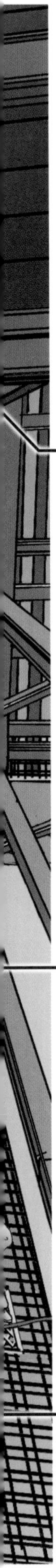

(4) 高密度配筋への対応

鉄筋量が多く普通のコンクリートでは施工が困難な場合、自己充填性の高い「高流動コンクリート」を用いることがある。また、鉄筋間のあきを確保するには「機械式定着工法」あるいは「機械式継ぎ手工法」が有効である。

(5) 資材の搬入、コンクリートの打込み口

鉄筋や型枠などの資材の搬入は、覆工板を外して行う。コンクリートを打ち込む際も、覆工板の開口を利用する。

覆工板の開口

(6) コンクリート輸送管の配置

開口から遠い場所にコンクリートを打ち込むには、輸送管を配置する。コンクリートの圧送距離ができるだけ短くなるように、輸送管の配置を変更しながらコンクリートを圧送する。

コンクリート輸送管の配置

(7) コンクリートの打込み・締固め

圧送されたコンクリートを迅速に打ち込む。なお、狭隘な箇所での作業が多いが、締固め作業は確実に行う。

コンクリートの打込み・締固め

豆知識　様々な躯体構築の方法

逆巻《さかま》き工法

一般的な開削工事は、床付けまで掘削が完了したあと、底版から順に上方向に躯体を構築する。これに対して、掘削に従い上床版あるいは中床版を側壁や中壁に先がけて構築し、これを安定した土留め支保工として使用しながら、掘削と下方への躯体構築を交互に繰り返す工法を、逆巻き工法といい、工期短縮に有効とされる。

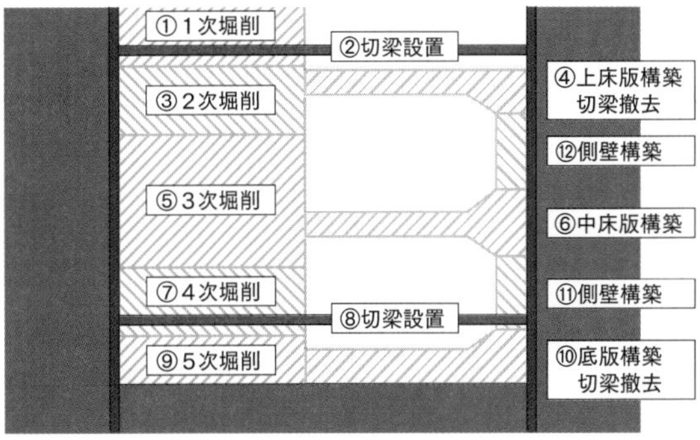

逆巻き工法の施工手順例

アンダーピニング工法

既設構造物の直下に新たに地下構造物を築造する場合、既設構造物に影響を与えないよう、既設構造物の基礎を新設，改築または補強する工法を、アンダーピニング工法という。

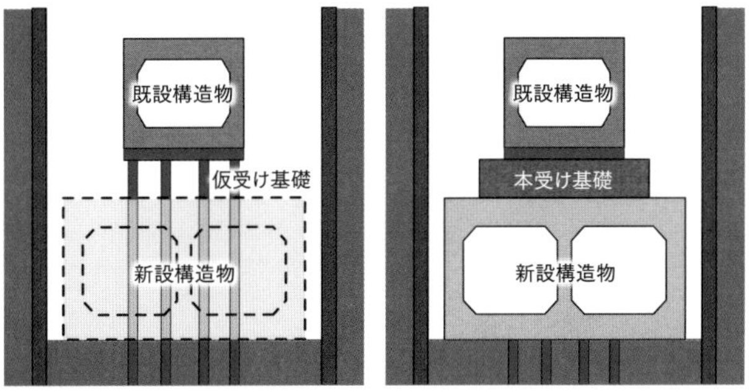

仮受け　　本受け

土留め壁の本体利用

地下鉄などの開削工事では、掘削深さが深いことが多く、土圧や地下水圧などの大きな側圧を受けることから、高い剛性を有する土留め壁を構造体として用いることが多い。この土留め壁を本体に利用することで、掘削後に構築する壁厚が縮小でき、本体壁厚が薄くなることにより土留め壁を掘削側に寄せられることから、工事費の節減を図ることができる。

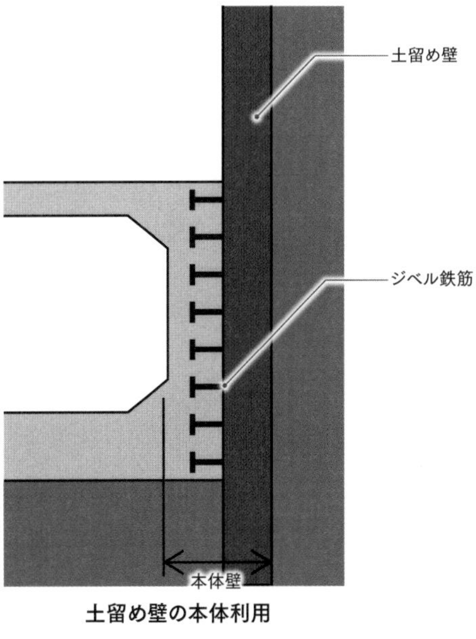

土留め壁の本体利用

6-4 復旧工・設備工

道路下の地下に巨大な鉄筋コンクリート製の駅舎がようやく姿を現した。これからいよいよ最後の仕上げである。工事で掘り出した土を戻し、同時に地表面から数メートルほどの深さに埋まっていたガス管や水道管、電力管など私たちの生活を支えるインフラを元あった場所に復旧する。また、工事に用いた土留め壁の芯材や中間杭、覆工板などの仮設材も順次撤去し、その後、地上の道路舗装や歩道などの交通設備を整えていく。

地下にある駅舎内では、空調や電気、通信などの設備工が専門の技能者によって進められ、また地上とのアクセスを向上させるエレベータやエスカレータの設置も同時に行われる。近年では、都市部でのゲリラ豪雨による水害が多発しており、地下駅への浸水被害を防止するため、止水扉などの防災設備も設置される。

これで工事完成まであと一歩である。

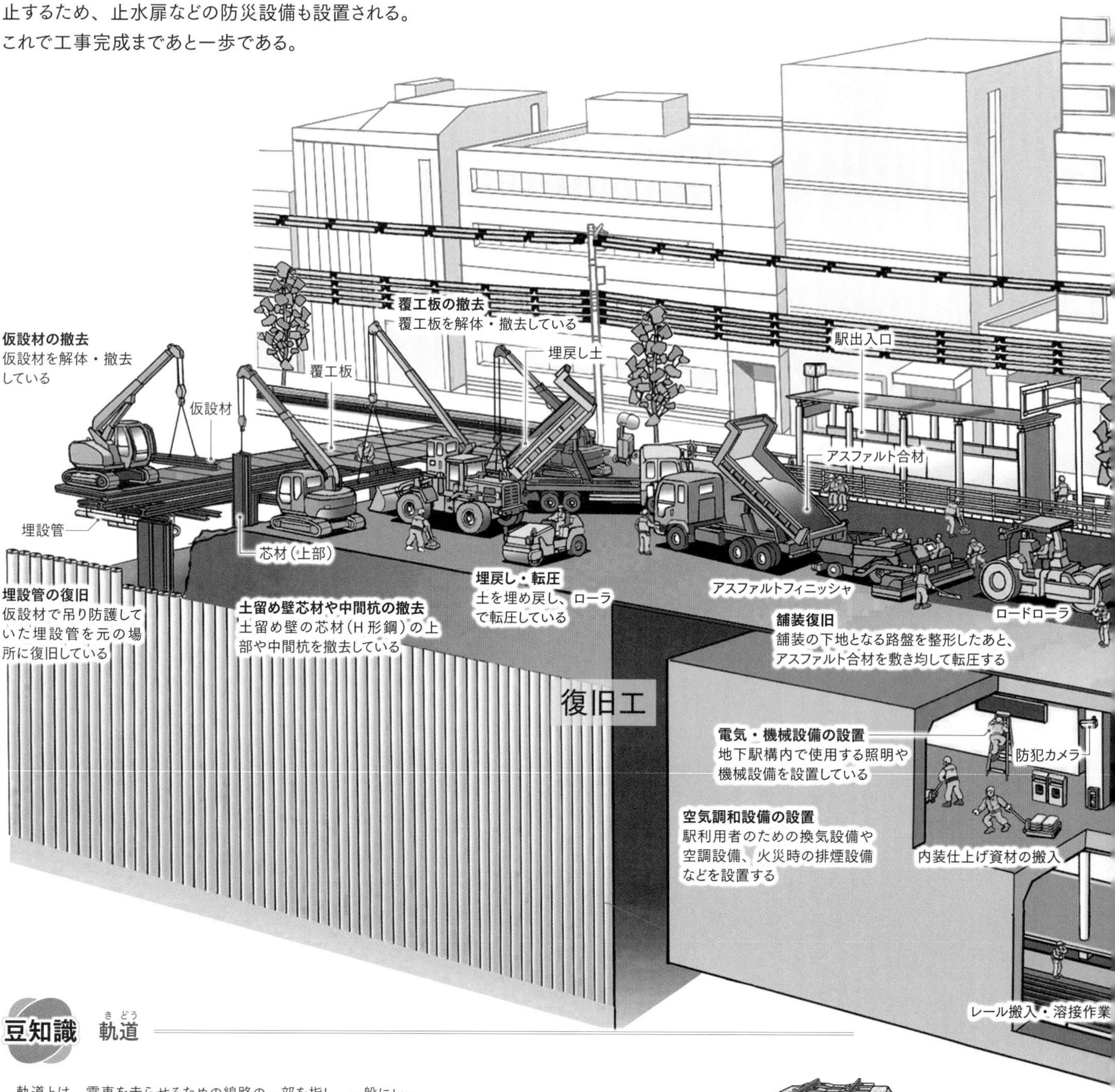

仮設材の撤去
仮設材を解体・撤去している
仮設材
覆工板
覆工板の撤去
覆工板を解体・撤去している
埋戻し土
駅出入口
アスファルト合材
埋設管
芯材（上部）
埋設管の復旧
仮設材で吊り防護していた埋設管を元の場所に復旧している
土留め壁芯材や中間杭の撤去
土留め壁の芯材（H形鋼）の上部や中間杭を撤去している
埋戻し・転圧
土を埋め戻し、ローラで転圧している
アスファルトフィニッシャ
ロードローラ
舗装復旧
舗装の下地となる路盤を整形したあと、アスファルト合材を敷き均して転圧する
復旧工
電気・機械設備の設置
地下駅構内で使用する照明や機械設備を設置している
防犯カメラ
空気調和設備の設置
駅利用者のための換気設備や空調設備、火災時の排煙設備などを設置する
内装仕上げ資材の搬入
レール搬入・溶接作業

豆知識　軌道《きどう》

軌道とは、電車を走らせるための線路の一部を指し、一般にレールや枕木、道床《どうしょう》などから構成される。

軌道の構造には多様な種類があり、地下鉄では主に直結軌道や弾性枕木直結軌道が採用されている。

バラスト軌道：砕石、砂利などのバラストを敷き詰めた道床を設置し、その上に枕木とレールを敷設したもので最も一般的な構造。

スラブ軌道：工場で製作したコンクリート製のスラブを道床として設置し、その上にレールを固定したもの。

直結軌道：現地で打ち込んだコンクリート製の道床に、枕木やレールを固定したもので、枕木を用いない方式もある。

弾性枕木直結軌道：枕木を防振性に優れたゴムなどの弾性体を介して道床コンクリート上に固定したもの。

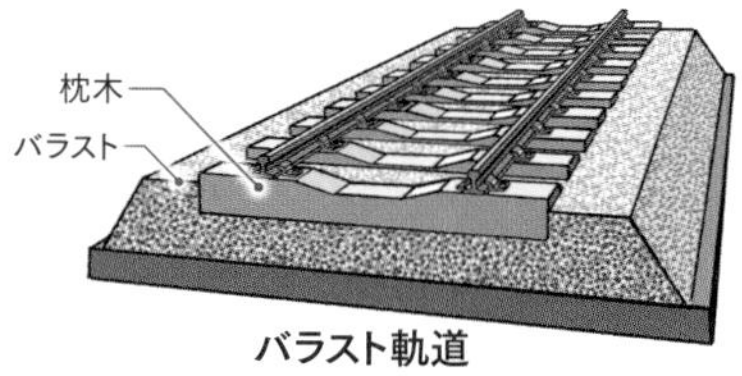

枕木
バラスト

バラスト軌道

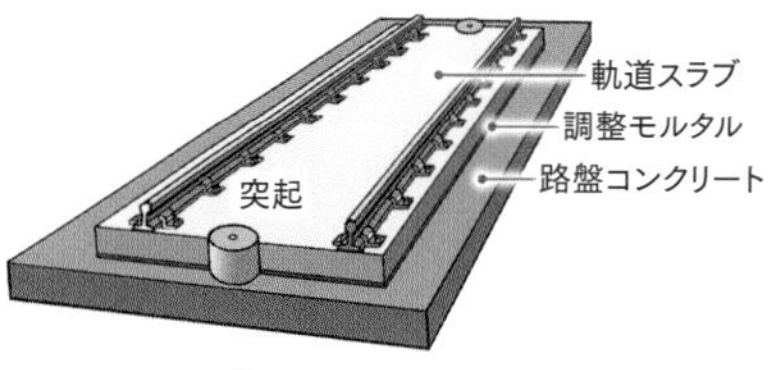

軌道スラブ
調整モルタル
路盤コンクリート
突起

スラブ軌道

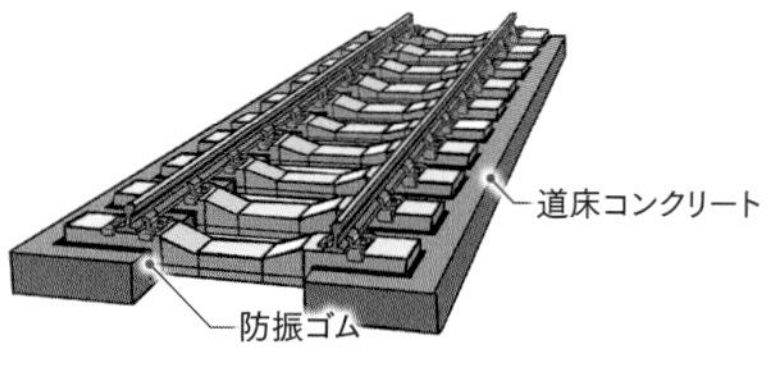

道床コンクリート
防振ゴム

弾性枕木直結軌道

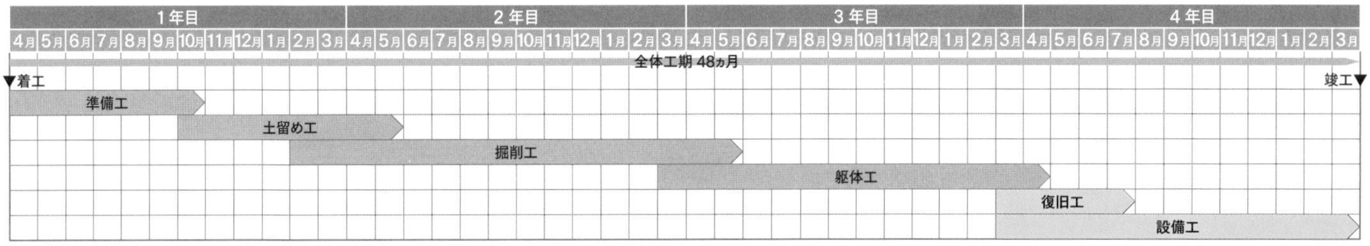
1年目
2年目
3年目
4年目
4月 5月 6月 7月 8月 9月 10月 11月 12月 1月 2月 3月
全体工期 48ヵ月
着工
竣工
準備工
土留め工
掘削工
躯体工
復旧工
設備工

全体工程表

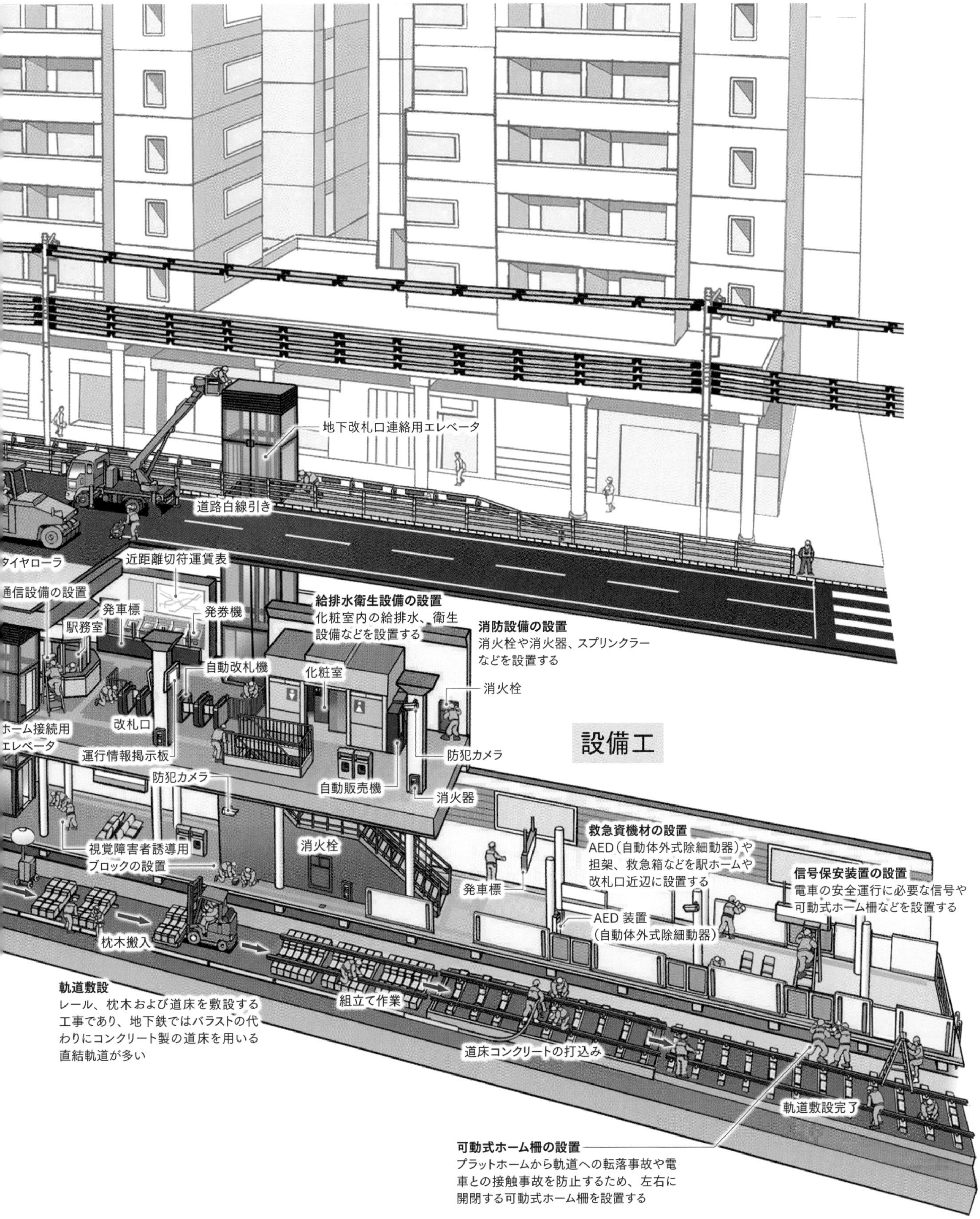
地下改札口連絡用エレベータ
道路白線引き
タイヤローラ
近距離切符運賃表
通信設備の設置
発車標
発券機
駅務室
給排水衛生設備の設置
化粧室内の給排水、衛生設備などを設置する
消防設備の設置
消火栓や消火器、スプリンクラーなどを設置する
自動改札機
化粧室
消火栓
改札口
ホーム接続用エレベータ
運行情報掲示板
防犯カメラ
設備工
防犯カメラ
自動販売機
消火器
視覚障害者誘導用ブロックの設置
消火栓
救急資機材の設置
AED（自動体外式除細動器）や担架、救急箱などを駅ホームや改札口近辺に設置する
信号保安装置の設置
電車の安全運行に必要な信号や可動式ホーム柵などを設置する
発車標
AED 装置
（自動体外式除細動器）
枕木搬入
軌道敷設
レール、枕木および道床を敷設する工事であり、地下鉄ではバラストの代わりにコンクリート製の道床を用いる直結軌道が多い
組立て作業
道床コンクリートの打込み
軌道敷設完了
可動式ホーム柵の設置
プラットホームから軌道への転落事故や電車との接触事故を防止するため、左右に開閉する可動式ホーム柵を設置する

1 主な復旧工

地下で躯体が完成したあと、地上の原状回復に向けて作業を行う。例えば、工事のために一時的に移動していた埋設管や土などを元の位置に復旧し、不要となった仮設材は順次解体して搬出する。

工事に伴って吊り防護などで仮受けしていた埋設管の復旧作業

埋設管の復旧

躯体の完成後、掘削した土の一部を埋め戻して転圧締固め

埋戻し・転圧締固め

覆工板などの仮設材を撤去し、次に道路舗装や歩道、街路樹などを順次復旧

仮設材の撤去

2 設備工

公共の乗り物である鉄道の駅には、空気調和設備や電気・機械設備、通信設備、給排水衛生設備、信号保安装置など様々な設備が必要となる。

空気調和設備：地下駅構内の環境維持および火災時の人命確保の観点から、駅ホームやコンコース、駅長事務室などに、換気設備・空調設備・排煙設備を設ける。

通信設備：沿線と駅および指令所を有機的に結び、音声やデータなどの通信を行い、安全性と利用者のサービス向上に利用される。また、列車と駅や指令所との連絡を行うための列車無線装置もある。

給排水衛生設備：駅構内の水回りに配水するため、給水・給湯、排水、排水処理設備を設置する。

信号保安装置：電車の安全・安定運行に必要な信号保安装置を設置する。

電気・機械設備：地下駅構内で使用する照明などの電気設備や機械設備を設置する。

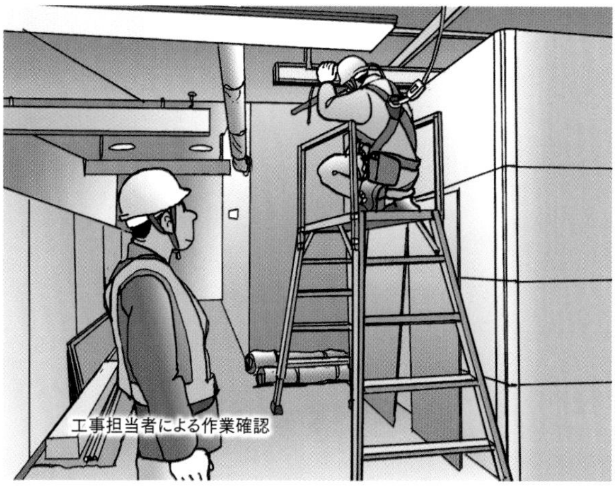

駅構内での電気・機械設備工事

豆知識 防災対策

火災や水害、地震などの災害に備えた設備が駅やトンネル坑内に設けられており、安全輸送に配慮した万全の体制が整えられている。

駅長事務室にある防災監視盤

災害が発生したとき、駅長は災害情報の収集および駅職員への伝達・指示を迅速に行う必要がある。そのため、駅長事務室には基本的に「防災監視盤」が設置されている。

防災監視盤は、火災報知機の受信や消火設備・排煙設備・防火扉・防火シャッターなどの作動状況の監視・制御を行う。また、駅構内および外部への通信や放送機能もある。

帰宅困難者対策

災害で帰宅困難となった利用者を駅構内に一時的に保護するため、各種の物資（飲料水、防寒ブランケット、簡易マットなど）を配備した駅が増えている。

防火シャッターは火災の延焼を食い止め、有害な煙の侵入を遮断する防火設備

駅出入口に設置された止水扉で構内への水の浸入を防止

3 乗降者のための駅構内設備

駅利用者に必要な構内設備として、発券機や自動改札機、案内表示板などを設置する。最近では、ホーム上からの転落を防止するため、可動式ホーム柵の設置も進められている。また、利用者の利便性を高めるため、エレベータやエスカレータなどのバリアフリー設備も設けられる。

可動式ホーム柵の取付け作業

エスカレータの土台となるトラスを分割して構内に搬入

トラスを組み立てたあと、エスカレータ本体を吊り上げて所定の位置に固定

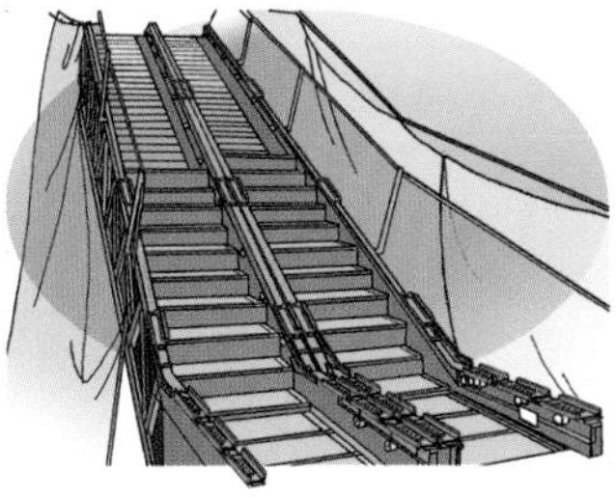
踏段を固定し、パネルや手すりを設置したあと、試運転を繰り返して作業完了

4 建築限界の確認

車両が走行中にホームや壁などと接触しないように、車両の外側に一定の空間を設ける必要があり、これを建築限界という。完成後に専用の測定車を用いて建築限界を確認する。

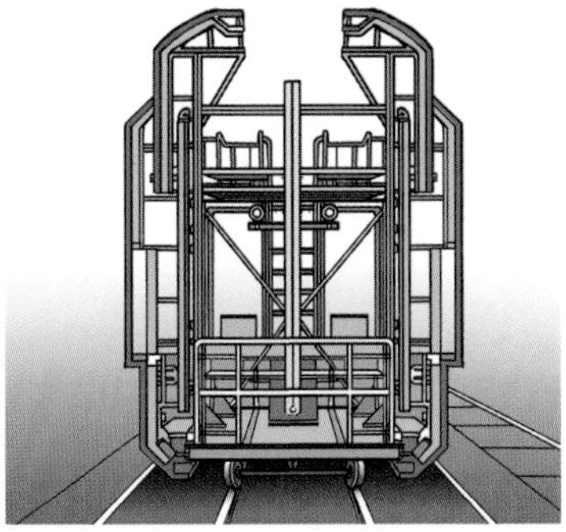
専用の測定車による建築限界の確認

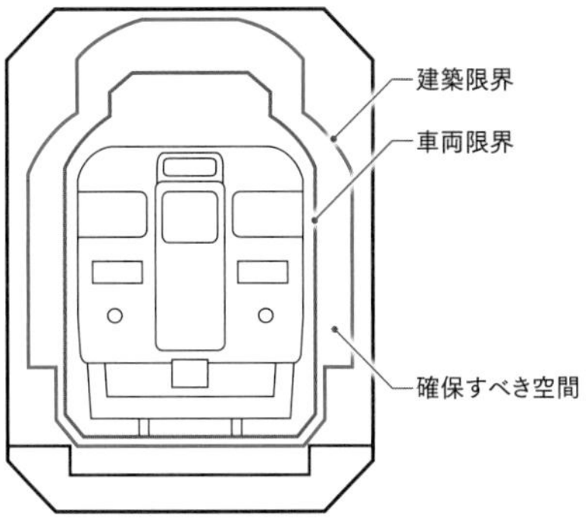
建築限界
車両限界
確保すべき空間
建築限界と車両限界の関係

6-5 完成

地下駅は、完成すると建築限界定規および電車の試運転による検査を受けて竣工を迎える。車や人で混雑した都市の地下に、まるで人間の動脈のように鉄道網が広がり、そこにつながる地下駅は、人々を目的地へとスムーズに輸送する入口となる。堅牢な土留め壁と支保工で防護しながら地下深くまで掘り進んだあと、できあがった大空間に鉄筋コンクリート製の箱をつくり、これが駅となる。地下駅ができると人やモノが集まり、周辺には商業ビルや居住建物などが建ち並び、快適なまちづくりの起点となる。

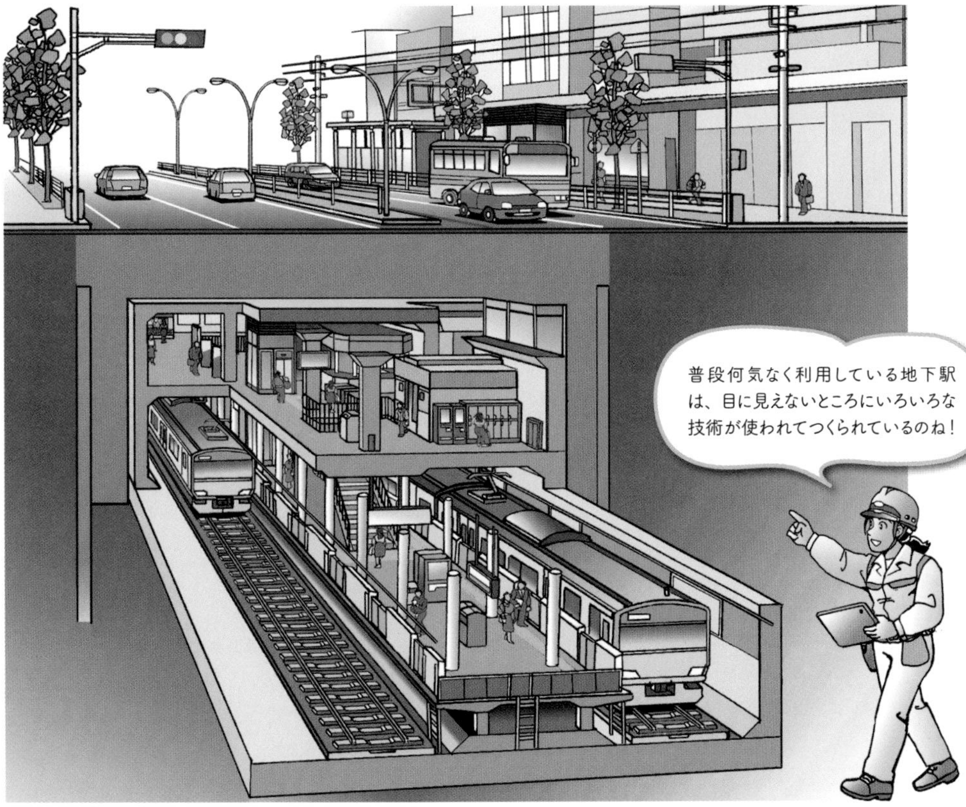
普段何気なく利用している地下駅は、目に見えないところにいろいろな技術が使われてつくられているのね！

7 港

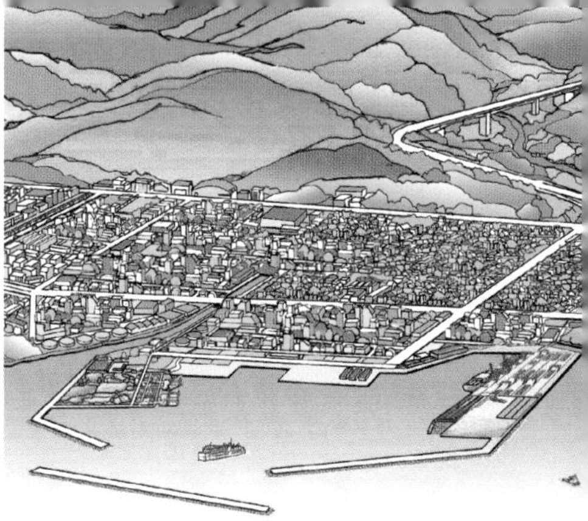

港は、海外との間で輸出入される貨物のほとんどが経由したり、観光の玄関口として多くの人に利用されたり、ものや人が集まる社会基盤として発展してきた。港の役割は、船舶が安全に停泊や航行できる静穏な水域を確保したり、荷役や人の乗降を円滑に行ったりすることである。また、背後地を防護し生命や財産の被害を防止または軽減し、災害が発生したときは緊急物資の輸送拠点にもなる。

7-1 準備工

港をつくるにあたって、事前に沿岸地域を管理する国などの機関には工事を行うための申請を、海域を利用している漁業関係者には工事内容の説明を行う。申請後には海底地形を測量するなど様々な調査がスタートする。

1 事前協議

港の工事を行うには、海上保安部や港湾管理者に対して工事許可の申請を行い許可を得る必要がある。工事の範囲において水域を占用する場合は「水域占用届」を提出し、占用料金を納める。漁業関係者や荷役関係者といった近隣関係者に対しては、工事内容を説明し、協議を行う。

作業の安全に関する事項
船舶の航行が多いので安全監視船を追加で配船してください
分かりました
作業船や免許に関する事項
記載にない船舶を使用する場合は、速やかに追加の申請書を提出してください
施工計画書
工事責任者
海上保安官

工事・作業許可申請の提出（海上保安部）

2月から3月にかけてケーソンの据付けを行いたいと思っています
ケーソンの曳航経路を確認しておく必要があるな
漁の時期に被るから日程を調整する必要があるかも
○○防波堤工事説明会
荷役関係者
漁業関係者
工事責任者

工事内容の説明や協議　※本来は関係者ごとに訪問する

2 港の工事現場で働く専門技能者

港の工事は、陸上の工事と違い水中での作業が多く発生する。水中で作業できる建設機械もあるが、基本は潜水士による水中作業が主体となる。また、使用する資材や機材は人力で持ち上げるのが困難なため、海上クレーンオペレータが各工種で揚重作業を担うことになる。

マスク
視界の確保
送気ホース
水上から空気を供給
ウエイト
潜水のための錘《おもり》
水中ナイフ
網などに絡まったとき緊急時の脱出用
通信ケーブル
水上と連絡

潜水士（フーカー式）

吊荷や船は潮流、波や風で揺れが発生する。目視で確認できない水面下のものをコントロールするため、高度な操縦技術が求められる。
了解！
波で少し揺れるので収まったら旋回します
右に旋回！
拡声器
潜水士からの合図

海上クレーンオペレータ

ここは思ったより浅くて交通船が着岸できそうにないな
仮設の係留桟橋を前面に出しましょう

深浅測量結果の利用例

3 深浅測量

海底の土砂を取り除く浚渫《しゅんせつ》や地盤改良など海底地盤に手を加える作業を開始する前には、事前に深浅測量《しんせんそくりょう》を行い、各工種が完了したあとには出来形を計測することを目的とした事後深浅測量を行う。深浅測量によって得られた海底地形の情報を施工計画立案に用いたり、出来形として国などの発注者に提出したりする。

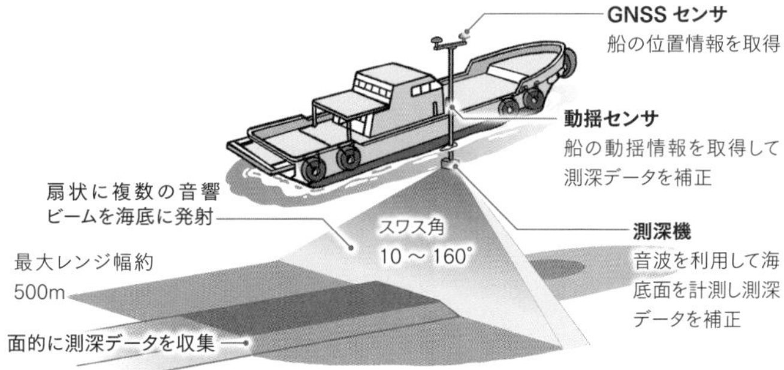

GNSS センサ
船の位置情報を取得
動揺センサ
船の動揺情報を取得して測深データを補正
扇状に複数の音響ビームを海底に発射
スワス角
10 ～ 160°
測深機
音波を利用して海底面を計測し測深データを補正
最大レンジ幅約
500m
面的に測深データを収集

ナローマルチビームによる測深状況

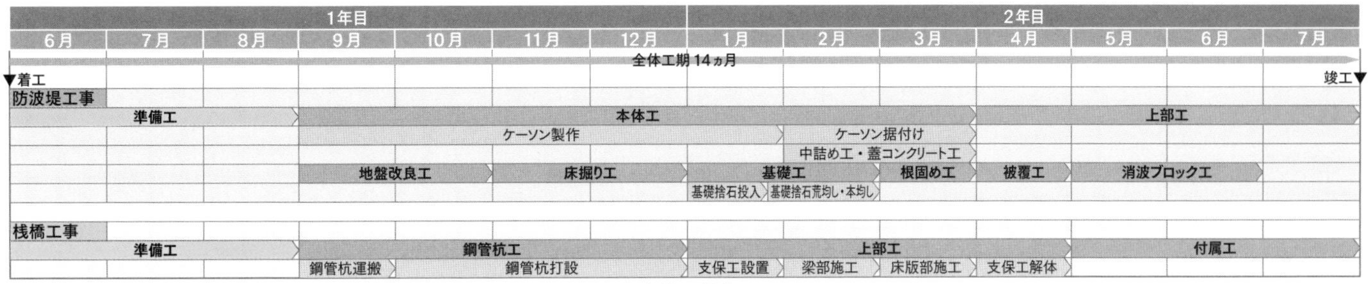
1年目
2年目
6月
7月
8月
9月
10月
11月
12月
1月
2月
3月
4月
5月
6月
7月
全体工期14ヵ月
着工
竣工
防波堤工事
準備工
本体工
上部工
ケーソン製作
ケーソン据付け
中詰め工・蓋コンクリート工
地盤改良工
床掘り工
基礎工
根固め工
被覆工
消波ブロック工
基礎捨石投入
基礎捨石荒均し・本均し
桟橋工事
準備工
鋼管杭工
上部工
付属工
鋼管杭運搬
鋼管杭打設
支保工設置
梁部施工
床版部施工
支保工解体

全体工程表

4 磁気探査・潜水探査

浚渫や地盤改良などの作業をする場合、海底地盤内に砲弾や機雷などが残っていると危険なため、施工範囲において磁気探査を行う。特定された磁気異常点に対し、潜水士が水中に潜って行う潜水探査を行い、磁気異常物を処理する。

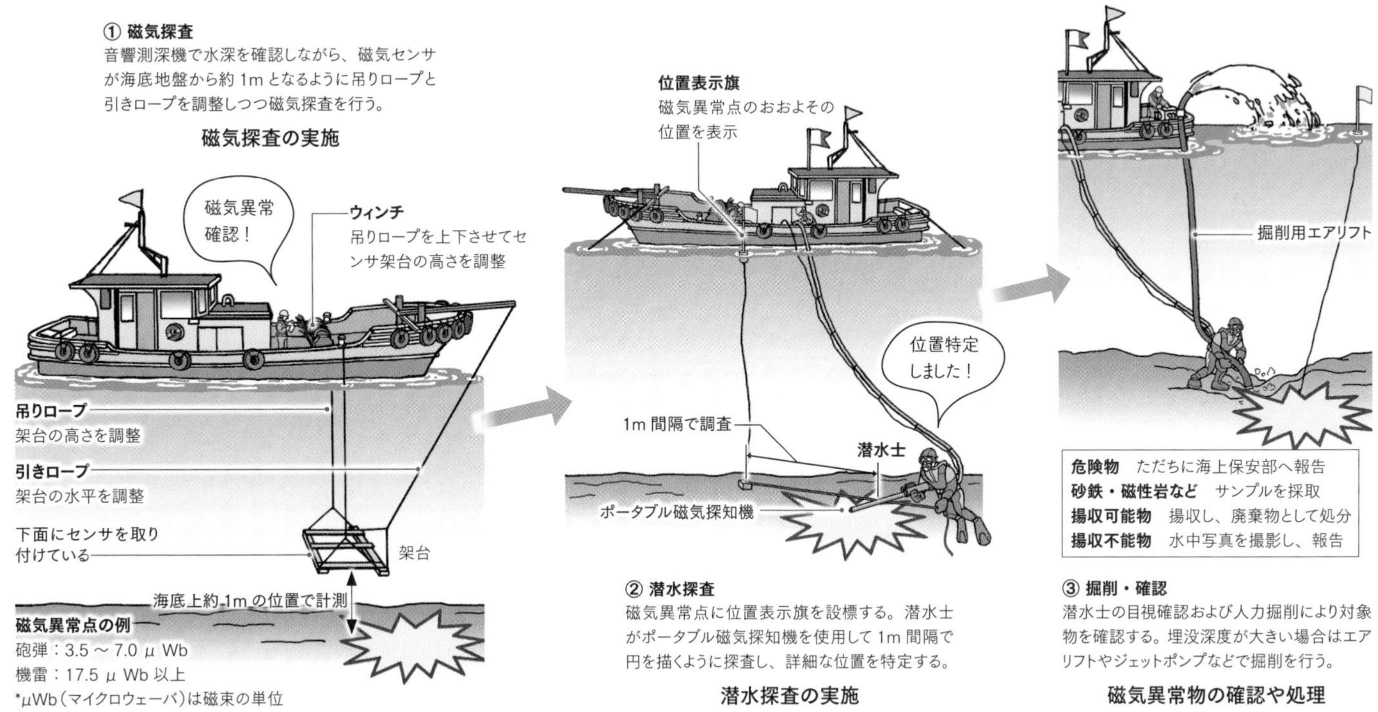
① 磁気探査
音響測深機で水深を確認しながら、磁気センサが海底地盤から約1mとなるように吊りロープと引きロープを調整しつつ磁気探査を行う。
磁気異常確認！
ウィンチ
吊りロープを上下させてセンサ架台の高さを調整
吊りロープ
架台の高さを調整
引きロープ
架台の水平を調整
下面にセンサを取り付けている
架台
海底上約1mの位置で計測
磁気異常点の例
砲弾：3.5～7.0 μ Wb
機雷：17.5 μ Wb 以上
*μWb（マイクロウェーバ）は磁束の単位
位置表示旗
磁気異常点のおおよその位置を表示
位置特定しました！
1m 間隔で調査
潜水士
ポータブル磁気探知機
② 潜水探査
磁気異常点に位置表示旗を設標する。潜水士がポータブル磁気探知機を使用して1m間隔で円を描くように探査し、詳細な位置を特定する。
掘削用エアリフト
危険物　ただちに海上保安部へ報告
砂鉄・磁性岩など　サンプルを採取
揚収可能物　揚収し、廃棄物として処分
揚収不能物　水中写真を撮影し、報告
③ 掘削・確認
潜水士の目視確認および人力掘削により対象物を確認する。埋没深度が大きい場合はエアリフトやジェットポンプなどで掘削を行う。

磁気探査の実施

潜水探査の実施

磁気異常物の確認や処理

5 底質調査

海底地盤を掘削する場合、水底土砂に含まれるダイオキシンをはじめとする汚染物質があると、周辺に拡散するおそれがある。汚染物質の拡散防止対策を検討するために底質調査を行う必要がある。調査にはエクマンバージ採泥器や柱状採泥器を用いて試料を採取し、底質試験方法に定められた方法で分析を行う。

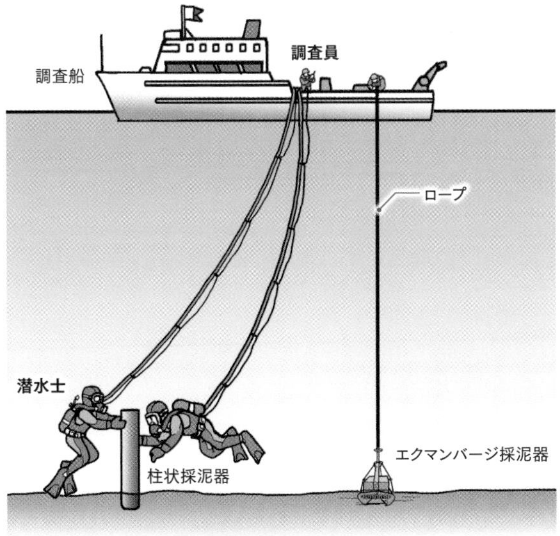
調査船
調査員
ロープ
潜水士
柱状採泥器
エクマンバージ採泥器

潜水士による採泥

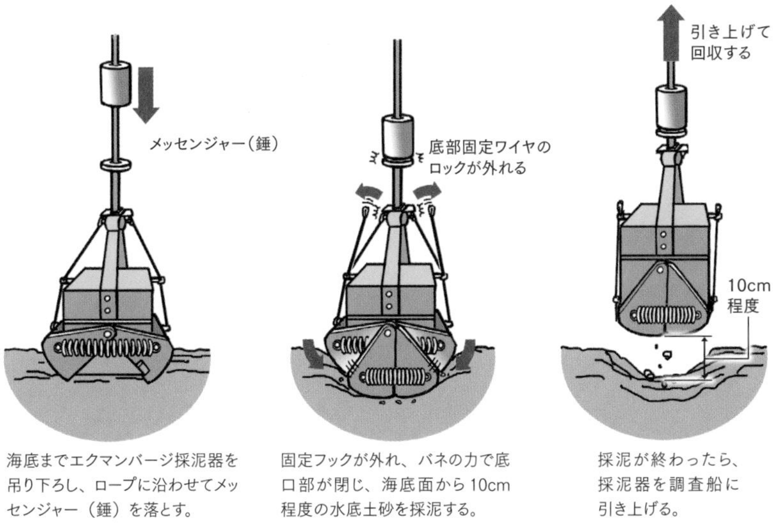
メッセンジャー（錘）
底部固定ワイヤのロックが外れる
引き上げて回収する
10cm 程度
海底までエクマンバージ採泥器を吊り下ろし、ロープに沿わせてメッセンジャー（錘）を落とす。
固定フックが外れ、バネの力で底口部が閉じ、海底面から10cm程度の水底土砂を採泥する。
採泥が終わったら、採泥器を調査船に引き上げる。

エクマンバージ採泥器を用いた採泥方法

7-2 港の工事に使う作業船

港の工事に使う作業船には地盤改良で使用するサンドコンパクション船やケーソン製作で使用するフローティングドックなどの特殊作業船、材料を運搬する作業船や海上で揚重作業を行う作業船がある。ここでは、防波堤工事や桟橋工事で使う作業船の中で代表的なものを紹介する。注目してほしいのは何といってもスケールの大きさである。様々なサイズが存在する中で、国内最大級のものを紹介する。

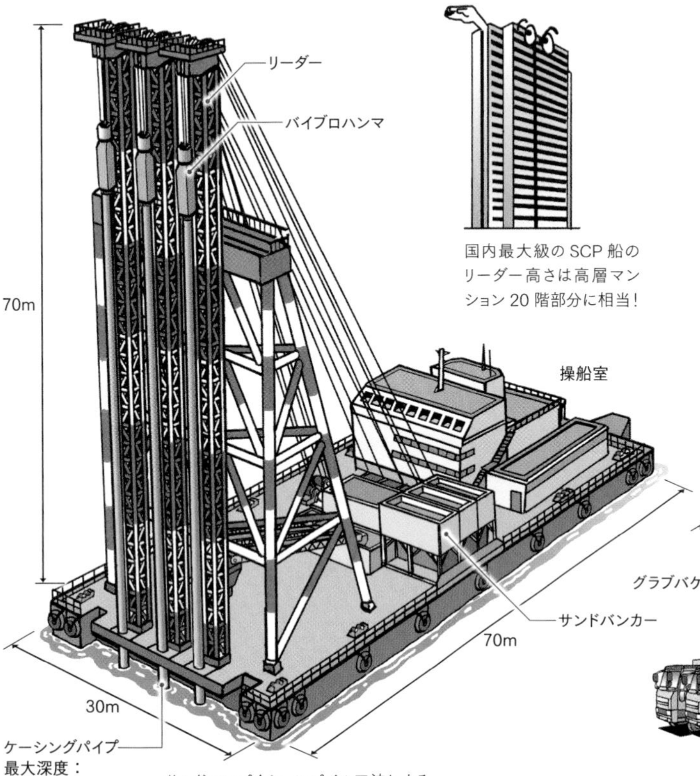

リーダー
バイブロハンマ
70m
国内最大級のSCP船のリーダー高さは高層マンション20階部分に相当！
操船室
サンドバンカー
70m
30m
ケーシングパイプ
最大深度：
水面下約40m

サンドコンパクションパイル工法による海底地盤の改良を行う作業船

サンドコンパクション船（SCP船）

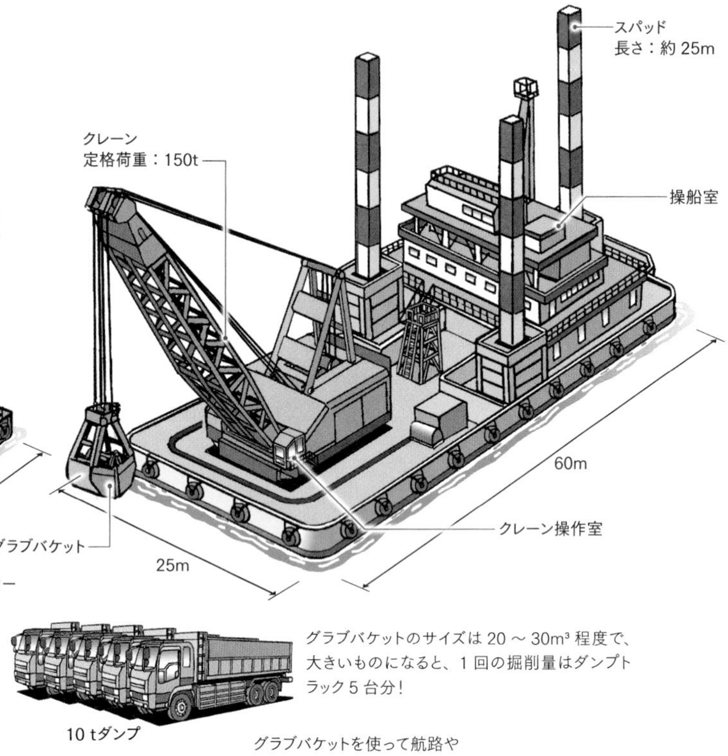

スパッド
長さ：約25m
クレーン
定格荷重：150t
操船室
60m
クレーン操作室
グラブバケット
25m
グラブバケットのサイズは20～30m³程度で、大きいものになると、1回の掘削量はダンプトラック5台分！
10 tダンプ

グラブバケットを使って航路や泊地の浚渫を行う作業船

グラブ浚渫船

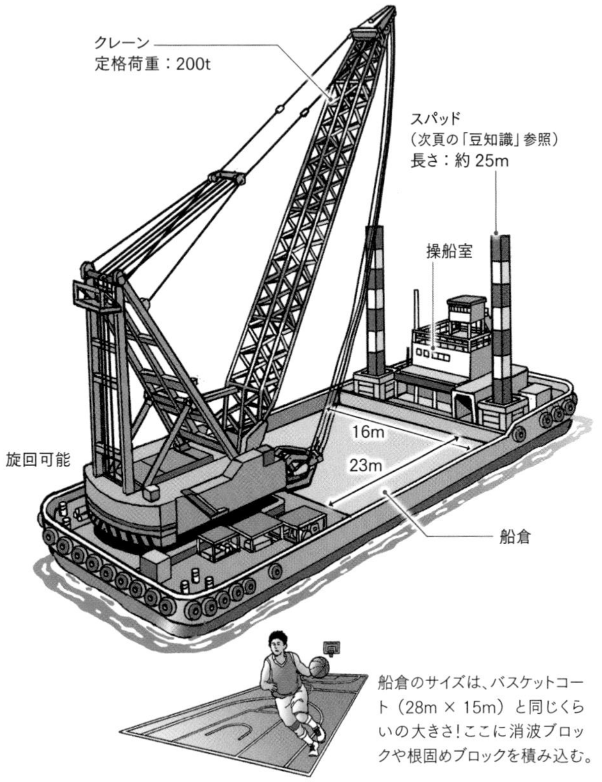

クレーン
定格荷重：200t
スパッド
（次頁の「豆知識」参照）
長さ：約25m
操船室
16m
23m
旋回可能
船倉
船倉のサイズは、バスケットコート（28m × 15m）と同じくらいの大きさ！ここに消波ブロックや根固めブロックを積み込む。

海上で揚重作業を行う作業船

起重機船

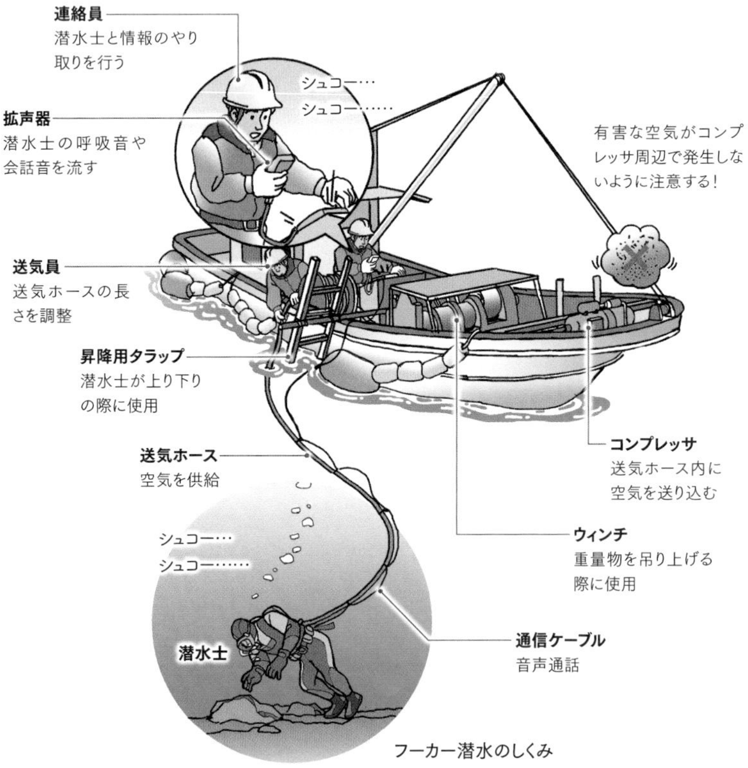

連絡員
潜水士と情報のやり取りを行う
シュコー…
シュコー……
拡声器
潜水士の呼吸音や会話音を流す
有害な空気がコンプレッサ周辺で発生しないように注意する！
送気員
送気ホースの長さを調整
昇降用タラップ
潜水士が上り下りの際に使用
送気ホース
空気を供給
コンプレッサ
送気ホース内に空気を送り込む
シュコー…
シュコー……
ウィンチ
重量物を吊り上げる際に使用
潜水士
通信ケーブル
音声通話
フーカー潜水のしくみ

潜水作業を行うときに使用する作業船

潜水士船

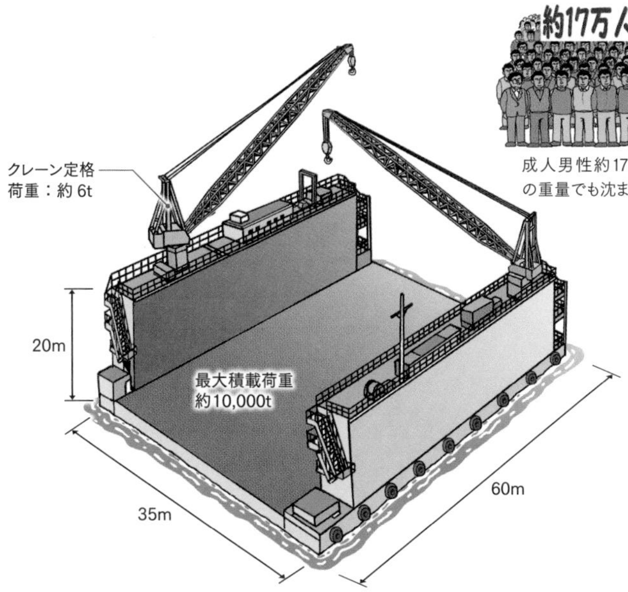
約17万人
成人男性約17万人分
の重量でも沈まない
クレーン定格
荷重：約6t
20m
最大積載荷重
約10,000t
35m
60m

注排水システムによって進水、浮上が可能な作業船。主にケーソン製作に利用

フローティングドック（FD）

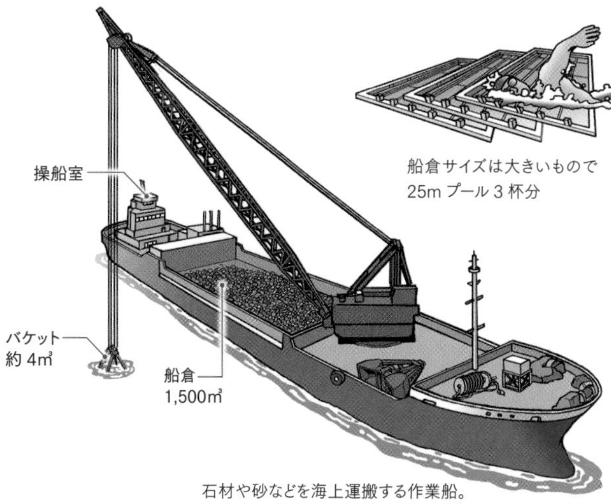
船倉サイズは大きいもので
25m プール 3 杯分
操船室
バケット
約 4m³
船倉
1,500m³

石材や砂などを海上運搬する作業船。
クレーンを搭載していて自ら荷卸しが可能

ガット船

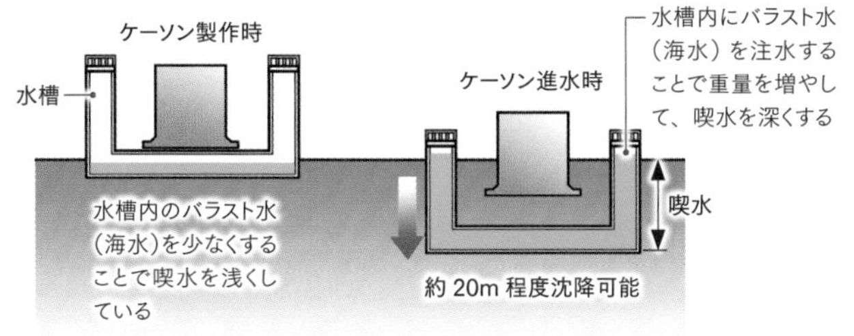
ケーソン製作時
水槽
ケーソン進水時
水槽内にバラスト水（海水）を注水することで重量を増やして、喫水を深くする
喫水
水槽内のバラスト水（海水）を少なくすることで喫水を浅くしている
約 20m 程度沈降可能

ケーソン進水のしくみ

石材などサイズが大きいものをつかむときに使う。

オレンジバケット（捨石用）

砂など細かいものをつかむときに使う。

クラムシェルバケット（砂用）

バケットの種類

豆知識　知っているようで知らない作業船の機能

自ら動ける船　自ら動けない船

作業船の移動方法は自航式と非自航式に分類される。自航式とは自船の動力で航行することが可能な作業船のことを指し、非自航式とは引船と曳航索《えいこうさく》で結ぶことで曳航される作業船を指す。

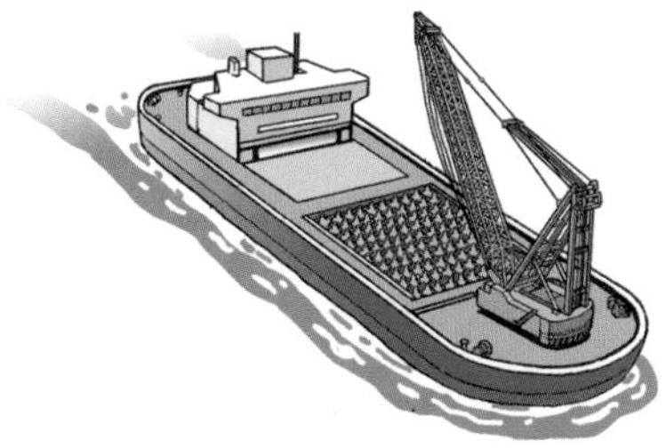

例：ガット船・潜水士船・起重機船

自航式

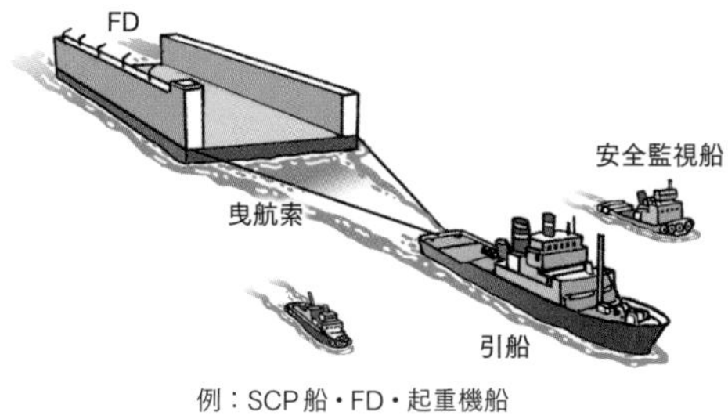
FD
安全監視船
曳航索
引船

例：SCP船・FD・起重機船

非自航式

ただ停まるだけじゃない？　海上で位置を保持する方法

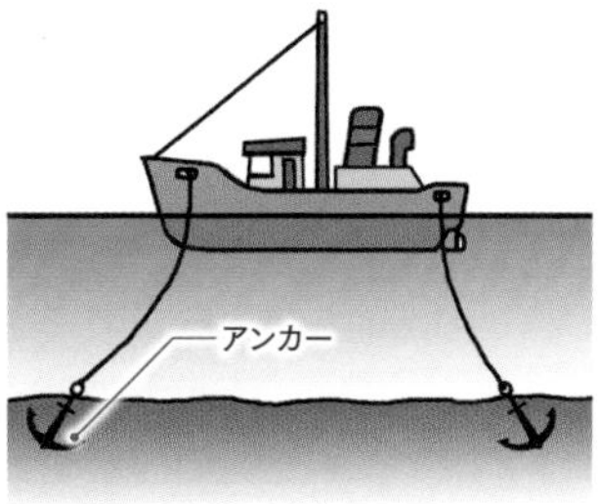
アンカー

海底にアンカーを落として固定し、船上のウィンチ操作によって位置を調整する。

アンカー式

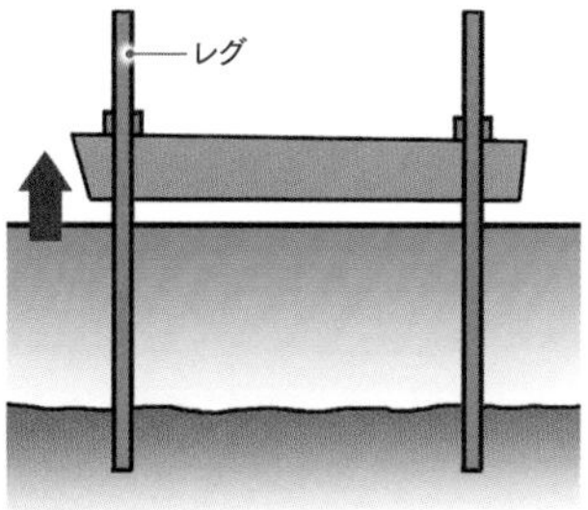
レグ

レグと呼ばれる昇降可能な柱状の脚を海底面に着底させて、船体を海面上まで持ち上げる。

自己昇降式（Self-Elevating Platform）

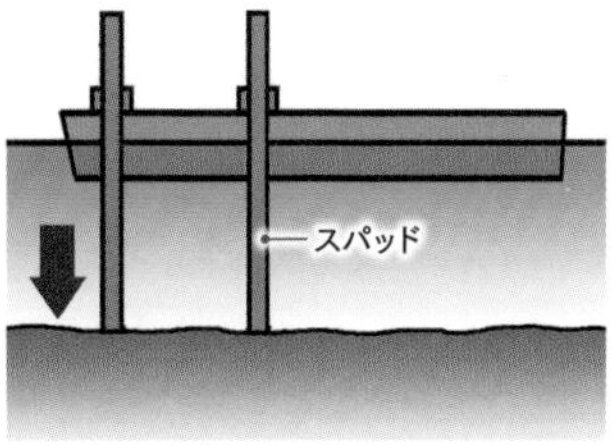
スパッド

スパッドと呼ばれる柱状の保持脚を海底面に下ろすことによって船体の位置を固定する。

スパッド式

※気象海象《きしょうかいしょう》とは気象と海象のこと。海象は波や流れなど海洋における自然現象の総称

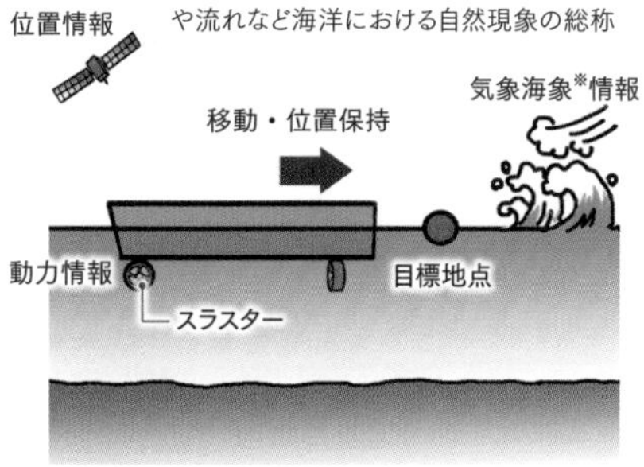
位置情報
気象海象※情報
移動・位置保持
動力情報
スラスター
目標地点

位置情報や動力の制御情報を集約し、スラスターと呼ばれる動力を用いて、目標地点に留まることができる。

自動船位置保持（Dynamic Positioning System）

7-3 港の工事

港の工事は様々な作業船を用いて、巨大な構造物を海上や沿岸につくりあげていく。港の構造物には港内の静穏度を確保することを目的とした防波堤、荷役や人の乗降を目的とした桟橋や岸壁、防災や減災を目的とした防潮堤など様々なものがある。本書では、防波堤工事と桟橋工事を紹介する。

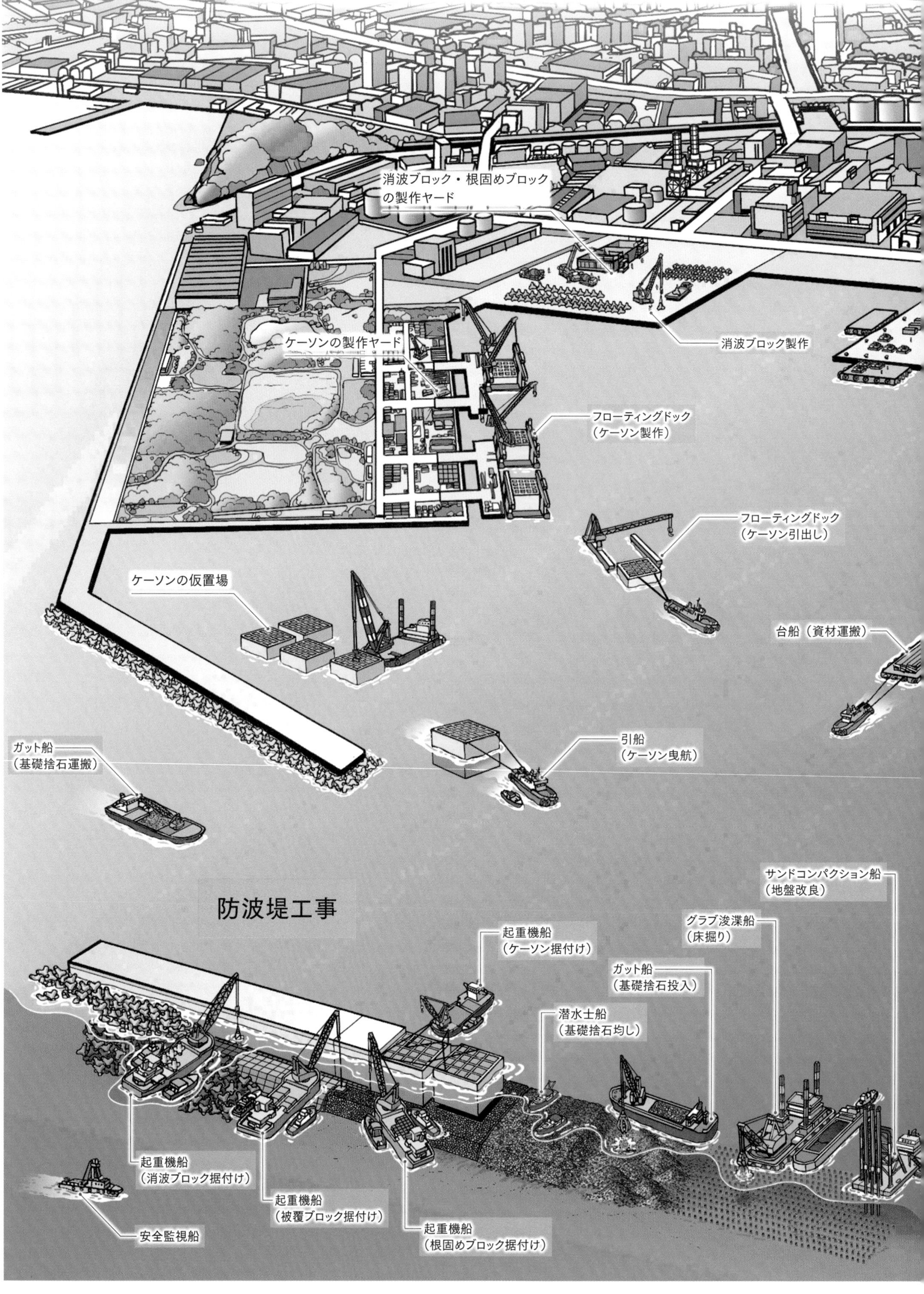

消波ブロック・根固めブロックの製作ヤード
消波ブロック製作
ケーソンの製作ヤード
フローティングドック（ケーソン製作）
フローティングドック（ケーソン引出し）
ケーソンの仮置場
台船（資材運搬）
ガット船（基礎捨石運搬）
引船（ケーソン曳航）
サンドコンパクション船（地盤改良）
防波堤工事
グラブ浚渫船（床掘り）
起重機船（ケーソン据付け）
ガット船（基礎捨石投入）
潜水士船（基礎捨石均し）
起重機船（消波ブロック据付け）
起重機船（被覆ブロック据付け）
起重機船（根固めブロック据付け）
安全監視船

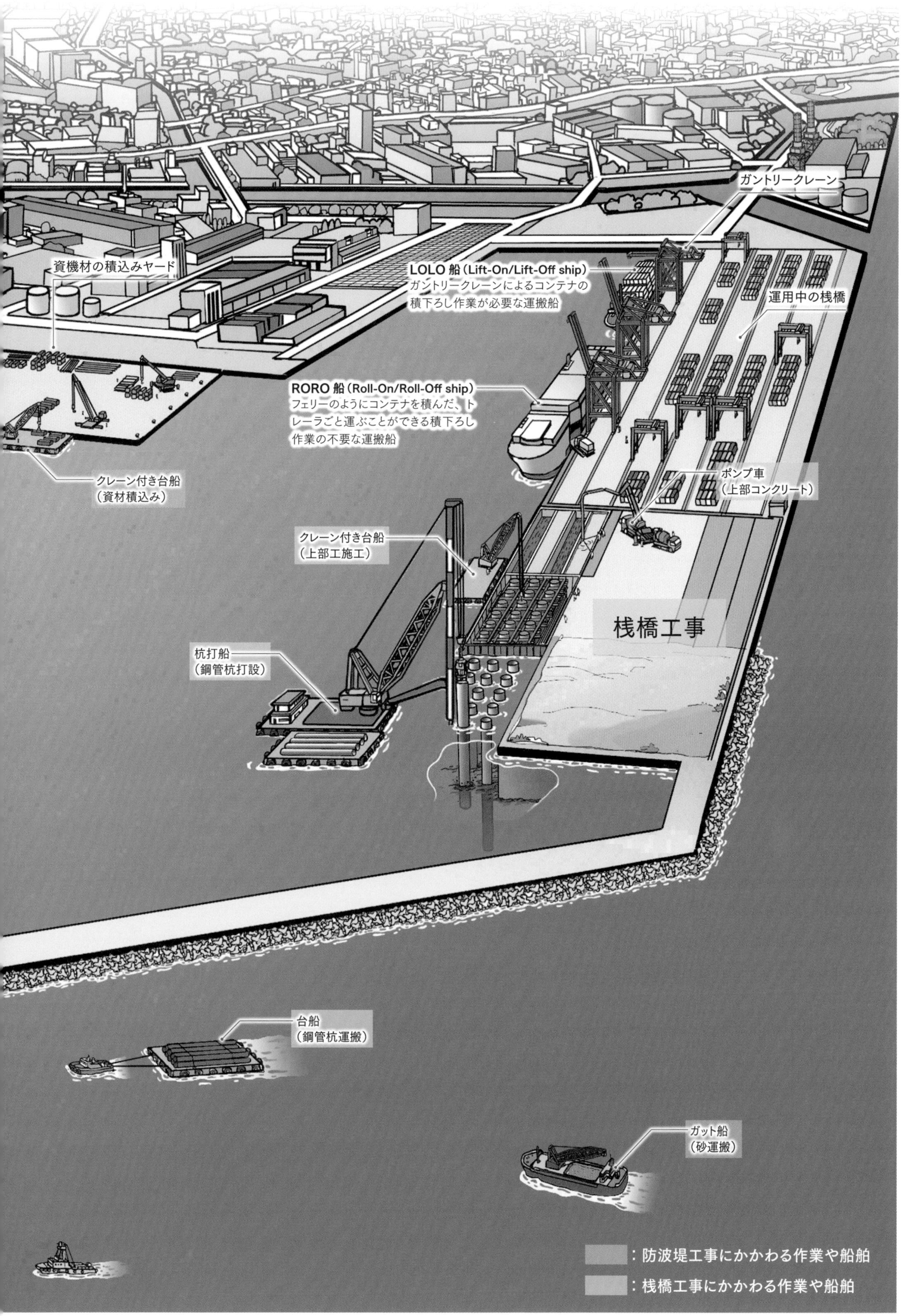
ガントリークレーン
資機材の積込みヤード
LOLO船（Lift-On/Lift-Off ship）
ガントリークレーンによるコンテナの
積下ろし作業が必要な運搬船
運用中の桟橋
RORO船（Roll-On/Roll-Off ship）
フェリーのようにコンテナを積んだ、ト
レーラごと運ぶことができる積下ろし
作業の不要な運搬船
クレーン付き台船
（資材積込み）
ポンプ車
（上部コンクリート）
クレーン付き台船
（上部工施工）
桟橋工事
杭打船
（鋼管杭打設）
台船
（鋼管杭運搬）
ガット船
（砂運搬）
：防波堤工事にかかわる作業や船舶
：桟橋工事にかかわる作業や船舶

7-3-1 防波堤工事

防波堤とは、港で荷役作業を行う人たちの船が揺れないように港内の静穏度を確保したり、沿岸域に住む人、経済活動を行う人たちや建物を高波から守ったりするためにつくられる構造物である。

1 工事の流れ 地盤改良工から基礎工まで

防波堤工事の地盤改良工から基礎工までの作業順序を示す。それぞれの工事に対して、海上クレーンオペレータ・潜水士といった専門技術・技能をもつ技能者やサンドコンパクション船（SCP船）・グラブ浚渫船などの特殊作業船が入れ替わりながら、防波堤の基礎部分をつくりあげていく。技術は進んでも、やはり肝心な作業は人の手によるものになっている。

地盤改良工

（1）サンドコンパクションパイル（SCP）工法

ケーソンを設置する海底地盤が緩いと将来的にケーソンの重さによる沈下や地震による液状化が発生するおそれがある。それらを防ぐためにSCP船を用いて、SCPを造成して海底地盤の改良を行う（136頁参照）。

沈下

ケーソンの重さによる沈下

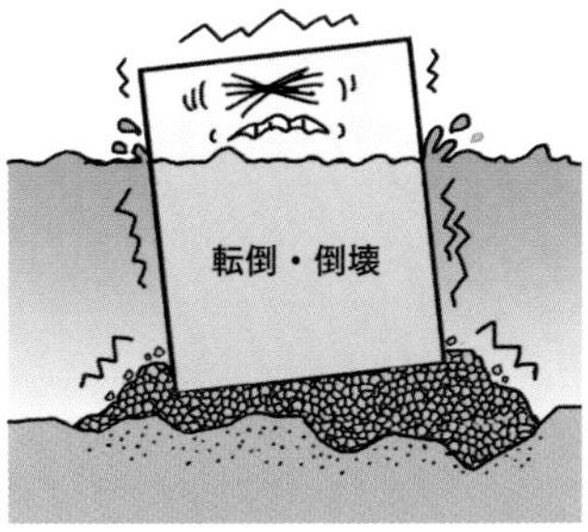

転倒・倒壊

地震による液状化

軟弱地盤で起こる現象

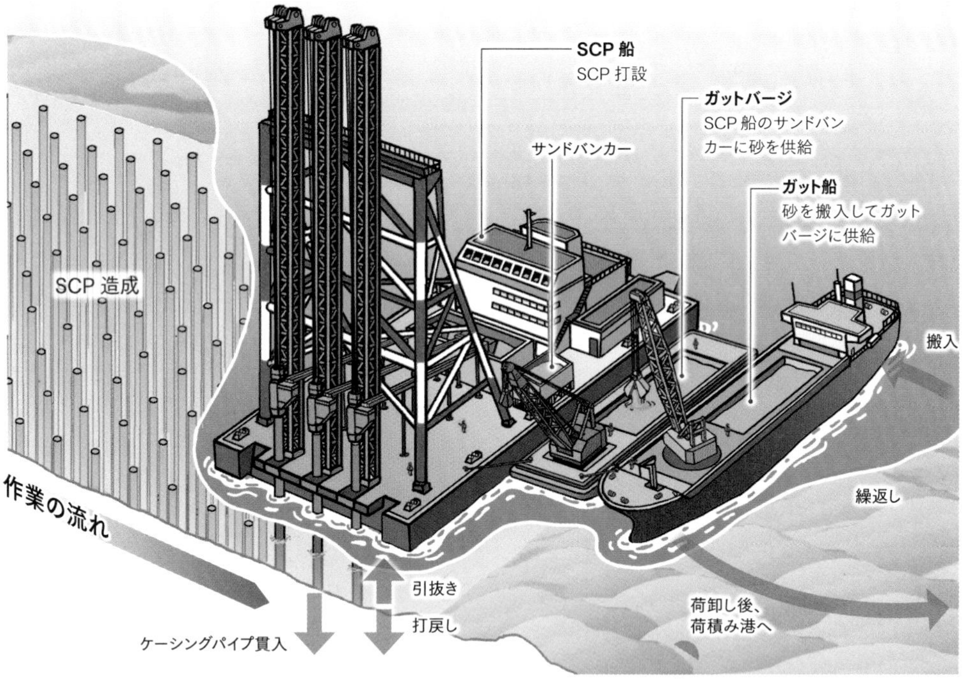

SCP 船
SCP 打設
ガットバージ
SCP 船のサンドバンカーに砂を供給
サンドバンカー
ガット船
砂を搬入してガットバージに供給
SCP 造成
搬入
繰返し
作業の流れ
引抜き
打戻し
ケーシングパイプ貫入
荷卸し後、荷積み港へ

基礎工

（4）基礎捨石 荒均し・本均し

ガット船で投入した基礎捨石は不陸があり、ケーソンを据え付けることができない。捨石上に高さの指標となる丁張りを設置し、高さを確認しながら潜水士によってひとつひとつ石を動かして平坦に仕上げる（137頁参照）。

※水中スタッフ：陸上から海底の高さを計測する際は高低差が大きいので、測量で使用するスタッフ（標尺）に10m 程度の角パイプを継ぎ足し、測量に必要な高さを確保したもの。

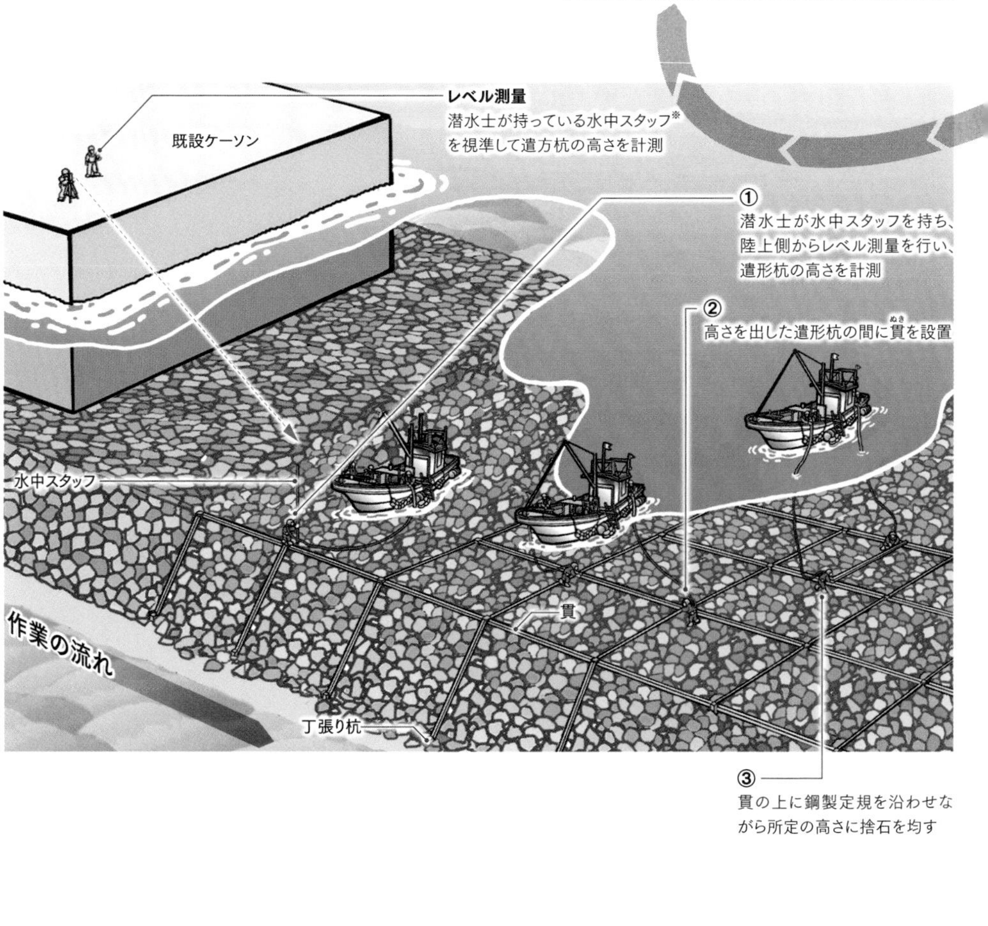

レベル測量
潜水士が持っている水中スタッフ※を視準して遣方杭の高さを計測
既設ケーソン
①
潜水士が水中スタッフを持ち、陸上側からレベル測量を行い、遣形杭の高さを計測
②
高さを出した遣形杭の間に貫《ぬき》を設置
水中スタッフ
貫
作業の流れ
丁張り杭
③
貫の上に鋼製定規を沿わせながら所定の高さに捨石を均す

1年目
2年目
6月
7月
8月
9月
10月
11月
12月
1月
2月
3月
4月
5月
6月
7月
全体工期14ヵ月
▼着工
竣工▼
防波堤工事
準備工
本体工
上部工
ケーソン製作
ケーソン据付け
中詰め工・蓋コンクリート工
地盤改良工
床掘り工
基礎工
根固め工
被覆工
消波ブロック工
基礎捨石投入
基礎捨石荒均し・本均し

全体工程表

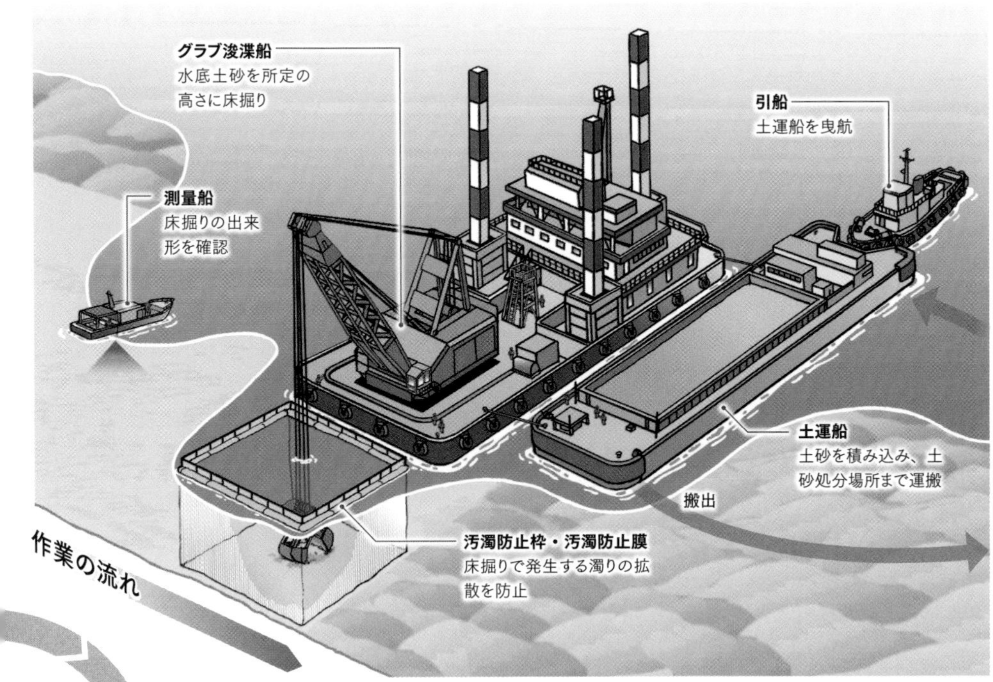
グラブ浚渫船
水底土砂を所定の高さに床掘り
測量船
床掘りの出来形を確認
引船
土運船を曳航
空の土運船を横付け
土運船
土砂を積み込み、土砂処分場所まで運搬
搬出
土砂処分場所へ
汚濁防止枠・汚濁防止膜
床掘りで発生する濁りの拡散を防止
作業の流れ

床掘り工

（2）盛上がり土撤去

SCP工法で地盤改良を行うと海底地盤が盛り上がる。改良が行われていない盛上がり土をグラブ浚渫船で所定の高さまで床掘りを行う。撤去した土砂は埋立てや窪地の埋戻しに用いる。

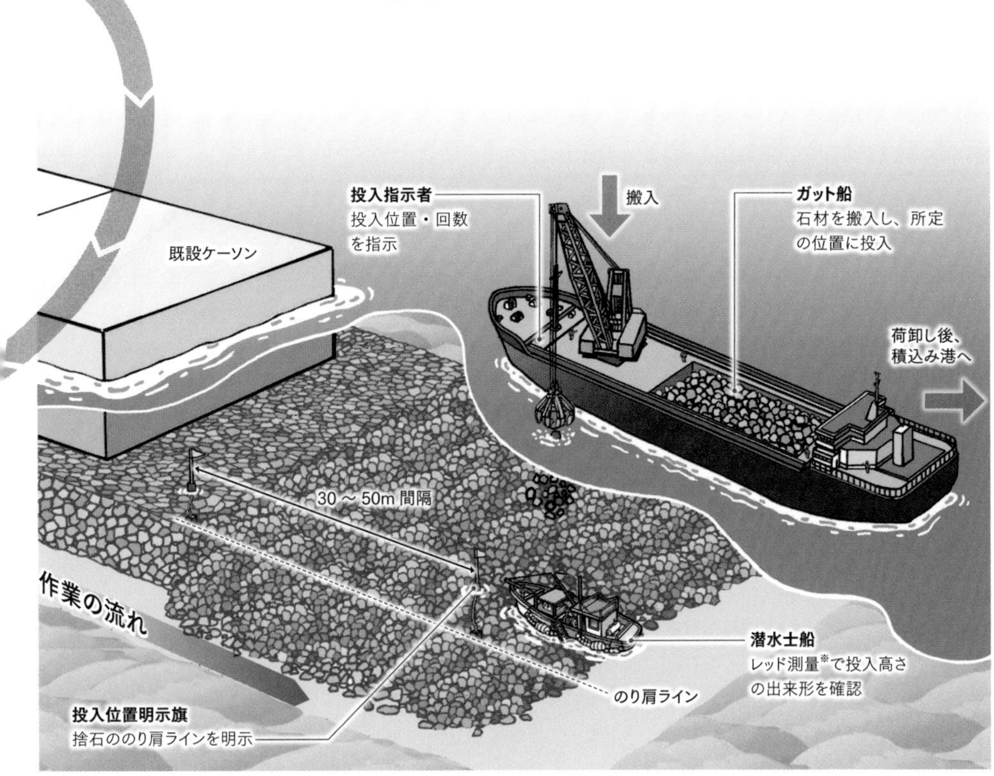
既設ケーソン
投入指示者
投入位置・回数を指示
搬入
ガット船
石材を搬入し、所定の位置に投入
荷卸し後、積込み港へ
30～50m間隔
作業の流れ
潜水士船
レッド測量※で投入高さの出来形を確認
のり肩ライン
投入位置明示旗
捨石ののり肩ラインを明示

基礎工

（3）基礎捨石投入

ケーソンを据え付ける基礎を構築するために、ガット船で基礎捨石を搬入し、投入位置や投入量を管理しながら水中に投入する。

投入時は事前に設置した投入位置明示旗やGNSSの情報をもとに位置を確認しながら、過不足がないように管理する（137頁参照）。

※レッド測量：先端に錘を取り付けた紐を海底に向けて投下し、海底面についたときの高さを紐に記している標尺から読み取る測量方法。

OK
所定の基礎高さ
NG
NG
±50～100cm程度の適度な不陸がある状態
投入不足
材料が足りないため新たにガット船で投入するまで均せない。
過剰投入
潜水士が正規の高さまで捨石を掘り起こさなければならないため、時間がかかる。

基礎捨石投入の良い例・悪い例

2 工事の流れ　本体工から消波ブロック工まで

防波堤工事の本体工から消波ブロック工までの作業順序を示す。製作したケーソンを曳航して、基礎工で構築した基礎捨石マウンド上に据え付け、根固めブロック、被覆ブロック、消波ブロックの据付けと上部工を施工する。海上において巨大な構造物の施工となるため、海象条件の把握や作業手順の入念な計画と打合せが必要となる。

本体工

(5) ケーソン製作・据付け

フローティングドック上でケーソンを製作する。製作したケーソンは引船で現場海域まで曳航する（138頁参照）。

ケーソン上に配置されたワイヤを用いて所定の位置に誘導後、ケーソン上に注水用の水中ポンプ、動力の発電機や分電盤を設置する。水中ポンプでケーソン隔壁内に海水を注水して、ケーソンを沈降させ基礎捨石マウンド上に着底させる。

ケーソン据付け後、起重機船でケーソン上の水中ポンプ、発電機、上蓋などの艤装品を撤去する。

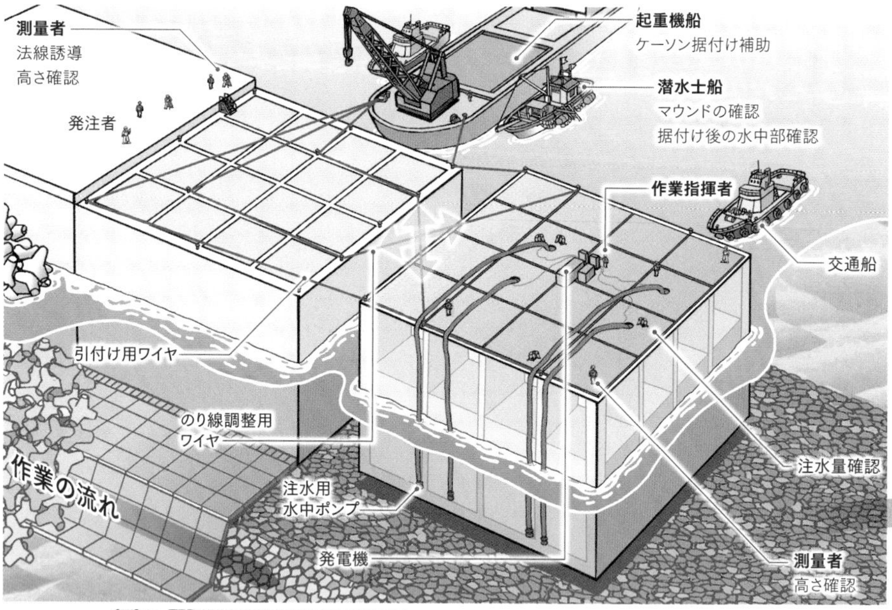

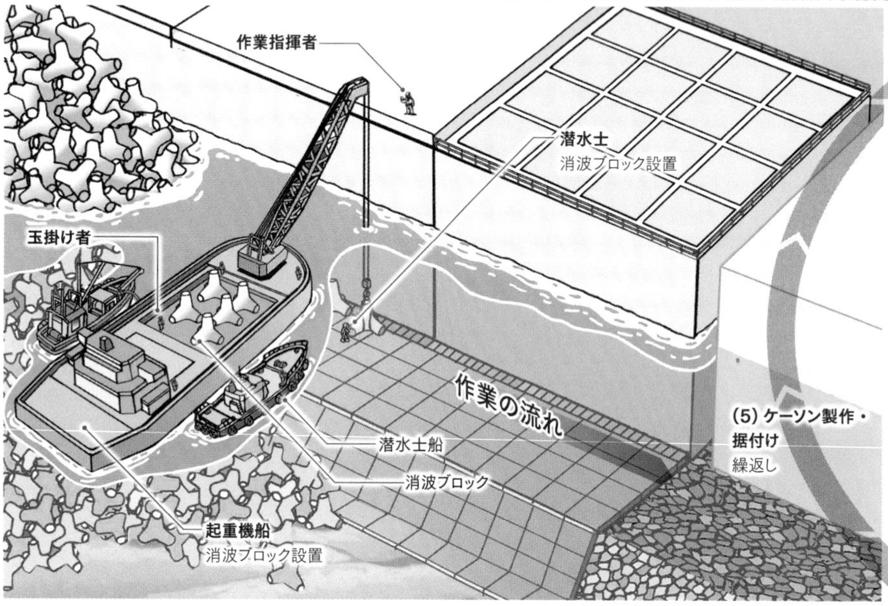

消波ブロック工

(10) 消波ブロック据付け

陸上の積込み岸壁で起重機船に消波ブロックを積み込み、海上運搬する。

クレーンオペレータは潜水士の指示に従って、旋回、巻上げや巻き下げを行い、潜水士によって消波ブロックを設置する。

(9) 上部工

ケーソン側面で作業を行うために、海側にブラケット足場を設置して、上部工施工用の作業足場を整備する。

陸上で大組みした型枠を海上運搬して、クレーン付き台船もしくは起重機船で吊り上げながらケーソン上に型枠を組み立てる。型枠組立て後、コンクリートミキサー船などによりコンクリートを打設する（142頁参照）。

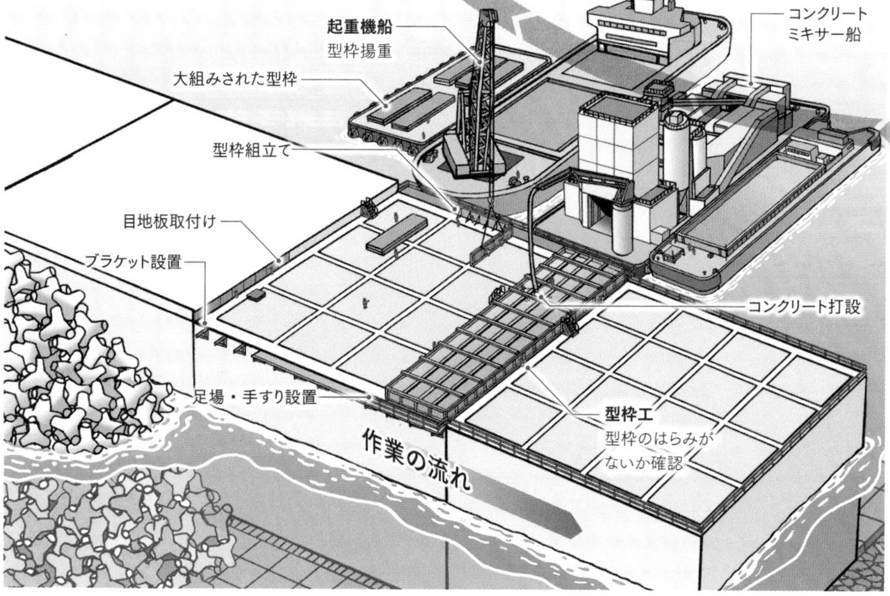

1年目
2年目
6月
7月
8月
9月
10月
11月
12月
1月
2月
3月
4月
5月
6月
7月
全体工期 14ヵ月
▼着工
竣工▼
防波堤工事
準備工
本体工
上部工
ケーソン製作
ケーソン据付け
中詰め工・蓋コンクリート工
地盤改良工
床掘り工
基礎工
根固め工
被覆工
消波ブロック工
基礎捨石投入
基礎捨石荒均し・本均し

全体工程表

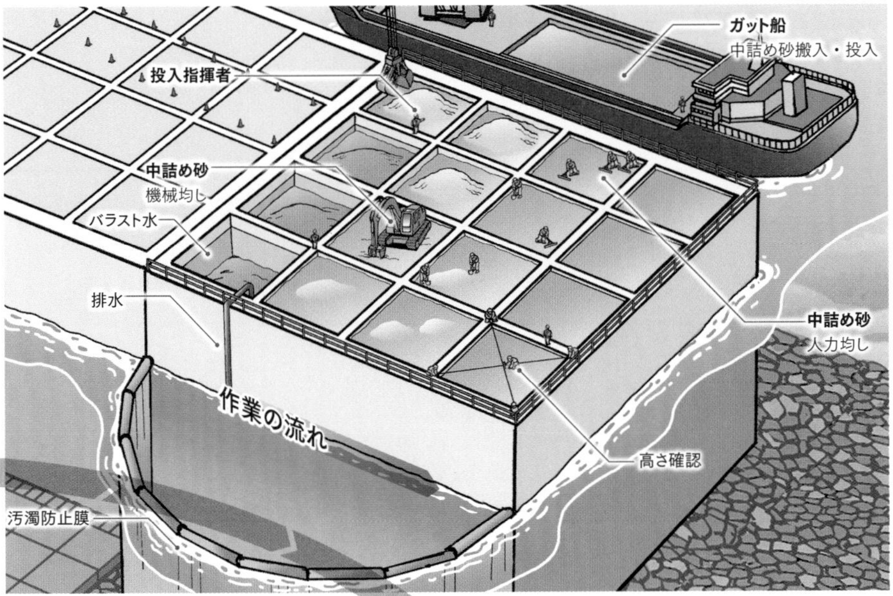
ガット船
中詰め砂搬入・投入
投入指揮者
中詰め砂
機械均し
バラスト水
排水
中詰め砂
人力均し
作業の流れ
高さ確認
汚濁防止膜

本体工

(6) 中詰め工

ガット船で中詰め砂を搬入し、隔壁内に投入する。投入中はバラスト水※があふれないように事前に設置した汚濁防止枠内に排水を行う。

バックホウや人力によって中詰め砂を所定の高さで平坦に仕上げる。

※バラスト水：ケーソン設置時に隔壁内に注水した海水

本体工

(7) 蓋コンクリート

コンクリートを陸上の積込み岸壁でコンクリートポンプ車からコンクリートホッパーに積み込み、海上運搬する。

起重機船もしくはクレーン付き台船でコンクリートホッパーを吊り上げ、ホッパーを開閉しながら蓋コンクリートを打設する。打設後、左官工によってコンクリート天端を平坦に仕上げる。

平坦に仕上げたら、養生剤の散布、養生マットの敷設や散水を行い、コンクリート養生を行う。特に海上は風が強いため、マット上におもしを載せて飛散養生を十分に行う。

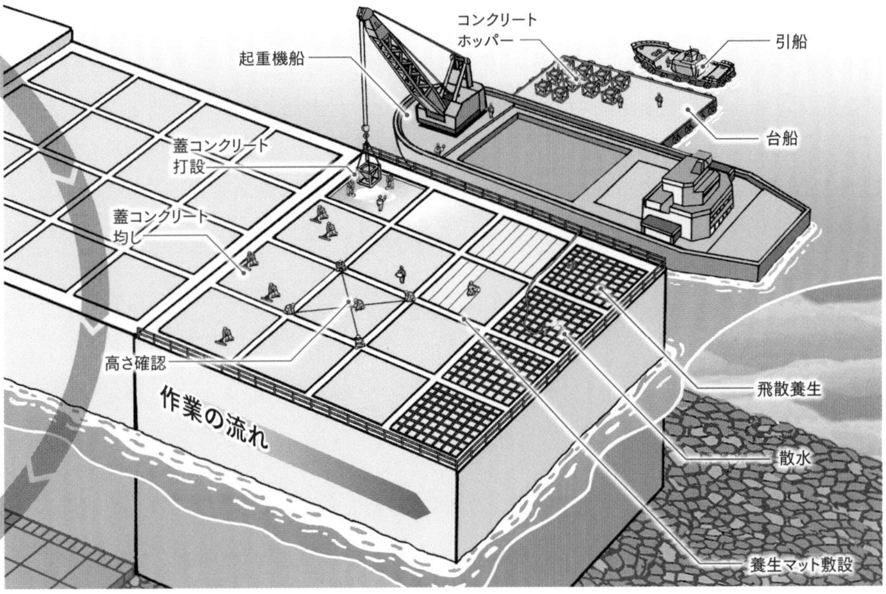
コンクリート
ホッパー
引船
起重機船
台船
蓋コンクリート
打設
蓋コンクリート
均し
高さ確認
作業の流れ
飛散養生
散水
養生マット敷設

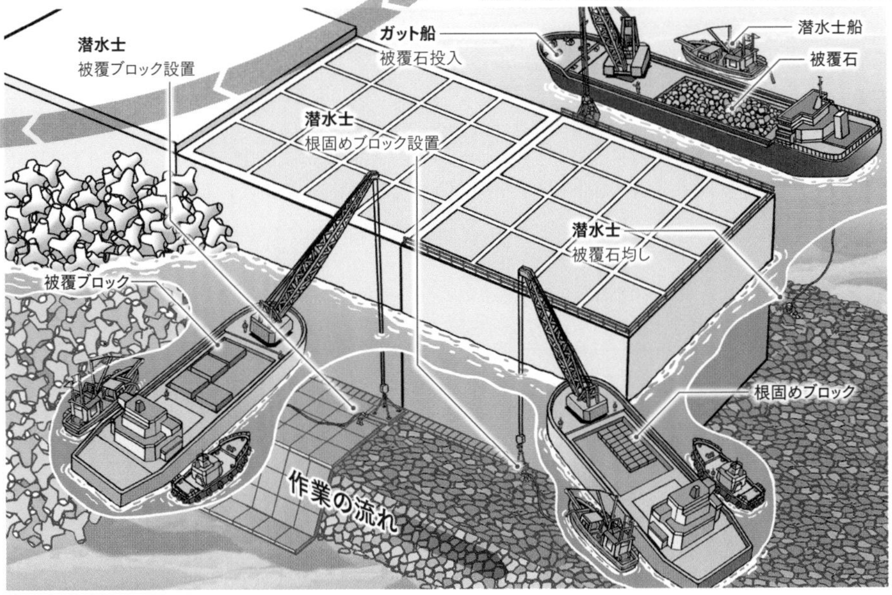
潜水士
被覆ブロック設置
ガット船
被覆石投入
潜水士船
被覆石
潜水士
根固めブロック設置
潜水士
被覆石均し
被覆ブロック
根固めブロック
作業の流れ

根固め工・被覆工

(8) 根固めブロック・被覆ブロック据付け

陸上の積込み岸壁で根固めブロックや被覆ブロックを起重機船に積み込み、海上運搬する。潜水士がケーソン下端に根固めブロックを設置する。根固めブロックを設置したあと、潜水士によって被覆ブロックの設置や被覆石の均し作業が行われる。

3 地盤改良工

地盤改良工とは、ケーソンを設置する直下の軟弱な海底地盤を改良して地盤が構造物を支持できるようにする工事である。

海底地盤の沈下対策や液状化対策を目的とした地盤改良には深層混合処理（CDM）工法、サンドドレーン（SD）工法や置換工法など様々な種類がある。ここではサンドコンパクションパイル（SCP）工法の一般的な施工手順と施工方法を紹介する。

事前深浅測量
回航・現場入場
施工位置セット
キャリブレーション・試験
材料砂搬入
SCP打設
事後深浅測量
チェックボーリング

地盤改良工の施工手順

（1）回航・現場入場

作業船を回航《かいこう》、すなわち輸送する際は、回航したい船舶の延長・幅・排水量などの情報、曳航経路上の制約、例えば、航路・水深・他船の航行・航空法における高さ制限・海上養殖エリアなどや潮流・波などの自然環境条件を踏まえて船団構成、曳航時間帯や曳航ルートなどを含めた回航計画を立てる。

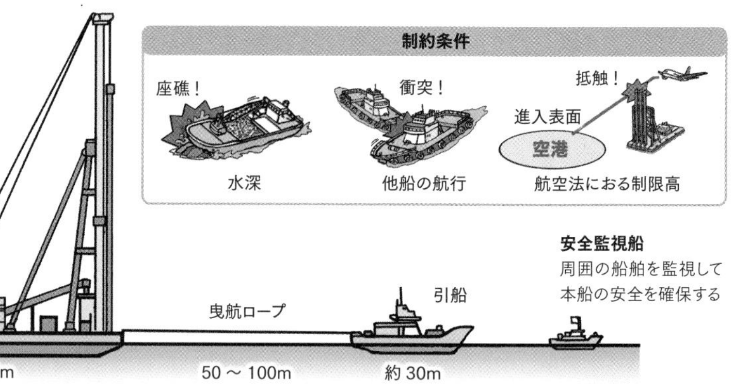

制約条件
座礁！
衝突！
抵触！
進入表面
空港
水深
他船の航行
航空法におる制限高
安全監視船
周囲の船舶を監視して本船の安全を確保する
引船
曳航ロープ
50 ～ 100m
約 30m

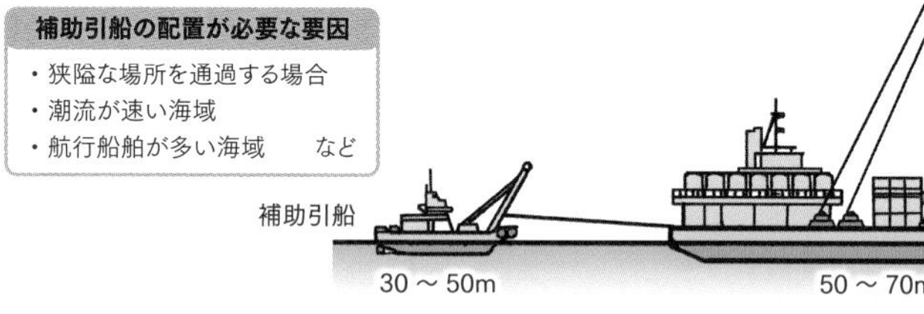

補助引船の配置が必要な要因
・狭隘な場所を通過する場合
・潮流が速い海域
・航行船舶が多い海域　など
補助引船
30 ～ 50m
50 ～ 70m

作業船を引く際の船団構成例

（2）施工位置セット

作業船が現場海域に入域したあと、水深や底質に合わせてアンカー（錨）を投錨距離100 ～ 200m程度、ウィンチによる船体の移動がしやすい水平角度30～60°で設置する。十分な投錨距離が取れない場合やアンカーがききにくい底質の場合は係留索を固定するため、海底に設置されるコンクリート製のシンカーブロックを用いる場合もある。

工事区域周辺も含め、海底埋設管や海底ケーブルの位置を把握して表示旗を入れ、アンカーを引っ掛けて損傷させることのないように注意する。

（3）キャリブレーション※・試験

SCP工法は出来形を目視で確認できないことから、深度計や砂面計といった施工管理計などを用いて施工管理が行われる。施工管理のために次のようなキャリブレーションや試験を行う。

- ケーシングパイプ形状およびピッチ
- 施工管理計チェック
- 位置決めシステムチェック(GNSSなど)
- 材料砂の体積変化試験
- ケーシングパイプ貫入試験

深度計（GL計）：ケーシングパイプ先端の深度を測る計測器

砂面計（SL計）：ケーシングパイプ内の砂面の高さを測る計測器

※キャリブレーション：計測機器の校正

（4）材料砂搬入・SCP打設

材料砂は「港湾工事共通仕様書」に粒径加積曲線の範囲が示されており、事前に採取地ごとの試験成績表を確認する。材料搬入時には不純物の混入がないことを目視で確認して、簡易メスシリンダー法による細粒分含有率試験を実施し品質を適宜確認する。

搬入した材料砂はガット船からガットバージに瀬取りして、ガットバージからSCP船のサンドバンカーに供給する。供給した砂をケーシングパイプ内に投入しながら、ケーシングパイプの引抜きと打戻しを繰り返してSCPを造成する。

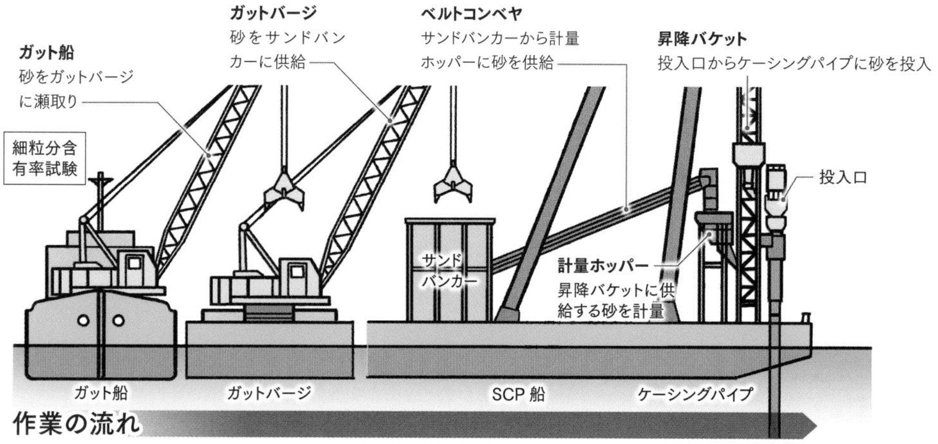

ガット船
砂をガットバージに瀬取り
細粒分含有率試験
ガットバージ
砂をサンドバンカーに供給
ベルトコンベヤ
サンドバンカーから計量ホッパーに砂を供給
昇降バケット
投入口からケーシングパイプに砂を投入
投入口
サンドバンカー
計量ホッパー
昇降バケットに供給する砂を計量
ガット船
ガットバージ
SCP船
ケーシングパイプ
作業の流れ

材料の供給サイクル

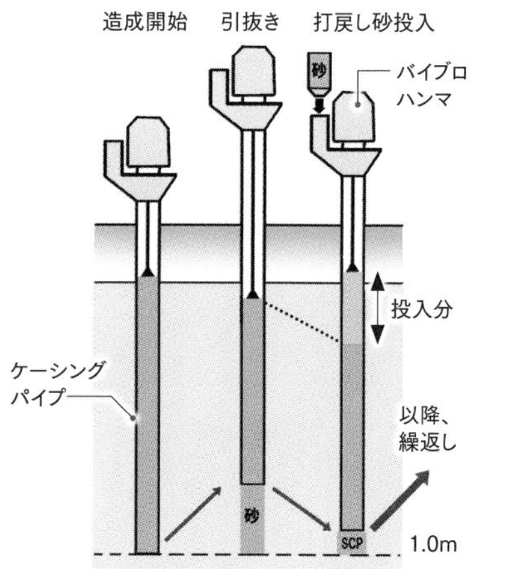

造成開始
引抜き
打戻し砂投入
砂
バイブロハンマ
投入分
ケーシングパイプ
以降、繰返し
砂
SCP
1.0m

SCP造成のサイクル

4 基礎工

基礎工とは、ケーソンを設置するための基礎マウンドを50～200kg程度の石材を使用して水中に築造する工事である。基礎マウンドの築造方法には人力均し、機械均しや重錘均しなど様々な手法がある。ここでは一般的な施工方法であるガット船での材料投入と潜水士の均し作業を紹介する。

事前深浅測量 → 投入位置の旗入れ → 石材搬入 → 石材投入 → 丁張り設置 → 荒均し → 本均し → 出来形確認

基礎工の施工手順

(1) 投入位置の旗入れ

石材を投入する前に、投入指示者が投入位置を認識しやすいよう、基礎捨石マウンドののり肩ラインに約30～50m間隔で投入位置明示旗を設置する。動揺のある船上での測量のため、船体をセットしてから素早く測量を実施することが重要になる。

陸上
20cm 後ろに
投入してください
測量者
測量法線《そくりょうほうせん》

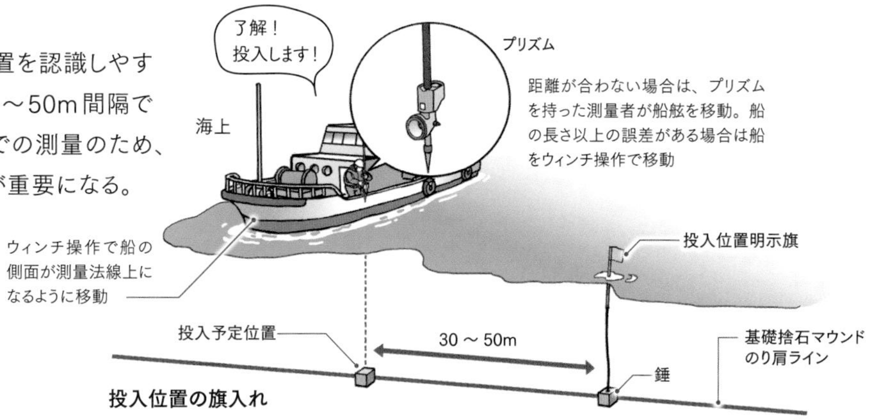
了解！
投入します！
海上
プリズム
距離が合わない場合は、プリズムを持った測量者が船舷を移動。船の長さ以上の誤差がある場合は船をウィンチ操作で移動
ウィンチ操作で船の側面が測量法線上になるように移動
投入位置明示旗
投入予定位置
30～50m
基礎捨石マウンドのり肩ライン
錘

投入位置の旗入れ

(2) 石材搬入

基礎捨石は、事前に採取地ごとの試験成績表を確認する。材料搬入時には不純物の混入がないことを目視で確認して、形状寸法確認や現場見掛比重試験を実施し、品質を適宜確認する。また、搬入した石材の数量をスタッフやリボンロッドなどの測量用具を用いて確認する。

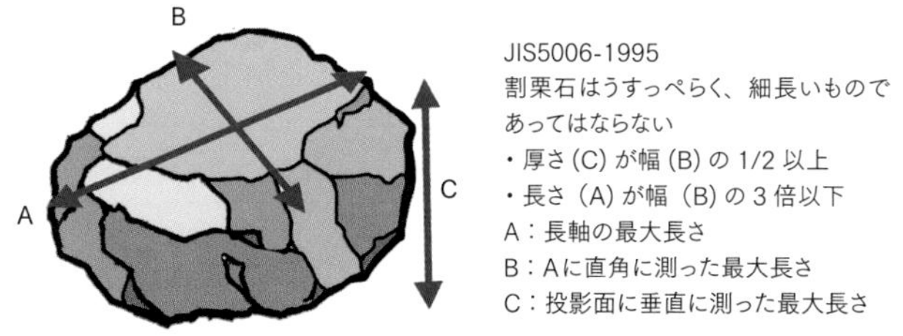
B
A
C
JIS5006-1995
割栗石はうすっぺらく、細長いものであってはならない
・厚さ (C) が幅 (B) の 1/2 以上
・長さ (A) が幅 (B) の 3 倍以下
A：長軸の最大長さ
B：Aに直角に測った最大長さ
C：投影面に垂直に測った最大長さ

形状寸法の確認

(3) 石材投入

潜水士はガット船上や潜水士船上から投入位置明示旗・GNSSの位置情報をもとに投入位置を指示する。投入回数はレッド測量の結果とバケットの容量を踏まえて決定する。

基礎捨石マウンドはケーソン重量による圧密沈下が発生するので、マウンドの厚さ、石材の規格や過去の実績値から推定し、設計天端に対して「余盛り」を含んだ計画天端を設定する。

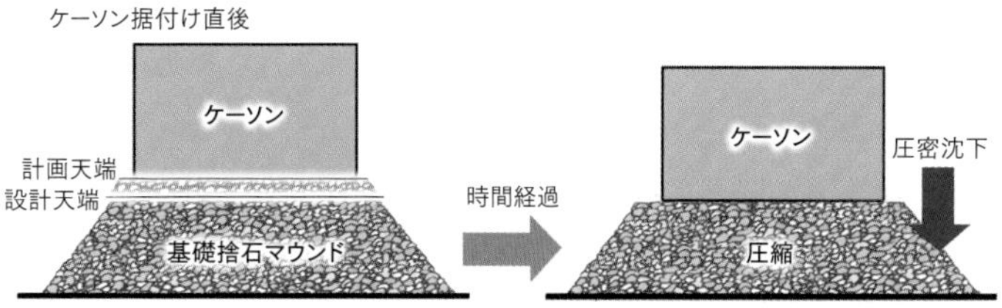
ケーソン据付け直後
ケーソン
計画天端
設計天端
基礎捨石マウンド
時間経過
ケーソン
圧密沈下
圧縮

基礎捨石マウンドの余盛り

(4) 丁張り設置・荒均し・本均し

潜水士によって石を平坦に均すための丁張りを設置する。鋼製定規などで高さを確認し、緩みがないように堅固にかみ合わせながら平坦に仕上げる。潜水士が持ち上げられない大きさの石は潜水士船のチェーンフックを用いて移動するが、その際は指の挟まれなどに十分注意する。

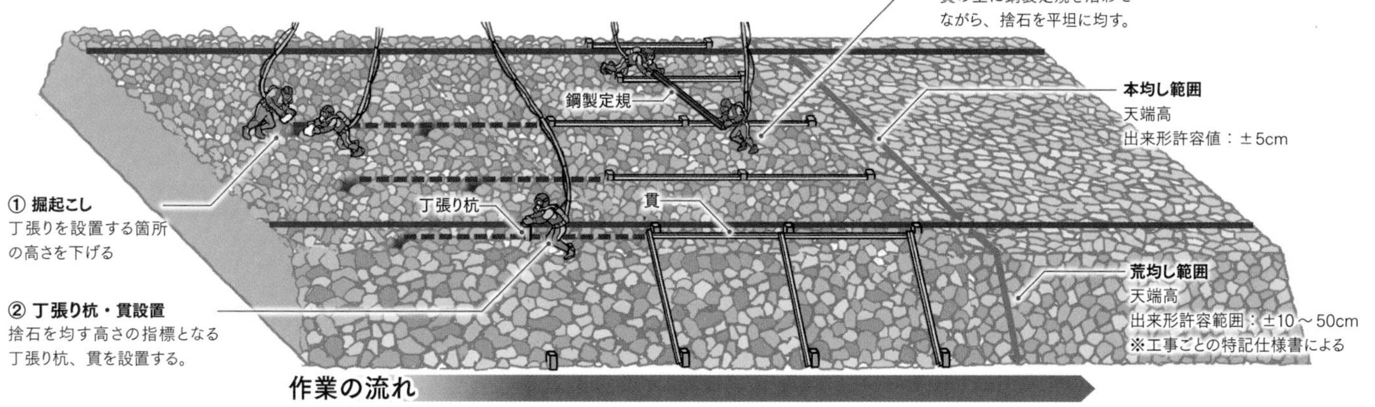
③ 捨石均し
貫の上に鋼製定規を沿わせながら、捨石を平坦に均す。
鋼製定規
本均し範囲
天端高
出来形許容値：±5cm
① 掘起こし
丁張りを設置する箇所の高さを下げる
丁張り杭
貫
② 丁張り杭・貫設置
捨石を均す高さの指標となる丁張り杭、貫を設置する。
荒均し範囲
天端高
出来形許容範囲：±10～50cm
※工事ごとの特記仕様書による
作業の流れ

基礎捨石均しの手順

5 本体工①

本体工とは、ケーソンの製作、現場へ曳航、ケーソンの据付け、中詰め材の投入、蓋コンクリートの打設を行う一連の作業である。

ケーソンにはコンクリート製のもの、あるいは鋼とコンクリートを併用して、コンクリート製よりも函長が長いハイブリッドケーソンなどがある。製作場所はケーソンの種類、大きさや使用場所によって陸上、あるいはドライドック、フローティングドックなどから選択する。ここでは、コンクリート製のケーソンをフローティングドック上で製作する場合の施工手順と施工方法について紹介する。

ルーフィング敷設 → 摩擦増大用アスファルトマット敷設 → 足場仮設 → 鉄筋組立て → 型枠組立て → コンクリート打設 → 付属設備 → 進水・仮置き

ケーソン製作の施工手順

(1) ルーフィング敷設・摩擦増大用アスファルトマット敷設

ケーソンと基礎捨石の間に摩擦増大用アスファルトマットを入れることで滑動抵抗力を増大させることができる。フローティングドックの函台とコンクリート底面（または摩擦増大用アスファルトマット）の離脱をスムーズにするために、ルーフィングを敷設する。敷設後、ルーフィング上に溝形鋼などを用いてアスファルトマットを敷設する位置を明示する。アスファルトマットをクレーンで設置したのち、それぞれの隙間を埋めるための目地材とコンクリートに定着させるためのアンカーボルトを設置する。

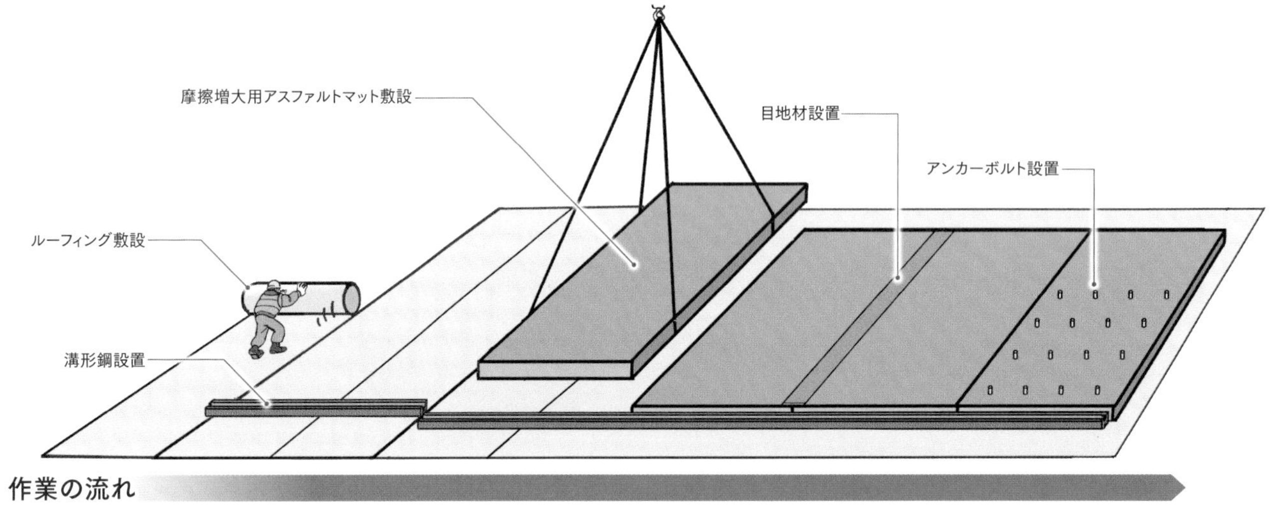

ルーフィングや摩擦増大用アスファルトマットの敷設

(2) 鉄筋組立て・型枠組立て

1ロット目のコンクリート打設後、2ロット目から最終ロットまでは鉄筋組立て、型枠組立て、コンクリート打設を繰り返してケーソンを構築していく。内型枠はスライド型枠を使い、作業の効率を高める。ケーソン製作は高所作業が多くなるため足場、昇降設備や落下物防止措置などの安全対策を十分に行う必要がある。

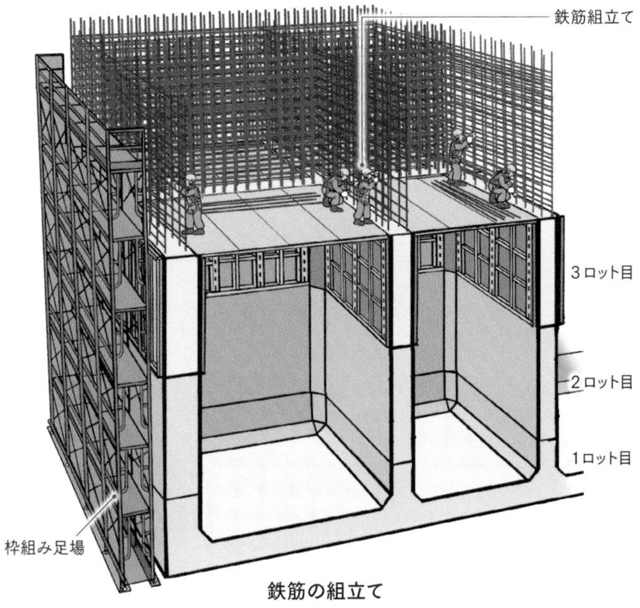

鉄筋の組立て

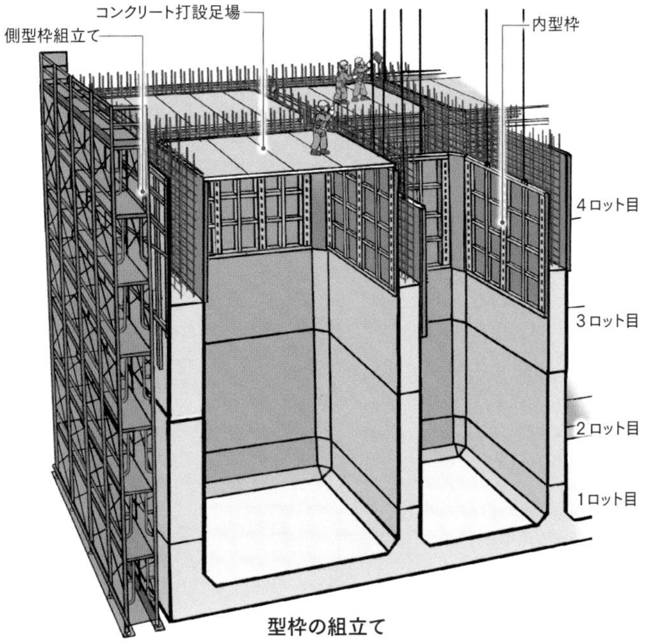

型枠の組立て

（3）コンクリート打設

ケーソン製作で行うコンクリート打設は、打設数量はそれほど多くないものの、打設範囲が広いため広範囲を移動しながら打設する必要がある。また、コンクリートは1層50cm程度を締め固めながら何層にも打ち重ねていくため、許容された打重ね時間間隔を確実に確保できる打設計画を立てる。

打設計画を立てる際は、打設面積、1層当たりの施工数量からコンクリートポンプ車の能力や台数を決定する。大きいケーソンになると3台以上のコンクリートポンプ車が必要となり、作業人員も増え、ケーソン上で輻輳するため、打設順序は安全面にも配慮しなければならない。

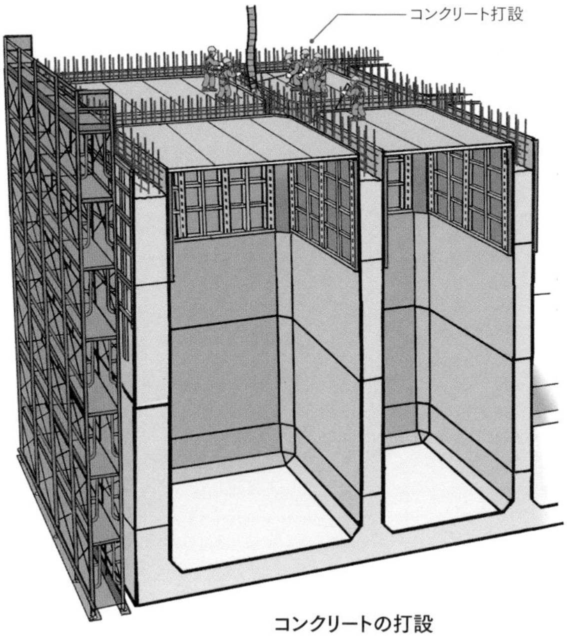

コンクリートの打設

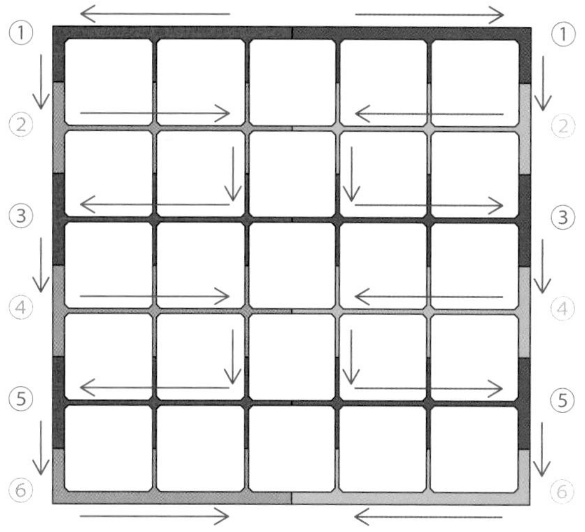

ポンプ車2台で打設する場合の打設ルートの例を示す。1台目のポンプ車は、赤色と橙色に塗られた部分を赤矢印のルートでコンクリートを打設する。2台目のポンプ車は、青色と緑色に塗られた部分を青矢印のルートで打設する。それぞれが同時に作業を進めることで、許容された打ち重ね時間間隔を確保することができる。

コンクリート打設の順序

（4）付属設備

ケーソン上端部には様々な付属設備を取り付ける。付属設備にはケーソンの曳航や位置調整に使用するアンカーワイヤ、上蓋および上蓋用アンカーボルト、コーナー金物などがある。また、ケーソン角部には、喫水位置を読み取るための目盛りを明示する。

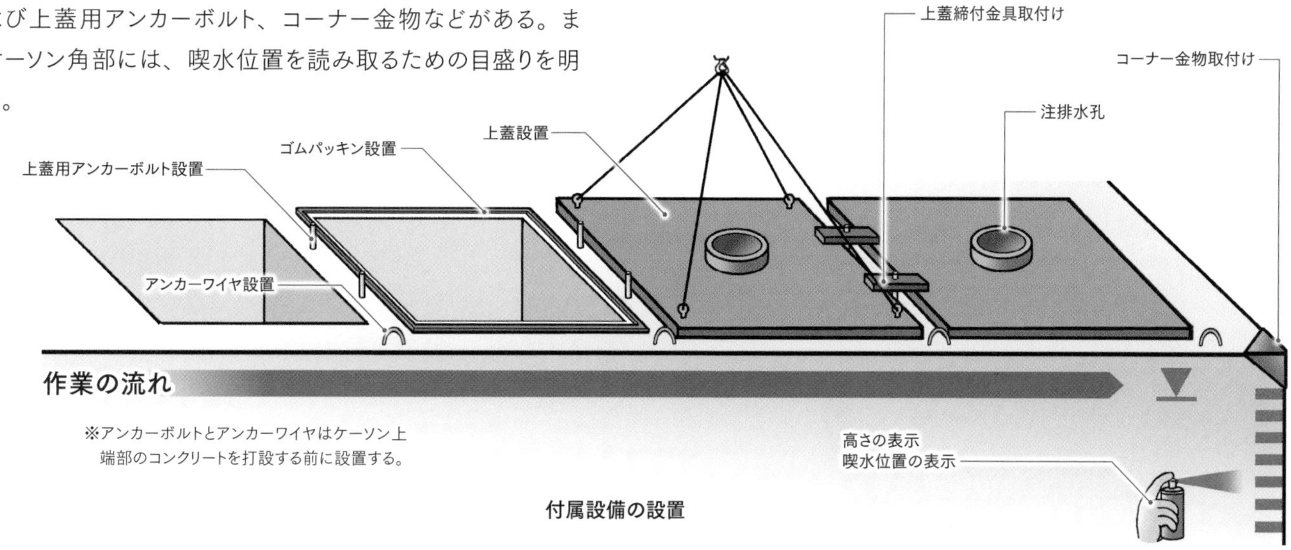

付属設備の設置

（5）進水・仮置き

フローティングドック内の製作ケーソンの重量は、大きいもので4,000～5,000tfにも及ぶ。この質量に加え、仮設機材重量や付着力およびケーソンの浮力を考慮した喫水を算定して、浮上に必要な水深を確保できる場所を選定する。

選定した場所でフローティングドックを進水させ、ケーソンを浮上させたのち、引船でケーソンを引き出して曳航する。ケーソンを仮置きする場合は、仮置き場所まで曳航して、シンカーブロックを用いて係留するか、注水を行い仮置きマウンドに着底させる。

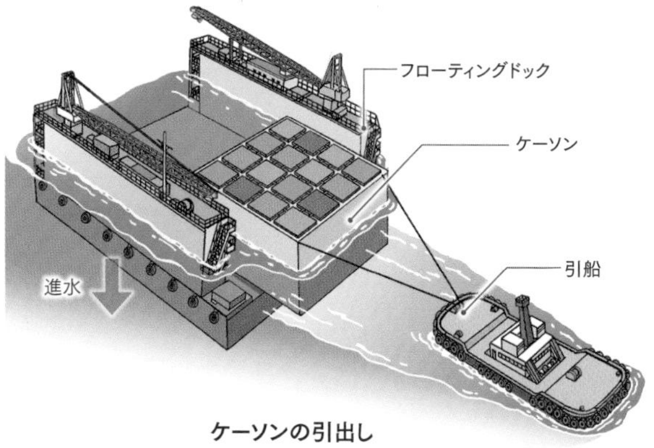

ケーソンの引出し

6 本体工②

ケーソンを仮置き場から現場へ曳航して、捨石マウンド上に据え付け、中詰め材の投入や蓋コンクリートの打設など一連の作業を行う。ケーソン据付けから中詰め砂投入までは1日で作業を実施するため、確実なタイムスケジュールを作成して、日の出から作業を開始することが多い。

ケーソン曳航
ケーソン据付け
ケーソン
出来形確認
中詰め材搬入
中詰め材投入
中詰め材
出来形確認
蓋コンクリート打設
蓋コンクリート
出来形確認

ケーソン曳航から蓋コンクリート打設までの施工手順

(1) ケーソン据付け

起重機船側のウィンチ操作によるケーソン位置の調整と、水中ポンプを用いた注水による高さ調整をしながらケーソンを据え付ける。注水では隔壁間の水位差が1m以上にならないように管理して、ケーソンが水平な状態を維持しつつ注水を進める。1次注水は、ケーソンと捨石マウンドとの間隔が10 ～ 20cmになるところを目安として、位置調整を行ったのち2次注水を行い、ケーソンを着底させる。

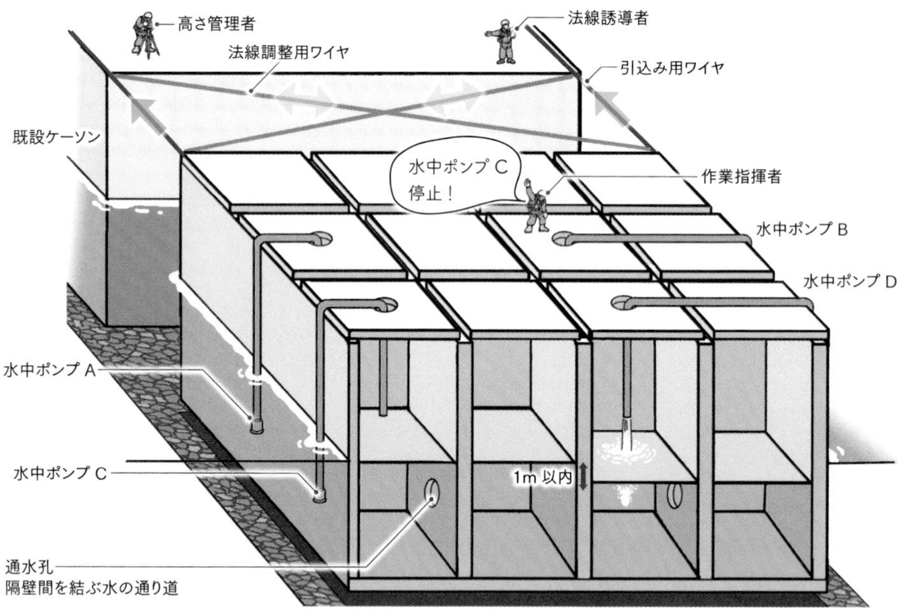

高さ管理者
法線誘導者
法線調整用ワイヤ
引込み用ワイヤ
既設ケーソン
水中ポンプ C
停止！
作業指揮者
水中ポンプ B
水中ポンプ D
水中ポンプ A
水中ポンプ C
1m 以内
通水孔
隔壁間を結ぶ水の通り道

ケーソンの据付け

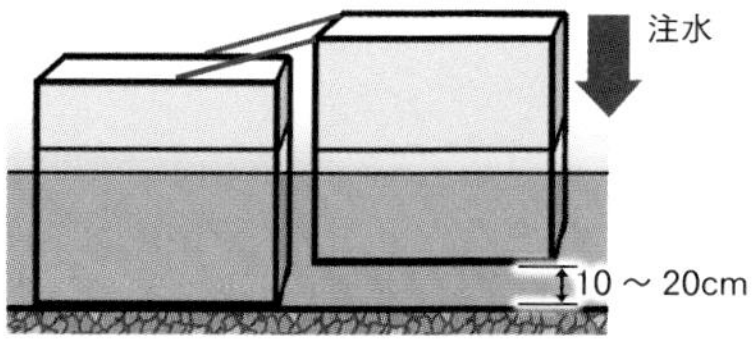

注水
10 ～ 20cm

1次注水による鉛直位置の調整

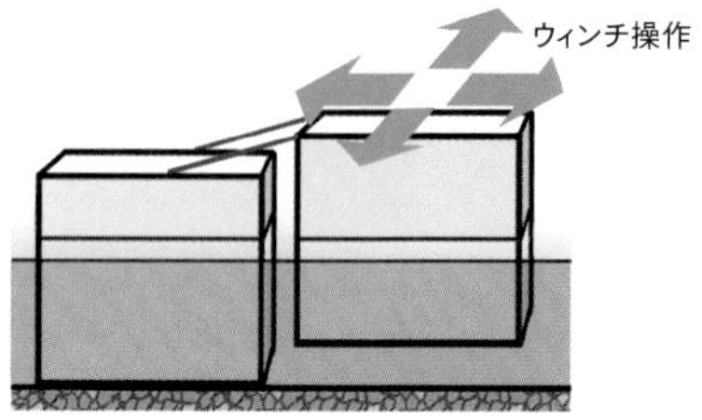

ウィンチ操作

ウィンチによる平面位置調整

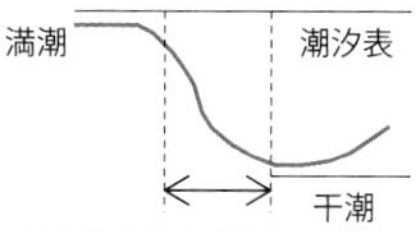

満潮
潮汐表
干潮

2次注水しながらケーソンの水平性を保つのが難しい場合は潮位の干満を利用する。

据付け作業と潮位

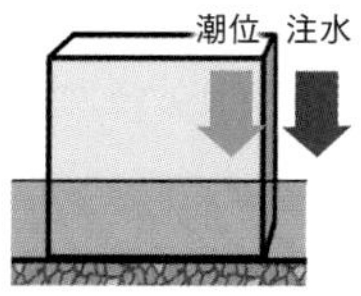

潮位
注水

2次注水による着底

(2) 中詰め材投入

中詰め砂の投入によりケーソンの不同沈下、傾斜あるいは隔壁の割れが生じないように、レッド（錘）などを用いて砂面を計測しながら中詰め砂を投入する。

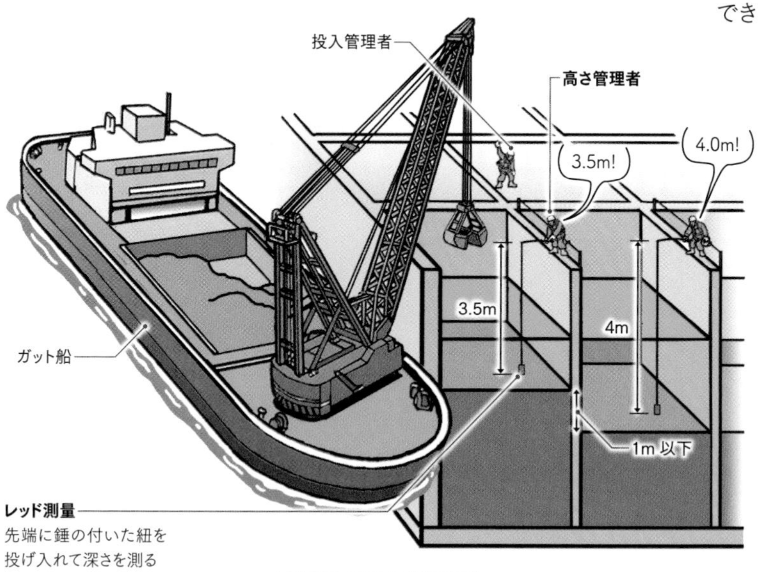

投入管理者
高さ管理者
3.5m!
4.0m!
ガット船
3.5m
4m
1m 以下
レッド測量
先端に錘の付いた紐を
投げ入れて深さを測る

中詰め砂の投入管理方法

(3) 蓋コンクリート打設

蓋コンクリートは打設数量が少ないため、海上運搬距離が極端に長くない場合は、起重機船によるバケット打設が一般的である。また、外海で波浪のためコンクリートの養生が十分確保できない海域ではプレキャスト蓋を用いる。

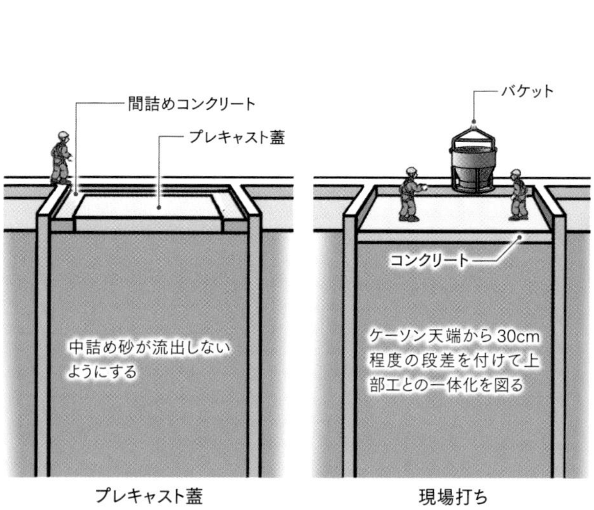

間詰めコンクリート
プレキャスト蓋
バケット
コンクリート
中詰め砂が流出しない
ようにする
ケーソン天端から30cm
程度の段差を付けて上
部工との一体化を図る
プレキャスト蓋
現場打ち

蓋コンクリートの構造

7 根固め工・被覆工

根固め工とは、ケーソン下端部近辺の捨石マウンドが波の影響などによって洗掘されないように直方体の方塊コンクリートなどの根固めブロックをケーソン側面に設置する工事である。被覆工とは、捨石マウンド表面が波の影響などによって洗掘されないように被覆ブロックや被覆石をマウンド上に設置する工事である。これらの工事はケーソン据付け後に速やかに実施する。

根固めブロック・被覆ブロック製作 → 根固めブロック・被覆ブロック運搬 → 根固めブロック・被覆ブロック据付け → 出来形確認 → 被覆石投入 → 被覆石均し → 出来形確認

根固め工・被覆工の施工手順

ブロック据付け

製作した根固めブロックや被覆ブロックを、起重機船を用いて潜水士が捨石マウンド上に据え付ける。波や航跡波などにより起重機船が動揺して、ブロックが本体ケーソンあるいは据付け済みブロックに衝突し損傷させることがないよう注意する。

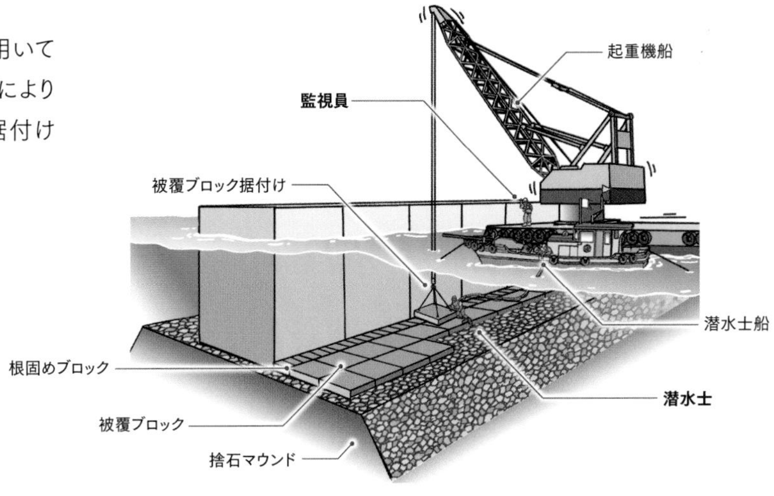

被覆ブロックの据付け

豆知識 潜水作業の危険性

潜水作業は、水圧下、視界が悪い、連絡が取りにくい中での過酷な作業になる。事故が起きたときは生命にかかわる重大な事故になるため事前の打合せ、作業計画や作業時の連絡体制をしっかり整え、安全に作業することが重要である。

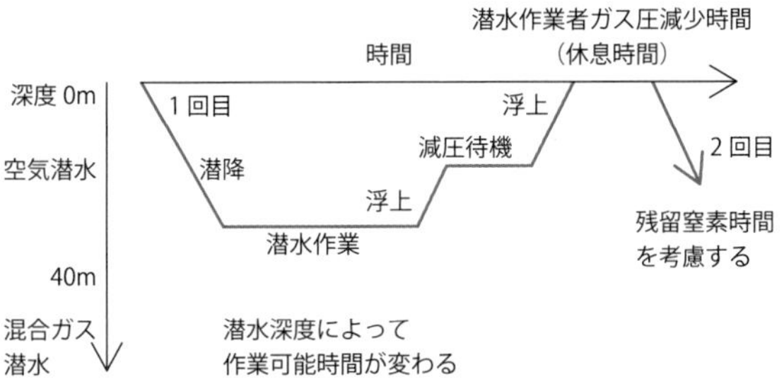

潜水作業者ガス圧減少時間：1 日に2回以上潜水する場合に取る休息時間
残留窒素時間：体内に残っている窒素が完全に放出されるまでの所要時間

潜水計画の立て方

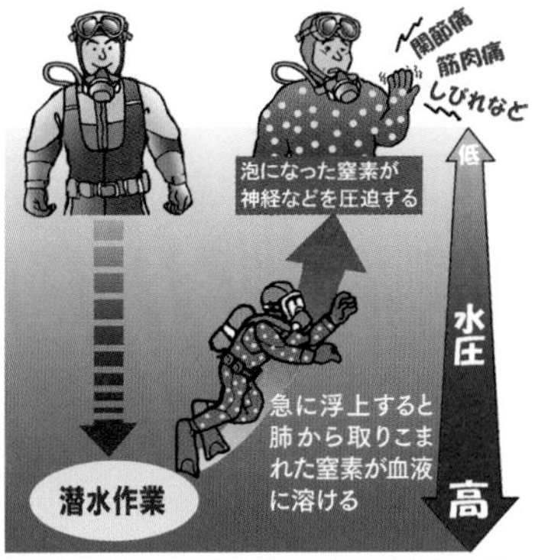

潜水病

手足の挟まれ事故

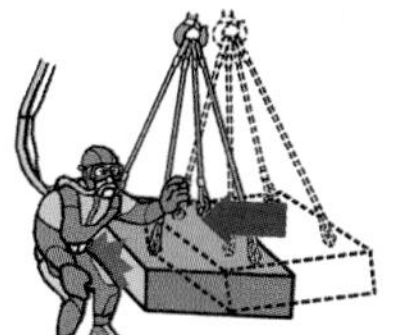

吊り荷との激突事故

情報コラム リアルタイムに海底地盤や水中構造物の現状が分かる、システムによる施工支援

リアルタイム水中ソナーシステムは超音波を広角に発する水中ソナー、高精度動揺補正センサやGNSSなどを船舶に艤装し、視界が非常に悪い水中部においてリアルタイムに水中の構造物や海底地盤を計測、可視化できる。この技術によって、潜水士が作業できない環境下においても船上で水中の状況を確認しながら施工することが可能になる。

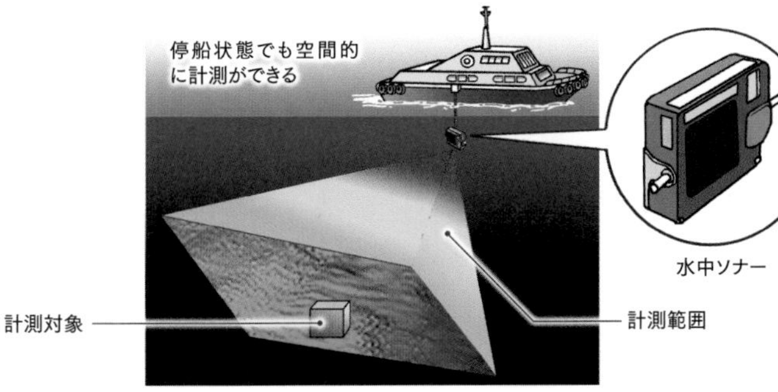

計測イメージ

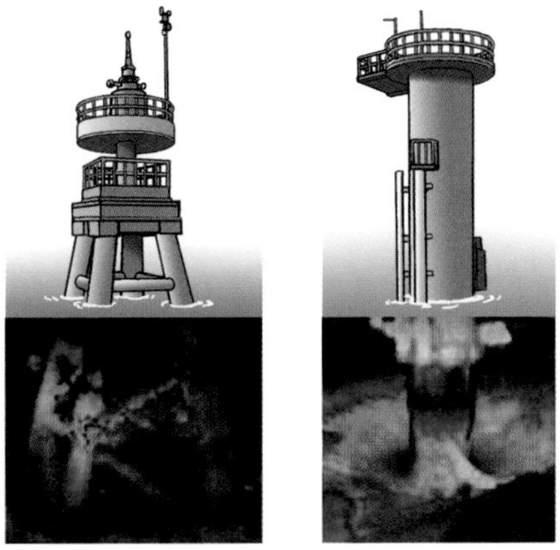

水中構造物の可視化イメージ

8 上部工

上部工とは、ケーソンの上にコンクリート構造物をつくる工事である。防波堤の高さを上げることで、港内への越波を防ぐ効果がある。海域の海象条件にもよるが、一般的に上部コンクリートの厚さは1m以上になるものが多い。ここでは、コンクリートミキサー船を用いた一般的な施工手順と施工方法を紹介する。

支保工設置 → 足場設置 → 型枠組立て → コンクリート打設 → 養生 → 型枠脱型移設 → 出来形確認

上部工の施工手順

（1）支保工設置・足場設置

ケーソン側面に上部工の型枠を設置するには、海側に張り出した足場が作業床として必要になるため、支保工を用いた仮設足場を設置する。

①ブラケット支保工設置

作業船を用いて、ケーソン側面に支保工を設置する。

アンカー削孔

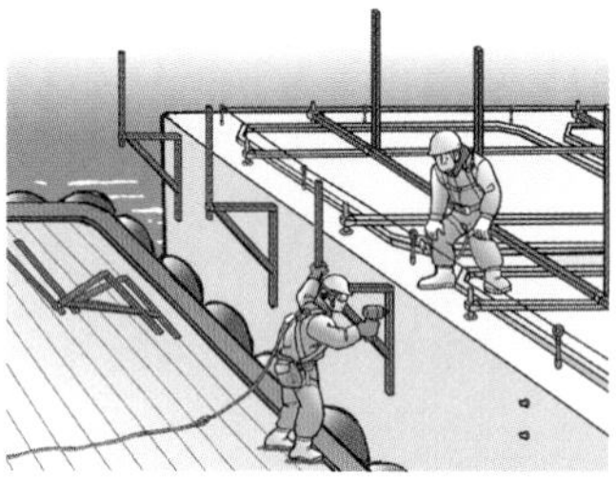

支保工の設置

②足場・手すり設置

設置した支保工に足場と手すりを設置する。

足場の設置

手すりの設置

（2）コンクリート打設

海上でのコンクリート打設は陸上と違い、海上輸送時間や波による船体の揺れが発生する。海上打設の特性を把握して打設方法、品質管理や安全管理を行う。

①打設方法の決定

海上コンクリート打設では、コンクリートの海上運搬距離および1日当たりの最大打込み量などの施工条件によって、コンクリートミキサー船からのポンプ打設、起重機船によるバケット打設、陸上からのコンクリートポンプ車によるポンプ打設などから打設方法を選択する。

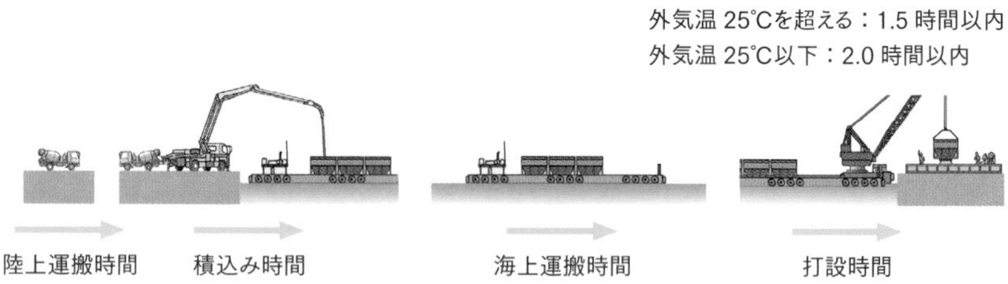
外気温 25℃を超える：1.5 時間以内
外気温 25℃以下：2.0 時間以内
陸上運搬時間
積込み時間
海上運搬時間
打設時間

コンクリートの海上運搬計画

②コンクリートの製造および品質管理

コンクリートミキサー船を用いた海上打設では、船体の揺れによりコンクリート材料の計量誤差が発生する。品質のばらつきを補うため余裕のある配合計画を行う。また、品質を確保するための作業中止基準を決めて、順守するようにする。

バッチ式は重量計測
だから船が揺れると
計量誤差が出ます!
200kg
205kg
作業中止基準（例）
有義波高：0.5m 以上
船が揺れることで
上下方向の加速
度が発生

船の揺れによる計量誤差

③打込み

コンクリートミキサー船によるコンクリート打込み時、付近を航行する船舶の航跡波で船体が揺れ、投入口では大きな動揺となり、打込みの確実性を損ない、また、危険を伴うことがある。そのため、監視員を配置したり、投入口の先端にフレキシブルホースを取り付けたりするなど、十分な安全対策を実施する。

航跡波きます！
了解！ 一回離れて！
監視員
航行船舶
航跡波

コンクリート打設時の安全対策

9 消波ブロック工

消波ブロック工とは、ケーソン側面に消波構造物を設置し、波の打上高や越波量を低減させるとともに波圧を軽減させることができるようにする工事である。ここでは消波ブロックの製作および乱積み設置の一般的な施工手順と施工方法を紹介する。

消波ブロック製作 → 消波ブロック運搬 → 消波ブロック設置 → 出来形確認

消波ブロック工の施工手順

(1) 消波ブロック製作

消波ブロックは陸上ヤードで製作する。鋼製型枠を組み立ててコンクリートを打設するシンプルな施工方法である。型枠にはテーパー部があり、型枠の隅々までコンクリートを充填するためにバイブレータによる締固めや打音による確認を十分に行う。

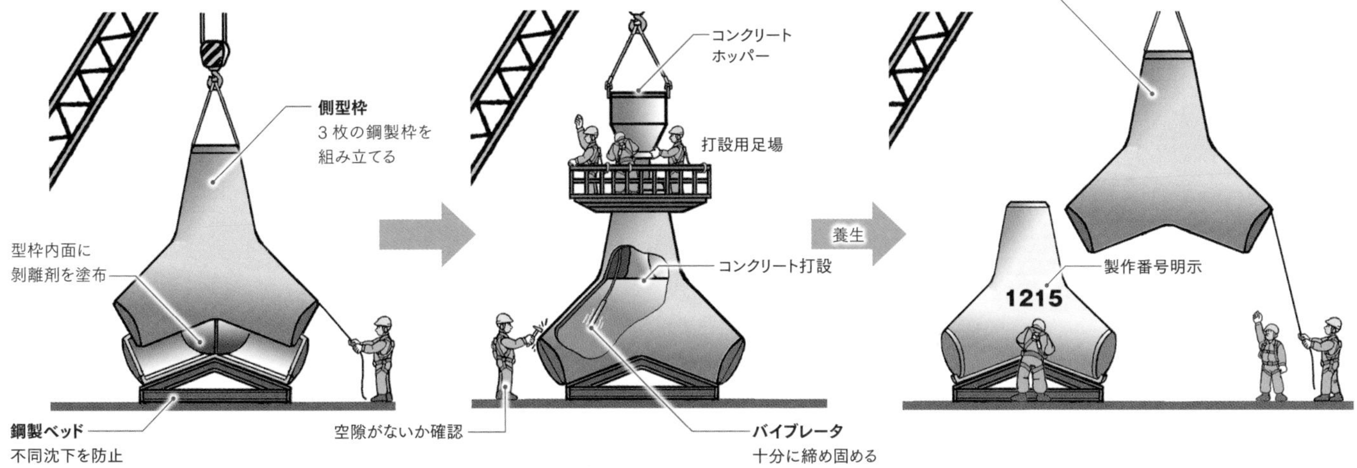
所定強度の出現を
確認後、型枠脱型
側型枠
3 枚の鋼製枠を
組み立てる
型枠内面に
剥離剤を塗布
鋼製ベッド
不同沈下を防止
空隙がないか確認
コンクリート
ホッパー
打設用足場
コンクリート打設
バイブレータ
十分に締め固める
養生
1215
製作番号明示

消波ブロック製作の流れ

(2) 消波ブロック据付け

根固めブロックと同様に起重機船と潜水士によって所定の位置に据付けを行う。立体型の消波ブロック据付けの特徴は、吊り上げる向きを変えながら堅固に積み上げることである。潜水士は積み上げる向きを考えて指示を出し、玉掛け者は指示に従った向きになるように玉掛けを行う。消波ブロックには乱積みと層積み※があり、一般に、港の工事では乱積みが用いられる。

※乱積みと層積み：不規則に配置されたものを乱積み、規則性をもたせて整然と配置されたものを層積みという。

潜水士の指示に
合わせて吊り上げ、
向きを変える
了解！
次に設置する場所に
堅固にはまる向きを
考える
次、足を下向きでください

消波ブロックの設置

豆知識 消波ブロック・被覆・根固めブロック

消波ブロックは設置する海域の海象条件に対応できるように0.5 t型から80t型まで大小様々なサイズがある。その中で4t型は人の身長ほどの高さ、50t型は1階建て平屋ほどの高さである。

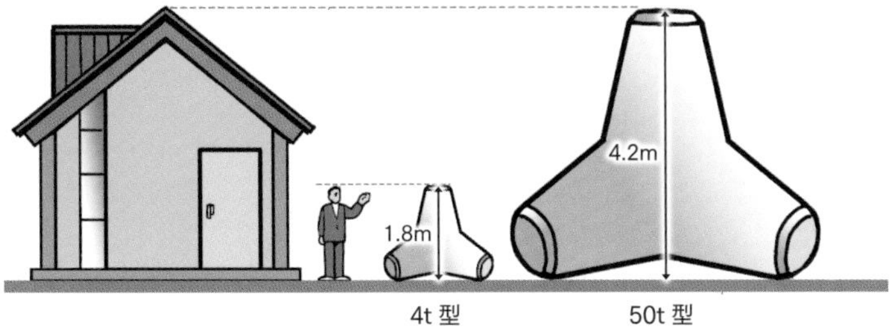
1.8m
4.2m
4t 型
50t 型

消波ブロックの大きさ

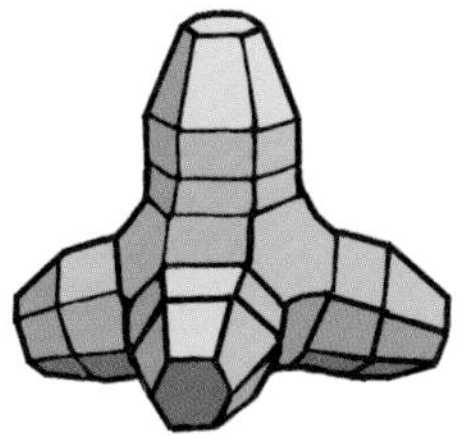

ケーソン前面の消波工事などに用いる。

消波ブロック

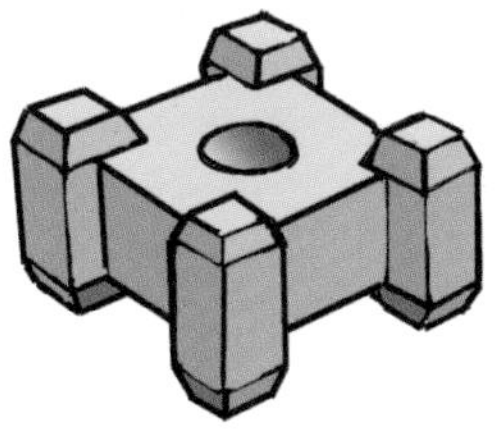

ケーソンの捨石マウンドの根固め工や被覆工に用いる。

被覆ブロック

7-3-2 桟橋工事

桟橋とは岸壁と同様に、船を係留する施設である。船に人が乗り降りしたり、荷物の積込みや積下ろしをしたりする際に利用する。

1 工事の流れ　鋼管杭工・上部工・付属工

桟橋工事は、主に鋼管杭工、上部工、付属工の順で行われる。それぞれの工種に対して、専門技術・技能をもつ海上クレーンオペレータや潜水士などの技能者、杭打船などの特殊作業船が入れ替わりながら、桟橋をつくりあげていく。桟橋工事を行っていく中では、潮位が下がるのを待って作業を行うなどの、陸上工事では経験しない特殊な作業環境が存在する。

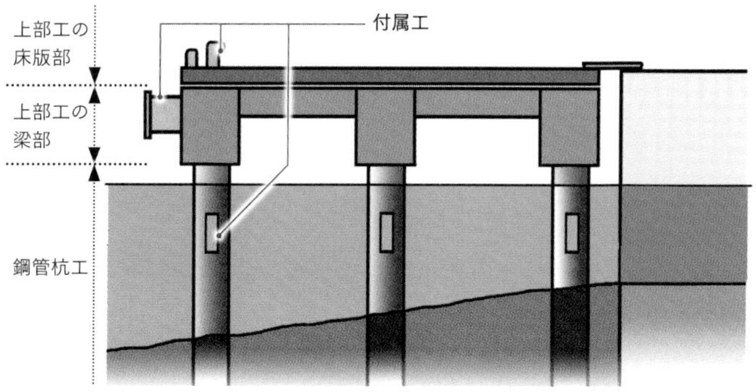

桟橋の構成

2 鋼管杭工

鋼管杭工とは、桟橋の基礎となる鋼管杭を杭打船、クレーン付き台船、起重機船などの作業船を用いて海底地盤に打設する工事である。

工場製作・品質検査 → 鋼管杭運搬 → 鋼管杭建込み → 位置誘導 → 鋼管杭打設 → 支持力・出来形確認 → 杭頭処理

鋼管杭工の施工手順

（1）工場製作・品質検査・鋼管杭運搬

工場で製作した鋼管杭に対して、延長、厚さや外径などの形状寸法を計測し、規格値内の誤差で製作できているか確認する。併せて、化学的成分や機械的性能についてはミルシート（検査証明書）で確認する。

鋼管杭の品質が確認できたら、岸壁から台船に鋼管杭を積み込み、引船で運搬する。海上運搬は、陸上で運搬できない長さの杭を運搬できるので、現場での継杭作業を減らし、工程の短縮を図ることができる。

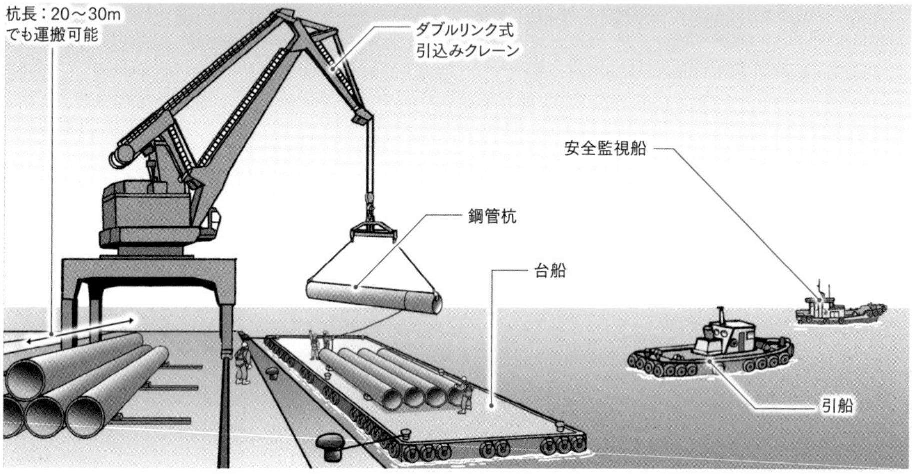

鋼管杭積込み・運搬の様子

（2）鋼管杭建込み

鋼管杭を運搬してきた台船は、杭打船の側面に係留する。係留したのち、鋼管杭を吊り上げ、杭打船のリーダーに建て込む。クレーン側面に位置する鋼管杭を立て起こすため、繊細なクレーン操作が必要であり、積荷の荷崩れに十分注意しながら作業する。

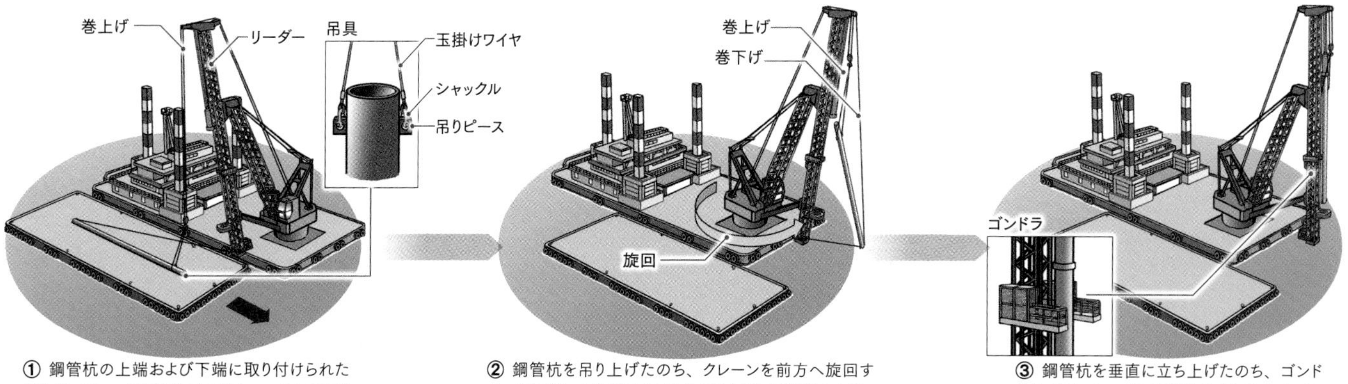

① 鋼管杭の上端および下端に取り付けられた吊りピースに、玉掛けワイヤをシャックルで取り付ける。

② 鋼管杭を吊り上げたのち、クレーンを前方へ旋回する。旋回後、上端側のワイヤを吊り上げ、下端側のタガーワイヤを巻き下げることで、垂直に立ち上げる。

③ 鋼管杭を垂直に立ち上げたのち、ゴンドラやパイルキーパに鋼管杭を差し込みながら吊り下げていく。

鋼管杭建込みの流れ

1年目							2年目						
6月	7月	8月	9月	10月	11月	12月	1月	2月	3月	4月	5月	6月	7月
全体工期14ヵ月													
▼着工													竣工▼
桟橋工事													
準備工			鋼管杭工				上部工				付属工		
			鋼管杭運搬	鋼管杭打設			支保工設置	梁部施工	床版部施工	支保工解体			

全体工程表

（3）位置誘導・鋼管杭打設・支持力・出来形確認

杭打船を用いた一般的な直杭の打設方法について紹介する。建て込んだ鋼管杭を、距離や角度を測る測量機械である光波測距儀などを用いて誘導しながら油圧ハンマで打設する。リーダーを傾けることによって、斜めに鋼管杭を打つことも可能である。

① 打設位置誘導
陸上側２方向から、測量者が杭の位置を誘導し、クレーン操作によって目標位置に鋼管杭を移動させる。

② 鋼管杭の打設と管理
鋼管杭打設中に海底地盤の影響などによって位置や鉛直性にずれが発生することがある。常に測量者が監視し、適宜修正しながら打設する。

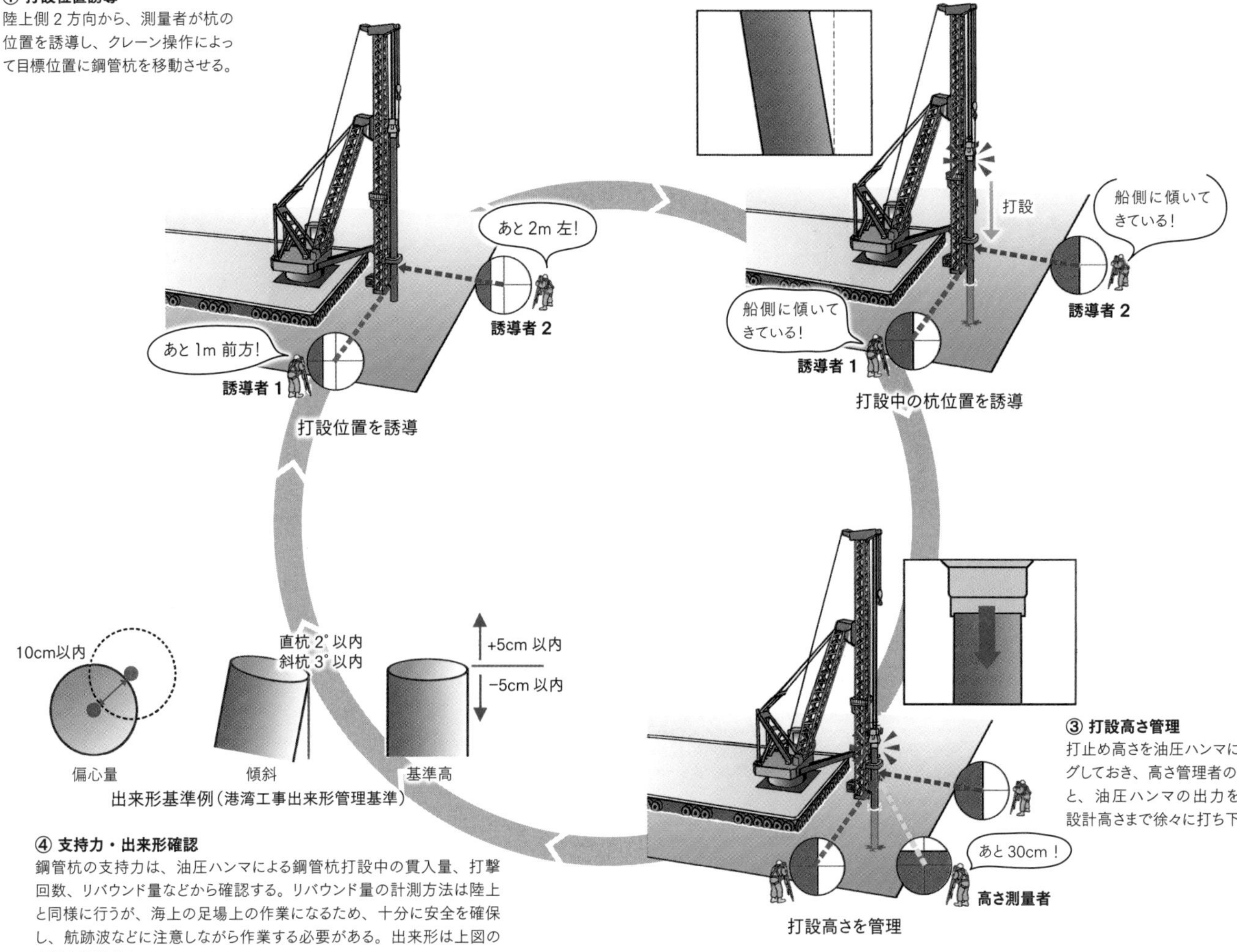
あと 2m 左!
誘導者 2
あと 1m 前方!
誘導者 1
打設位置を誘導
打設
船側に傾いてきている!
誘導者 2
船側に傾いてきている!
誘導者 1
打設中の杭位置を誘導
あと 30cm！
高さ測量者
打設高さを管理
10cm以内
偏心量
直杭 2°以内
斜杭 3°以内
傾斜
+5cm 以内
−5cm 以内
基準高
出来形基準例（港湾工事出来形管理基準）

③ 打設高さ管理
打止め高さを油圧ハンマにマーキングしておき、高さ管理者の指示のもと、油圧ハンマの出力を調整し、設計高さまで徐々に打ち下げる。

④ 支持力・出来形確認
鋼管杭の支持力は、油圧ハンマによる鋼管杭打設中の貫入量、打撃回数、リバウンド量などから確認する。リバウンド量の計測方法は陸上と同様に行うが、海上の足場上の作業になるため、十分に安全を確保し、航跡波などに注意しながら作業する必要がある。出来形は上図の項目を確認する。

鋼管杭打設の手順

環境コラム　港の工事で発生する濁水から水産資源を守る技術

防波堤工事や桟橋工事では、工事の過程で濁水が発生し、河口や港湾の濁りに直接的な影響を及ぼす。例えば、グラブ浚渫船で海底地盤を掘り、グラブバケットを巻き上げた際に土砂が拡散し、濁りが発生する。

海水の濁りやコンクリートの流出は海草・海藻の成長を阻害し、また、シルト分の堆積は底生生物や水産資源への悪影響をもたらす。

浚渫工や埋立工で発生する濁りを外海に拡散させないために、汚濁防止膜を施工箇所に設置する。汚濁防止膜はアンカーにロープで連結することで、位置を保持する。

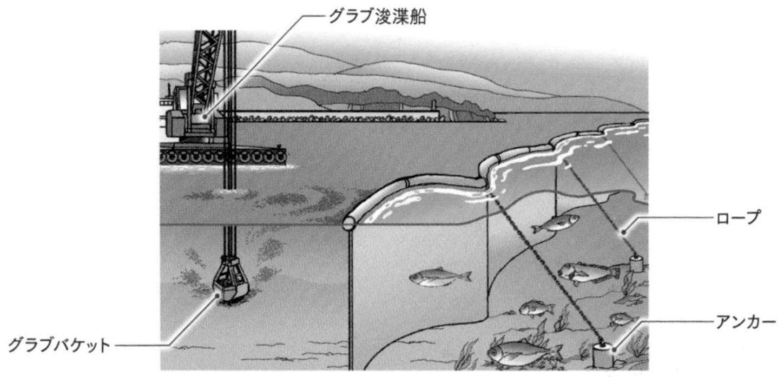
グラブ浚渫船
ロープ
アンカー
グラブバケット

汚濁防止膜

3 上部工

桟橋の上部工とは、鋼管杭を基礎とした鉄筋コンクリートの躯体を構築する工事である。陸上の上部工と異なり、海面上に躯体を構築する必要があるため、支保工の設置、底型枠の組立ても海上工事となる。海上工事特有の潮位や波の影響を受けるため、十分な対策、気象海象予報の把握などがとても重要になる。

梁の支保工設置 → 底型枠組立て → 梁の鉄筋組立・梁の型枠組立て → 梁のコンクリート打設 → 床版支保工設置 → 床版鉄筋・型枠組立て → 床版コンクリート打設 → 支保工解体・型枠解体

上部工の施工手順

（1）梁の支保工設置・底型枠組立て

杭頭に支保工を設置するための受け部材となるブラケットを鋼管杭に溶接して取り付ける。ブラケットの上に、海上クレーンや陸上クレーンを用いて主桁、横桁、根太を設置する。支保工の設置が終わると、梁部の底型枠を組み立てる。海上で作業足場をつくれない場合、作業場所へのアクセスは筏や小型ボートを用いる。支保工は主に解体時の施工性、施工中のコンクリート重量を十分に考慮して、配置や部材寸法を決定する。特に潮位の干満や波の影響を受ける場所では、支保工の強度や作業時間帯について考慮する必要がある。

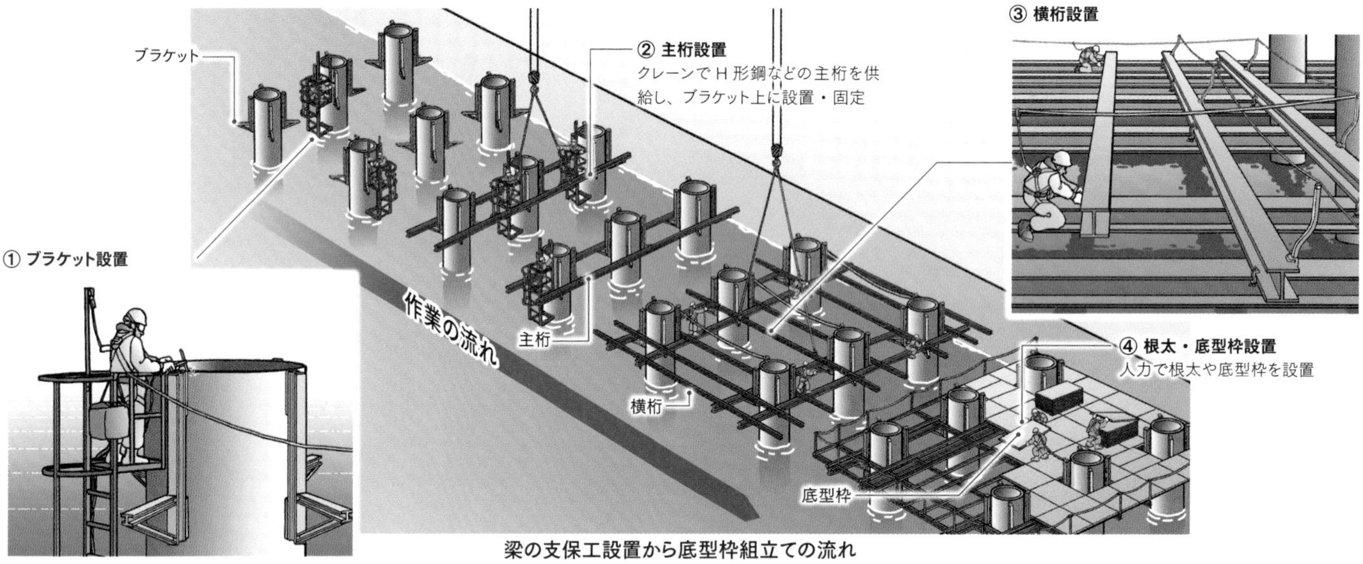

ブラケット
② 主桁設置
クレーンでＨ形鋼などの主桁を供給し、ブラケット上に設置・固定
③ 横桁設置
① ブラケット設置
作業の流れ
主桁
横桁
④ 根太・底型枠設置
人力で根太や底型枠を設置
底型枠

梁の支保工設置から底型枠組立ての流れ

（2）梁部施工

杭頭部に鉄筋溶接プレートを取り付け、梁部の鉄筋を溶接する。その他の鉄筋も設計図書に従って組み立てる。

鉄筋組立て完了後、事前に大組みしている梁部の側面型枠をクレーン付き台船で吊り上げ、設置する。係船柱、防舷材や車止めのアンカー、鋼管杭の腐食を管理するための電位測定用棒鋼は、コンクリートを打設する際に動かないように架台などを活用し堅固に設置する。

付属物設置後、コンクリートを打設する。コンクリートを適切な期間養生したのち、コンクリートの発現強度を確認し、型枠を脱型する。

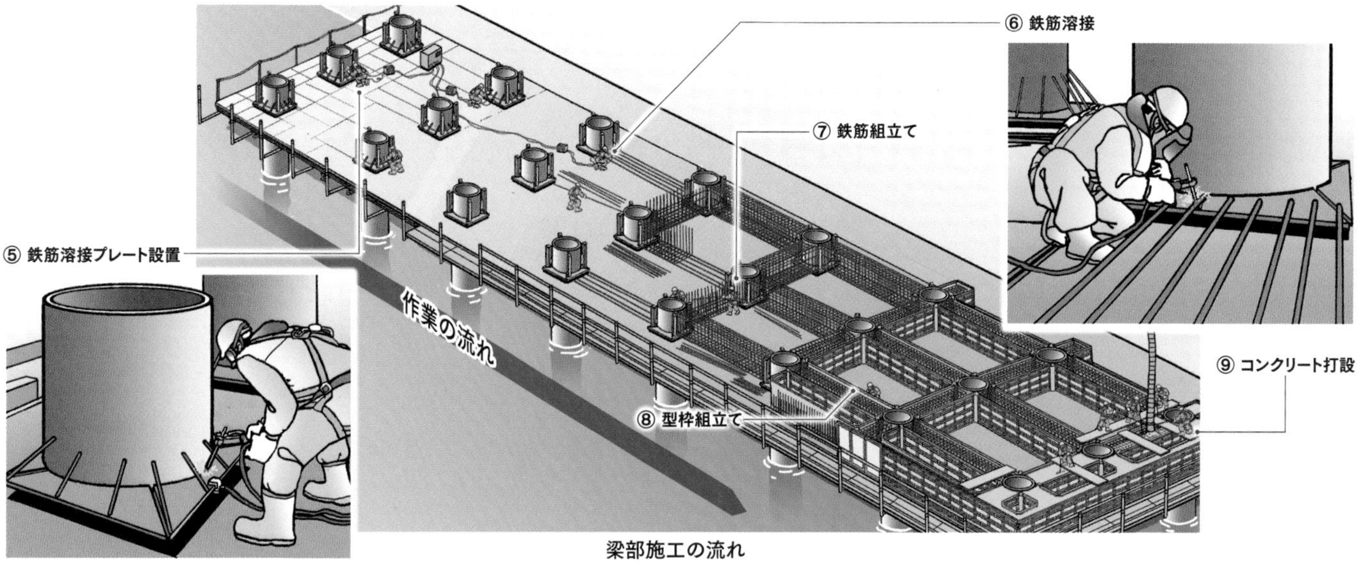

⑥ 鉄筋溶接
⑦ 鉄筋組立て
⑤ 鉄筋溶接プレート設置
作業の流れ
⑨ コンクリート打設
⑧ 型枠組立て

梁部施工の流れ

1年目
2年目
6月
7月
8月
9月
10月
11月
12月
1月
2月
3月
4月
5月
6月
7月
全体工期 14ヵ月
▼着工
竣工▼
桟橋工事
準備工
鋼管杭工
上部工
付属工
鋼管杭運搬
鋼管杭打設
支保工設置
梁部施工
床版部施工
支保工解体

全体工程表

(3) 床版部施工

床版底型枠用の支保工を設置し、その上に底型枠を設置する。設計図書に従い、床版の鉄筋を組み立て、床版部の側面型枠を設置する。

クレーンレールのベースプレートやケーブルピットといった埋設物を設置したのち、床版コンクリートを打設する。

⑫ 鉄筋組立て
海際の構造物などには防食性能の高いエポキシ樹脂塗装鉄筋を用いることもある。

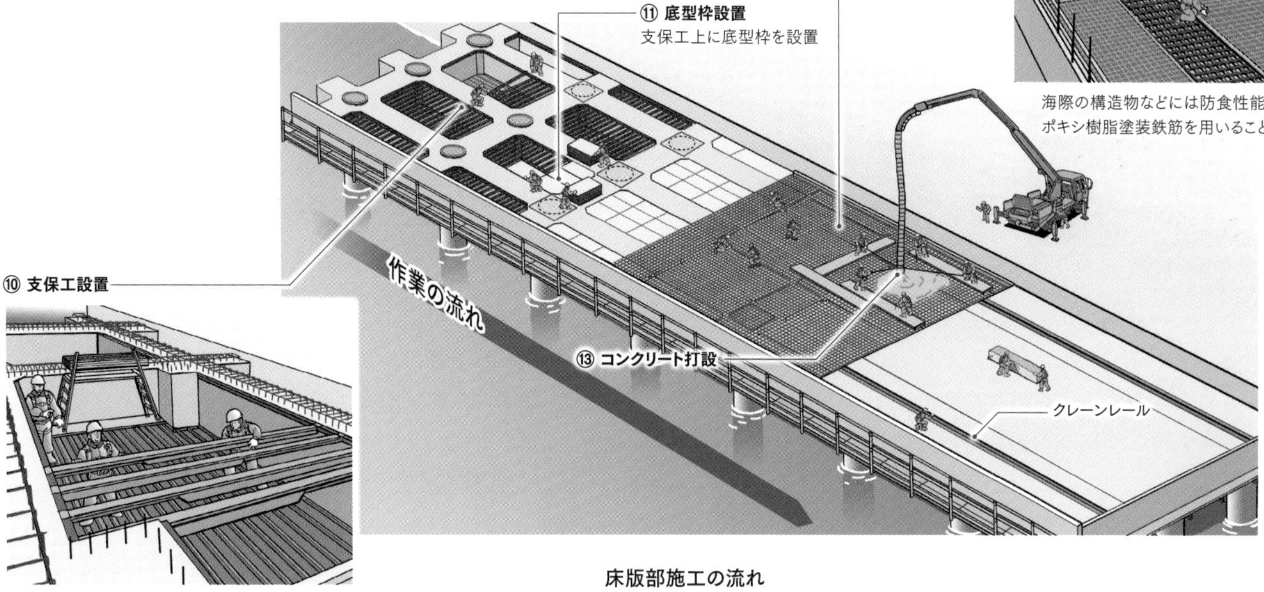
⑪ 底型枠設置
支保工上に底型枠を設置
⑩ 支保工設置
作業の流れ
⑬ コンクリート打設
クレーンレール

床版部施工の流れ

(4) 支保工解体・型枠解体

所定のコンクリート強度の発現が確認できると、梁、床版の型枠を解体し、支保工を撤去する。

支保工は組立て時に仕込んであるボルトや鋼材を緩めて、躯体と底型枠・支保工との間に空間を確保し、底型枠、根太、横桁、主桁、ブラケットの順に解体する。支保工にはブイを取り付けて、浮かせながらクレーンで吊れる位置まで引き出して玉掛けし、吊り上げる。これにより、桟橋の躯体部分が完成し、残すところは付属工となる。

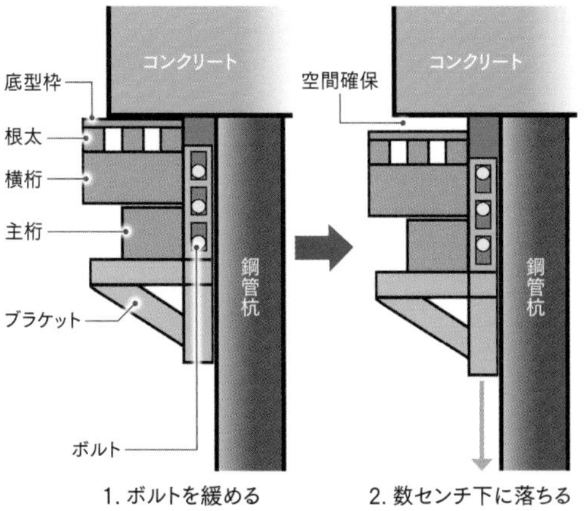
コンクリート
底型枠
根太
横桁
主桁
ブラケット
鋼管杭
ボルト
1. ボルトを緩める
コンクリート
空間確保
鋼管杭
2. 数センチ下に落ちる

空間確保方法の一例

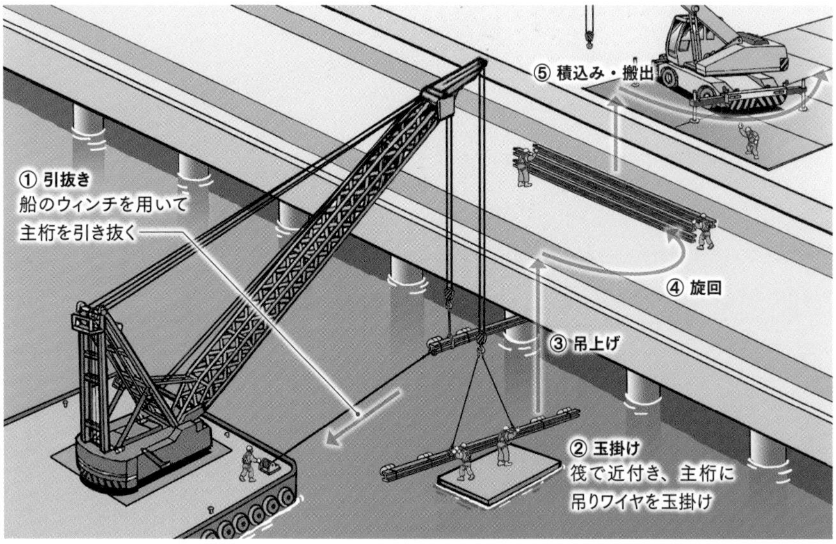
① 引抜き
船のウィンチを用いて
主桁を引き抜く
② 玉掛け
筏で近付き、主桁に
吊りワイヤを玉掛け
③ 吊上げ
④ 旋回
⑤ 積込み・搬出

主桁撤去の様子

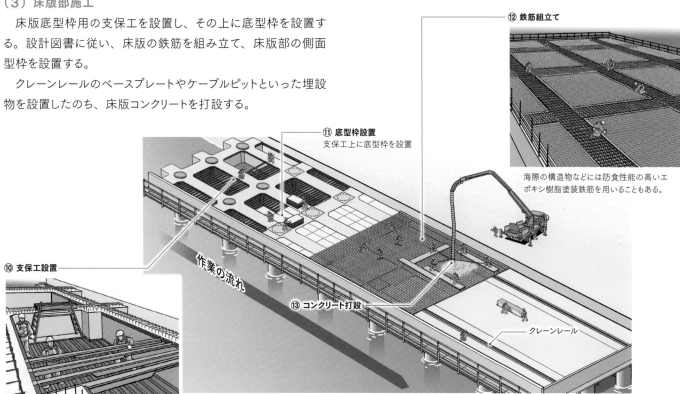

4 付属工

桟橋として、船舶の係留に用いる係船柱や防舷材、桟橋上の荷役作業などの安全性を確保するための車止め、鋼管杭の腐食を防ぐための電気防食陽極といった付属物をコンクリートの打設前や打設後に設置する。桟橋の使用目的によって様々な設備が存在するが、ここでは代表的なものを紹介する。また、付属物の設置と並行して、桟橋上の舗装工を行う。

①係船柱設置

係船柱はコンクリート打設前にアンカーを取り付けた状態で台座上に設置する。コンクリート打設後、表面を塗装して仕上げる。

係船柱の設置

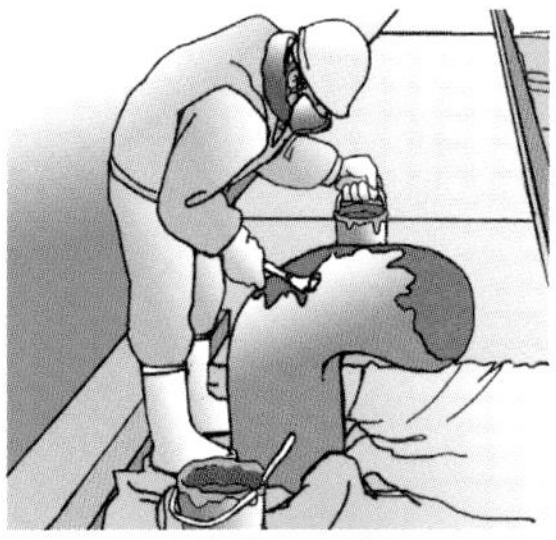

係船柱の塗装

②車止め設置

車止めはコンクリート打設後、打設前に先行設置したアンカーボルトにクレーンなどを用いてはめ込み、工具を用いてナットを締め付け、固定する。

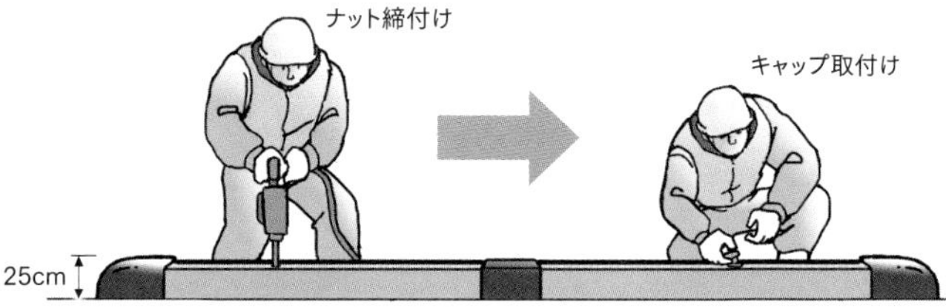
ナット締付け
キャップ取付け
25cm

車止めの設置

③防舷材設置

コンクリート打設前に設置したアンカーボルトに防舷材をはめ込み、工具などを用いてナットを締め付ける。

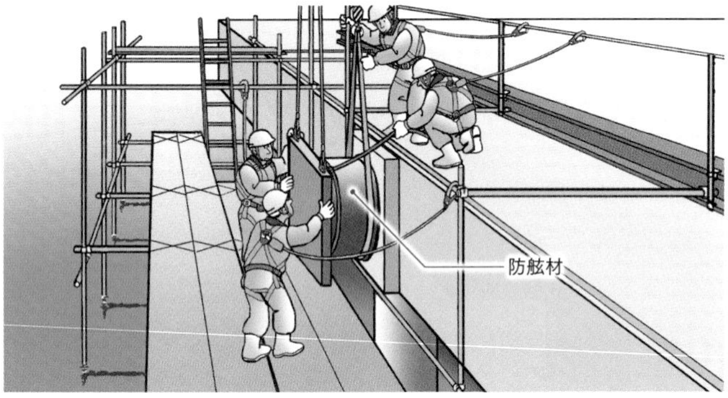
防舷材

防舷材の設置

④電気防食陽極設置

電気防食陽極を桟橋上からクレーンなどを用いて吊り下げ、潜水士が水中溶接により取り付ける。水中で電気を用いた作業のため電圧を調整したり保護手袋を用いるなどして感電に十分注意する。

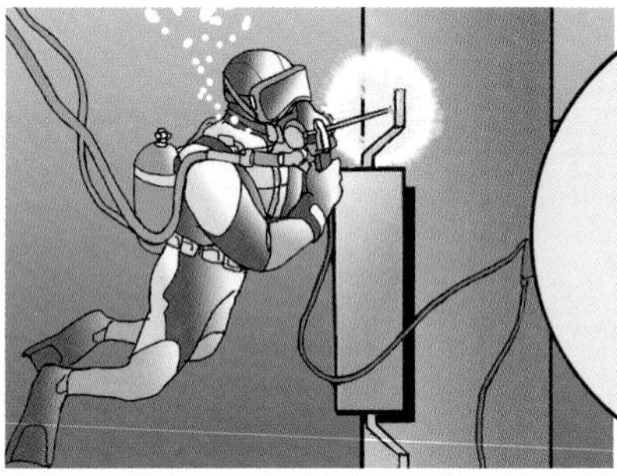

潜水士による水中溶接

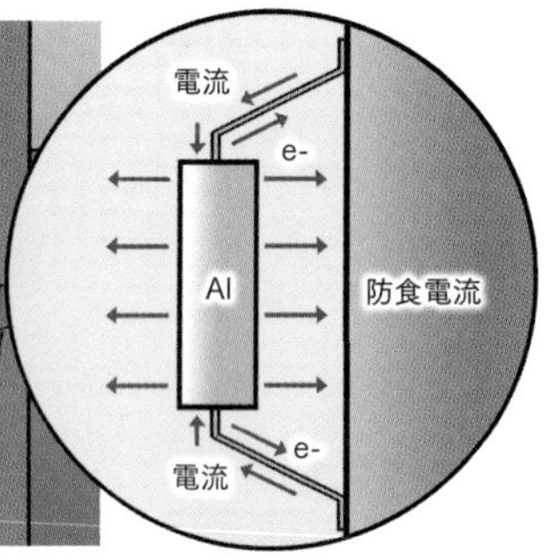
電流
e-
Al
防食電流
電流
e-

鉄よりも卑なアルミニウム合金を取り付けることで鉄を防食する。

電気防食のしくみ

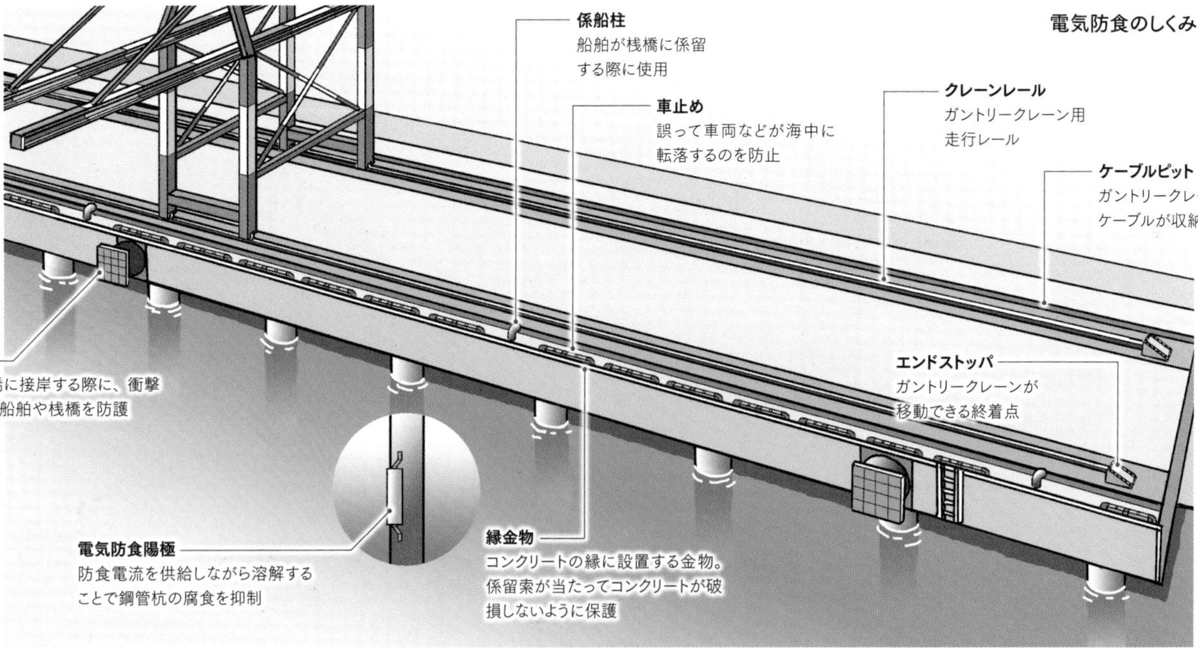
係船柱
船舶が桟橋に係留する際に使用
車止め
誤って車両などが海中に転落するのを防止
クレーンレール
ガントリークレーン用走行レール
ケーブルピット
ガントリークレーンの電源ケーブルが収納される溝
防舷材
船舶が桟橋に接岸する際に、衝撃を吸収し、船舶や桟橋を防護
エンドストッパ
ガントリークレーンが移動できる終着点
電気防食陽極
防食電流を供給しながら溶解することで鋼管杭の腐食を抑制
縁金物
コンクリートの縁に設置する金物。係留索が当たってコンクリートが破損しないように保護

防舷材の設置

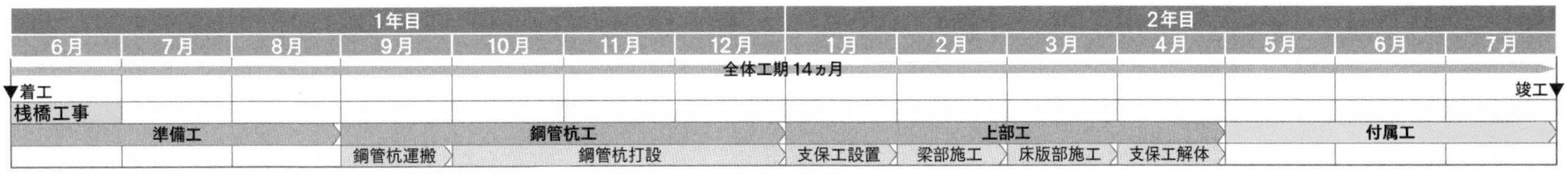
1年目
2年目
6月
7月
8月
9月
10月
11月
12月
1月
2月
3月
4月
5月
6月
7月
全体工期 14ヵ月
着工
竣工
桟橋工事
準備工
鋼管杭工
上部工
付属工
鋼管杭運搬
鋼管杭打設
支保工設置
梁部施工
床版部施工
支保工解体

全体工程表

7-4 完成

防波堤も桟橋も、人々が目にするのは海面から上の部分だけで、防波堤は海中に大きな函体《かんたい》、すなわち箱がいくつもつながり、その中に砂が詰まっている。そして、それを支える海底は地盤が緩ければ地盤改良を行っている。桟橋はその下に何本もの杭が打たれているとはなかなか想像がつかない。しっかりした基礎があるからこそ、港は高波や津波から港の近くに住む人や漁に出る船を守り、クルーズ船で観光客を受け入れ、コンテナ船で国内外の物資を運び込む。横浜、神戸、博多など、岸壁までアクセスできる港はいくつもあるのでぜひ足を運んでほしい。

防波堤工事

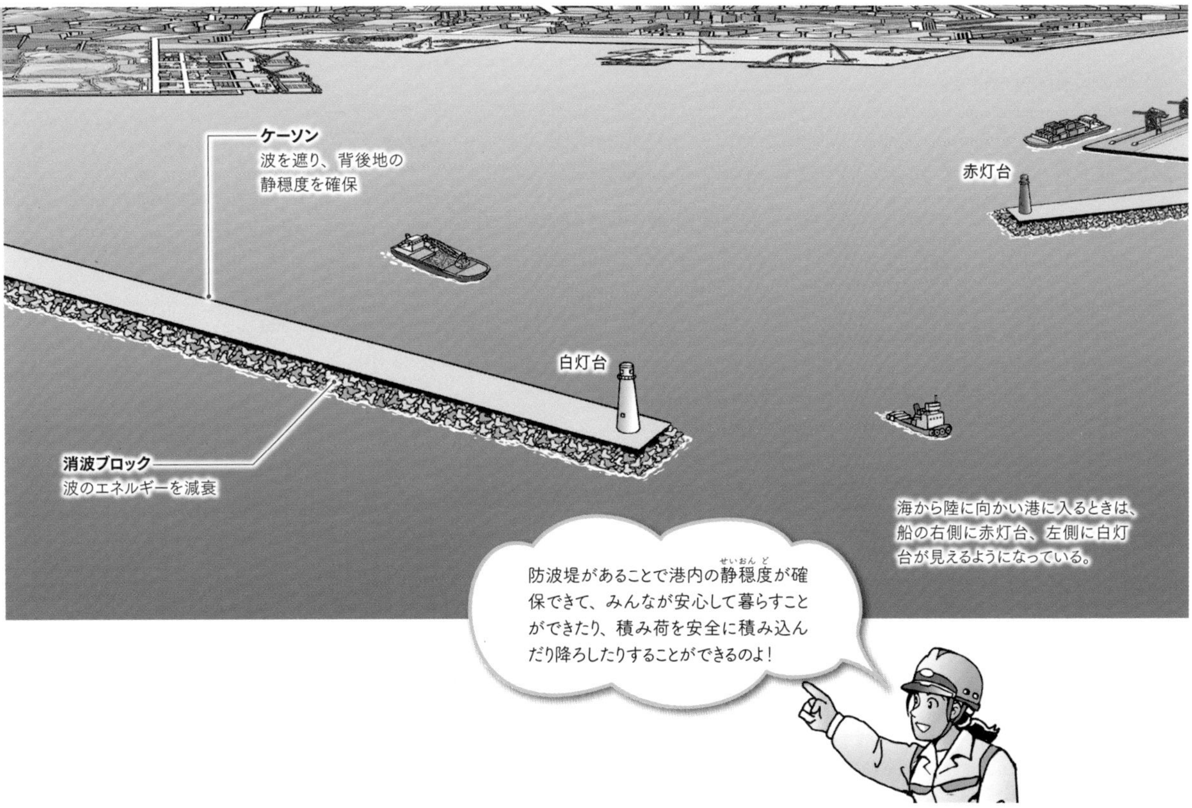
ケーソン
波を遮り、背後地の
静穏度を確保
赤灯台
白灯台
消波ブロック
波のエネルギーを減衰
海から陸に向かい港に入るときは、船の右側に赤灯台、左側に白灯台が見えるようになっている。
防波堤があることで港内の静穏度《せいおんど》が確保できて、みんなが安心して暮らすことができたり、積み荷を安全に積み込んだり降ろしたりすることができるのよ！

桟橋工事

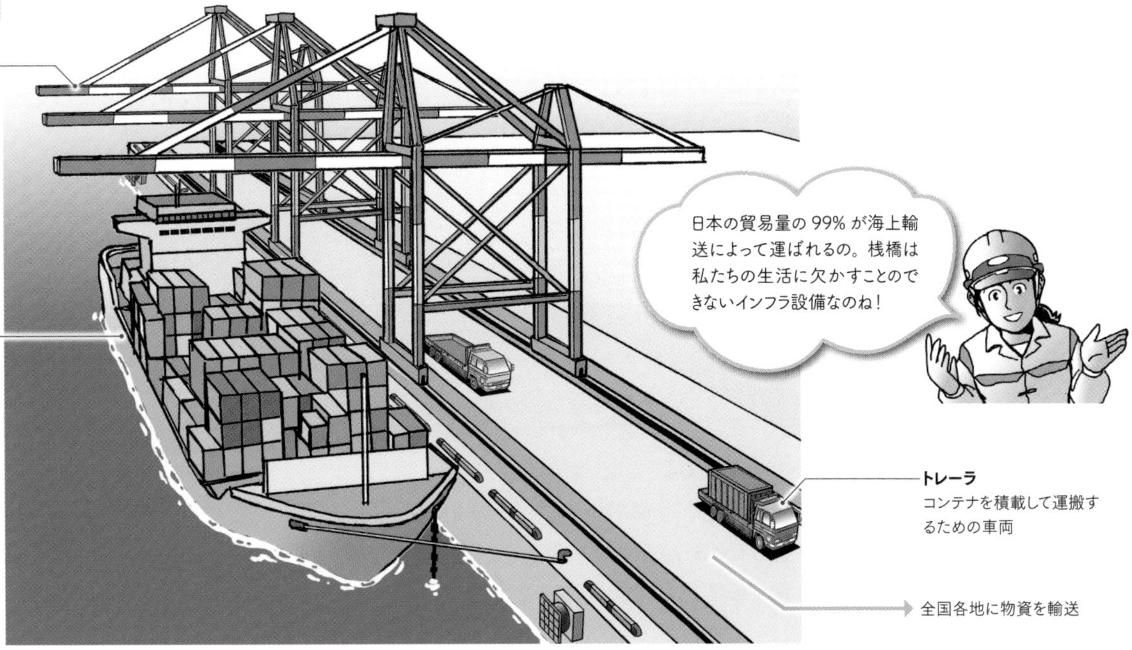
ガントリークレーン
コンテナの積込みや積下ろしを行うクレーン
LOLO船
国内や海外から大量のコンテナを運搬する船舶
日本の貿易量の 99% が海上輸送によって運ばれるの。桟橋は私たちの生活に欠かすことのできないインフラ設備なのね！
トレーラ
コンテナを積載して運搬するための車両
全国各地に物資を輸送

8 海上空港

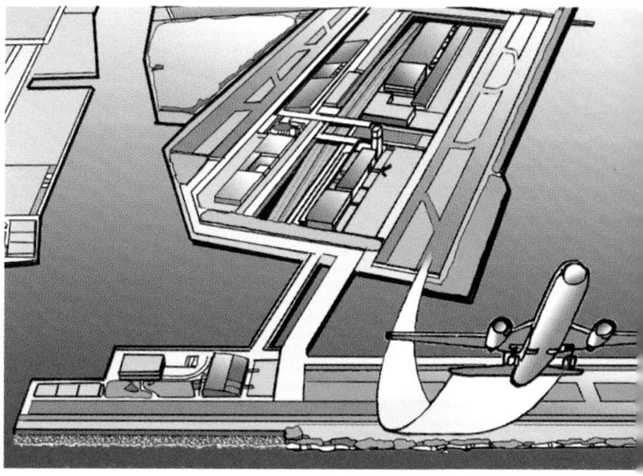

海上空港とは、航空機の発着や空路を利用した人流・物流を担うため、海域に設置した施設である。海域に設置することは、広大な敷地が確保しやすい、航空機の騒音など周辺への影響を低減できる、都市部への交通の利便性を確保しやすいなどのメリットがある。一般には、海域を土砂で埋立て、敷地造成や舗装を行うため、港や道路と重複する工事が多い。ここでは、海上空港に特有の工事に焦点をあてて紹介する。

8-1 準備工

海域での工事は、陸上での工事に比べ、多くの作業船を投入する、海象条件の影響を受ける、海中の施工箇所が視認できないなどの特徴がある。それらを踏まえ、現場状況を把握し、他の海域利用者に対し安全を確保した施工を行うための準備工事を行う。以下に具体的な実施項目を示す。

1 事前協議・届出

所轄の海上保安部への工事許可申請を行う。埋立用材を遠方から運搬する場合は、積出し港、運搬経路上の所轄海上保安部への届出も行う必要がある。また、港湾管理者や漁業組合などの水利関係者との協議では、港の工事と同様に、工事区域の明示、警戒船の配置など一般船舶に対する安全対策、近隣の港湾施設利用船舶に対する配慮、汚濁拡散防止などの環境対策について説明し、理解を求める。

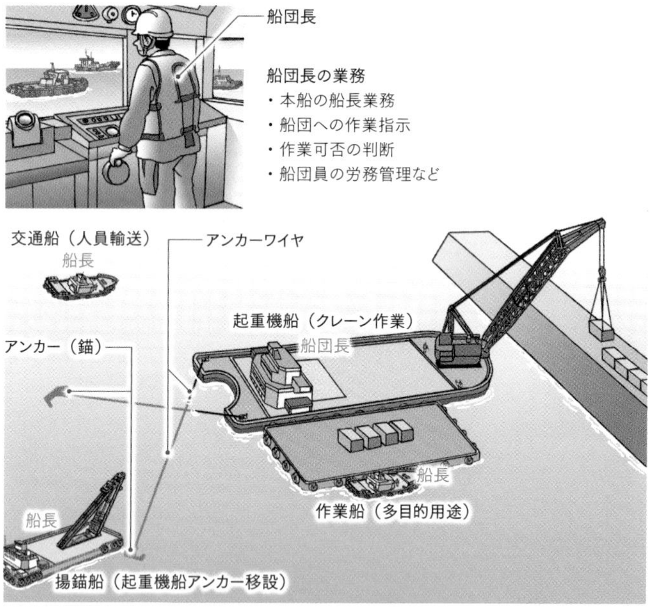

船団構成の例（起重機船団）

2 海上空港の工事現場で働く専門技能者

海上空港の工事では、多数の作業船で施工する。大型の作業船には専属の技能者がいる。作業船は船団を組み、サポートする作業船とともに、船団長が統率している。船団長はその船団に関するすべての責任を負うため、船団長による行動決定には、現場所長も従わなければならない。工事期間中は、気象海象条件の把握に努めるとともに、船団長および各作業船の船長との綿密な打合せが必要である。

3 海域の調査

海上空港の工事では、海域の調査を実施する。

(1) 磁気探査、および磁気異常箇所の潜水探査

施工海域の海底の不発弾処理や障害物除去のため、磁気探査を実施し、磁気異常が認められた場合には、追加で潜水探査を実施して詳細状況を確認する。確認された障害物については撤去作業を実施する。不発弾が発見された場合は、海上保安部および自衛隊へ連絡し、指示に従う。

(2) ボーリング調査

海底地盤の土層構成を確認する際は、ボーリング調査を行う。多くの場合は設計時点で調査が行われているが、より詳細な土層構成を確認する必要があれば、工事前に追加ボーリングを実施する。ボーリング調査自体は陸上でも実施するが、海上では、クレーン付き台船などで調査地点の海底にボーリング櫓《やぐら》を設置し、櫓の上の気中部に設けた作業台の上でボーリングマシンを操作する。また、作業中に作動油などが海上に拡散して海洋汚染が発生しないよう、櫓を取り巻くように海面にオイルフェンスを設置する。

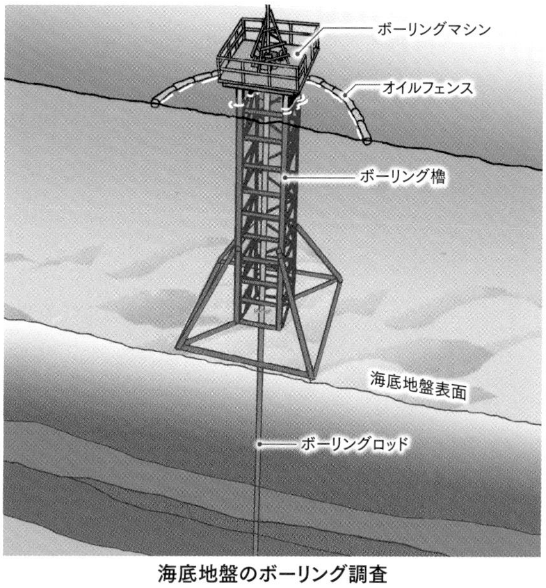

海底地盤のボーリング調査

1年目
2年目
3年目
4年目
5年目
1月 2月 3月 4月 5月 6月 7月 8月 9月 10月 11月 12月
全体工期60ヵ月
▼着工
竣工▼
準備工
護岸工事
埋立工
舗装工
その他の土木工事（排水溝、各種設備、建築工事など）

全体工程表

4 埋立用材の調査

大規模な海上空港では、設置海域の水深にもよるが、5,000万～8,000万m^3の埋立用材を使用するため、複数の供給源および供給経路を確保する必要がある。埋立用材として、一般的には浚渫土を改良したものや山砂を使用する。それぞれ、以下の調査を実施する。

(1) 浚渫土に対する調査

航路や泊地の維持浚渫工事の建設副産物である浚渫土を利用することが推奨されている。浚渫土を利用する場合には、通常、セメント改良を実施する。その場合に改良体からの有害物質溶出の有無を確認するため、六価クロム溶出試験などを実施する。

また、供給開始後は、受入れ時の土砂数量検収時に混入物調査も実施し、埋立てに使用する前にごみを除去する。

(2) 山砂に対する調査

近年は自然環境保護の観点から、山からの大規模な土砂の採取は以前に比べ少なくなったが、山砂の埋立用材としての重要性は依然として高い。自然由来もしくは不法投棄物による有害物質の有無や、粒度分布などの物性情報、積出し港の規模や採取場所から積出し港までの山砂運搬方法などの調査を実施する。

5 施工計画の作成

事前協議や各種調査の結果を踏まえ、施工計画を作成する。海上空港の工事は大規模工事となるものが多く、建設機械や船舶は施工性を上げるため大型のものを使用することが多い。大型の作業船は全国的にも隻数が少なく、確保した船舶を遠隔地から施工場所へ移動させるための回航計画などが工程とコストに大きく影響する。また、広大な範囲を埋め立てるため、埋立用材の積出し、運搬、受入れのスケジュール調整など、埋立用材の搬入計画も検討する。

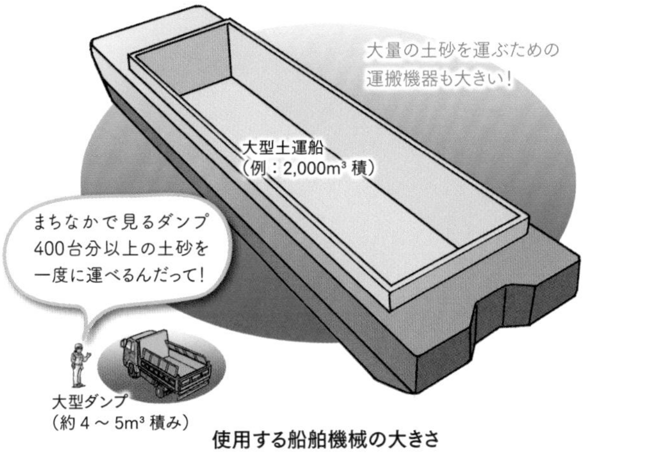
大量の土砂を運ぶための
運搬機器も大きい！
大型土運船
（例：2,000m³ 積）
まちなかで見るダンプ
400台分以上の土砂を
一度に運べるんだって！
大型ダンプ
（約4～5m³ 積み）

使用する船舶機械の大きさ

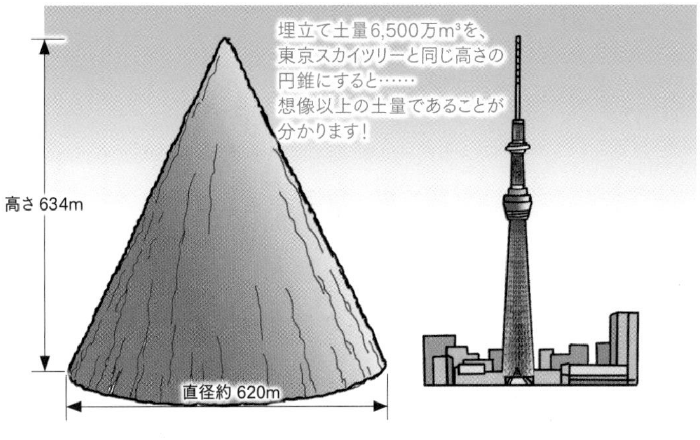
埋立て土量6,500万m³を、
東京スカイツリーと同じ高さの
円錐にすると……
想像以上の土量であることが
分かります！
高さ 634m
直径約 620m

埋立て土量のボリューム

豆知識 空港周辺の高さ制限

空港には航空機の安全確保のため、制限表面という高さの規制が存在する。制限表面には、主に以下3種類が存在する。

- **進入表面**：（着陸帯への）進入の最終段階、および離陸時における航空機の安全を確保するために必要な表面
- **転移表面**：進入をやり直す場合などの、側面方向への飛行の安全を確保するために必要な表面
- **水平表面**：空港周辺での旋回飛行など、低空飛行の安全を確保するために必要な表面

上記のうち、工事で使用する船舶には、進入表面および転移表面が影響する。運用中の空港の拡張工事では、作業船の作業時や移動時に制限表面の高さを船舶の一部が越えないように注意が必要である。制限表面の高さを越えてしまうと、航空機の運航停止など影響も大きく、損害賠償が請求される可能性もある。

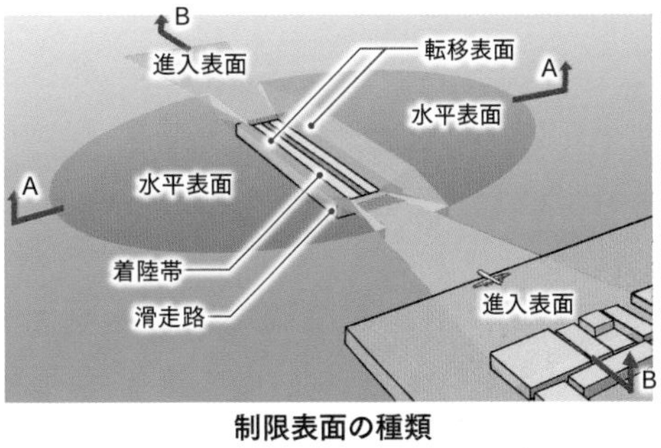
B
進入表面
転移表面
A
水平表面
A
水平表面
着陸帯
滑走路
進入表面
B

制限表面の種類

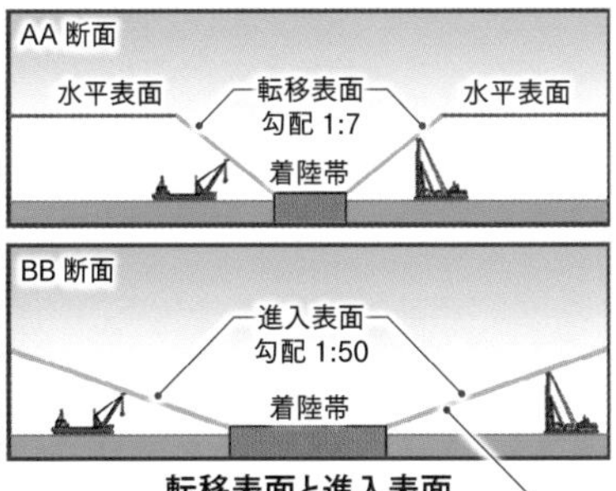
AA 断面
水平表面
転移表面
勾配 1:7
水平表面
着陸帯
BB 断面
進入表面
勾配 1:50
着陸帯

転移表面と進入表面

進入表面の方が着陸帯までの距離が長くなる

8-2 海上空港の工事

海上空港の工事は、規模が大きく早期の運用開始を目指す場合が多いため、複数の工区に分割し、それぞれ工区ごとに施工を進めることで全体の工期を短縮する。工事当初の海上での作業船による工事から、埋立て後の陸上建機による工事に進むため、様々な作業船、建機を用いた工事となり、工種も多種にわたる。ここでは、主な工種となる護岸工事※、埋立て工、舗装工とともに、長期の沈下抑制のために行われる埋立用材の圧密沈下促進工や沈下管理を紹介する。

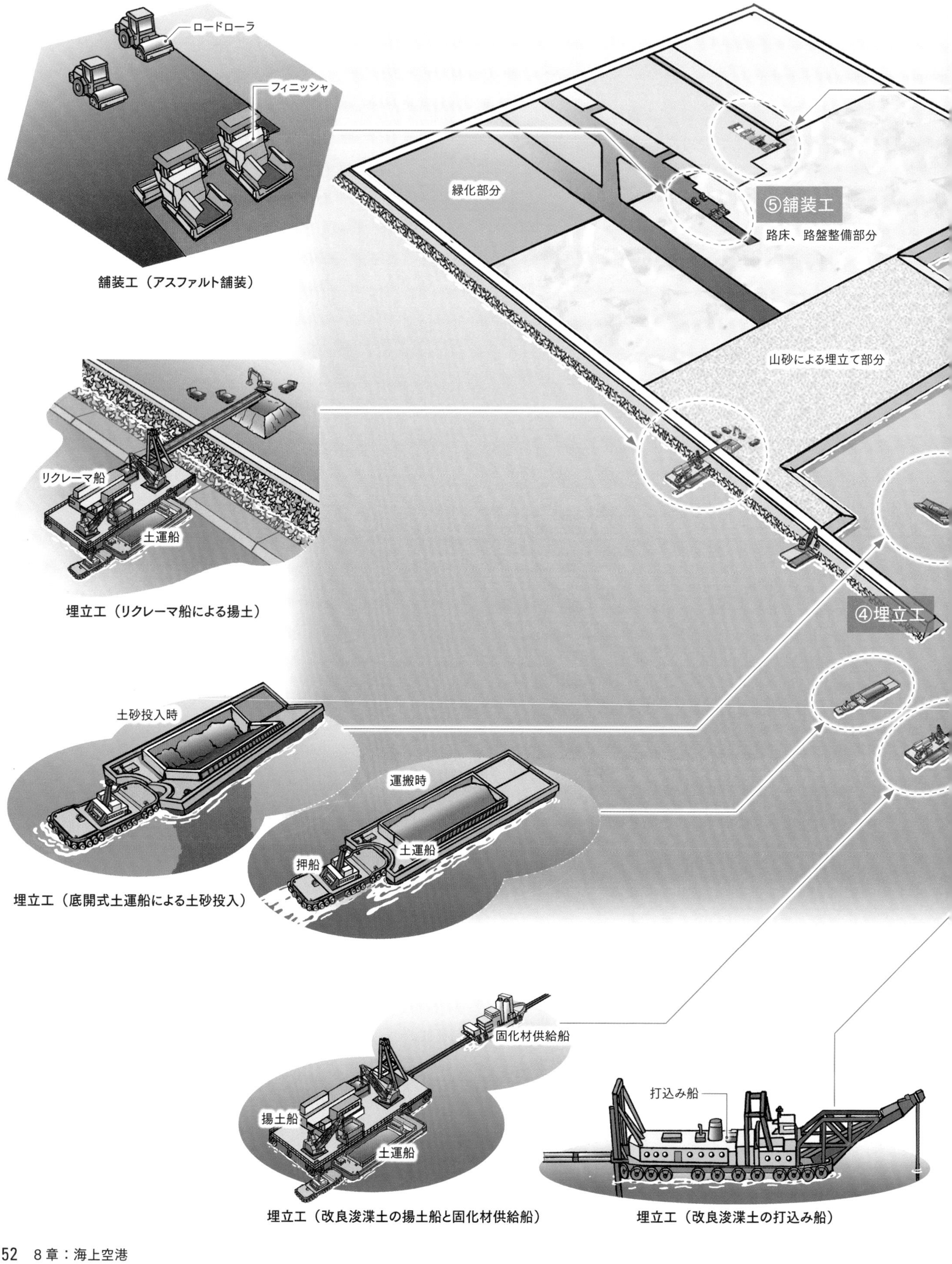

ロードローラ
フィニッシャ
舗装工（アスファルト舗装）
緑化部分
⑤舗装工
路床、路盤整備部分
山砂による埋立て部分
リクレーマ船
土運船
埋立工（リクレーマ船による揚土）
④埋立工
土砂投入時
運搬時
土運船
押船
埋立工（底開式土運船による土砂投入）
固化材供給船
揚土船
土運船
埋立工（改良浚渫土の揚土船と固化材供給船）
打込み船
埋立工（改良浚渫土の打込み船）

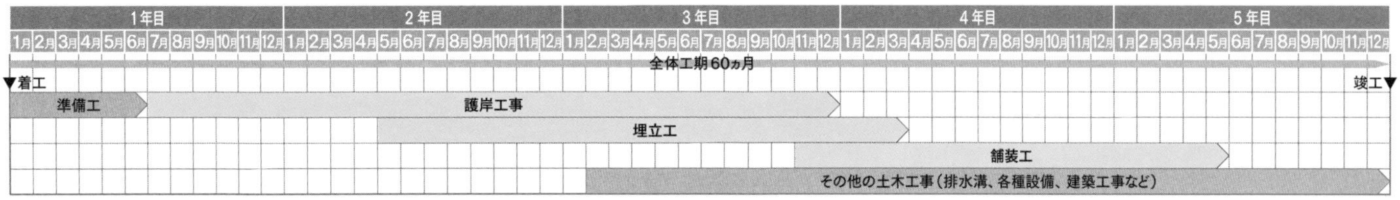

全体工程表

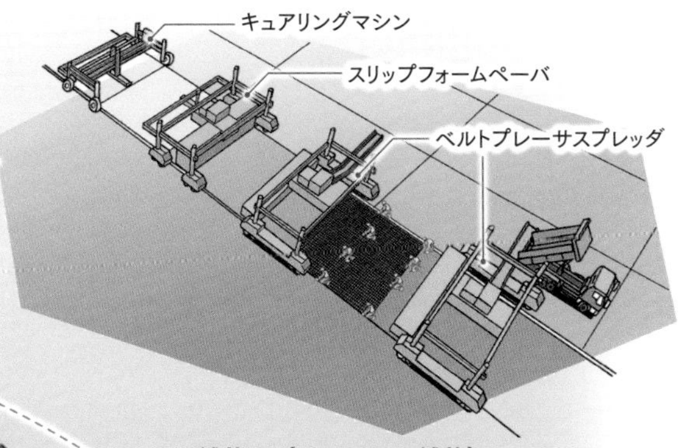

舗装工（コンクリート舗装）

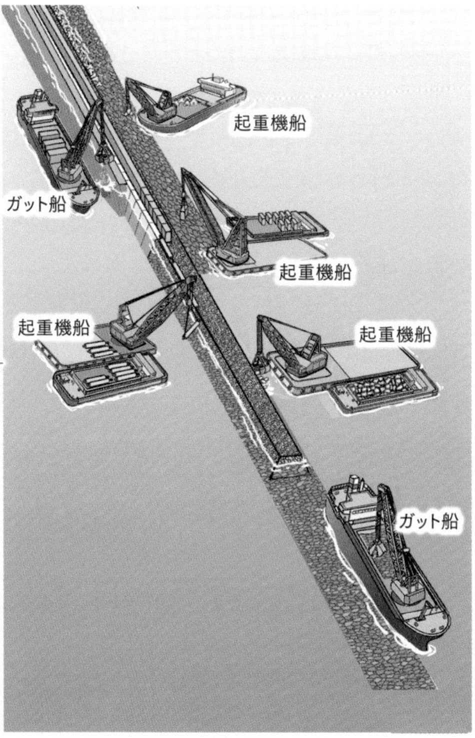

護岸工事

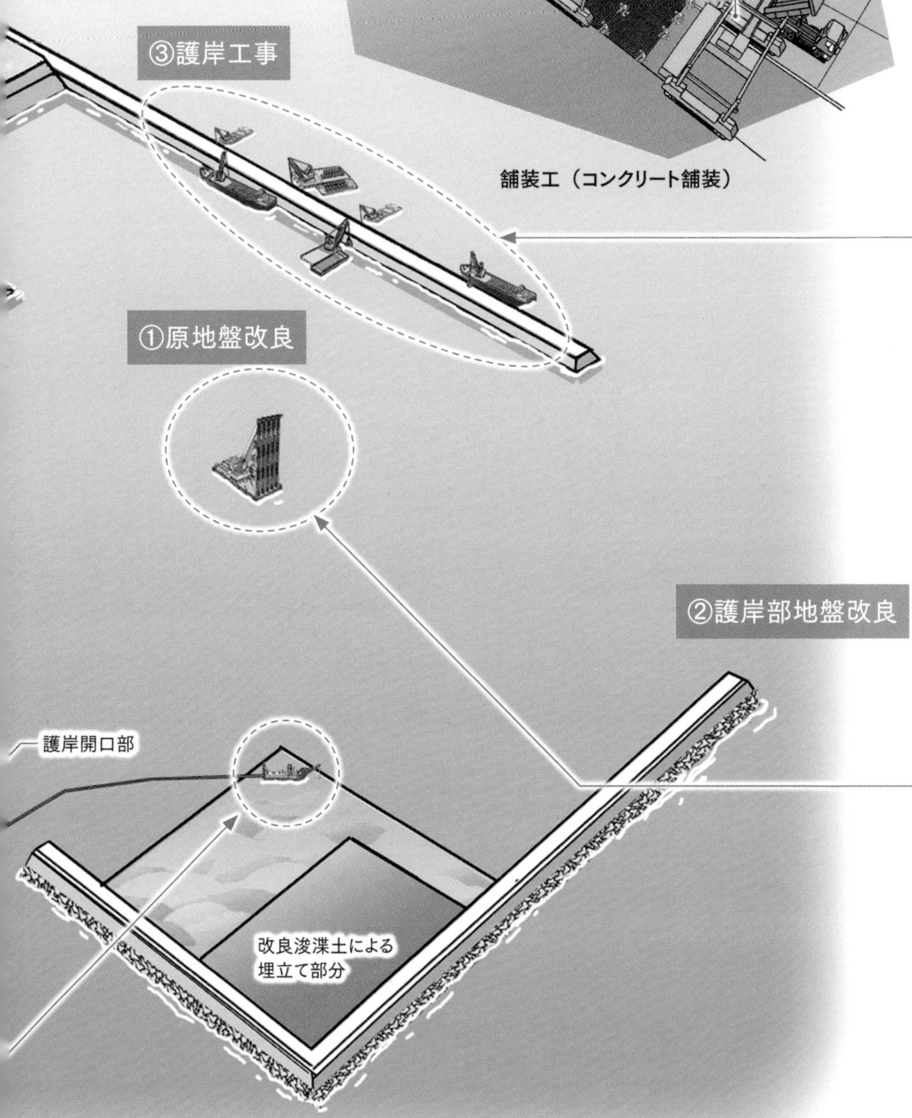

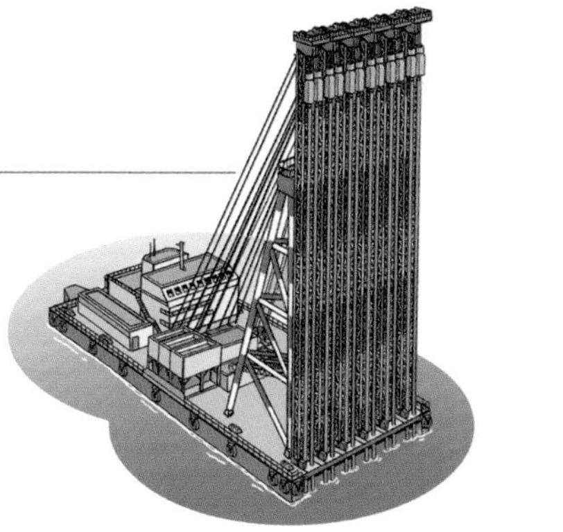

地盤改良船（サンドドレーン船）

情報コラム　工事海域の航行安全管理

多くの船が輻輳する工事海域では、海難事故防止のために、周辺にいる船の位置をリアルタイムに把握することが重要になる。

タンカーやフェリーなどの一般船舶は、自動識別装置（AIS）を搭載しており、位置・針路・速度などを電波で発信している。

航行監視システムでは、AISの電波を受信するとともに、作業船にはGNSSを搭載し、漁船や交通船はレーダーで監視することで、工事関係者が周辺のすべての船の位置を把握することができる。

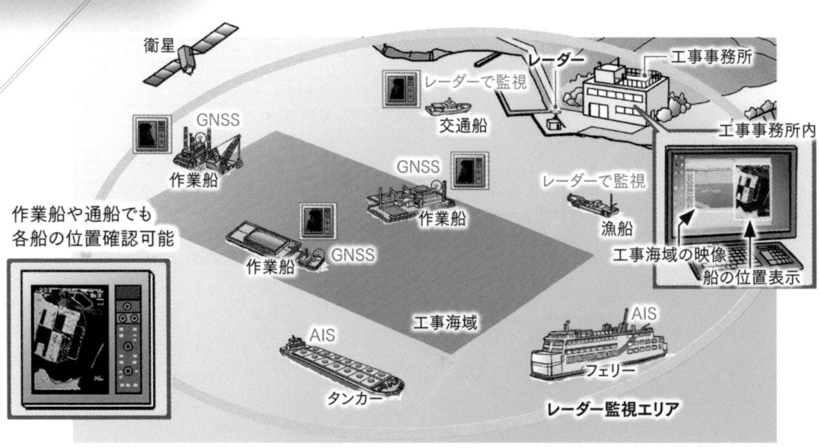

工事海域の船の状況と位置把握方法

8-3 護岸工事

護岸工事では、海上空港の外周部分となる護岸を建設する。空港はその特性上、長大な滑走路、空港利用者が使用するターミナルビル、航空機の運用に必要な駐機場や整備施設の設置が必要であり、広大な空港敷地の安定が重要である。海上空港では潮流や波浪も影響するため、護岸に要求される性能として、これらの外的要因から空港施設を長期間にわたって守ることが要求される。ここでは、いくつかある護岸形式のうち，消波ブロック被覆護岸の工事について紹介する。

1 建設手順

消波ブロック被覆護岸は、芯材となる基礎捨石、護岸法線に配置される上部工ブロック、護岸内側から外側への埋立用材の流出を防止する防砂シート、基礎捨石を保護する被覆石、護岸外側の波浪エネルギーを低減する消波ブロック、護岸安定性を増大させる裏込め材で構成される。以下、護岸工事の進め方、注意点などを記載する。

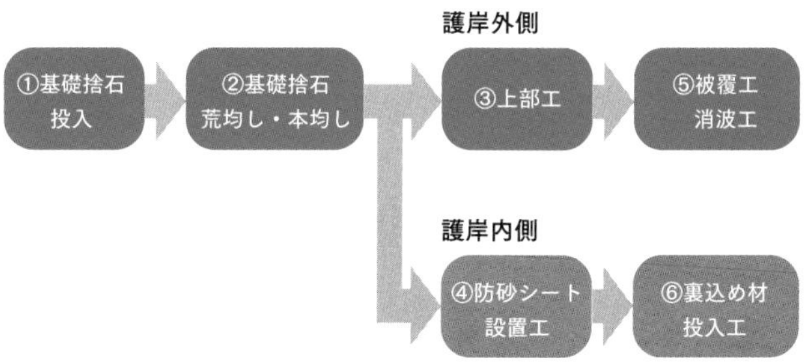

護岸外側
①基礎捨石投入
②基礎捨石荒均し・本均し
③上部工
⑤被覆工 消波工
護岸内側
④防砂シート設置工
⑥裏込め材投入工

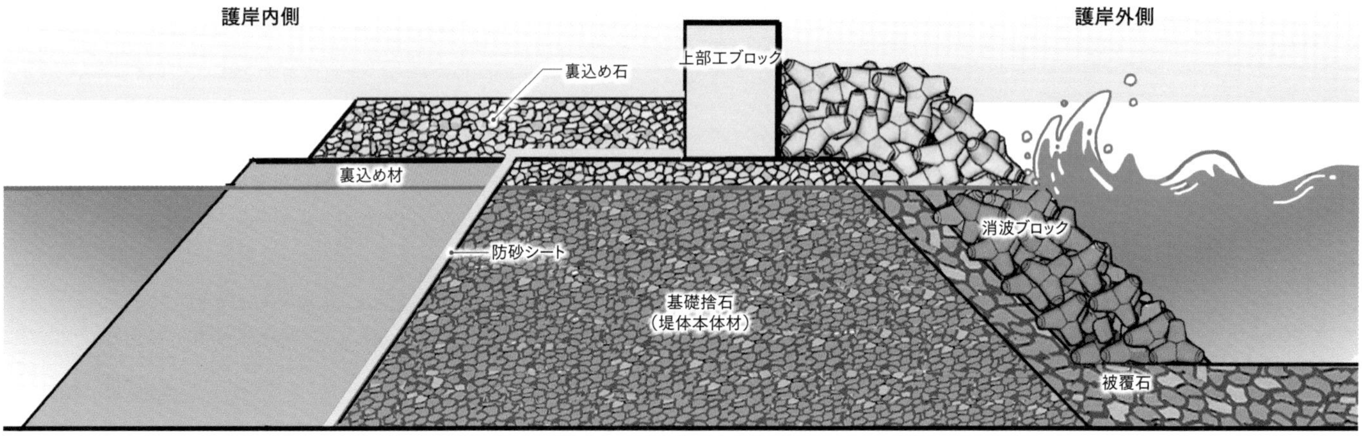

護岸内側
護岸外側
上部工ブロック
裏込め石
裏込め材
防砂シート
基礎捨石
（堤体本体材）
消波ブロック
被覆石

消波ブロック被覆護岸の構造

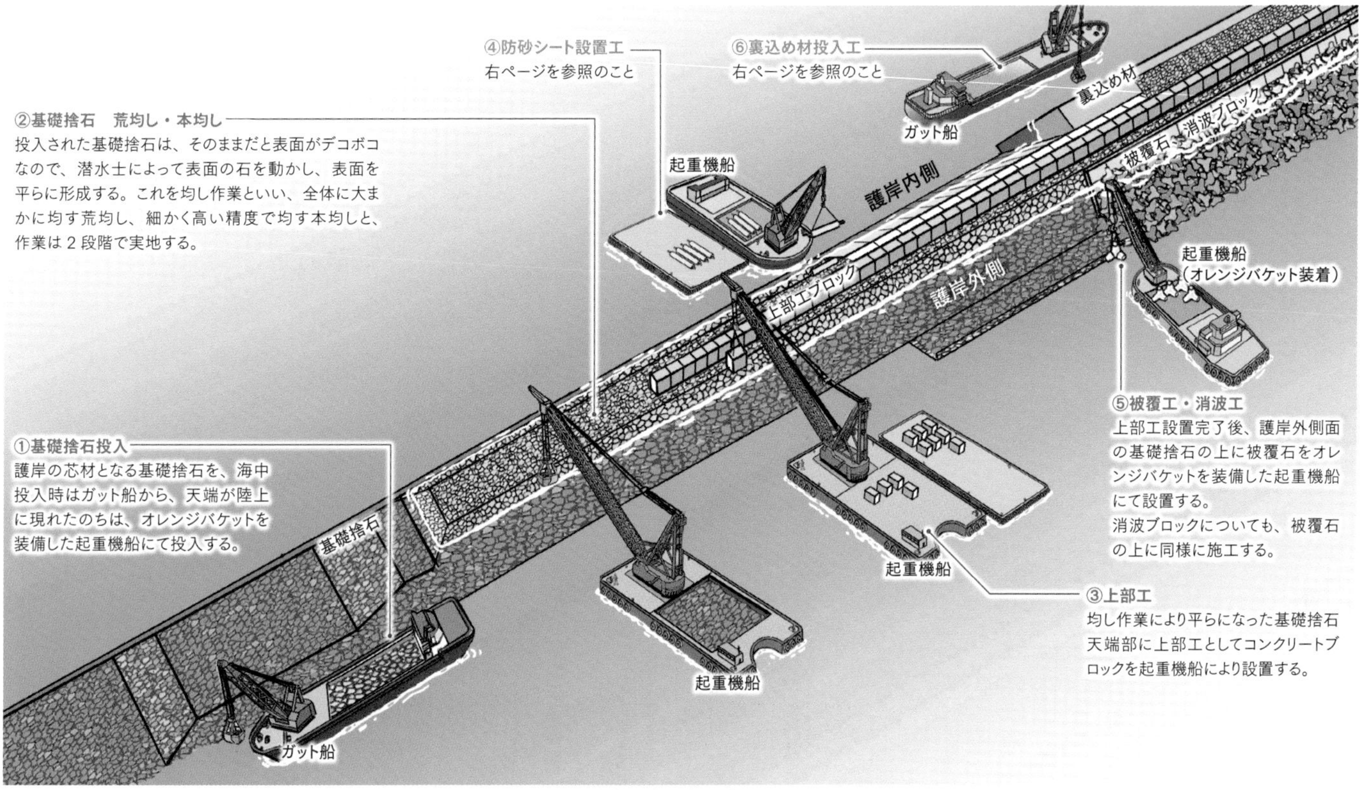

④防砂シート設置工
右ページを参照のこと
⑥裏込め材投入工
右ページを参照のこと
②基礎捨石　荒均し・本均し
投入された基礎捨石は、そのままだと表面がデコボコなので、潜水士によって表面の石を動かし、表面を平らに形成する。これを均し作業といい、全体に大まかに均す荒均し、細かく高い精度で均す本均しと、作業は２段階で実地する。
ガット船
裏込め材
消波ブロック
被覆石
起重機船
護岸内側
護岸外側
上部工ブロック
起重機船
（オレンジバケット装着）
⑤被覆工・消波工
上部工設置完了後、護岸外側面の基礎捨石の上に被覆石をオレンジバケットを装備した起重機船にて設置する。
消波ブロックについても、被覆石の上に同様に施工する。
①基礎捨石投入
護岸の芯材となる基礎捨石を、海中投入時はガット船から、天端が陸上に現れたのちは、オレンジバケットを装備した起重機船にて投入する。
基礎捨石
起重機船
③上部工
均し作業により平らになった基礎捨石天端部に上部工としてコンクリートブロックを起重機船により設置する。
起重機船
ガット船

護岸工事の施工状況

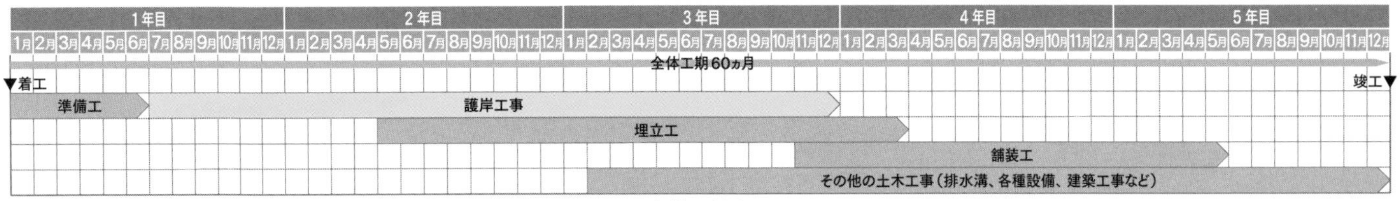
1年目
2年目
3年目
4年目
5年目
1月 2月 3月 4月 5月 6月 7月 8月 9月 10月 11月 12月
全体工期60ヵ月
▼着工
竣工▼
準備工
護岸工事
埋立工
舗装工
その他の土木工事（排水溝、各種設備、建築工事など）

全体工程表

2 防砂シート設置工

消波ブロック被覆護岸では、護岸の芯材が捨石で構成されるため、護岸外側と内側の海水の出入りが発生する。この海水の出入りによる埋立用材の護岸外側への流出は、空港地表面の不等沈下の原因となる。埋立用材の流出防止のため、護岸内側の捨石表面に防砂シートを設置する。

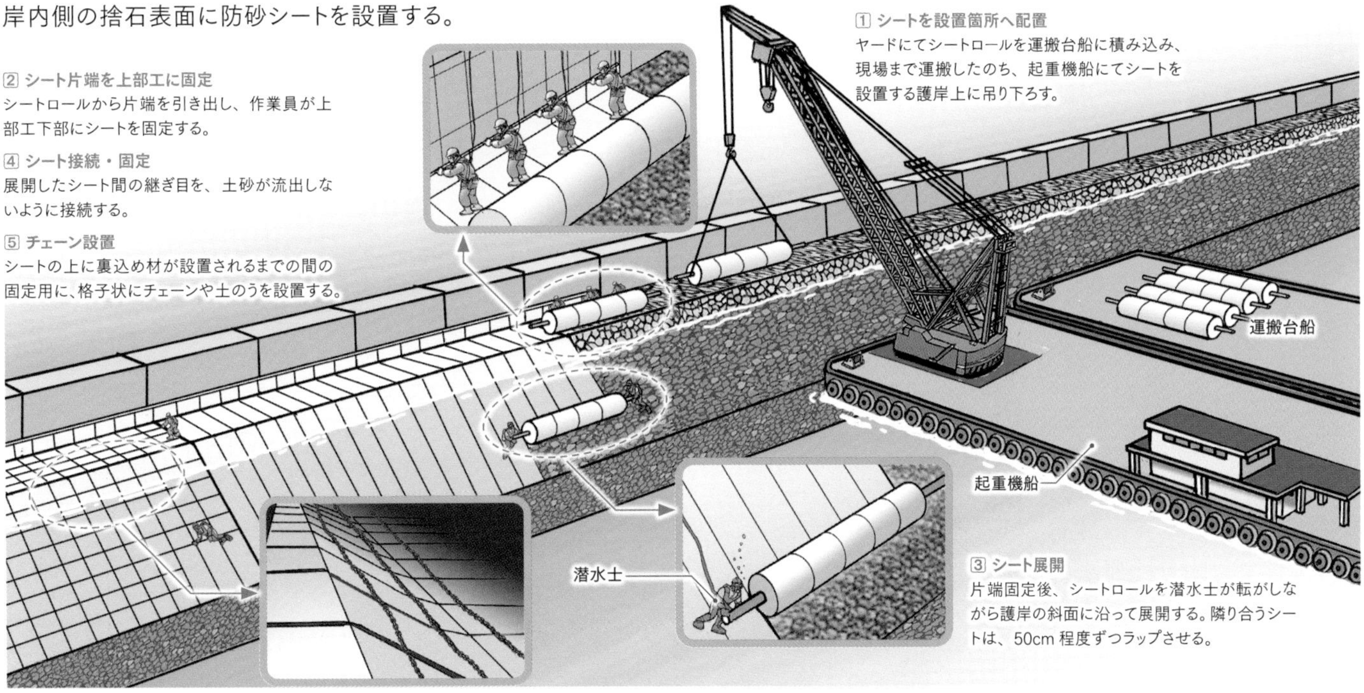
1 シートを設置箇所へ配置
ヤードにてシートロールを運搬台船に積み込み、現場まで運搬したのち、起重機船にてシートを設置する護岸上に吊り下ろす。
2 シート片端を上部工に固定
シートロールから片端を引き出し、作業員が上部工下部にシートを固定する。
4 シート接続・固定
展開したシート間の継ぎ目を、土砂が流出しないように接続する。
5 チェーン設置
シートの上に裏込め材が設置されるまでの間の固定用に、格子状にチェーンや土のうを設置する。
運搬台船
起重機船
潜水士
3 シート展開
片端固定後、シートロールを潜水士が転がしながら護岸の斜面に沿って展開する。隣り合うシートは、50cm 程度ずつラップさせる。

防砂シート設置工の施工状況

3 裏込め材投入工

護岸の安定性向上のため、割石などの裏込め材を護岸内側に投入する。海中への裏込め材の投入はガット船で行う。陸上に天端が上がってからはクレーン付き台船などで裏込め材の投入を行う。

裏込め材投入完了後、護岸建設工程から埋立て工程へ適宜シフトする。

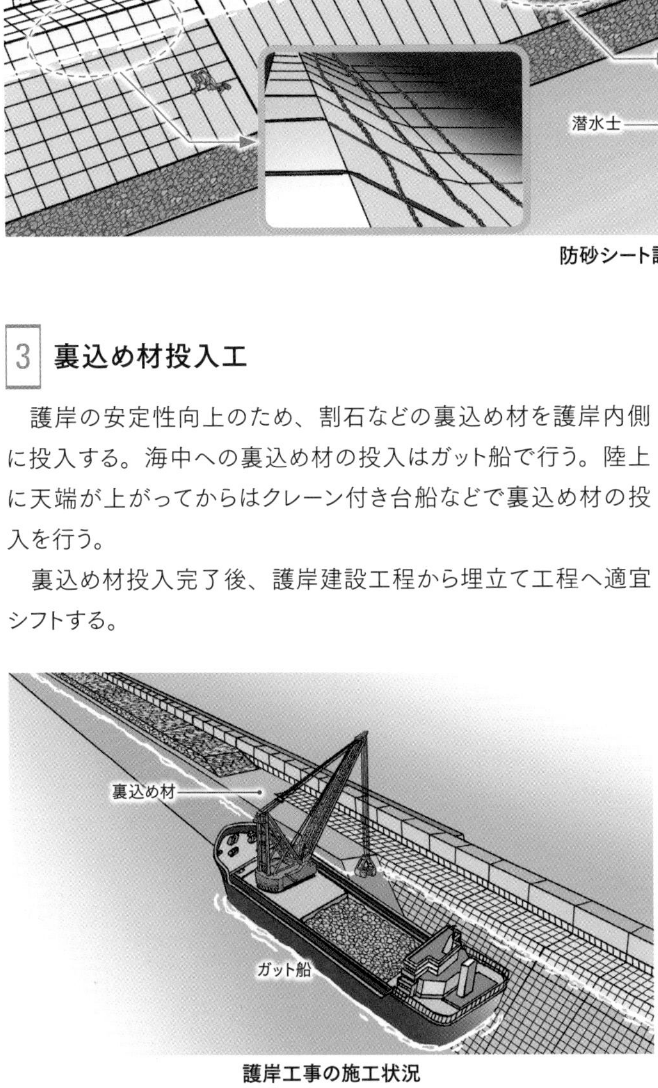
裏込め材
ガット船

護岸工事の施工状況

環境コラム 生態系保全 緩傾斜護岸と藻場の創出

海上空港建設においては、海に大規模な埋立てを行うため、これまでの生態系が損なわれる危険性があり、対策が重要となる。その対策として、空港島の護岸が緩傾斜構造の場合、藻場の創出などに努めている。緩傾斜護岸の一部に海藻類着生用のくぼみがついた消波ブロックを配置し、これに海藻を着生させる。空港島に形成された藻場には、餌となる小動物が多く生息し、魚介類がより集まることによって、多種多様な生態系が形成されている。

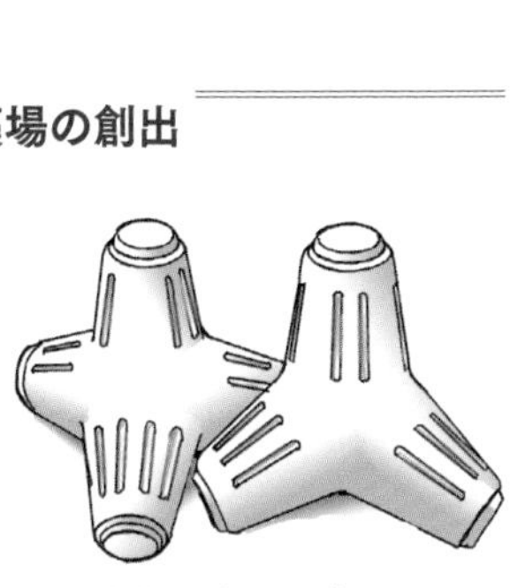

海藻類着生用ブロック

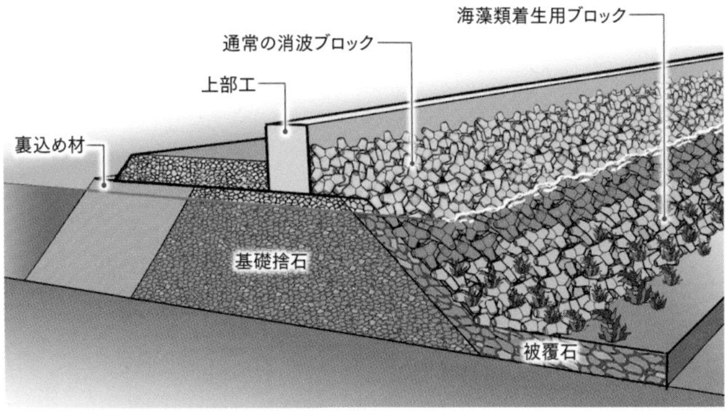
海藻類着生用ブロック
通常の消波ブロック
上部工
裏込め材
基礎捨石
被覆石

8-4 埋立工

埋立工は、護岸内側の海中に土砂を投入し，空港の敷地となる陸地を造成する工事である。通常は、護岸工事の進捗に従って、埋立土砂の流出のおそれのないところから順次埋め立てていく。
陸上での造成工事との大きな違いは、埋立工事開始当初の海中への土砂投入である。海上空港は造成する面積が広大なので、大型の作業船を用いた直接投入を可能な限り実施する。その後、作業船が入れない水深となると、揚土船による土砂投入や陸上からの土砂投入に進む。埋立て土砂表面が水面上約1.5m の高さになってからは、強固な地盤をつくるため、締固めを実施する。

1 浚渫土による埋立て　打込み船直接投入

航路や泊地の浚渫により発生する浚渫土に、セメント系固化材などの添加による土質改良を行い埋立用材とする。この浚渫改良土による埋立は、専用船を使用して施工する。ここでは、改良方法の１つである管中固化処理工法を例に説明する。
管中固化処理工法は、揚土船で受け入れた浚渫土を、空気によって圧送する圧送管内で固化処理改良して、打込み船により所定の位置に直接打設する工法である。打込み船は護岸内側に配置して打設を行い、施工完了後は開口部から曳航出域するか、護岸締切り後、大型起重機船にて吊り上げて搬出する。

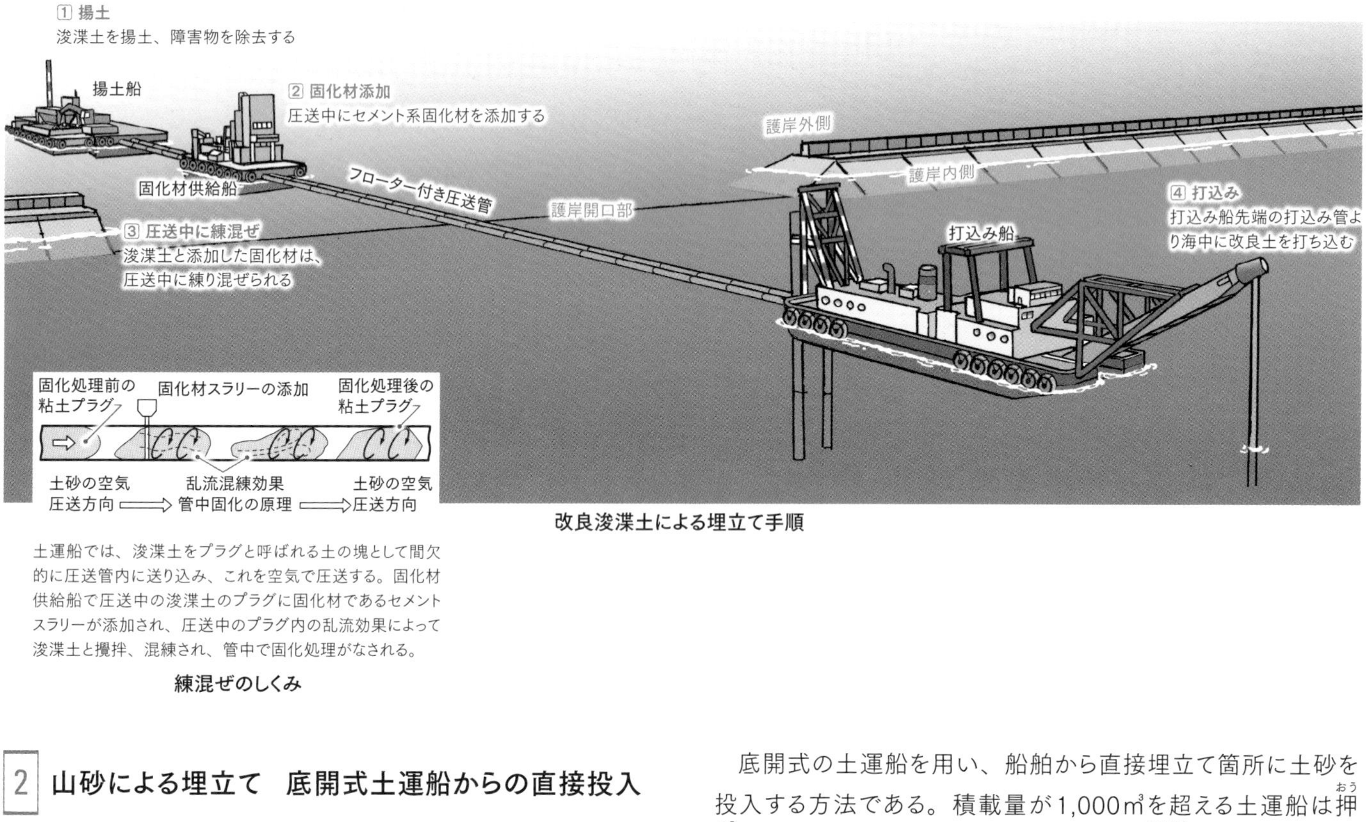

① 揚土
浚渫土を揚土、障害物を除去する
揚土船
② 固化材添加
圧送中にセメント系固化材を添加する
固化材供給船
フローター付き圧送管
護岸開口部
護岸外側
護岸内側
③ 圧送中に練混ぜ
浚渫土と添加した固化材は、圧送中に練り混ぜられる
打込み船
④ 打込み
打込み船先端の打込み管より海中に改良土を打ち込む
固化処理前の粘土プラグ
固化材スラリーの添加
固化処理後の粘土プラグ
土砂の空気圧送方向
乱流混練効果
管中固化の原理
土砂の空気圧送方向

改良浚渫土による埋立て手順

土運船では、浚渫土をプラグと呼ばれる土の塊として間欠的に圧送管内に送り込み、これを空気で圧送する。固化材供給船で圧送中の浚渫土のプラグに固化材であるセメントスラリーが添加され、圧送中のプラグ内の乱流効果によって浚渫土と攪拌、混練され、管中で固化処理がなされる。

練混ぜのしくみ

2 山砂による埋立て　底開式土運船からの直接投入

底開式の土運船を用い、船舶から直接埋立て箇所に土砂を投入する方法である。積載量が1,000㎥を超える土運船は押《おう》航《こう》式※が多く、400㎥程度のものであれば曳航《えいこう》式※が多い。

※ 押航式：非自航船を押船で押して移動させる形式
　曳航式：非自航船を引船で曳いて移動させる形式

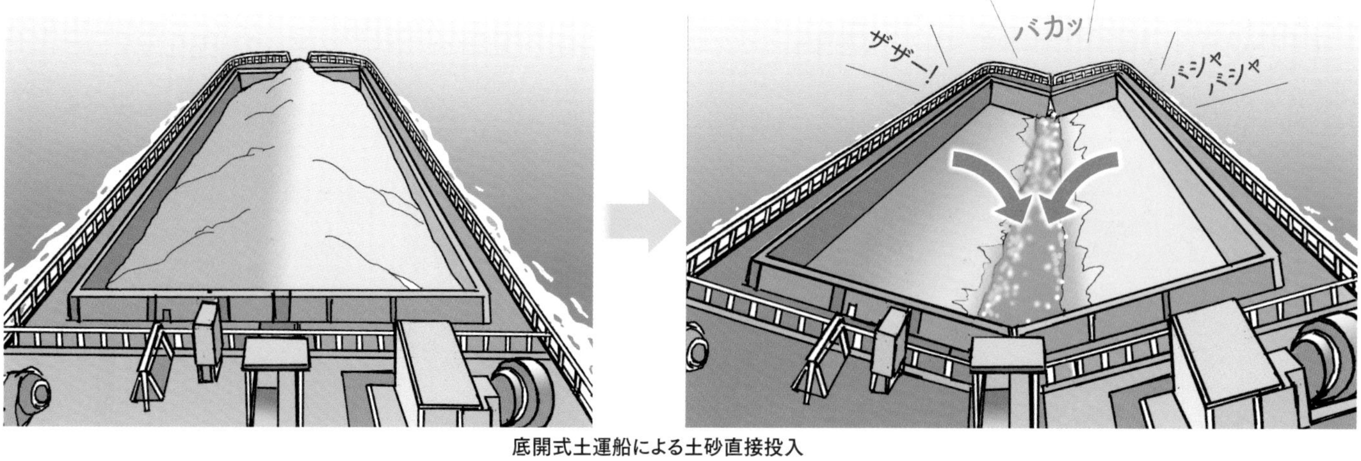

ザザー！
バカッ
バシャバシャ

底開式土運船による土砂直接投入

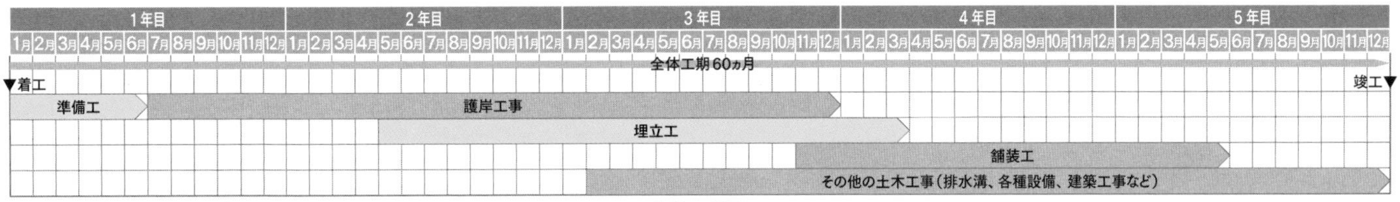
1年目
2年目
3年目
4年目
5年目
全体工期60ヵ月
▼着工
竣工▼
準備工
護岸工事
埋立工
舗装工
その他の土木工事（排水溝、各種設備、建築工事など）

全体工程表

3 山砂による埋立て 海上輸送した山砂をリクレーマ船から直接海中投入

土運船による海中投入の次の段階として、土運船で運ばれてきた土砂を護岸外側に配置されたリクレーマ船などの揚土船から、ベルトコンベヤによって護岸越しに海中投入する。

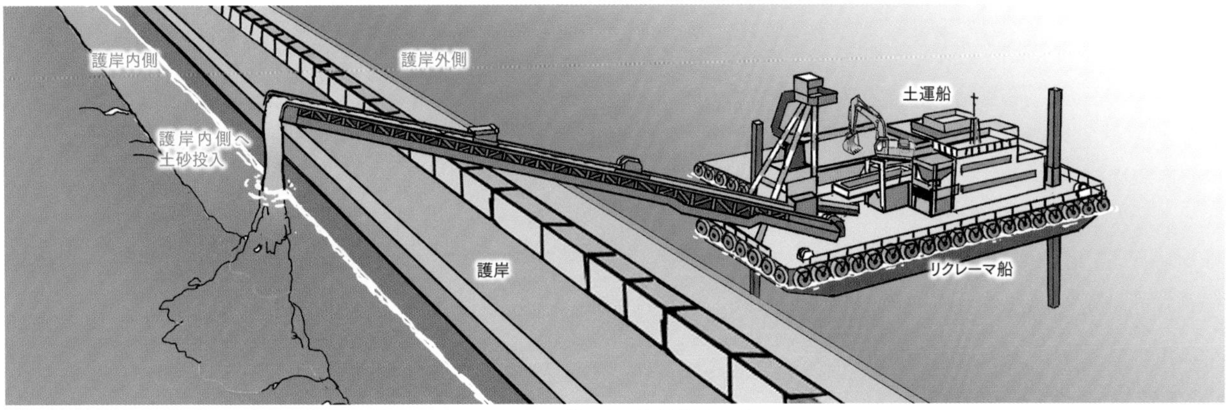
護岸内側
護岸外側
護岸内側へ
土砂投入
土運船
護岸
リクレーマ船

リクレーマ船による直接海中投入

4 リクレーマ船から陸上に揚土し、陸上運搬して投入

埋立てがさらに進み、リクレーマ船だけでは届かない場所への埋立ての段階になると、出来上がった陸地を使い、リクレーマ船により揚土した土砂を、ダンプトラックで運搬し、ブルドーザを用いて埋め立てる。

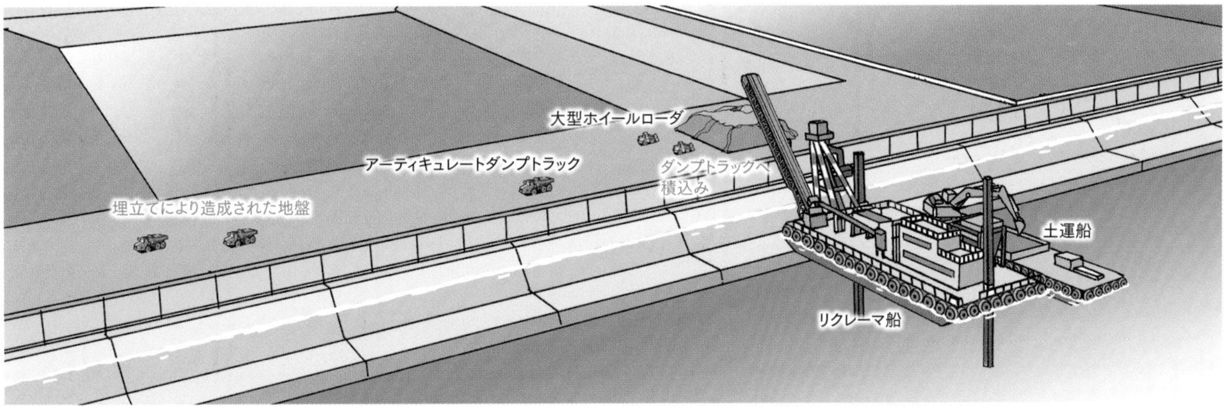
大型ホイールローダ
アーティキュレートダンプトラック
ダンプトラックへ
積込み
埋立てにより造成された地盤
土運船
リクレーマ船

リクレーマ船による揚土、陸上運搬

5 浮泥《ふでい》の安定化処理

海中投入土砂の表面には、粒径や比重が非常に小さい浮泥が生じる。埋立てが進むと、この浮泥が1ヵ所に集まってしまうので、埋立ての進め方を工夫し、計画した部分に浮泥を集め、セメント系の固化材を練り混ぜて安定化処理を行う。

6 埋立て地盤の締固め

埋立て土砂表面が水面上約1.5mの高さになってからは、ブルドーザやタイヤローラによる薄層締固めを実施する。

原地盤から水面上1.5m程度までの埋立て土砂には締固めを行うことは困難だが、重要構造物の直下となる部分には、液状化対策を行うなどの地盤改良を行う。

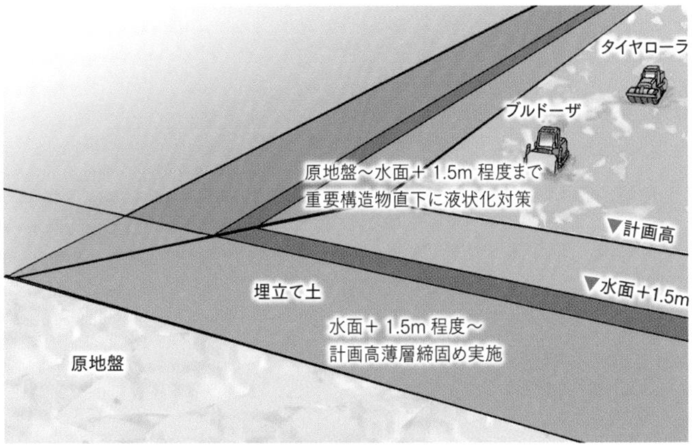
タイヤローラ
ブルドーザ
原地盤～水面＋1.5m程度まで
重要構造物直下に液状化対策
▼計画高
▼水面＋1.5m
埋立て土
水面＋1.5m程度～
計画高薄層締固め実施
原地盤

埋立ての進捗と締固め範囲

8-5 軟弱地盤の改良

海上空港は敷地を埋立てによって造成するため、海底の原地盤は埋立用材や建築物の荷重を支える。この際、原地盤が粘性土の場合は、土中から時間をかけて水が抜ける圧密現象を生じ、空港供用中に地盤沈下の一因になる。また、埋立工事は、予測される地盤沈下量に基づいた設計がなされているため、施工中の沈下量計測により、異常が発生していないかを管理する必要がある。

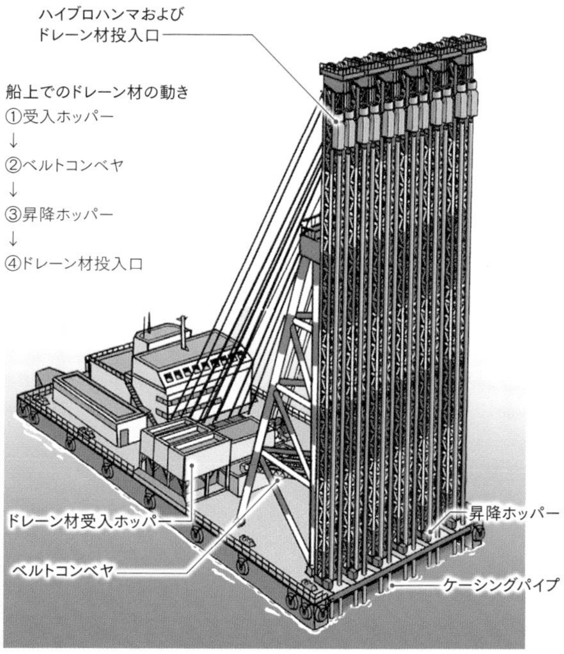

ハイブロハンマおよび
ドレーン材投入口
船上でのドレーン材の動き
①受入ホッパー
↓
②ベルトコンベヤ
↓
③昇降ホッパー
↓
④ドレーン材投入口
ドレーン材受入ホッパー
昇降ホッパー
ベルトコンベヤ
ケーシングパイプ

サンドドレーン船

1 圧密沈下促進工法（サンドドレーン工法）

サンドドレーン工法は、圧密沈下促進工法の1つである。海上空港の工事で海底の原地盤の圧密沈下促進が必要な場合は、工事の最初に実施される。海底の原地盤中をケーシングパイプにより削孔し、その孔に、粘性土と比較して透水係数の高い砂などのドレーン材を投入し、地中に杭径400～500mmのサンドドレーン杭を作成する。粘性土中の間隙水の排水経路を短くすることで沈下時間を短縮する。

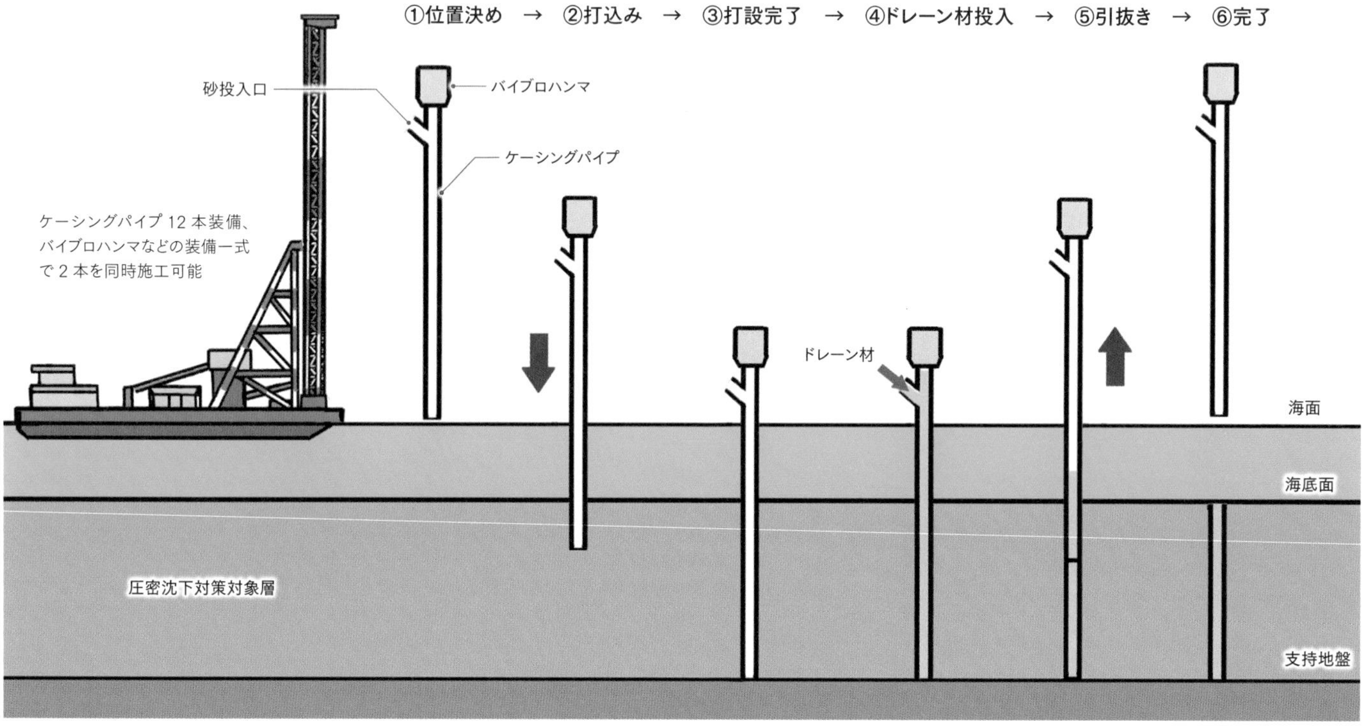

①位置決め → ②打込み → ③打設完了 → ④ドレーン材投入 → ⑤引抜き → ⑥完了
砂投入口
バイブロハンマ
ケーシングパイプ
ケーシングパイプ12本装備、バイブロハンマなどの装備一式で2本を同時施工可能
ドレーン材
海面
海底面
圧密沈下対策対象層
支持地盤

サンドドレーン施工フロー

サンドドレーンは、専用のサンドドレーン船で打設する。施工フローは以下のとおりである。

①位置決め：GNSSなどの測位システムを使い、サンドドレーン打設箇所にケーシングパイプをセットする。

②打込み：バイブロハンマを起動し、ケーシングパイプを振動させながら地盤に打ち込む。

③打設完了：所定の深度までケーシングパイプが打設できれば、打込みは完了とする。

④ドレーン材投入：打設完了後、昇降ホッパーからドレーン材投入口を経て、ケーシングパイプ中にドレーン材を投入する。

⑤引抜き：バイブロハンマを起動し、ケーシングパイプを振動させながらケーシングパイプを引き抜く。その過程でパイプ中のドレーン材は地盤中に残置され、サンドドレーン杭が形成される。

⑥完了：ケーシングパイプの引抜きが完了し、次の打設箇所へ移動する。

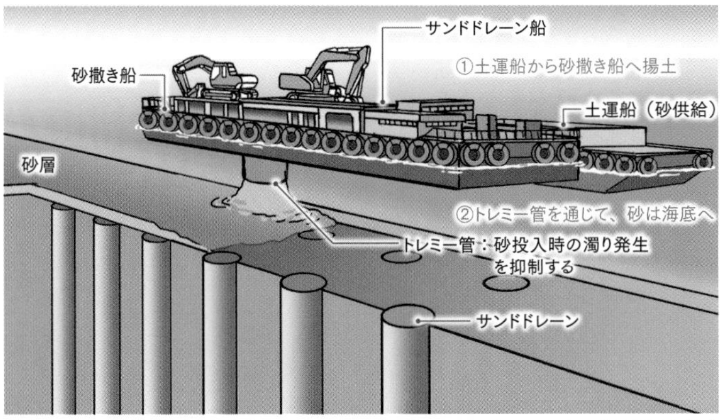

海底の原地盤にサンドドレーンを打設完了後、その天端面に砂を投入し、人工的な砂層を作成する敷砂工を実施する。この層により、サンドドレーンを通じて改良対象土層から出てきた間隙水は、砂層を通り圧密沈下促進範囲の外側に排出される。一般的な敷砂厚は、1.5mである。

敷砂の施工

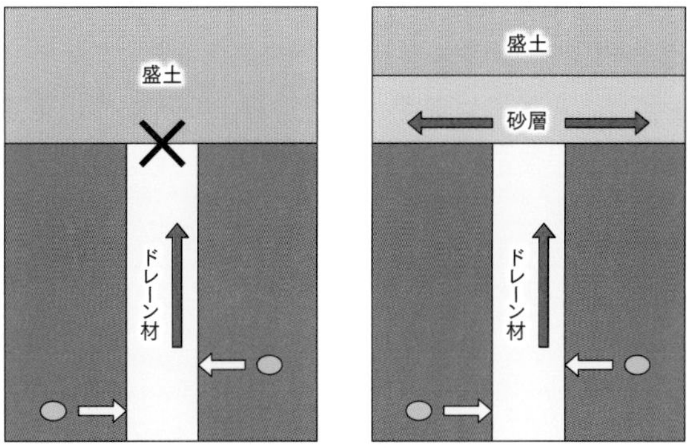

圧密沈下促進対策をした層の上にさらに盛土を行った場合、ドレーン材の天端が盛土によって遮られ、水は移動できない

敷砂工により砂層をつくると、ドレーン材を通じて移動してきた水は砂層を通り、施工区域外へ移動できる

敷砂の機能

2 沈下管理

圧密沈下促進工法を実施しても、圧密による沈下が完全に終了するには数年単位の長い時間がかかるので、海上空港工事では、例えば計算で求めた全体の沈下量の90％に達した時点など、沈下が完了したとみなす何らかの基準を設け、施工を進めていく。そういった判断を下すために、施工中の各段階で、沈下量を計測することが非常に重要となる。

沈下量の計測方法は何種類かあるが、沈下管理する範囲が広大な海上空港工事では、水圧式沈下盤という、水圧計を海底地盤面に設置して、海底地盤表面部の水圧変化により沈下量を計測する方法を採用することが多い。また、より詳細な沈下状況を管理する場合は、層別沈下計を地盤内に設置し、土層各層の沈下量を計測する。

計測結果より、設計時に計算された沈下の挙動と現状が異なると判断された場合、実施中の施工の妥当性について、確認を行った上で、施工方法や使用材料の数量を変更するなどの設計の見直しを検討する。

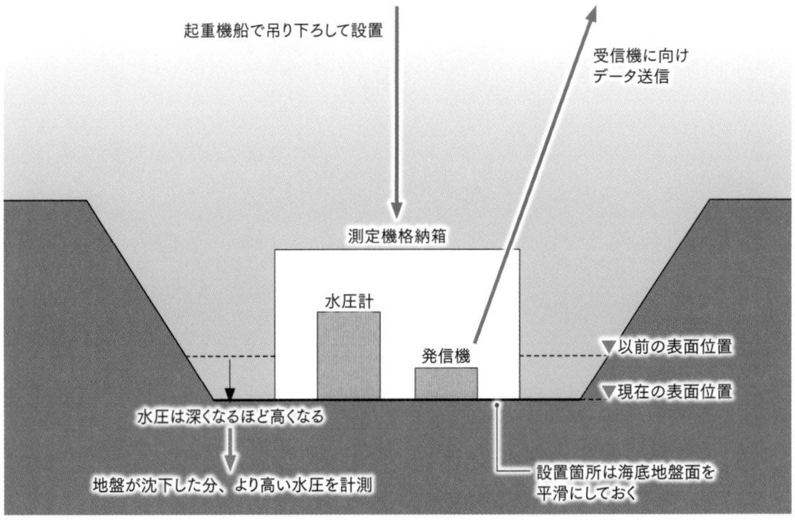

水圧式沈下盤のしくみ

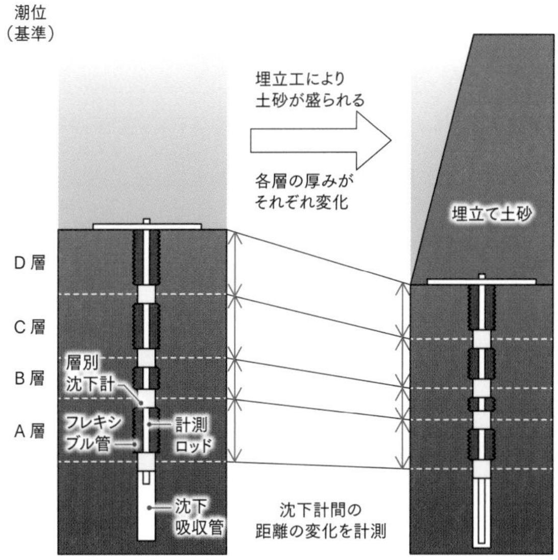

層別沈下計のしくみ

豆知識　液状化対策工法（グラベルドレーン工法）

埋立工事にて海中投入した埋立用材が砂質土の場合、土砂の中にある隙間が海水で満たされており、そのままだと地震発生時に液状化しやすい。グラベルドレーン工法は、そのような埋立て後の地盤での液状化対策工法の1つである。土中をケーシングパイプにより削孔し、その孔に砕石を投入し、地震などの発生時に土中の間隙水が過剰な圧力を受けた際の逃げ道をつくることで、液状化の発生を防止する。海上空港工事では、埋立て終了後、建築物の工事などの開始前の工程で実施する。

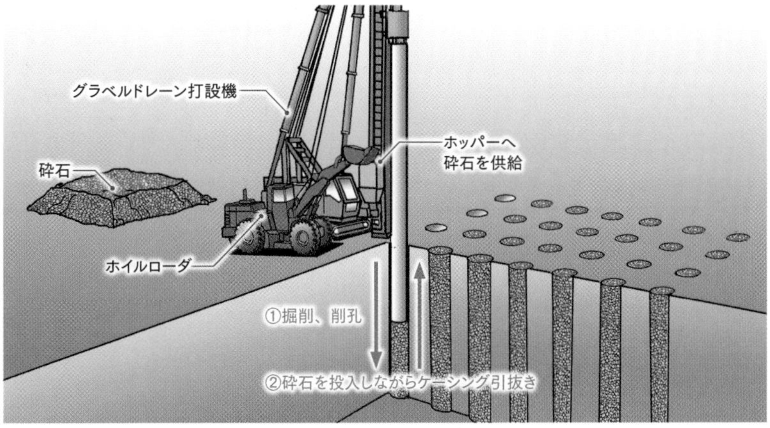

グラベルドレーンの施工

8-6 舗装工

空港の舗装は、用途別に滑走路、誘導路、エプロン※、空港地上支援車両通行帯の４区域に分類され、それぞれの区域で最適な舗装の仕様が決定される。一般的に、滑走路や誘導路にはアスファルト舗装、エプロンにはコンクリート舗装が採用される。なお、空港地上支援車両通行帯の舗装については、通常の道路の舗装と同様である。

滑走路のアスファルト舗装は、道路の舗装と層構成や施工方法は同じだが、航空機の荷重に耐えるために、一般の自動車道の２倍程度の舗装厚になるのが特徴である。

※ エプロン：航空機が駐機するための施設

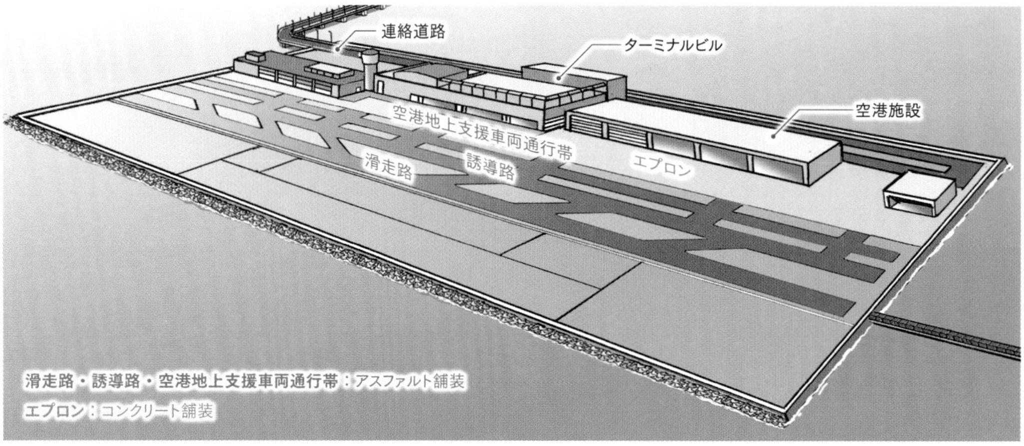

連絡道路
ターミナルビル
空港施設
空港地上支援車両通行帯
滑走路
誘導路
エプロン
滑走路・誘導路・空港地上支援車両通行帯：アスファルト舗装
エプロン：コンクリート舗装

空港内の舗装分布

コンクリート舗装では、コンクリートに発生する膨張、収縮を吸収し、連続性を確保し、ひび割れの発生を抑制するため、縦、横方向に目地という切れ目を設置する。その際、目地に必要な機能に合わせて、飛行機の車輪が横断する方向の横目地にはダウエルバー、車輪が走行する方向に平行な縦目地にはタイバーという金物を設置する。

施工時の注意点として、長期間の航空機荷重に耐えるため、緻密性の高いコンクリートを打設する必要があり、品質管理には注意を払う必要がある。

また、長期の供用を前提とする空港では、特に初期ひび割れの発生抑制は重要である。海上は強い風が吹く場合も多く、表面が急激に乾燥するおそれもある。それが顕著な場合は、乾燥予防のために、打設後養生期間に養生シートで表面を覆う。

品質管理上では、通常のコンクリートは圧縮強度によって品質を管理するが、コンクリート舗装では曲げ強度により管理する点にも注意が必要である。

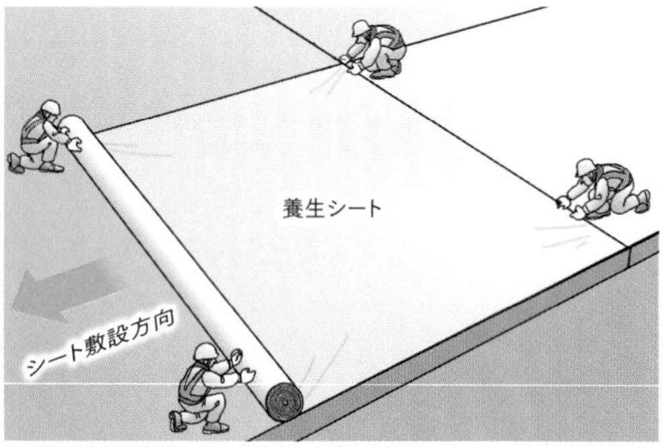

養生シート
シート敷設方向

養生シートの敷設

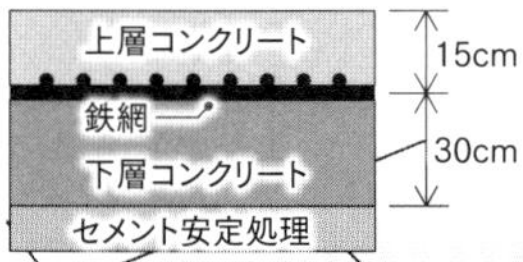

上層コンクリート
15cm
鉄網
下層コンクリート
30cm
セメント安定処理

舗装構成

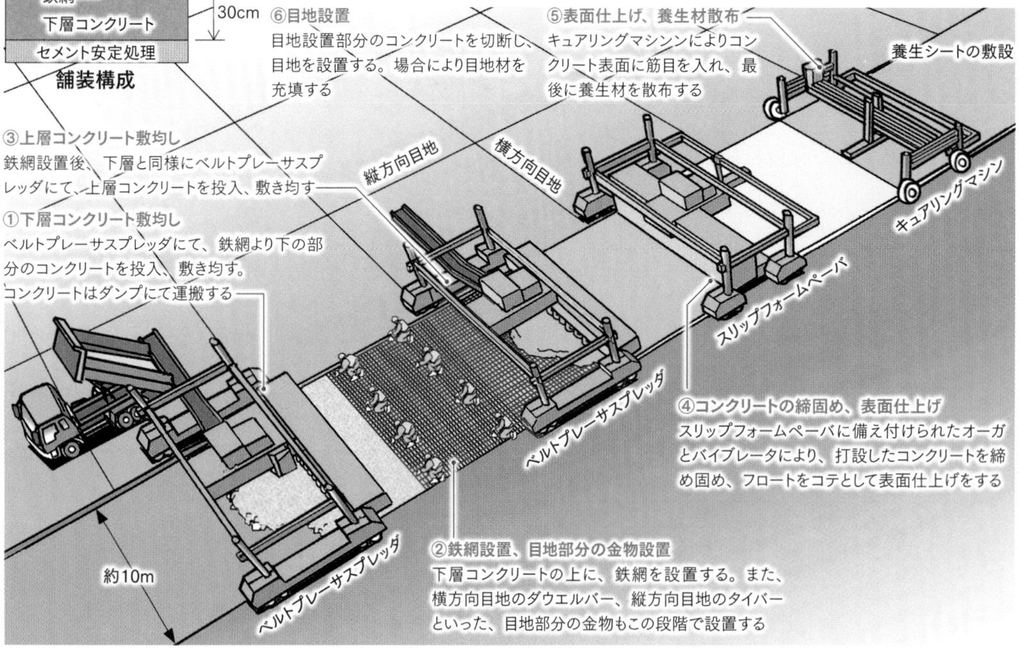

⑥目地設置
目地設置部分のコンクリートを切断し、目地を設置する。場合により目地材を充填する
⑤表面仕上げ、養生材散布
キュアリングマシンンによりコンクリート表面に筋目を入れ、最後に養生材を散布する
養生シートの敷設
③上層コンクリート敷均し
鉄網設置後、下層と同様にベルトプレーサスプレッダにて、上層コンクリートを投入、敷き均す
縦方向目地
横方向目地
キュアリングマシン
①下層コンクリート敷均し
ベルトプレーサスプレッダにて、鉄網より下の部分のコンクリートを投入、敷き均す。
コンクリートはダンプにて運搬する
スリップフォームペーバ
ベルトプレーサスプレッダ
④コンクリートの締固め、表面仕上げ
スリップフォームペーバに備え付けられたオーガとバイブレータにより、打設したコンクリートを締め固め、フロートをコテとして表面仕上げをする
約10m
ベルトプレーサスプレッダ
②鉄網設置、目地部分の金物設置
下層コンクリートの上に、鉄網を設置する。また、横方向目地のダウエルバー、縦方向目地のタイバーといった、目地部分の金物もこの段階で設置する

コンクリート舗装施工フロー

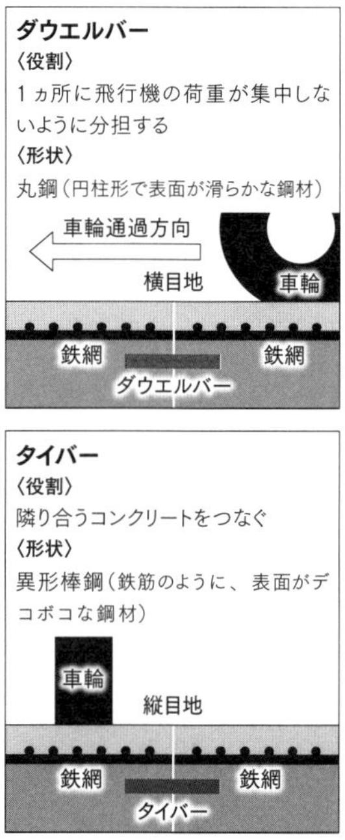

ダウエルバー
〈役割〉
１ヵ所に飛行機の荷重が集中しないように分担する
〈形状〉
丸鋼（円柱形で表面が滑らかな鋼材）
車輪通過方向
横目地
車輪
鉄網
鉄網
ダウエルバー
タイバー
〈役割〉
隣り合うコンクリートをつなぐ
〈形状〉
異形棒鋼（鉄筋のように、表面がデコボコな鋼材）
車輪
縦目地
鉄網
鉄網
タイバー

ダウエルバーとタイバーの役割

1年目
2年目
3年目
4年目
5年目
1月 2月 3月 4月 5月 6月 7月 8月 9月 10月 11月 12月
全体工期60ヵ月
着工
竣工
準備工
護岸工事
埋立工
舗装工
その他の土木工事（排水溝、各種設備、建築工事など）

全体工程表

8-7 その他の土木工事

空港の運営、管理および空港利用者の利便性を確保するために必要な付帯施設や、安全かつ効率的な運航に必要な空港保安施設のうちの一部は、土木工事として実施される。ここでは主要なものについて説明する。

1 排水設備、共同溝

広大な平面をもつ空港では、排水設備や電力、通信ケーブル、上下水道、給油管などを収容する地下構造物である共同溝の整備も重要となる。不等沈下や航空機荷重対策など、空港特有の条件に適合した材料選定、施工に留意する必要がある。

2 進入灯、空港連絡橋

航空機の離着陸に必要な進入灯、沿岸からのアクセス経路となる空港連絡橋などを整備する。どちらも海上で起重機船を使用した施工となるので、アンカー設置場所の選定など、周辺航行船舶に支障がないように注意する。

進入灯が桁上に
等間隔配置されている

進入灯

空港連絡橋

空港連絡橋

8-8 完成

管制塔やターミナルビル、航空機整備施設などの工事を実施し、空港としてのすべての機能が吹き込まれて海上空港は完成となる。長い護岸を構築し、大量の土砂を埋め立ててできた人工の地盤上に建設された海上空港は、このときから国内や海外の拠点への玄関口としての役割を担う。日本には、関西国際空港や中部国際空港など世界に誇る海上空港がいくつもあり、東京国際空港も海上空港と同じ構築方法でつくられた仲間だ。これから向かう目的地に思いを馳せて空港から飛び立つときのワクワクした気持ちや、長旅からの帰還の際に飛行機が着陸したときのホッとした安堵感など、そこにはいろいろな思いが行き交う。これをひっそりと支えているのが、長年にわたって土木技術者が発展・進化させてきた土木技術なのだ。

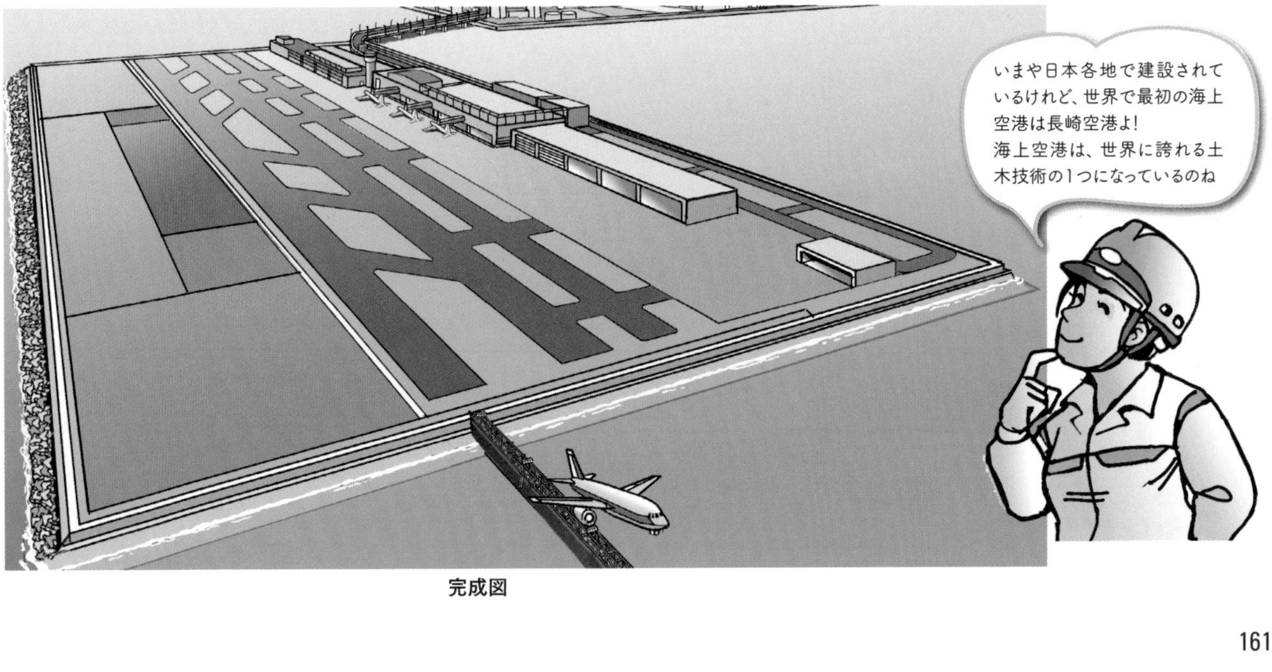
いまや日本各地で建設されているけれど、世界で最初の海上空港は長崎空港よ!
海上空港は、世界に誇れる土木技術の1つになっているのね

完成図

9 環境への取組み

社会資本整備を担うゼネコンは、騒音や水質汚濁など工事に伴う環境問題の抑制を図ることはもとより、温室効果ガスの排出抑制や廃棄物の適正処理、また、動植物の生息環境を守るなど、積極的に環境の保全や修復に資する事業にも参画し、持続可能な社会づくりに少なからず貢献している。
工事に伴う環境問題の抑制については、前章までの環境コラムで紹介した。本章では、土木工事が積極的に環境に関与している「環境保全」「環境修復」「環境共生」の取組みについて紹介する。

9-1 環境保全

環境を守るために土木工事によりつくられる地球温暖化対策施設と廃棄物の最終処分場を紹介する。

1 地球温暖化対策施設

地球温暖化対策には、温暖化の原因とされるCO_2などの温室効果ガスを削減する緩和策と、温暖化により引き起こされる様々な災害を回避・軽減すべく講じる取組みの適応策がある。ここでは、土木構造物による緩和策の例として再生可能エネルギー施設、適応策の例として大規模調整池を取り上げる。

(1) 再生可能エネルギー施設

再生可能エネルギー施設は、太陽光、風力、地熱、水力、バイオマスを活用し、化石燃料を使わず、温室効果ガスを出さない発電施設で、緩和策の代表的なインフラとなっている。

いずれも土木工事でつくられるものであるが、最近は、再生可能エネルギーの使用により、工事に伴うCO_2の排出削減にも取り組んでいる。

風力発電所は大規模化が進み、地盤面からブレードの先端までが200m 近くになるものもある。

風力発電所工事

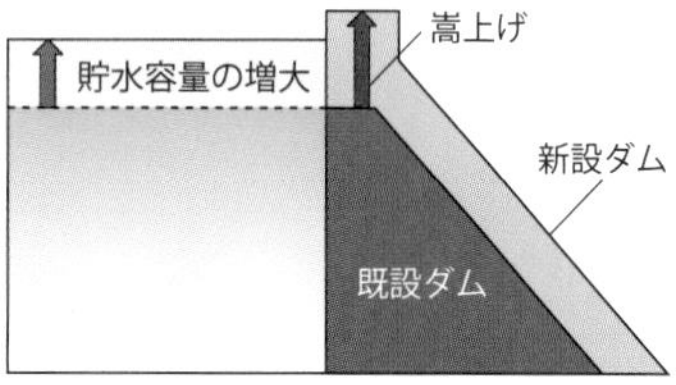

嵩上げ
貯水容量の増大
新設ダム
既設ダム

既設のダムを嵩上げし、貯水容量を増やして水力発電所の発電量を増強するなどのリニューアル工事が行われている。

ダムのリニューアル工事

(2) 大規模調整池

集中豪雨の際、下水道や中小河川の水があふれだすことによって生じる「都市型洪水」のリスクが増大している。この「都市型洪水」の抑制手段の1つとして大規模調整池がある。これは、洪水が発生する前に、一時的に大きな調整池に雨水をため、降雨が収まった時点で河川に戻すことで、河川の氾濫による浸水被害を防止するものである。

大規模調整池には、掘込式と地下式があり、地下式にはトンネル式と箱式がある。大規模調整池の建設では、開削工法、ケーソン工法、シールドトンネル工法などの掘削技術や越流堰、減勢工といった水制技術など、様々な土木技術が生かされている。

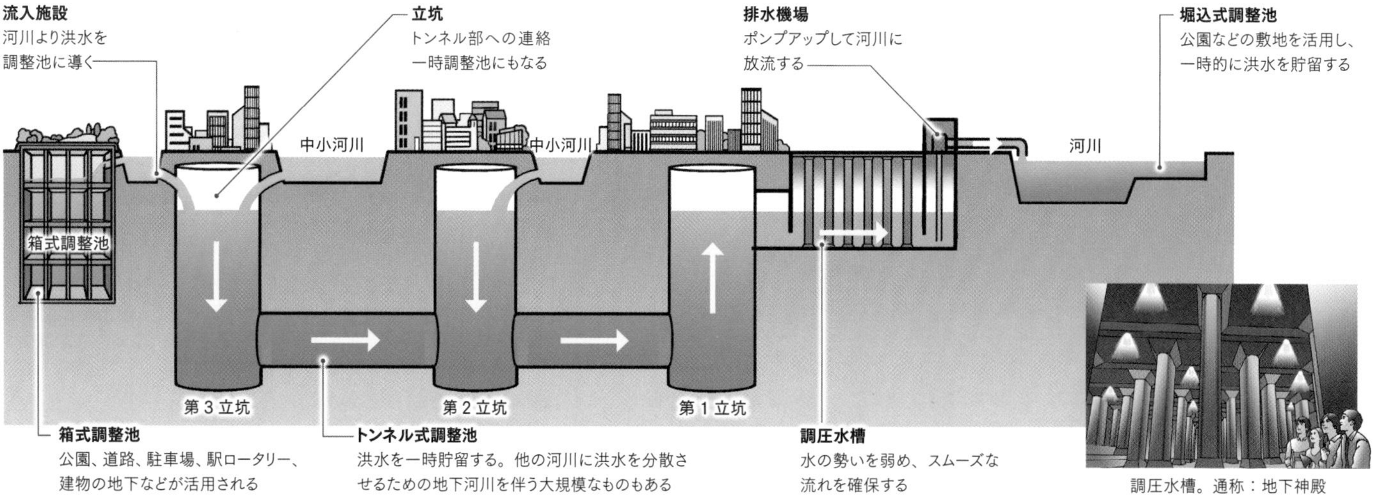

流入施設
河川より洪水を
調整池に導く
立坑
トンネル部への連絡
一時調整池にもなる
排水機場
ポンプアップして河川に
放流する
掘込式調整池
公園などの敷地を活用し、
一時的に洪水を貯留する
中小河川
中小河川
河川
箱式調整池
第３立坑
第２立坑
第１立坑
箱式調整池
公園、道路、駐車場、駅ロータリー、
建物の地下などが活用される
トンネル式調整池
洪水を一時貯留する。他の河川に洪水を分散させるための地下河川を伴う大規模なものもある
調圧水槽
水の勢いを弱め、スムーズな
流れを確保する

調圧水槽。通称：地下神殿

大規模調整池

2 廃棄物の最終処分場

人々の生活で不要となったごみである一般廃棄物や事業活動に伴って発生する産業廃棄物は、リサイクルや焼却などの中間処理がなされるが、処理後に残った不燃物や焼却灰を最終的に埋め立てるところが最終処分場である。

最終処分場は、周辺の地下水を汚染せず、廃棄物を適切に貯留し、かつ生物的、物理的、化学的に安定な状態にするための埋立て地および関連付帯設備で構成される。

地形・土地利用形態の地域特性など様々な条件に配慮して建設地が決まる。土地を掘り込んだり、山間の谷部に堤体を設置してポケットをつくったりするなど、土工や遮水工などを伴う土木工事である。

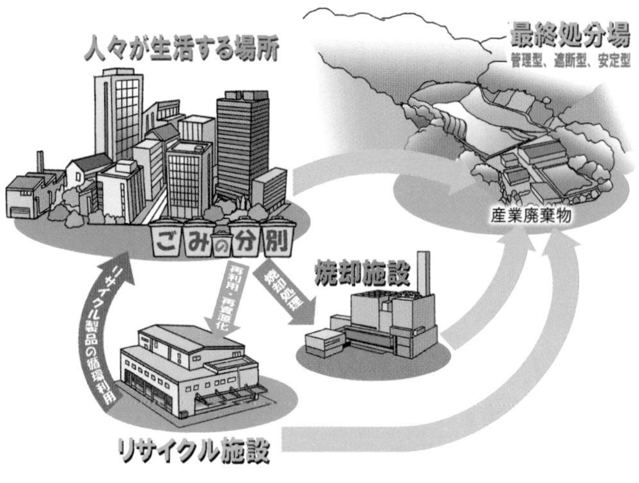

廃棄物の流れ

(1) 最終処分場施設の例

最終処分場には、埋め立てる廃棄物の種類、性状により、遮断型、安定型、管理型の3種類があり、遮断型は産業廃棄物のうち有害物質が一定濃度を超えて含まれる燃えがら、ばいじん、汚泥など、安定型は産業廃棄物のうち廃プラスチック類、金属くず、ガラスくず・コンクリート破片・陶磁器くずなど、管理型は燃えがら、粗大ごみなどの一般廃棄物と一定濃度以下の有害物質を含む汚泥、燃えがら、ばいじんや木くずなどの産業廃棄物を扱う。

管理型のうち、クローズドシステム処分場を例に、最終処分場の全体図を示す。クローズドシステム処分場は、埋立て場所を屋根で覆うことで天候に左右されず作業が可能で、雨水の浸入や廃棄物の飛散を防止するクリーンな施設として近年導入が進んでいる。

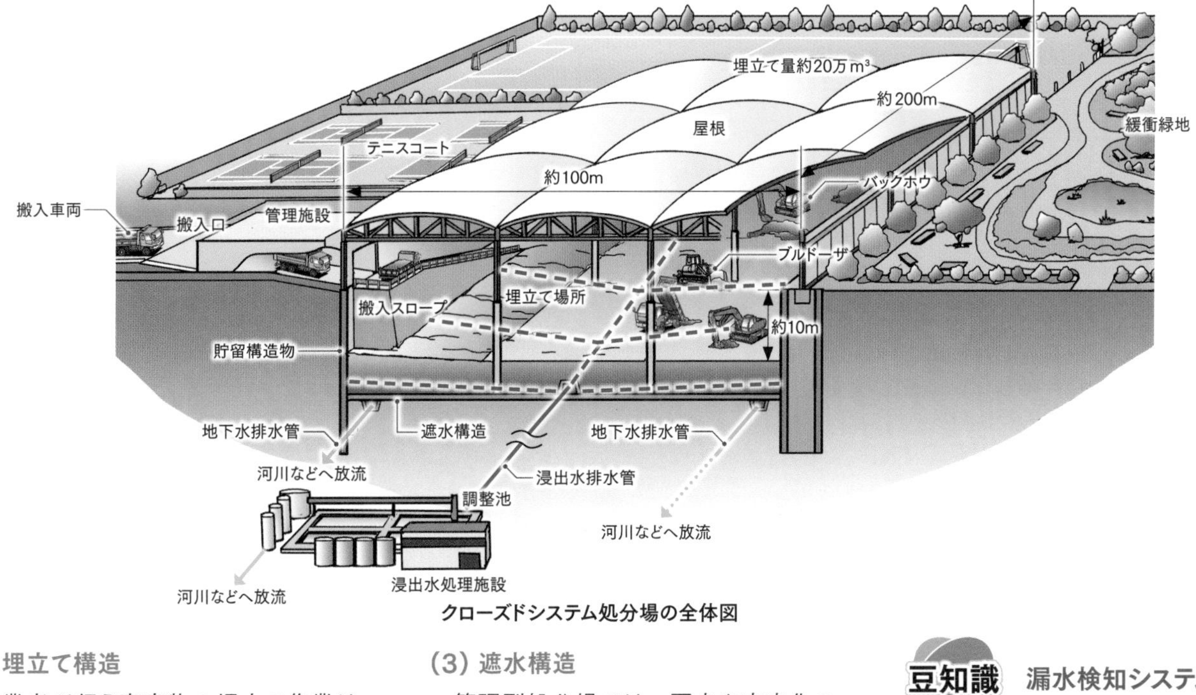

クローズドシステム処分場の全体図

(2) 埋立て構造

事業者が行う廃棄物の埋立て作業は、飛散や悪臭の拡散、害虫の発生、火災を防止することが重要である。

このために、埋め立てた廃棄物を土で覆う「覆土《ふくど》」を行い、覆土と廃棄物が交互に層をなす構造になっている。

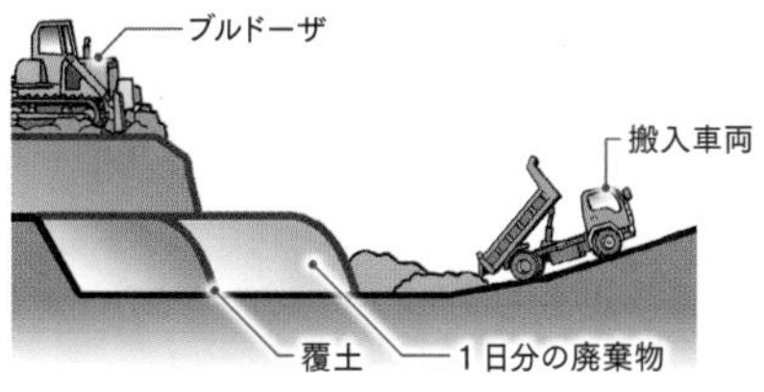

埋立てのイメージ

(3) 遮水構造

管理型処分場では、雨水や安定化のために散水した水が、廃棄物の有害物質を含んだ状態で地下に浸透することを防ぐため、遮水シート、難透水性土層からなる遮水構造体が埋立て地全体に設けられている。

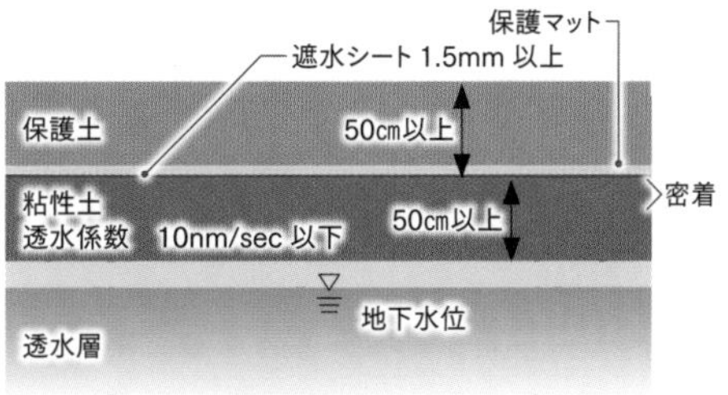

遮水構造断面のイメージ

豆知識 漏水検知システム

漏水検知システムは、最終処分場の信頼性や安全性の向上を図るために重要である。廃棄物の種類は様々な形状をし、重機による作業で稀に遮水シートを破損することがある。そのため、遮水シートにはシートが破れ漏水すると、電気的に検知して知らせてくれる装置が設置されている。

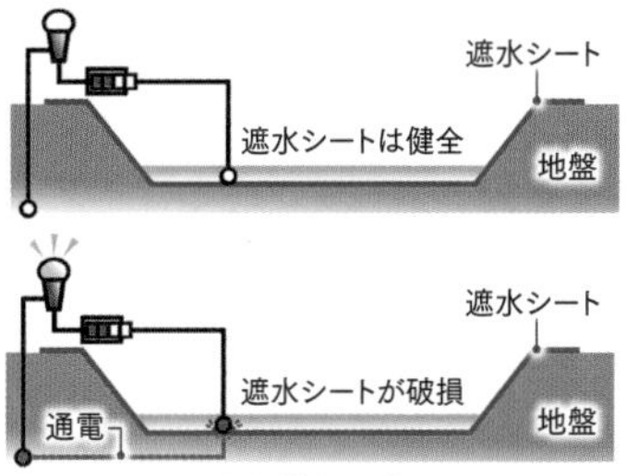

漏水検知の概要

9-2 環境修復

環境修復に土木技術が貢献する分野は多く、自然由来を含む「土壌汚染対策」や、大規模災害の発生に伴うがれきなどの「災害廃棄物の処理」も土木のちから無しでは進まない。ここでは、ゼネコンが担う環境修復のうち、人為的あるいは自然由来による原因で汚染された環境に対し、人の健康被害を防止するための土壌汚染対策、災害で発生した廃棄物を取り除いて処理し、生活環境を取り戻す災害廃棄物の処理について紹介する。

1 土壌汚染対策

土壌は、様々な生物が生活する場であり、私たちに必要な飲用水や、酸素を生み出す木や植物を育てる。このような働きをもつ土壌が工場操業中の事故や自然由来などの原因により、有害物質で汚染された場合、その土地の汚染に対する、人への健康被害を防止するための対策を土壌汚染対策と呼んでいる。

土壌汚染対策の方法は、汚染物質の種類や濃度、分布範囲などに応じて選択され、(1) に示すバイオレメディエーションは微生物で分解可能なベンゼンなど主に揮発性有機化合物の浄化に用いられる方法である。また、(2) に示すオンサイト浄化はその場所において土壌洗浄などで浄化が可能な場合に用いられる方法である。(3) に示す掘削除去は場外施設での処理が必要な場合に用いられる方法である。

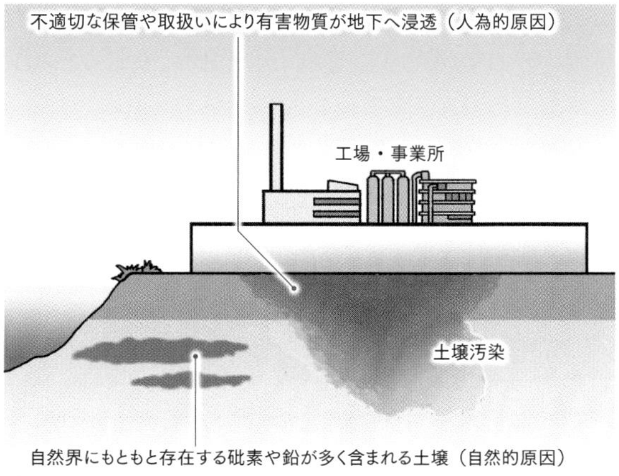

不適切な保管や取扱いにより有害物質が地下へ浸透（人為的原因）
工場・事業所
土壌汚染
自然界にもともと存在する砒素や鉛が多く含まれる土壌（自然的原因）

土壌汚染のイメージ

(1) バイオレメディエーション：原位置浄化

原位置浄化方法の1つで、微生物がもつ汚染物質の分解能力などを利用して土壌や地下水を浄化する方法である。

汚染区域にもともと生息している微生物に栄養物質などを与え、活性化する方法と、あらかじめ培養しておいた微生物を汚染区域に注入する方法の大きく2つに分けられ、分解する工期が確保できる場合に用いられる浄化方法である。

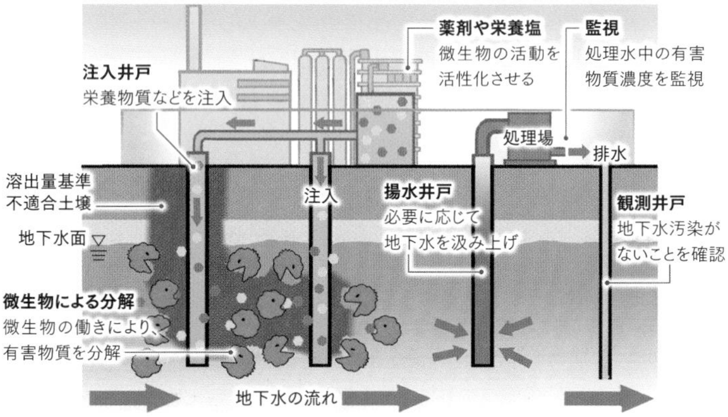

薬剤や栄養塩
微生物の活動を活性化させる
監視
処理水中の有害物質濃度を監視
注入井戸
栄養物質などを注入
処理場
排水
溶出量基準不適合土壌
注入
揚水井戸
必要に応じて地下水を汲み上げ
観測井戸
地下水汚染がないことを確認
地下水面
微生物による分解
微生物の働きにより、有害物質を分解
地下水の流れ

原位置浄化 概要図

(2) 土壌洗浄による浄化方法：オンサイト浄化

土壌の表面に付着した汚染物質を、土壌洗浄機で水とともに洗浄・分級し、汚染土壌と非汚染土壌に分離する分級洗浄方法である。土壌洗浄は砒《ひ》素《そ》や鉛など主に重金属の浄化に使われる。浄化設備は土壌洗浄の際に発生する汚染水を処理するための水処理装置などとともに設置される。分離された汚染物質を含む細かい粒子の土壌は汚泥として廃棄物処理を行い、浄化された大きな粒子の土壌は埋戻しの材料として使用する。

土壌洗浄機
掘削
埋戻し

オンサイト浄化 概要図

(3) 掘削除去：区域外処理

汚染された掘削土壌をダンプトラックなどで汚染区域外へ搬出し、土壌汚染対策法に基づく汚染土壌処理施設で処理を行う方法である。掘削除去は、浄化を行う工期が短い場合や、工事場所が狭いなどの理由により用いられる。セメント製造施設のように、汚染土壌のリサイクルが行われている施設もある。区域外に設置され許可を受けた汚染土壌処理施設を利用することで、有害物質の種類や濃度に幅広く対応することができる。

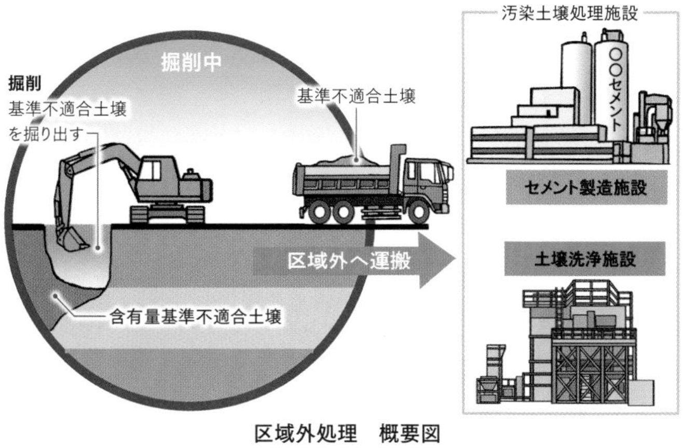

掘削中
掘削
基準不適合土壌を掘り出す
基準不適合土壌
区域外へ運搬
含有量基準不適合土壌
汚染土壌処理施設
○○セメント
セメント製造施設
土壌洗浄施設

区域外処理 概要図

2 災害廃棄物の処理

津波・高潮・地震・水害などの自然災害により発生した災害廃棄物を復興・復旧のために処理する災害廃棄物処理工事は土木工事として行われる。

ゼネコンは、建設工事で培ったマネジメント力を生かし、工事を進めるとともに多くの処理専門会社、運搬会社との連携・調整、機械設備や作業員の確保、自治体との調整など多岐にわたる対応を実施している。

災害後は、がれき撤去、建物解体、道路啓開作業などで、木材、コンクリートがら、混合物など、多くの種類の災害廃棄物が大量に発生する。これらの災害廃棄物は、自治体が設けた1次仮置き場に集積・仮置きされ、被災地や周辺地域に設けられている既存の廃棄物処理施設で処理を行うが、災害廃棄物の発生量が既存施設の処理能力を大きく上回る場合は2次仮置き場を設け、そこに仮設の選別施設や焼却施設を配置して処理を行う。災害廃棄物の多くは資源として再利用が可能な物であるため、できるだけ高い精度で選別を実施し、リサイクルを促進する。

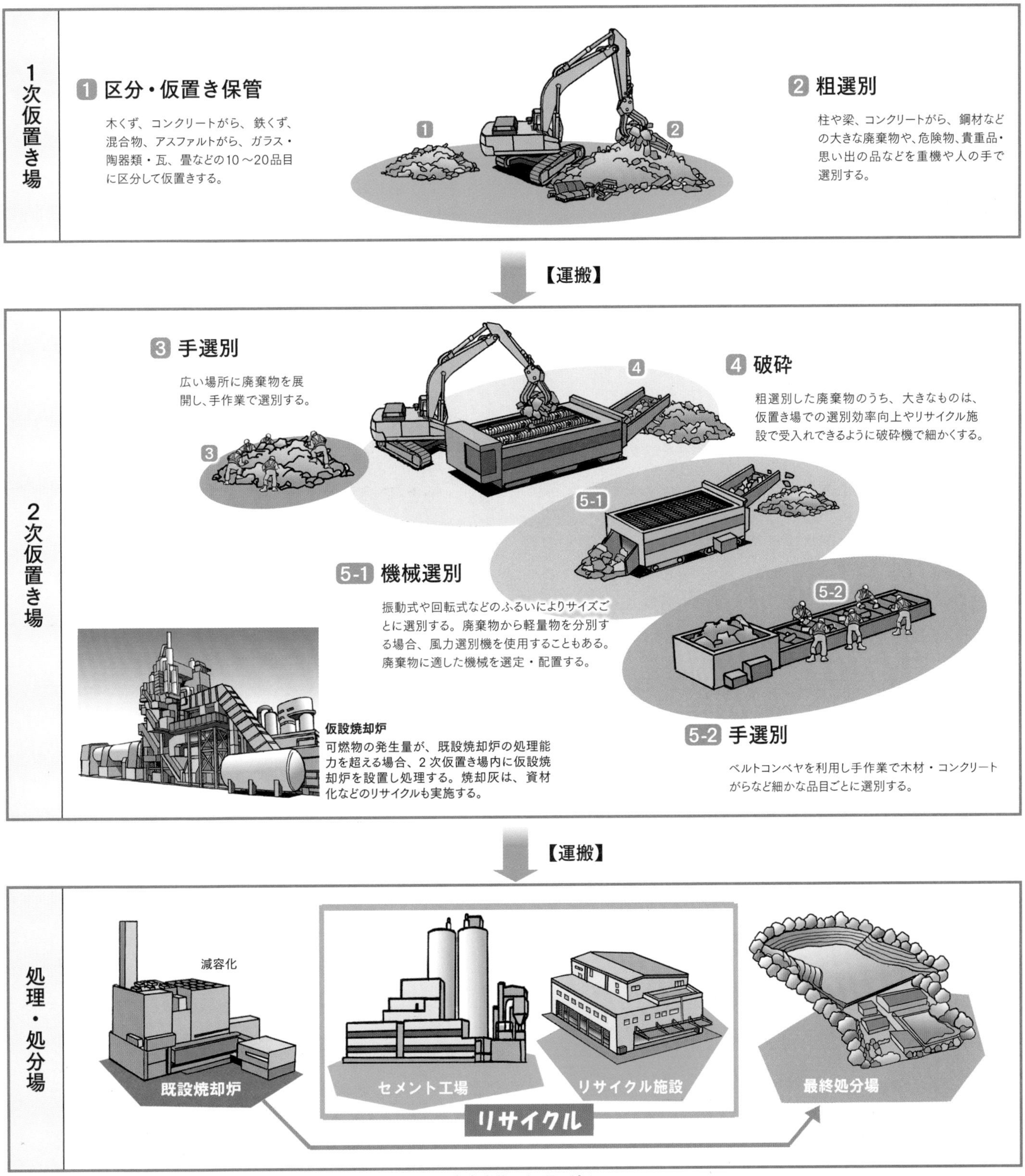
1次仮置き場
1 区分・仮置き保管
木くず、コンクリートがら、鉄くず、混合物、アスファルトがら、ガラス・陶器類・瓦、畳などの10～20品目に区分して仮置きする。
2 粗選別
柱や梁、コンクリートがら、鋼材などの大きな廃棄物や、危険物、貴重品・思い出の品などを重機や人の手で選別する。
【運搬】
2次仮置き場
3 手選別
広い場所に廃棄物を展開し、手作業で選別する。
4 破砕
粗選別した廃棄物のうち、大きなものは、仮置き場での選別効率向上やリサイクル施設で受入れできるように破砕機で細かくする。
5-1 機械選別
振動式や回転式などのふるいによりサイズごとに選別する。廃棄物から軽量物を分別する場合、風力選別機を使用することもある。廃棄物に適した機械を選定・配置する。
仮設焼却炉
可燃物の発生量が、既設焼却炉の処理能力を超える場合、2次仮置き場内に仮設焼却炉を設置し処理する。焼却灰は、資材化などのリサイクルも実施する。
5-2 手選別
ベルトコンベヤを利用し手作業で木材・コンクリートがらなど細かな品目ごとに選別する。
【運搬】
処理・処分場
減容化
既設焼却炉
セメント工場
リサイクル施設
リサイクル
最終処分場

災害廃棄物の処理の流れ

9-3 環境共生

持続可能で豊かな社会を実現するため、環境への負荷が少なく、自然環境を守り、周辺の自然環境と調和した安全・安心、健康で快適な環境共生社会の基盤を整備することは、土木の重要な役割である。
その有効な手段として、グリーンインフラの取組みが推進されている。

1 グリーンインフラとは

人や環境保全に役立つ自然のいろいろな機能やしくみを、社会資本の整備や土地利用にうまく積極的に活用する考え方や方法をグリーンインフラストラクチャー（グリーンインフラ）という。

グリーンインフラを取り入れることで、地域の課題を解決し、人にも環境にも優しい、持続可能で豊かな国土・地域づくりを可能にする。

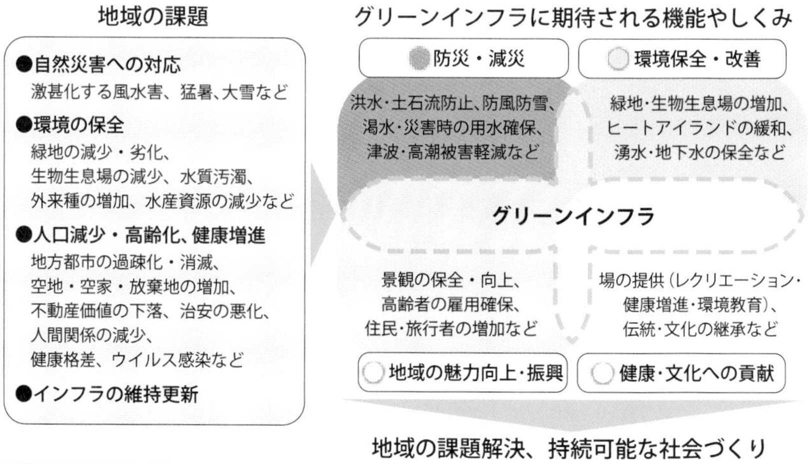

地域の課題
●自然災害への対応
激甚化する風水害、猛暑、大雪など
●環境の保全
緑地の減少・劣化、
生物生息場の減少、水質汚濁、
外来種の増加、水産資源の減少など
●人口減少・高齢化、健康増進
地方都市の過疎化・消滅、
空地・空家・放棄地の増加、
不動産価値の下落、治安の悪化、
人間関係の減少、
健康格差、ウイルス感染など
●インフラの維持更新
グリーンインフラに期待される機能やしくみ
防災・減災
環境保全・改善
洪水・土石流防止、防風防雪、
渇水・災害時の用水確保、
津波・高潮被害軽減など
緑地・生物生息場の増加、
ヒートアイランドの緩和、
湧水・地下水の保全など
グリーンインフラ
景観の保全・向上、
高齢者の雇用確保、
住民・旅行者の増加など
場の提供（レクリエーション・
健康増進・環境教育）、
伝統・文化の継承など
地域の魅力向上・振興
健康・文化への貢献
地域の課題解決、持続可能な社会づくり

グリーンインフラの役割

組み合わせて…
グリーンインフラ
グレーインフラ

自然環境の活用だけでなく、コンクリート構造物などのグレーインフラ※とうまく組み合わせて、プラスに考えるのがポイントです！
本文の見出しにそれぞれ表示した色は、上の図の「グリーンインフラに期待される機能やしくみ」を示しています。

※グレーインフラ：グリーンインフラと対比して、コンクリートや鋼を用いた従来のインフラの総称として使用される。

2 グリーンインフラの例

（1）都市の洪水対策

局地的大雨により、雨水が下水道や河川に短時間に流出し、洪水が発生するのを防ぐため、私有地や農地を含めたあらゆる場所で雨水の貯留・浸透を行い、雨水の流出を減らしたり遅らせたりする対策が求められている。雨水浸透機能の高い緑地であるレインガーデンや透水性舗装を整備することで、冠水の被害を軽減することができる。また、植物や保水した土壌からの蒸発散などにより、ヒートアイランド対策にも有効である。

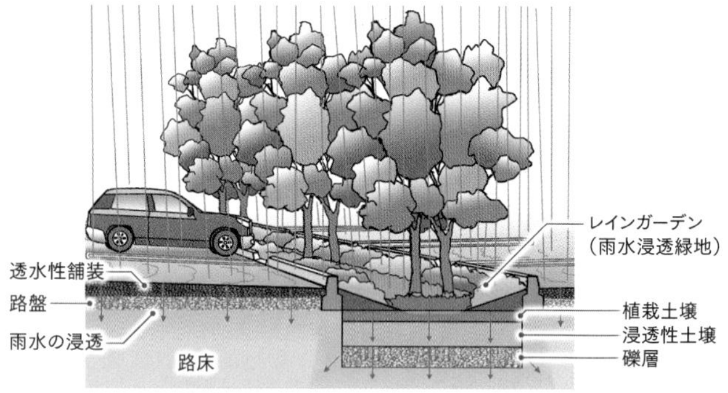

レインガーデン
（雨水浸透緑地）
透水性舗装
路盤
雨水の浸透
路床
植栽土壌
浸透性土壌
礫層

道路・駐車場での洪水対策例

（2）遊水地の再生

洪水を防ぐために、雨水や川の水を一時的にためられる場所を遊水地という。貯留していない平常時には、公園や田畑として、あるいは、水鳥などの生物が生息する場所として、利活用が可能である。

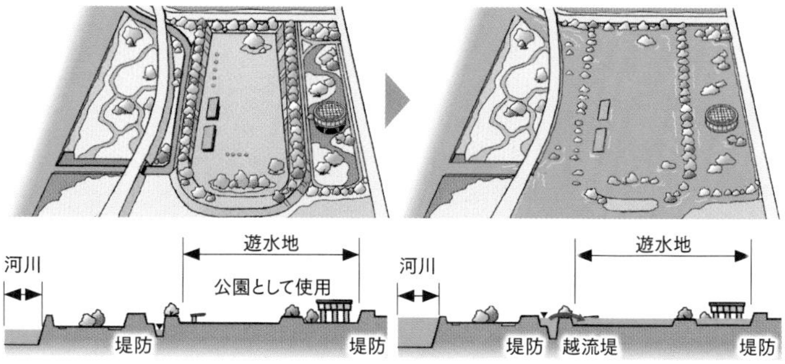

河川
遊水地
公園として使用
堤防
堤防
河川
遊水地
堤防
越流堤
堤防

遊水地の例

（3）流水型ダム

大雨のときには水を貯留して下流への大規模出水を防ぎ、平常時には堤体下部の洪水吐《こうずいばき》から常に水が流れ、ダムの上流側と下流側との連続性を確保し、魚類や土砂が通過できるようにした環境配慮型のダムである。ダム上流側は洪水時にしか冠水しないため、適切な整備を行うことで公園緑地などに活用できる。

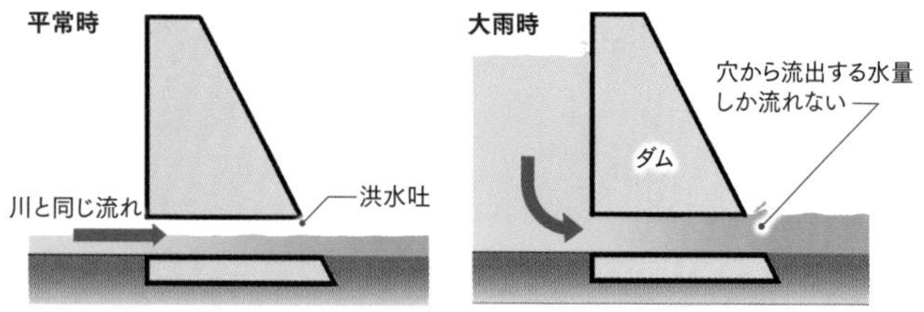

平常時
川と同じ流れ
洪水吐
大雨時
ダム
穴から流出する水量
しか流れない

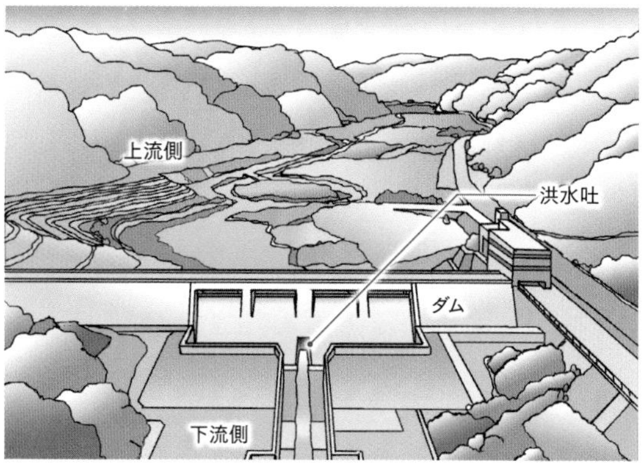

上流側
洪水吐
ダム
下流側

流水型ダムの例

(4) 多自然川づくり

河川改修の際、川幅を広げ、水際の植生や河畔林を保全したり、置き石や水制などにより川の中に瀬や淵をつくり出す工夫をしたりすることで、治水の安全性向上に加え、多様な生物が暮らせる河川環境をつくり出すことができる。

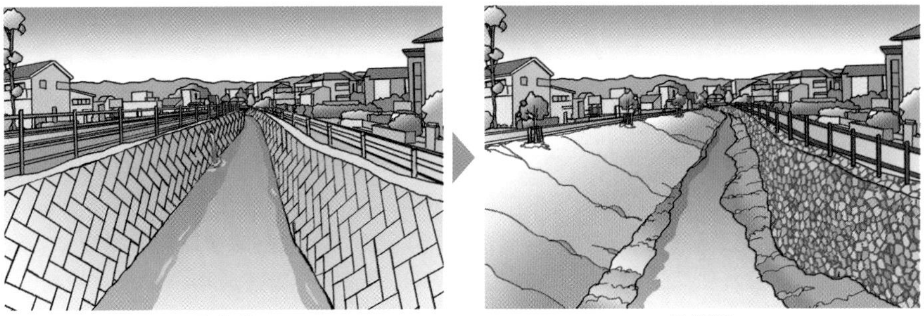
改修前
改修後
多自然川づくりの河川改修例

(5) エコロジカルネットワークの保全・創出

生物の生息拠点となる緑地や水辺をつなぐ位置に、生物群集が生息できる空間であるビオトープを創出したり、連続性のある樹林や水辺などにより生物の移動経路となる緑の回廊を確保したりすることで、生物の移動を助け、繁殖、採餌、休息を行いやすい状況をつくる。野生動植物の保全のほか、自然とのふれあい、ストレスの緩和、微気候※の調整など多様な効果が期待できる。

※ 微気候：地表面の状態や植物群落などの影響を受けて生じる狭い範囲の気候

生息拠点
生息拠点
緑の回廊
ビオトープ
生息拠点
緑の回廊
エコロジカルネットワークの例

(6) 干潟、藻場、サンゴ礁、砂浜、マングローブ林の再生

干潟、海藻や海草の藻場、サンゴ礁、砂浜、マングローブ林は、陸と海との間で複数の生態系が連続的に移り変わる特徴があるため、多様な動植物が生息できる特殊な場である。沿岸域でのこうした場の再生・創出は、漁業資源を含む多様な生物の生息・生育場を確保し、津波や波の減勢による防災・減災にも寄与する。

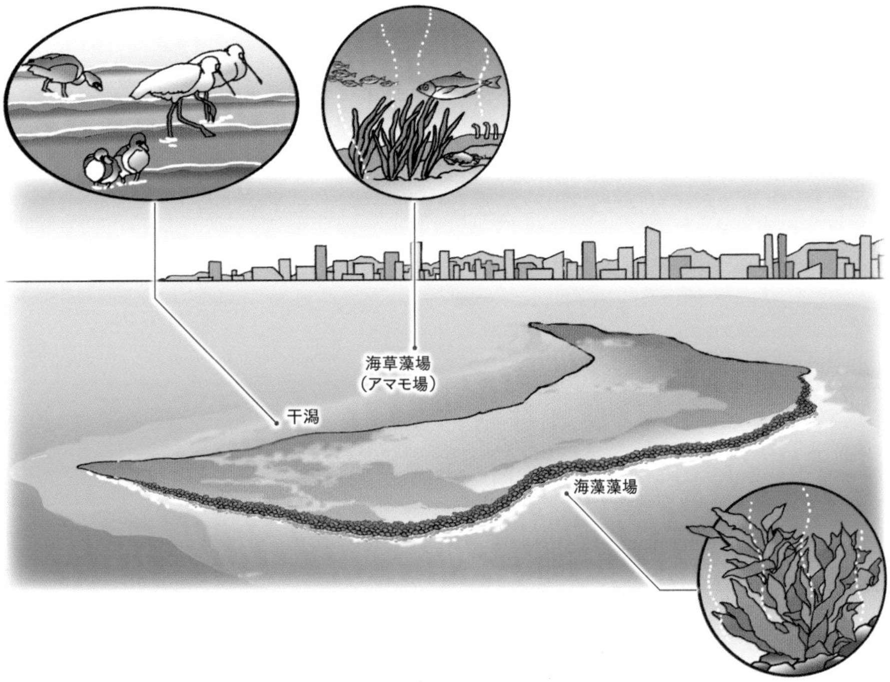
海草藻場
（アマモ場）
干潟
海藻藻場

豆知識 生物多様性の保全とミティゲーション

建設工事や開発事業では、地域に応じた生物多様性の保全が求められる。生物多様性を保全するには、遺伝子、種、生態系の3つのレベルで保全する必要がある。

地形の改変で自然環境に影響を及ぼすような場合、生物多様性の価値を失わないようにする必要がある。そのため、環境影響を緩和・補償する行為で5つの段階があるとされているミティゲーションを優先順位に従って検討し、積極的に環境に配慮して施工することが求められる。

遺伝子の多様性	種の多様性	生態系の多様性
同じ種でも遺伝子が異なると、形や模様、生態などに多様性がある	動植物から細菌に至るまでの生物の種類	森林、里地里山、河川、湿原、干潟、サンゴ礁など

生物多様性の保全対象

①回避 ▶ ②最小化 ▶ ③修復 ▶ ④軽減 ▶ ⑤代償

ミティゲーションの優先順位

10 未来の土木エンジニア

世界は地球温暖化の進行により気象災害が激甚化しており、脱炭素社会の構築や再生可能エネルギーの普及、持続可能な社会の構築を急ぐ必要がある。これからの土木技術者の仕事は、人々の生命と財産を守るためますます重要かつ広範囲になってくる。また、これまでの土木技術者は構造物をつくることが主たる業務であったが、今後は、計画・設計に施工のノウハウを組み込み、完成後の維持管理、補修、更新、さらに撤去、再設置などライフサイクル全般にわたる業務への移行を求められている。

※これまでの土木技術者とこれからの土木技術者の違いを明確にするため、本章では
これからの土木技術者を「土木エンジニア」と呼ぶこととする。

10-1 これまでの土木技術者の仕事

掘り方の移り変わり—施工

用水路トンネルを手掘りで施工

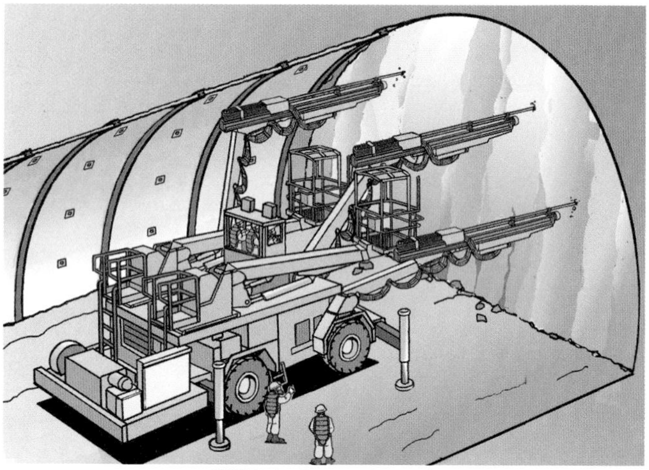

機械掘り（ドリルジャンボ）

測量と図面の移り変わり—管理

測量で使われていた間縄、分度器

ドラフターで製図

土木工事の移り変わり

土木工事の仕事は、調査・設計を経て得られた図面をもとに、橋やトンネルなどの土木構造物をつくりあげることであり、いわば、図面という仮想世界の構造物を、現実世界につくりあげることである。

江戸時代までの土木技術者は、紙に描いた図面を見て、分度器や磁石、間縄《けんなわ》など様々な測量機器を使って、土地の上で実際の大きさに拡大し、手で土に穴を掘り、木や石で橋や道路、城壁などの土木構造物をつくっていた。数十年前までは、ドラフターを使用した手書きの図面を青焼きして紙の図面とし、測量機器はトランシットやテープを使用していた。現在は紙がタブレットになり、測量機器はトータルステーションを使用することで方向と長さを一度に計測できるなど、より正確で手軽になってきた。また、コンピュータ上に作成した3次元のデジタルモデルに、工事価格や調達コスト、使用資材、管理情報などの属性データを追加したCIM（Construction Information Modelling/Management）を、調査、設計から施工、維持管理までのあらゆる工程に活用することで、建設プロセスの効率化を目指そうとしている。

最近では、測位衛星を4機以上用いて、自分の位置情報（X,Y,Z）を取得するGNSSの利用も進んでいる。

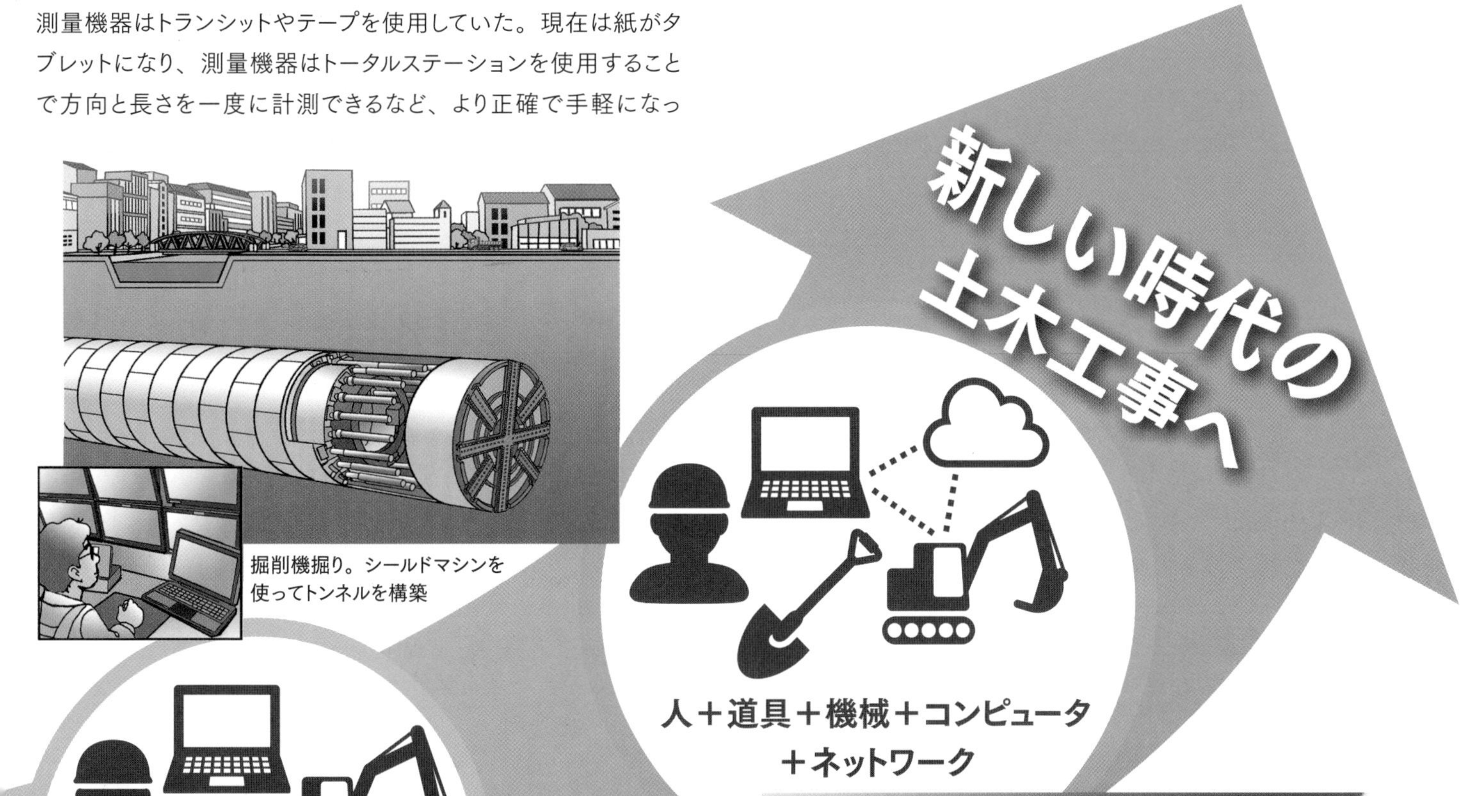
新しい時代の土木工事へ
人＋道具＋機械＋コンピュータ＋ネットワーク

人＋道具＋機械＋コンピュータ

掘削機掘り。シールドマシンを使ってトンネルを構築

シールドマシンで掘削した高速道路トンネル

トータルステーションで測量

タブレットで図面の確認

土木技術者は、これまでも最新の科学技術を積極的に取り入れて、新しい社会基盤をつくりあげてきた。

例えば、江戸時代のトンネルは、ノミと金槌を使用して掘削していたが、構造工学や材料工学、情報工学などが発展すると、鋼製支保工やコンクリート、ロックボルトを使用するようになり、手掘りから機械掘りや火薬を用いた発破により掘削するようになった。さらにコンピュータの技術を取り入れることで、機械掘りはシールドマシンのように自動化されつつあり、高速道路や高速鉄道のような日本の大動脈を建設してきた。

現在、インターネットやスマートフォンの普及によって、コンピュータの技術が急速に進歩しており、クラウド上に膨大な情報の蓄積が始まっている。

最先端の情報技術であるクラウドやAIという技術によって、土木技術者の仕事はこれからどのように進化していくのだろうか。

長〜い歴史があるのね

10-2 情報技術の利活用により変わりゆく工事現場の姿

1 紙からデジタル、そして現実との同期へ

昭和の時代は、図面は紙にペンで描くのが当たり前であったが、パーソナルコンピュータとCAD（Computer Aided Design）の普及により、コンピュータ上で図面を描き印刷できるようになった。

平成の時代になり、タブレットやスマートフォンの登場で印刷せずに図面を利用できるようになると、2次元から3次元へと表現が高度化され、どこでも閲覧できるようになった。また計測技術が進歩し、得られた情報をコンピュータシミュレーションでリアルタイムに比較することで情報化施工が進んできた。

現在では、施工段階でクラウドに情報が蓄積され、AIによって分析された情報が、高速通信でリアルタイムに把握できるようになってきただけでなく、維持管理の段階においても実構造物の状況がデジタルで展開できるようになり、仮想空間と現実空間の同期が可能となってきた。

また、自動運転の重機が登場してくるなど、最先端技術の利用も活発化してきた。

2 デジタルツインの実現と活用

これまで施工現場では継続的に計測された膨大な情報の補完・活用が困難であり、仮想と現実を結びつけた取組みは建設現場のごく一部に限られていた。

しかし、クラウド技術や通信技術の発展、IoTセンサーなどの各種ツールの発展、AIなどの活用により、膨大な3次元情報から土木エンジニアが求める情報をすぐ活用することが可能となった。これにより、仮想空間と現実空間をリアルタイムに確認しながらインフラの調査・設計・施工・維持管理を行う新しい仕事の進め方が可能になってきた。これが「デジタルツイン」の実現と活用である。

これからの土木エンジニアはデジタルツイン技術を自在に扱い、新しい観点で、新しい仕事の進め方を自ら切り開き、長期にわたって土木構造物を維持し、時代の変化に合わせて更新していくことが求められる。

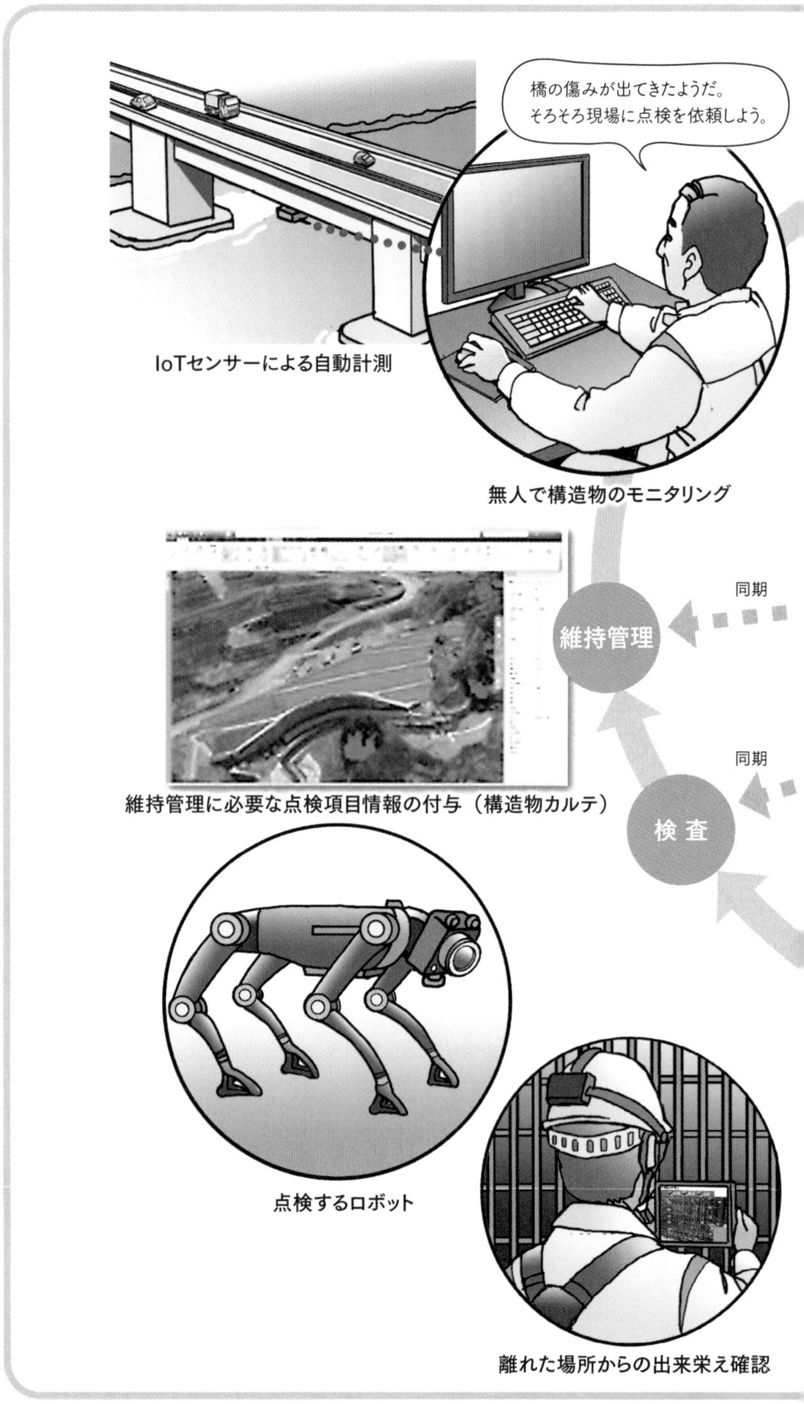

橋の傷みが出てきたようだ。
そろそろ現場に点検を依頼しよう。
IoTセンサーによる自動計測
無人で構造物のモニタリング
同期
維持管理
同期
検 査
維持管理に必要な点検項目情報の付与（構造物カルテ）
点検するロボット
離れた場所からの出来栄え確認

現実とデジタルを組み
合わせたツール

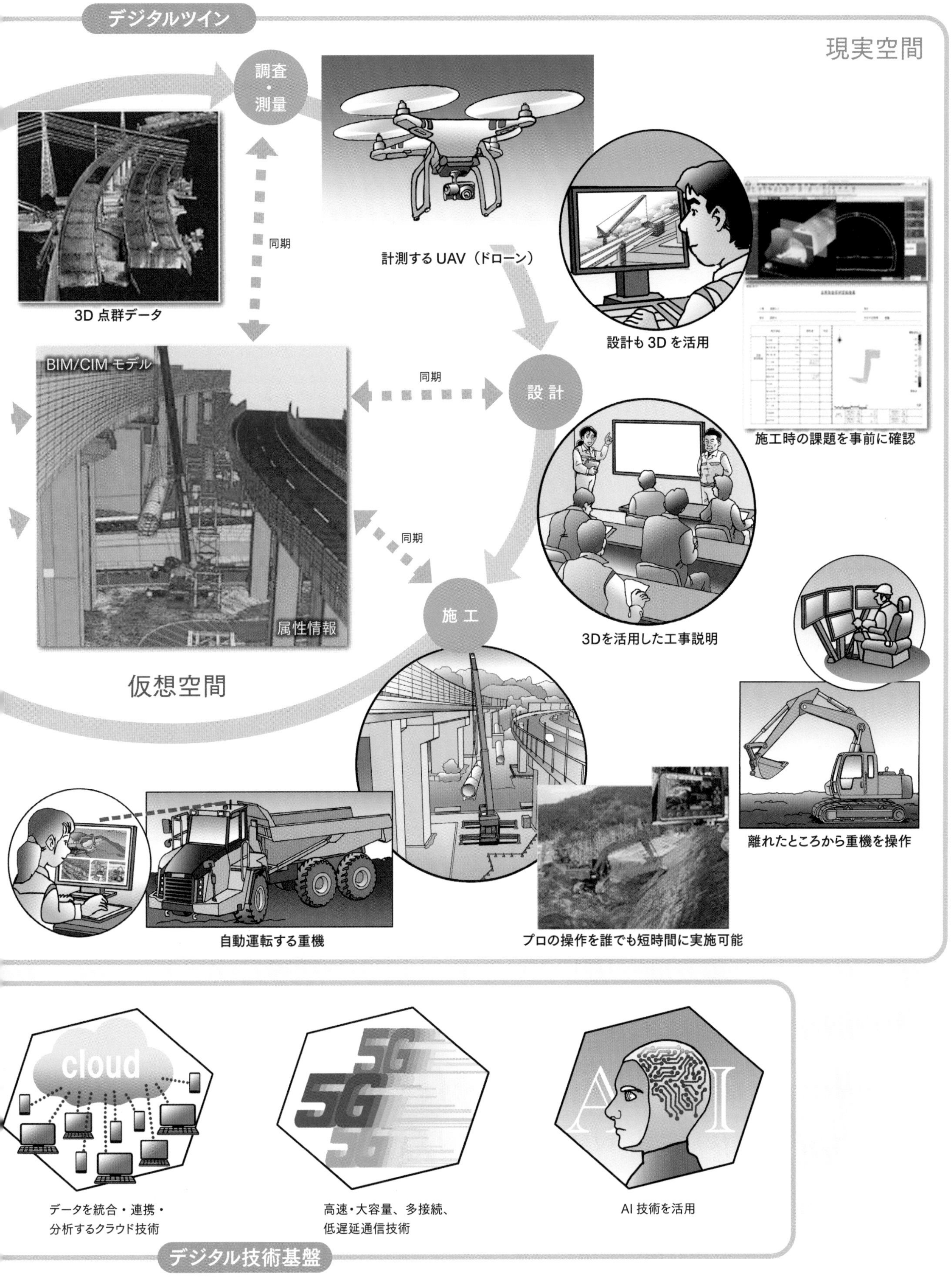
デジタルツイン
現実空間
調査・測量
同期
計測する UAV（ドローン）
3D 点群データ
設計も 3D を活用
施工時の課題を事前に確認
BIM/CIM モデル
同期
設計
同期
3Dを活用した工事説明
施工
属性情報
仮想空間
離れたところから重機を操作
自動運転する重機
プロの操作を誰でも短時間に実施可能
cloud
5G
5G
5G
AI
データを統合・連携・
分析するクラウド技術
高速・大容量、多接続、
低遅延通信技術
AI 技術を活用
デジタル技術基盤

デジタルを利用した新しい土木施工のあり方

10-3 これからの土木エンジニアの仕事

1 持続可能な社会基盤の実現に向けて

これからの土木エンジニアは、一人一人が調査・設計・施工・維持管理といった個別の役割を担うだけでなく、デジタルツインを介して他の土木エンジニア、市民・利用者や学者・専門家などとリアルタイムに協働することで、持続可能な社会基盤を実現していくことになる。

デジタルツインでは、構造情報だけでなく、点検などで収集される維持管理情報や計測データなどの情報が蓄積される。これらの膨大な情報から、AIを用いて関連性や特異性を抽出し、不具合の検知や事故防止に役立てることで、より安全で、良質な社会基盤が実現できるようになる。

また、ひとつひとつの社会基盤の構築においては、建設する地盤などの自然条件や景観・生態系などの環境への配慮はもちろん、将来予想される多様な価値観をもった社会のニーズへの配慮も重要である。デジタルツインを活用することで、最新の技術と知識と役割をもった多くの土木エンジニアが、空間を超えて協働しながら創造していくことが可能となる。

つまり、デジタルツインのような情報技術が発展すると、土木エンジニアは情報の取得や計測データの整理などの単純作業から解放される一方で、多彩な文化や価値観をもった多様性のある豊かな社会を創造するための、持続可能な社会基盤を構築することが求められるようになる。

結果として、これからの土木エンジニアは、社会基盤の新しい価値を社会に提供するという仕事へ、より軸足を移していくことになる。

2 主役は土木エンジニア

持続可能で豊かな未来を実現するために、未来の土木エンジニアには、上述のように環境への配慮も含めた設計や施工だけでなく、文化や価値観への配慮といった多様性のある広い視野が求められる。そして、最先端の技術を「活用」し、市民やあらゆる分野の専門家と協働しながらそれらを編み上げる「オーケストレーション」の役割を担う必要がある。

すなわち、土木エンジニアの使命は、「人」と「自然」との調和であり、異常気象や地震などの災害や変化し続ける自然環境に適応するため、常に進化し、主役として、新しい価値を創造し続けていかなければならない。

皆さんには「未来の豊かな生活を創造できる」、そんな土木エンジニアとなってほしい。

市民・利用者
漁業者
農家
自然保護官

住民説明会やパブリックコメントもスマートデバイスの活用で多くの人が、違う場所で参加できる。

IoTを駆使したデータ収集でリアルタイム監視点検が容易に！

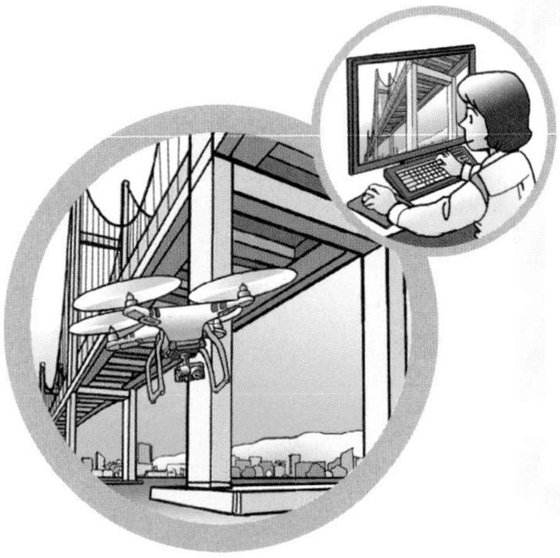

インフラ管理技術者
点検技術者
維持管理技術者

土木エンジニアの役割はオーケストレーション！
【Orchestration】

これからの土木エンジニアの使命は、様々な分野のステークホルダーと意見交換し、最先端技術を取り入れて「人」と「自然」の調和を実現することである。未来の豊かな生活を創造できる人材が求められる。

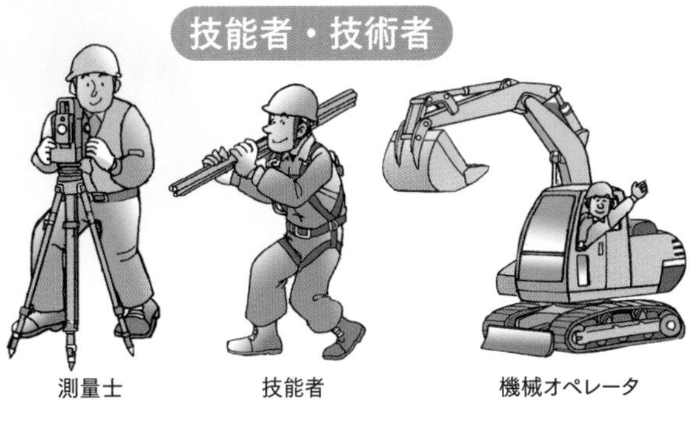

これからの土木エンジニアの姿

イラストレーターのプロフィール

岩山 仁（いわやま　ひとし）

1951年　鹿児島県に生まれる
1973年　日本デザイナー学院卒業
　　　　デザイン事務所を経てフリーとなり、現在に至る
　　　　土木・建設業界のイラスト制作を中心に手掛け、
　　　　親しみのある人物や動物、構造物のイラストは、
　　　　図鑑のような楽しさを生み出している

イラストを終えて

渋谷の街が未だ大人文化の名残をとどめていた四十数年前、毎日のように通っていた横丁のおでん屋で、常連同士で隣の席に座った女性デザイナーに「仕事手伝ってよ」と誘われたのが、土木・建設業界との関わりの始まりでした。

小さなカット作成から始まり、災害事例やポスター、企画のイメージ画などへ広がり、日建連とのつながりもできていつの間にか仕事の中軸になっていきました。

今回『施工がわかるイラスト土木入門』イラスト作成の打診をいただいた際、一人で取り組むには厳しい無謀な挑戦になると予想されましたが、業界への恩返しのつもりで目をつぶって飛び込んでしまいました。

当然のようにその過酷さは予想をはるかに越えて跳ね返ってきました。次第に作業も遅れがちになっていきます。

果てなく続くかと思われた長距離走をどうにか完走できたのは、辛抱強く温かく見守り励まして下さった日本建設業連合会、彰国社、コアメンバーの皆さまや、やむを得ずご依頼を断り、あるいは長期の延期をご理解いただいた各方面のクライアントの皆さまのおかげと感謝いたします。

この本の作成に携わって再認識したのは、私たちの暮らしの土台を支えているのは世界に誇る日本の土木技術だということです。道路、橋、トンネル、港、空港、治水……目に見える建造物や施設の足元には確固たる土木技術があります。

この本に触れた人が少しでも土木に興味を抱き、明るく安全な未来の足元に目を向けてくれるなら、これ以上の喜びはありません。

PCと格闘していた間に誕生した孫も1歳半となってトコトコと歩き出し、もう少しで会話になるほどに言葉を発するようになっています。この子の成長を見守ることが今後の私の大きな希望になっています。

これからの子どもたちの進む土台が土木技術に支えられ続けることを祈念して、作画後記の御礼とさせていただきます。

2022年10月

岩山仁

おわりに

この本は、代表的な土木構造物の施工技術に焦点をあて、土木施工に精通した多くの土木技術者が執筆したものです。土木技術者の視点からみた「ものづくり」の様子がイラストによって生き生きと再現され、他では見られない土木の世界が広がっています。

さて、本書が生まれたのは、2017年に出版された姉妹本ともいえる『施工がわかるイラスト建築生産入門』の読者から、土木施工に関する同様な書籍もぜひ欲しいとの声をいただいたことに始まります。日本建設業連合会 土木工事技術委員会内でコアメンバーを編成して2018年3月に執筆・編集の準備に入り、有識者の意見を取り入れながら内容の検討を進めました。準備開始からおよそ半年後、出版社が決まり、イラストレーターの岩山仁氏にイラスト作成をお願いすることになりました。2019年1月には構成を定めて土木工事技術委員会の６つの部会で執筆を分担することが決まり、コアメンバーと各章の代表者による第１回の合同ワーキンググループを開催して、執筆をスタートしました。そこから3年半の歳月をかけて、本書の出版に至りました。執筆を開始して１年足らずで、新型コロナウィルス感染症の拡大により対面での会議ができなくなり、eメールやWeb会議で執筆・編集作業を進めました。それでも合同ワーキンググループの毎月の開催や本書の執筆者が100名近くにのぼったことを考えると、膨大なコミュニケーションを重ねた本づくりとなりました。その甲斐があって、様々な構造物の施工上の難しさや重要ポイントが１冊の本にイラストで分かりやすく収められ、土木現場でのものづくりの楽しさ、喜び、やりがいなどを感じ取っていただける本に仕上がりました。

最後に、出版には縁遠い執筆者とコアメンバーは、有識者や編集部からのアドバイスをもとに執筆開始から出版までを、まさに手探りで進めてまいりました。京都大学大学院の高橋良和教授、法政大学の溝渕利明教授ならびにダムライターの萩原雅紀氏には、この本の方向性や内容などに対して適宜アドバイスをいただき、感謝の念に堪えません。また、コアメンバーからの無理難題を快く聞き入れていただいた執筆者の皆様、執筆者を支えていただいた各部会の皆様、私たち執筆陣のつたない説明の意図を汲んでイラスト化いただいた岩山仁氏、執筆活動をつねに支えていただいた日建連事務局の皆様、コアメンバーとともに活動いただいた編集部の大塚由希子氏と本書出版の全体の労をとっていただいたコアメンバーの皆様に、心より感謝申し上げます。さらに、執筆においては多くの文献・資料を参考にさせていただいたこともここに記して感謝いたします。

2022年10月

土木工事技術委員会 土木技術研修部会 副部会長

関本恒浩

（『施工がわかるイラスト土木入門』コアメンバー コーディネーター）

本書作成メンバー

■編集

一般社団法人 日本建設業連合会

■執筆者（順不同。所属は執筆時を示す）

コアメンバー（上位4人：土木技術研修部会）

春日昭夫（三井住友建設）リーダー

関本恒浩（五洋建設）コーディネーター

杉山　律（安藤・間）

森屋陽一（五洋建設）補佐

北内正彦（日本建設業連合会）

第1章　土木工事のしくみ（土木技術研修部会）

杉山　律（安藤・間）リーダー

諸澤正毅（安藤・間）

山本　彰（大林組）

五十嵐正（大成建設）

第2章　橋（土木技術研修部会）

春日昭夫（三井住友建設）リーダー

髙岡　怜（三井住友建設）

松崎康晴（大林組）

中　隆司（大成建設）

今井遥平（清水建設）

第3章　トンネル（土木技術開発部会）

大原英史（熊谷組）リーダー

永山智之（西松建設）

神田勇二（鴻池組）

小林伸司（清水建設）

浅野　剛（奥村組）

白石浩司（奥村組）

千々岩三夫（鉄建建設）

豊田新二（鉄建建設）

上野宏史（鉄建建設）

土屋恒治（鉄建建設）

第4章　道路（土木技術研究部会）

田中卓也（東急建設）リーダー

池松建治（鹿島建設）

古市耕輔（鹿島建設）

福本　正（西松建設）

金子　睦（本間組）

岩本容昭（奥村組）

中積健一（三井住友建設）

丹沢昭義（戸田建設）

石内健太郎（五洋建設）

堤　則男（松村組）

山本忠典（熊谷組）

黒田幸宏（大豊建設）

塚原悌信（大成建設）

第5章　河川構造物とダム（土木技術開発部会）

井上昭生（大林組）リーダー

清水英樹（前田建設工業）

坂本　守（鹿島建設）

村上裕一（大豊建設）

今井和美（大豊建設）

清水康記（日本国土開発）

五ノ井淳（フジタ）

第6章　鉄道の地下駅（コンクリート技術部会）

佐藤英明（熊谷組）リーダー

椎名貴快（西松建設）

佐藤茂美（鉄建建設）

網野貴彦（東亜建設工業）

井手一雄（フジタ）

竹之井勇（三井住友建設）

第7章　港（土木技術研修部会）

道前武尊（五洋建設）リーダー
森屋陽一（五洋建設）
関本恒浩（五洋建設）

第8章　海上空港（土木技術研修部会）

寺村和久（五洋建設）リーダー
森屋陽一（五洋建設）
関本恒浩（五洋建設）

第9章　環境（環境技術部会。2～8章　環境コラム担当を含む）

守屋雅之（大成建設）リーダー
山本　彰（大林組）
藤本直昭（フジタ）
笠水上光博（錢高組）
五十嵐正（大成建設）
岡本英靖（大林組）
根岸敦規（安藤・間）
秋田宏行（安藤・間）
伊藤達也（熊谷組）
小林洋順（三井住友建設）
関　眞一（飛島建設）
島多義彦（フジタ）
川浦栄太郎（本間組）
田中ゆう子（東亜建設工業）
長野龍平（大林組）
橋本　純（清水建設）
久保田守（日本国土開発）
早川国男（矢作建設工業）
加古昌之（鉄建建設）
樺木茂雄（鉄建建設）

第10章　未来の土木エンジニア
（土木情報技術部会。2～8章　情報コラム担当含む）

今石　尚（大成建設）リーダー
佐藤　郁（戸田建設）
若杉洋一（五洋建設）
佐藤裕考（竹中土木）
杉浦伸哉（大林組）
原島　誠（飛島建設）
和田卓也（鹿島建設）
本木章平（戸田建設）
澤　正樹（安藤・間）
橋本隆紀（清水建設）
小野澤龍介（清水建設）
片山三郎（大成建設）
田中　勉（西松建設）
笹島真一（フジタ）
坂井豊士（三井住友建設）
小森　葵（三井住友建設）
田村香菜子（三井住友建設）
一藤雪乃（戸田建設）
上村昌弘（鉄建建設）
鳥飼裕之（奥村組）
中瀬敏明（ピーエス三菱）
天下井哲生（熊谷組）
北澤　剛（前田建設工業）
河越　勝（熊谷組）
工藤敏邦（前田建設工業）

■一般社団法人 日本建設業連合会 事務局

北内正彦
北浦あずさ
森　隆
山崎史郎
伊能ミカ

本書の制作にあたりまして、多くの文献・資料を参考にさせていただきました。ここに改めて謝辞を申し上げます。

引用・参考文献
参考にしたウェブサイト
提供

日本建設業連合会編、イラスト：川﨑一雄『施工がわかるイラスト建築生産入門』彰国社、2017年

第1章　土木工事のしくみ

国土交通省「建設投資の見通し」2020年度（2020年度建設投資の内訳）
国土地理院「令和元年全国都道府県市区町村別面積調査」2019年（日本の森林面積の割合）
日本／気象庁、世界／ USGS、内閣府（マグニチュード6.0以上の地震回数）
高橋裕『河川工学』東京大学出版会、1990年（日本と海外の河川勾配の比較）
国土交通省（i-Constructionによる建設プロセスの生産性向上）

第2章　橋

土屋建設、住吉産業（環境コラム）

第3章　トンネル

鴻池組
清水建設
Loschild's page（NATMと矢板工法の原理）
パシフィックコンサルタンツ（グランドアーチの力の掛かり方）
『建設グラフ』2009年11月号、「北海道新幹線・寄稿特集　北海道新幹線　新茂辺地トンネル（東）1・2工事」（機械掘削による掘削状況）
三井三池製作所（機械掘削による掘削状況）
シールド工法技術協会『工法概要：泥土加圧シールド工法』（泥土圧シールド工法の基本構造と原理）
日本道路協会『道路トンネル技術基準（構造編）・同解説』2003年（山岳トンネルの支保パターン変更の例）
五洋建設「i-PentaCOL/3D　五洋施工情報収集共有システム」
九州地方計画協会『九州技報　第46号』「国道219号球泉洞トンネル工事における石灰岩層の空洞対策について」2010年（最新の山岳トンネルの線形と地質縦断図のイメージ）
日本トンネル技術協会「トンネル技術ステップアップ研修会資料」（シールドトンネルの線形と地質縦断図のイメージ）
エスビー工業、興研（トンネル掘削作業員）
首都高速道路「横浜環状北西線」2017年
熊谷組（中央制御室の例）
大林組「山岳トンネル」（山岳トンネル鳥瞰図）
熊谷組「山岳トンネル発破掘削における爆薬装填作業の安全性向上と効率化（土木学会第57回年次学術講演会論文）」（装薬状況断面図）
鴻池組「鴻池組『相馬福島道路　庄司渕トンネルのできるまで』（201610）」（ケージ上技能者装薬状況）
鹿物語（Deer Story）「トンネル施工（アニメーション）」
国立研究開発法人土木研究所「WEBマガジン　2019 Vol.54」
日本建設機械化協会『山岳トンネル工事用建設機械の現状と将来の展望』
土木学会『トンネル標準示方書［共通編］・同解説/［山岳工法編］・同解説』2016年（山岳トンネル施工の各工程）
国土交通省東北地方整備局『コンクリート構造物の品質確保の手引き（案）（トンネル覆工コンクリート編）』2016年（覆工コンクリート打設手順）
土屋建設「下船原トンネル貫通式を行いました」（貫通式）
大成建設「切羽プロジェクションマッピング」（情報コラム）
清水建設（重機・技能者のモニタリング、情報コラム）
水資源機構（シールド工法の施工ステップ）
大林組「シールドトンネル」（シールドトンネルの鳥瞰図）
レスポンス「高度技術、珍景　大深度地下を行く外環道シールドマシン」（シールドマシンの製作・組立て／左・中央）
JR東海（シールドマシンの製作・組立て／右）
noma「【厚木市浸水被害軽減対策】あさひ公園の雨水貯留施設工事現場に大潜入！」（ニューマチックケーソン工法による立坑構築）
東急建設「実績紹介 隅田川幹線工事（雨水管渠）」（軌道設備）
ケンサンリース（バッテリーロコ）
アクティオ「バッテリー式自走台車」（セグメント運搬台車）
鹿島建設「大和川幹線シールド『高品質・高精度な大断面シールドトンネルの構築』」（シールドマシン）
東京外かく環状道路・工事パンフレット（鹿島・前田・三井住友・鉄建・西武・東京外かく環状道路本線トンネル［南行］東名北工事共同企業体で配布されたもの）（掘進工事の各工程）（セグメントの組立て）（インバート、側壁、中壁、床版工）
太陽鉄工（発進坑口コンクリート）

鹿島建設（シールドテール部）
スリーボンドユニコム（防水シール）
ジオスター（セグメントの種類／鋼製）
日本シールドセグメント技術協会「セグメントについて」（セグメントの種類／ RC、合成）
JFE建材「特許一覧　特開2015-148127テーパー付きコンクリートセグメント、その組立方法および製造方法」（曲線用テーパー付きセグメント）
佐藤工業（セグメントを内側から見る）
大林組「ワンパスセグメント」（セグメント組付け）
環境省　水・大気環境局土壌環境課「汚染土壌の処理業に関するガイドライン（改訂第4.1版）」2021年（環境コラム）

第4章　道路

建設物価調査会『土木工事の実行予算と施工計画（改訂9版）』建設物価サービス、2017年
原久純・田中勉・佐藤靖彦『西松建設技報Vol.40』「生産性向上を目指したCIMの取組」2017年（測量結果の解析状況）
国土交通省近畿地方警備局『設計便覧（案）　第3編　道路編』（切土のイメージ）
日本道路協会『道路土工　切土工・斜面安定工指針』丸善出版、2009年（アンカーで斜面が崩れないように固定する）
沖縄県土木建築部『赤土等流出防止対策技術指針（案）』1995年
日本道路協会『道路土工　盛土工指針』丸善出版、2010年（段切りのイメージ）
国土交通省「TS・GNSSを用いた盛土の締固め管理要領」2020年（含水比と乾燥密度の関係／締固め曲線）
三井住友建設（マシンガイダンスによるのり面仕上げ）
地盤工学会『地盤工学・実務シリーズ 30　土の締固め』丸善出版、2012年（RI試験器等断面図）
国土交通省（情報コラム）
地盤工学会『土質試験の方法と解説（第一回改訂版）』2020年6月（CBR試験）
日本アスファルト協会（路盤工、アスファルト舗装工のイラスト）
範多機械（路盤工、アスファルト舗装工のイラスト）

第5章　河川構造物とダム

コンクリートダムができるまでイラスト作成委員会、（国土交通省東北地方整備局長井ダム工事事務所／企画監修・シナリオ、三浦健二・鈴木篤／絵コンテ・脚本、アトリエ百秋／イラスト）『コンクリートダムができるまで　Illustrated Dam Construction Process 長井ダムができるまで』2007年（重量式・アーチ式・バットレス式・中空重力式、調査横坑による地質確認・横坑内での調査の様子、コーンクラッシャロードミル、コンクリート製造設備、プレキャスト製監査廊の据付け状況、上流面型枠のスライド状況、豆知識「潮流部の施工」、カーテングラウチング施工範囲図、ステージ注入方法、集中管理室、選択取水設備、利水放流設備のしくみ）
中村靖治『絵で見るダムのできるまでⅢ』山海堂、1992年（仮設工の鳥観図、原石山での岩石採取）
中村靖治『絵で見るダムのできるまでⅣ』山海堂、1994年（カーテングラウチング施工範囲図）
長大「猛禽類のモニタリング画像解析」、国土交通省　令和元年度東北地方整備局管内業務発表会、国土技術政策総合研究所資料第906号（環境コラム）

第6章　鉄道の地下駅

国土交通省
ダイエーコンサルタンツ（ボーリング調査）
熊谷組（住民への工事説明会、路面覆工下での掘削）
東京都交通局（支障物の撤去・移設、土留め壁・中間杭、路面覆工、掘削・支保工）
大成ロテック（ARゴーグルにより可視化された地下埋設物）（情報コラム）
丸山工務店（SMW機）
SMW協会（セメントスラリー製造プラント、SMW機による基本的な流れ）
日立建機・日立建機日本（ダンプトラックへの積込み状況）
阪神高速道路「阪神高速の取り組み／淀川左岸線延伸部・左岸線（2期）正蓮寺川工区で初の開削トンネル本体工の施工・正蓮寺川東工区」（コンクリートの打込み輸送管の配置）
東邦電気工業（可動式ホーム柵の取付け作業）
日立物流西日本（エスカレータの土台となるトラスの搬入）
三菱電機（エスカレータ本体の固定）
東光産業（建築限界の確認）

第7章　港

港湾施工技術基礎検討委員会『港湾工事施工手引書（工事編）』2007年
港湾施工技術基礎検討委員会『港湾工事施工手引書（調査・測量編）』2007年
港湾空港総合技術センター『港湾工事施工ハンドブック』2016年
五洋建設「4Dソナーによる施工管理システム」2015年
海洋調査協会『海洋調査技術マニュアル　海洋地質調査編』2004年
海洋調査協会『海洋調査技術マニュアル　深浅測量編』2020年
日本港湾協会『港湾工事共通仕様書』2021年
港湾空港建設技術サービスセンター『初級・中級技術者のための港湾工事施工実務』2011年
地盤工学会『軟弱地盤対策工法――調査・設計から施工まで――』2010年
日本消波根固ブロック協会
日本作業船協会
日本埋立浚渫協会
港湾空港総合技術センター『汚濁防止膜技術資料（案）付属資料』（環境コラム）

第8章　空港

空港港湾建設技術サービスセンター「中部国際空港建設工事記録」
中部国際空港「中部国際空港　空港土木施設の設計施工について」
関西国際空港用地造成「関西国際空港2期用地造成事業の概要」
日本道路協会『コンクリート舗装ガイドブック　2016』
日本スリップフォーム協会『スリップフォーム工法』
セントレア大橋
成田国際空港
関西国際空港「海藻類着生用ブロック」（環境コラム）
埋立浚渫協会（底開式土運船による土砂直接投入）
寄神建設（サンドドレーン施工フロー）
日本作業船協会（敷砂の施工）
坂田電機（水圧式沈下盤のしくみ、層別沈下計のしくみ）
日本スリップフォーム協会（コンクリート舗装施工フロー）

第9章　環境

東京都
国土交通省
環境省
清水建設（風力発電所工事）
鹿島建設（ダムのリニューアル工事）
国土交通省江戸川工事事務所（大規模調整池）
最終処分場技術システム研究協会（クローズドシステム処分場の全体図、遮水構造断面のイメージ）
大林組「多機能漏水電気検知システム技術――環境に配慮した処分場であるために――」（漏水検知の概要）
矢作建設（オンサイト浄化　概要図）
九州地方計画協会『九州技報　第55号』「西之谷ダム竣工　景観や環境に配慮した九州初の流水型ダム」2014年（流水型ダムの例）

第10章　情報

東洋測量史 資料館
首都高速道路会社
鹿島建設
清水建設
日本建設業連合会、インフラ再生委員会「建設ＤＸ事例集」2022年

索引

き

く

け

こ

さ

し

す

せ

そ

た

施工がわかるイラスト土木入門

2022年12月1日　第1版発行
2024年5月10日　第1版第5刷

編者　一般社団法人 日本建設業連合会
イラスト　岩山仁
発行者　下出雅徳
発行所　株式会社 彰国社

162-0067 東京都新宿区富久町8-21
電話　03-3359-3231（大代表）
振替口座　00160-2-173401

自然科学書協会会員
工学書協会会員

Printed in Japan

印刷：真興社　製本：誠幸堂

ISBN 978-4-395-32185-8 C3051　https://www.shokokusha.co.jp